AF690649

ERKENNTNIS ORIENTATED:

A Centennial Volume for Rudolf Carnap and Hans Reichenbach

Edited by

WOLFGANG SPOHN

University of Bielefeld, Germany

Reprinted from

Erkenntnis

Volume 35, Nos. 1, 2 and 3, 1991

KLUWER ACADEMIC PUBLISHERS

DORDRECHT / BOSTON / LONDON

ISBN 0-7923-1408-5

Published by Kluwer Academic Publishers,
P.O. Box 17, 3300 AA Dordrecht, The Netherlands.

Kluwer Academic Publishers incorporates
the publishing programmes of
D. Reidel, Martinus Nijhoff, Dr W. Junk and MTP Press.

Sold and distributed in the U.S.A. and Canada
by Kluwer Academic Publishers,
101 Philip Drive, Norwell, MA 02061, U.S.A.

In all other countries, sold and distributed
by Kluwer Academic Publishers Group,
P.O. Box 322, 3300 AH Dordrecht, The Netherlands.

Printed on acid-free paper

All Rights Reserved
© 1991 Kluwer Academic Publishers
No part of the material protected by this copyright notice
may be reproduced or utilized in any form or by any means,
electronic or mechanical, including photocopying, recording or
by any information storage and retrieval system, without
written permission from the copyright owner.

Printed in the Netherlands

ERKENNTNIS / *Volume 35 Nos. 1–3 July 1991*

SPECIAL VOLUME IN HONOR OF RUDOLF CARNAP AND HANS REICHENBACH

Editor:
Wolfgang Spohn

PREFACE

Rudolf Carnap was born on May 18, 1891, and Hans Reichenbach on September 26 in the same year. They are two of the greatest philosophers of this century, and they are eminent representatives of what is perhaps the most powerful contemporary philosophical movement. Moreover, they founded the journal *Erkenntnis*. This is ample reason for presenting, on behalf of *Erkenntnis*, a collection of essays in honor of them and their philosophical work.

I am less sure, however, whether it is a good time for resuming their philosophical impact; their work still is rather part than historical basis of the present philosophical melting-pot. Their basic philosophical theses have currently, it may seem, not so high a standing, but their impact can be seen in numerous detailed issues; they have opened or pushed forward lively fields of research which are still very actively pursued not only within philosophy, but also in many neighboring disciplines.

Whatever the present balance of opinions about their philosophical ideas, there is something even more basic in their philosophy than their tenets which is as fresh, as stimulating, as exemplary as ever. I have in mind their way of philosophizing, their conception of how to do philosophy. It is always a good time for reinforcing that conception; and if this volume would manage to do so, it would fully serve its purpose.

The essays in this volume are inspired by that conception. The more systematically oriented ones give a good impression of the research fields shaped by Carnap and Reichenbach. They form the majority since I assume that they themselves would have been most interested in seeing an advance in the issues they have pursued. The minority of more historically oriented essays give valuable information on the philosophical setting of Carnap and Reichenbach and on some neglected aspects of their work. As is reflected in the title, some contributions are in German and more are in English. More concretely, the volume divides into two parts, one dedicated to Hans Reichenbach and the other to Rudolf Carnap; after an opening essay they proceed from the more historical to the more systematic papers.

Carl Gustav Hempel, being among the first students of Hans Reichenbach in Berlin, was so kind to open the Reichenbach part with some personal reminiscences.

Erkenntnis **35**: 1–4, 1991.

The following contributions may serve as a supplement to the *Gesammelte Werke* of Hans Reichenbach edited by Maria Reichenbach and Andreas Kamlah. *Klaus Hentschel* reproduces Reichenbach's review of the first edition of the *Allgemeine Erkenntnislehre* (1918) of Moritz Schlick which has appeared in 1920 in an inaccessible place, and he explains how this may throw new light on the relation between Reichenbach and Schlick. With kind permission of Maria Reichenbach, the paper 'Das Raumproblem in der neueren Quantenmechanik' written by *Hans Reichenbach* around 1926, but never published appears here in English translation. In his subsequent essay *Andreas Kamlah* comments on this paper and explains why it is still of value today.

Hilary Putnam succintly draws the essential lines of Reichenbach's metaphysical conception which, as he emphasises, was very different from that of other logical empiricists.

Felix Mühlhölzer scrutinizes empirical and theoretical equivalence which has played so important a role in the thinking of Reichenbach as well as of Quine; he argues that the way they have conceived of these equivalences misrepresents structural facts of the world and the role of mathematics in science.

The next essays take up another issue which was crucial in Reichenbach's philosophy, namely his vindication of induction. *Wesley Salmon* returns to the issue by discussing difficulties of that vindication and reviewing rival attempts, and he arrives at the conclusion that Reichenbach's program may succeed in particular when his distinction between discovery and justification is observed. *Kevin Kelly* continues on the topic by explaining how Reichenbach's ideas, together with certain logical and computational techniques, have led to a formal theory of reliable solvability of inductive problems now called learning theory (not to be confused with empirical psychological learning theory) and by showing how this theory deals with standard problems in confirmation theory and with the hypothetico-deductive method.

The remaining essays are concerned with causation and explanation. *Clark Glymour, Peter Spirtes*, and *Richard Scheines* display the rich consequences of the screening off and the common cause principle, the principles by which Reichenbach has related causality to probability; in particular, they examine various algorithms for inferring causal dependencies from given data and background knowledge. *Hugh Mellor* elaborates on Reichenbach's famous probabilistic version of the causal theory of time and its direction, defending a strengthening of that theory and thereby amending his own work on time. *Nancy Cartwright* and *Martin Jones* deal with causation in quantum theory and the Einstein-Podolsky-Rosen paradox, the field which provides the severest test for Reichenbach's common cause principle; in particular they scrutinize the so-called robustness test for inferring causal relations which is associated with Reichenbach's ideas. In the conviction that Reichenbach would have done so as well, *Adolf Grünbaum*, finally, sharply criticises attempts of attributing to creation any explanatory value in modern cosmology.

The Carnap part is opened by *Richard Jeffrey*; in a marvelous six pages he manages to summarize and assess Carnap's achievements.

The following papers are concerned with the earlier Carnap. *Ulises Moulines* considers various views on Carnap's *Der logische Aufbau der Welt* and elaborates and amends his earlier interpretations of that work; in particular, he there discovers a theory of an ideal observer. In a critical comparison, *Verena Meyer* unfolds numerous systematic and terminological similarities between Carnap's *Aufbau* and Edmund Husserl's *Ideen zu einer reinen Phänomenologie und phänomenologischen Philosophie*. *Franz Kutschera* explains Carnap's physicalism and discusses its current chances, arguing that because of its difficulties in the philosophy of mind it is even in conflict with Carnap's pragmatic attitude towards ontological questions.

Turning to philosophy of language, *Jaakko Hintikka* makes out two fundamental and consequential conceptions of language, namely as the universal medium or as a calculus; and by studying the role of these conceptions in Carnap's thought he demonstrates their importance for contemporary philosophy. *Karel Lambert* provides a way of understanding both the traditional and free logic approaches to the treatment of definite descriptions (among them Carnap's) such that they all can be seen as different responses to a common problem. *Richard Creath* argues that Carnap's views on analyticity are defensible against Quine's criticism within his, Carnap's, epistemology, that Quine's alternative epistemology embracing his, Quine's, views on analyticity meets serious objections, and that the issue between Carnap and Quine is thus still open.

Gerhard Schurz presents his theory of relevant deduction in a very detailed way; he proposes solutions to various logical paradoxes, compares his theory with relevance logic and other relevance criteria, and he gives a great variety of applications in philosophy of science, ethics, cognitive psychology and artificial intelligence.

Inductive logic, as conceived by Carnap, finally, is a continuous concern; *Brian Skyrms* shows how it may be extended from the classical case of independent trials to Markov chains and thus to the most important case of dependence.

The collection is well rounded by the contribution of *Rainer Hegselmann* and *Geo Siegwart* who present interesting material concerning the history of the old *Erkenntnis*, how it was started and how it came to an end.

The volume is thus neither the proclamation of big philosophical programs nor a nostalgic enterprise. It is rather a document of on-going philosophical research, of a kind, I hope, which Hans Reichenbach and Rudolf Carnap would have liked.

WOLFGANG SPOHN

CARL G. HEMPEL

HANS REICHENBACH REMEMBERED

Hans Reichenbach's far-ranging and influential contributions to epistemology and the philosophy of science will be acknowledged and appraised in many contexts on the occasion of the one-hundredth anniversary of his birth. The following pages, however, are simply meant to record some personal recollections of Reichenbach as he affected one of his many students.

Reichenbach came to the University of Berlin in 1926, over strong philosophical opposition, but with stronger scientific support, especially by Einstein. I had by then been a student there for a year, after previous studies in Göttingen and Heidelberg. I promptly enrolled in a course with Reichenbach and was startled by his ideas on causality and determinism, which contrasted sharply with what I had been taught earlier, especially in courses on Kant's *Critique of Pure Reason*. Early on, I told him that I considered the principle of causality as true *a priori* and thus found it impossible even to imagine that it might be false. With a characteristic smile, and an aside on how limited one's imagination could be, Reichenbach said that evidently I had swallowed Kant's conception hook, line, and sinker; but not to worry: he was confident I would change my mind in light of the arguments he would be presenting. I did indeed change my mind on this subject and on many another; Reichenbach's ways of exploring philosophical issues came to exert a strong influence on the development of my thinking and led me into the arms of empiricism.

Reichenbach tended to be quite sure of his ideas, and occasionally too readily dismissive of dissenting views, but this did not affect his refreshingly receptive and informal way with students. At the time, many of the outstanding professors at German universities were virtually unapproachable to their students, specially beginners. I recall once running after Max Planck to ask whether I might put a brief question to him about a point he had made in his lecture. He did not even turn around. "Ask my assistant" he said, vanishing into his office. That was not rudeness or arrogance; it simply wasn't the job of a professor to bother with such questions.

Erkenntnis **35**: 5–10, 1991.
© 1991 *Carl G. Hempel. Printed in the Netherlands.*

It was quite different in Reichenbach's classes – and, happily, in those of some of my other academic teachers, among them Paul Bernays in Göttingen, Wolfgang Köhler and Kurt Lewin in Berlin, and many members of the Vienna Circle.

Reichenbach had a felicitous way of giving his students a sense of being engaged in a joint effort to solve problems of importance and even of being potential contributors to progress in the field. I am quite sure that he did not always have an answer to the questions he encouraged his students to explore. One of the seminars I took with him was devoted to an attempt at formalizing Hilbert's axiomatization of Euclidean geometry in the notation of *Principia Mathematica.* We encountered great difficulties with the axiom of completeness – Reichenbach himself did not know whether it could be formalized with the contemplated means. We tried hard and eventually concluded, I think, that it was indeed impossible.

But Reichenbach's interaction with his students was not restricted to the classroom. He took a strong interest in some of the personal problems, the plans, hopes, and doubts, of his students, and occasionally he joined some of them on an excursion to the lakes and woods in the environment of Berlin. My friend and fellow student Olaf Helmer, who took several of Reichenbach's courses, has spoken to me with much appreciation of this aspect of Reichenbach's sympathy and concern for his students.

Reichenbach's seminars sometimes adjourned to a nearby café, where broader issues of social and political concern were debated as well. The café also provided a welcome setting for ideological and often political conversations among Reichenbach and some of his colleagues at the Gesellschaft für empirische Philosophie, including Walter Dubislav of the Technische Hochschule and Kurt Grelling, the discoverer of the paradox concerning the term 'impredicable', a gifted mathematician and philosopher who taught at a high school in Berlin. This kind and humane man, who was of Jewish ancestry, was to die later in the gas chambers of Auschwitz.

The Gesellschaft für empirische Philosophie – in contrast to the Vienna Circle, which was a small closed discussion group of scholars – imposed no membership restrictions. Reichenbach, Dubislav, and Grelling were the leading figures. The group organized, each academic year, a series of lectures, open to the general public, which were held in the large, amphitheatrical auditorium of the Charité, the University's

Medical School. The lectures covered a wide range of topics, reflecting a distinct openness to diverse issues and approaches. The speakers included traditional philosophers as well as members of the Vienna and the Polish groups of methodologists and logicians, among them Carnap, Tarski, and Neurath. Some of the lectures dealt with psychoanalysis and other topics in psychiatry; the Berlin psychiatrist Alexander Herzberg was among the more influential members of the Gesellschaft. But I recall also a lecture-performance of an academically quite unorthodox kind. It was given by a man offering to duplicate and explain the various feats of a psychic then much in the public eye, named Hanussen. The occasion attracted an audience much larger than even the Charité could accommodate. I recall Dubislav, who could be quite brusque, scurrying about and urging the persons sitting on the steps between the aisles to leave voluntarily in conformance with fire-safety regulations: or would they rather have him call in the police? The speaker performed and explained a number of feats, such as finding hidden objects and reading the thoughts of persons in the audience.

In a letter to a fellow-student, dated November 6, 1929, I wrote about a lecture that Carnap gave at the Gesellschaft für empirische Philosophie on questions concerning Wittgenstein's logical atomism. The discussion lasted for four hours, the final two of them at a café, where the intensely involved participants – among them Reichenbach, Scholz, Bernays, Kurt Lewin, Grelling, Dubislav – became so agitated and noisy that they practically caused a public nuisance and made young couples at neighboring tables break off their tender exchanges.

The Gesellschaft für wissenschaftliche Philosophie in co-operation with its sister-organization, the Verein Ernst Mach in Vienna, sponsored the publication of the periodical *Erkenntnis*, which succeeded the *Annalen der Philosophie*, with Carnap and Reichenbach as editors. The first issue, which bears no publication date, must have appeared in 1930. Reichenbach wrote the introduction and played a leading role in guiding the further development of the journal.

The first issue contained articles by Schlick, Carnap, Dubislav, and Reichenbach. They clearly reflected what Schlick, in the title of his contribution, called 'Die Wende der Philosophie'. The next issue of volume 1 was devoted to a 'Report on the first convention on the epistemology of the exact sciences'; subsequent numbers addressed philosophical questions concerning biology, and the first issue of volume 2 included an article by the astronomer Erwin F. Freundlich on the question of the finitude of the universe, treated as an astronomical problem. All this bespoke a keen concern to avoid very general philosophical discussions, always seen as threatening a slide into 'meaninglessness', in favor of problems concerning specific aspects of scientific inquiry.

In 1928, I became acquainted with Carnap's *Der logische Aufau der Welt* and his less technical writings criticizing metaphysics. I decided to study in Vienna for a term – a plan that was reinforced when I met Carnap in person at the first *Tagung für die Erkenntnislehre der exakten Wissenschaften* in Prague, 1929, which was an important milestone in the development of logical empiricism. Reichenbach supported my idea, and his letter of introduction to Schlick produced an immediate invitation to join the discussions of the Vienna Circle, which, together with various courses I attended, had a lasting effect on my philosophical development.

It was not long after my return from Vienna, I think, that Reichenbach introduced me to Paul Oppenheim, an acquaintance of his who was a chemist by training, but who had also published a book and some articles on logical facets of concept formation in science. He wanted a critical appraisal of his ideas and advice on ways to improve and expand his conceptions. That was the beginning of a collaboration that was to continue for many decades, dealing with a variety of topics beyond those that started it; it was also the beginning of a deep friendship. With the advent of National Socialism, Oppenheim moved to Brussels; at his invitation, I joined him there in 1934. This made it possible for me to leave Germany and, with Carnap's help, to go to the United States in 1937. I hate to think of what might have become of me if Reichenbach had not put me in touch with Oppenheim.

After my return from Vienna, I began work on my doctoral dissertation, which dealt with the statistical concept of probability. Reichenbach agreed to be my thesis adviser ('Doktor-Vater'), and I began work with him. But in 1933 he was relieved of his position in Berlin because of his Jewish ancestry. He promptly accepted a professorship at the University of Istanbul, where he maintained his professional links to *Erkenntnis* and other enterprises by correspondence. He joined the faculty of the University of California in Los Angeles in 1938.

Reichenbach's dismissal made it necessary for me to seek new sponsors and examiners for my dissertation project; I am grateful to Wolfgang Köhler, with whom I had done course work, and to Nicolai

Hartmann, who did not know me at all, for having agreed to take on that role. I completed my dissertation, on problems of the frequentist conception of probability, on my own. But Reichenbach, who had introduced me to the subject, showed great interest in what I had written, and, although I had expressed reservations about details of his own view, he saw to it that a condensed version of my study was published in *Erkenntnis* in 1935. He added a response of his own, welcoming some of my ideas, but rejecting my critical doubts about his own conception of the subject.

The files of my correspondence with Reichenbach run from 1929 to 1951. They begin with an account I gave him in December of 1929 of my first impressions of Vienna and especially of the discussions in the Vienna Circle and of the courses I was taking with various philosophers at the University. Reichenbach had expressed a keen interest in these matters, and I wrote him at his request. Our subsequent correspondence ranged over many topics, among them editorial matters concerning *Erkenntnis*; requests for me to write reviews and to do extensive proof-reading – the latter also for some of his books; discussions of each other's manuscripts, information about mutual friends – among them Grelling, for whom Reichenbach wrote letters supporting his efforts to be admitted to the United States. In a letter written in December 1933, when Reichenbach was already in Istanbul, I reported to him about a meeting of the Gesellschaft für empirische Philosophie at which Dubislav had lectured on laws of nature: the meeting, I said, was less well attended than on earlier occasions, but the level of the discussion was still good. I also gave him accounts of disturbing events set in motion by National Socialism: the eminent mathematician Ludwig Bieberbach strutting about in a Nazi uniform, greeting his classes with the Hitler salute, and talking of the racial facets of mathematics.

Initially, the language of our correspondence was German, of course; in the mid-forties we changed to English. Reichenbach's first English letter informed me that he had recommended me for a vacancy at Vanderbilt University. Nothing came of the recommendation, but I had by then obtained a satisfying position at Queens College in New York.

In 1951, when I spent some time in Los Angeles, Reichenbach immediately offered to put me up at his house; when this proved impracticable for me, he and his wife extended warm hospitality to me during a short visit.

Reichenbach's letters to me were predominantly concerned with philosophical and editorial issues. This was so even when he had gone to Istanbul, which meant a radical change in his life. He did, however, make a few incidental remarks about his daily life and his teaching experiences. In November 1933, for example, he writes that he has to keep his lectures rather elementary, but hopes to be able gradually to raise the level of his courses. The interest of his students, he says, is touching, so that his work gives him much pleasure. He remarks on the surprises awaiting him and his wife on visits to mosques and bazaars. Once, they had just been to a bazaar and asked for a camel hair blanket for their bed whereupon the merchant brought them a heavy cover of the kind put on a camel's back for riding on it.

In subsequent letters, he mentions having a whole row of assistants with whom he can alternately speak German, French, and English, but whose philosophical training is rather weak. He also tells of lecturing on the history of philosophy, dealing with the thinkers in question more from a psychological and sociological perspective, which he finds quite an interesting mode of approach. Additionally, he refers to a colloquium held by a small circle of scholars speaking German. But, he adds, that group is only a weak substitute for the circle in Berlin.

In all, I remember Hans Reichenbach as a powerfully creative philosophical and scientific thinker and writer, as a dedicated and enlightened educator, and as a man deeply concerned with the human condition and dedicated to its enhancement. He was a Mensch.

Department of Philosophy
Princeton University
Princeton, NJ 08544
U.S.A.

KLAUS HENTSCHEL

DIE VERGESSENE REZENSION DER "ALLGEMEINEN ERKENNTNISLEHRE" MORITZ SCHLICKS DURCH HANS REICHENBACH – EIN STÜCK PHILOSOPHIEGESCHICHTE

ABSTRACT. Despite a renewed interest in the philosophical prehistory of logical empiricism, several texts by prominent figures such as, e.g., Moritz Schlick and Hans Reichenbach, published in non-standard journals, have escaped the notice of scholars. Here, a hitherto virtually unknown but significant review of Moritz Schlick's influential book *Allgemeine Erkenntnislehre* [1st ed. 1918] written by Hans Reichenbach in 1919/20 is reprinted together with comments about its background and the later development, relying on and citing from the unpublished correspondence between Schlick and Reichenbach in 1920. Since they later became the leading figures in the so called Vienna and Berlin circles respectively, this episode marks an important stage in the gradual emancipation of "scientific philosophy" from its (neo)Kantian roots.

1. EINFÜHRUNG

Das Oeuvre von Hans Reichenbach kann, zumal seit dem Beginn der Veröffentlichung der auf 9 Bände projektierten *Gesammelten Werke*, herausgegeben von Reichenbachs Witwe Maria Reichenbach zusammen mit Prof. Andreas Kamlah (Univ. Osnabrück), und einer englischen Edition von *Selected Writings*, 1909–1953. *In* 2 *Volumes*, ediert von Maria Reichenbach zusammen mit Robert S. Cohen (Boston Univ.) im Jahr 1978, insg. als gut greifbar gelten. Dennoch gibt es einzelne Texte, die in beide Editionen bedauerlicherweise nicht aufgenommen wurden. Dies gilt besonders für die zahlreichen Rezensionen und Zeitungsartikel Reichenbachs, aber auch für einige der zahlreichen Erwiderungen, die er auf Artikel anderer schrieb, an denen er etwas auszusetzen hatte. Da gerade in dieser Werkgruppe eine wichtige Facette der 'wissenschaftlichen Philosophie', nämlich ihre Diskussions- und Kritikfreudigkeit an den Äußerungen konkurrierender anderer zeitgenössischer Philosophenschulen und Gruppierungen, zum Ausdruck kommt, hielte der Autor eine Sammlung dieser Texte in Form

Erkenntnis **35**: 11–28, 1991.
© 1991 *Kluwer Academic Publishers. Printed in the Netherlands.*

eines Supplements zu den *Gesammelten Werken* für angebracht. Auch stilistisch bilden diese teilweise sehr knappen und oft erheiternden Miniaturen einen Kontrapunkt zu den längeren und notgedrungen trockenen Abhandlungen.[1] Einige davon sind aber nicht einmal in den Standard-Bibliographien der Veröffentlichungen Reichenbachs verzeichnet,[2] so daß davon auszugehen ist, daß diese selbst den wenigen Reichenbach-Spezialisten entgangen sind.

Im folgenden möchte ich eine an entlegener Stelle publizierte unfangreichere Buchbesprechung Reichenbachs wiederabdrucken, die beträchtliche philosophiehistorische Bedeutung hat, denn es ist von großem Interesse, was Reichenbach, die spätere Kernfigur des Berliner Kreises,[3] über Moritz Schlick, damals noch Rostock, aber bald Nachfolger auf dem Wiener Lehrstuhl Machs und Zentralfigur des Wiener Kreises, sagte. Gleichwohl ist mir noch keine einzige Verweisung auf diesen Text in der gesamten Sekundärliteratur zu Reichenbach und Schlick begegnet. Der bislang übersehene Text wird überdies ergänzt durch die hochinteressante Korrespondenz beider, die bislang nur wenigen Experten zugänglich war und hier in Ausschnitten zur Erläuterung einzelner Punkte mit herangezogen wird Auch der Autor stieß übrigens auf die bislang übersehene Rezension nur durch eine Erwähnung in der Korrespondenz Reichenbach-Schlick. Die Buchbesprechung ebenso wie die um 1920 sich entspinnende Korrespondenz sind Bestandteile der Phase, in der beide Philosophen Differenzen und Gewichtungsunterschiede ihrer Auffassungen über verschiedenste Topoi (Kant und der Apriori-Begriff, Sonderstellung der euklidischen Geometrie, Rolle von Konventionen und Prinzipien wie das der Einfachheit, Aufgabe und Grenze von Erkenntnistheorie, Logik und Psychologie u.s.w.) abklären und sich in ihren Überzeugungen aneinander annähern. Die Lektüre der Rezension im Verbund mit relevanten Passagen ihrer Korrespondenz um 1920 verschafft so faszinierende Einblicke in die Vorbereitungsphase, aus der später eine nach außen hin relativ homogen wirkende 'wissenschaftliche Philosophie' entstand. Da die Zeitschrift *Erkenntnis*, anfänglich herausgegeben von Reichenbach zus. mit Rudolf Carnap, das wichtigste Publikationsorgan der logischen (oder wie Schlick sagte 'konsequenten') Empiristen war, scheint es mir angebracht, diesen kommentierten Wiederabdruck in dessen Nachfolgeorgan zu unternehmen.

Das besprochene Werk, die *Allgemeine Erkenntnislehre* Schlicks, war 1918 in erster Auflage erschienen, wurde (nachdem es zwei Jahre vergriffen war) von Schlick 1925 in zweiter, erheblich veränderter Auflage wiederveröffentlicht, und 1979 vom Suhrkamp-Verlag, leider ohne jedes neue Vor- oder Nachwort, neu gedruckt. Ferner wurde 1974 in der *Library for Exact Philosophy* als deren Bd. 11 eine von Albert E. Blumberg besorgte englische Übersetzung des Schlick-Textes mit einer Einführung von Blumberg und H. Feigl veröffentlicht. Auch die signifikanten Veränderungen der 2. Auflage gegenüber der ersten sind leider in keiner dieser Editionen im Text markiert worden, sondern nur recht grob von Schlick im Vorwort zur 2. Auflage umrissen worden.[4] Keine dieser Publikationen der *Allgemeinen Erkenntnislehre* enthält einen Verweis auf die detaillierten Rezensionen z.B. durch Kranichfeld [1920] oder Boedke [1919], geschweige denn auf Reichenbachs Besprechung. Von letzterer wird im folgenden gezeigt, daß sich in diesen Textänderungen Schlicks auch seine Auseinandersetzung mit Reichenbach niedergeschlagen hat. Für die anderen Einflüsse, denen Schlick bei der Abfassung der *Allgemeinen Erkenntnislehre* und anderer epistemologischer Texte dieser Zeit ausgesetzt war, insb. auf die Bedeutung des Kontaktes von Schlick zu Einstein, muß ich hingegen auf die vorhandene Literatur verweisen.[5]

Sowohl aus Passagen der Korrespondenz Schlicks mit Reichenbach, die im folgenden zitiert werden als auch aus der Sekundärliteratur geht hervor, daß Schlick schon bald mit seiner *Allgemeinen Erkenntnislehre* nicht mehr zufrieden war. Während er Reichenbach gegenüber gestand, daß der letzte Teil dieses Werkes zu flüchtig geschrieben worden war und ein eigenes Werk erfordere, erwähnen Walter Hollitscher und Josef Rauscher als Herausgeber der posthum erschienenen *Naturphilosophie* Schlicks, daß Schlick die Absicht hatte, die *Allgemeine Erkenntnislehre*, die er "in vieler Hinsicht als veraltet empfand, völlig neu zu bearbeiten".[6]

2. DER TEXT DER REZENSION DER 'ALLGEMEINEN ERKENNTNISLEHRE' SCHLICKS DURCH REICHENBACH

Das weitere Vorgehen in diesem Artikel wird sein, daß ich zunächst den vollständigen Text der Rezension der *Allgemeinen Erkenntnislehre* Schlicks durch Reichenbach, ursprünglich erschienen in der *Zeitschrift für angewandte Psychologie*, Bd. *16* [1920], S. 341–343, wiederabdrucke, und danach absatzweise in den Abschnitten 3–7 kommentiere.

Zur erleichterten Bezugnahme wurde dem Text in eckigen Klammern eine Abschnittsnumerierung beigefügt.

Moritz Schlick, Allgemeine Erkenntnislehre. *Naturwissenschaftliche Monographien und Lehrbücher*, **1**. Herausgeber: Berliner und Pütter. Berlin, Julius Springer, 1918. 344 S. M.18,–.

[1] *Die philosophische Literatur unserer Tage läßt zwei Richtungen unterscheiden. Beiden ist das Schicksal gemeinsam, daß sie die einfachen Tatsachen, die dem Erkenntnisvorgang zugrunde liegen und die letzterdings nur individuell erlebt werden können, in Worte fassen wollen; aber während die eine bestrebt ist, diese Tatsachen durch die auflösenden Worte möglichst zu verdeutlichen, zu erhellen, scheint es Sinn und Aufgabe der anderen zu sein, sie möglichst zu verdunkeln. Das letztere ist natürlich immer durchführbar, denn Worte, die sich wie ein zäher Brei um die Tatsachen herumlegen, sind nur schwer kontrollierbar und in ihrer Leerheit oft ganz unwiderleglich. Es soll deshalb von vornherein konstatiert werden, daß die Schlicksche Darstellung zu der ersteren Richtung gehört, und dies muß in einer Zeit des zunehmenden philosophischen Dilettantismus (auch unter den beamteten Philosophen) als ihr erster Vorzug genannt werden.*

[2] *Ihr zweiter Vorzug ist der, daß sie in systematischem Aufbau kritisiert und ordnet, daß sie ein geschlossenes Gerüst von Begriffen aufführt und sich gar nicht scheut, die Dinge solange zu greifen und zu gestalten, bis sie sich diesem Gerüst einfügen. Auch dies ist eine dankenswerte Tat. Denn sie schafft ein wirklich diskussionsfähiges Gedankenwerk, dessen Erkenntniswert klar beurteilt werden kann. Es kommt hinzu, daß die Sprache getragen ist von einer wohltuenden Nüchternheit, die jede affektbetonte Einstellung, jede Vermischung ethischer Wertgefühle mit erkenntnistheoretischer Klärung, restlos ausschließt. Es kommt ferner hinzu, daß der Untersuchung eine fachmännische Kenntnis der theoretischen Naturwissenschaft, besonders der Physik, zugrunde liegt, so daß alle auf die exakten Wissenschaften bezüglichen Angaben als einwandfrei fundiert gelten können. Schlick ist einer von den ersten, die bereits die Resultate der Einsteinschen Relativitätstheorie für die Philosophie der Raumanschauung verwenden können. Freilich, Klarheit der Darstellung liegt nicht immer in der Überwindung der Probleme begründet, sondern kann gelegentlich aus der Vermeidung ihres eigentlich problematischen Kerns entspringen; und von diesem Vorwurf werden wir Schlick nicht immer freisprechen können.*

[3] *Seiner naturwissenschaftlichen Einstellung folgend, fußt Schlick auf der naiven Gegenüberstellung von Ding und Bewußtsein, von wirklichem Gegenstand und seiner Abbildung im Denken. Er wehrt sich allerdings dagegen, diese Abbildung als eine Wiederholung des Gegenstandes, als dem Ding irgendwie ähnliche Form zu betrachten. Abbildung bedeutet hier nur Zuordnung eines Zeichens, das selbst ganz beliebig aussehen kann, und wissenschaftliche Erkenntnis heißt danach lediglich Zuordnung eines Zeichensystems zu der Welt der wirklichen Dinge. Die sicherlich unhaltbare scholastische Definition der Wahrheit: Übereinstimmung der Vorstellung mit ihrem Gegenstande, wird dadurch für ihn inhaltlos, denn eine solche Übereinstimmung ist ganz unmöglich; wir können nur fordern, daß die Aussagen über denselben Gegenstand jederzeit unter sich übereinstimmen, und Wahrheit wird ihm daher gleichbedeutend mit: Eindeutigkeit der Zuordnung. Allerdings besitzen wir außer der Erkenntnis noch eine anschauliche Vorstellung des Gegenstandes. Aber diese Anschauung hat mit Erkenntnis nichts zu tun. Sie ist lediglich die Art und Weise, wie unsere Sinnesorgane einen Eindruck darbieten, daher sind die Anschauungsqualitäten der einzelnen Sinne ganz verschieden, der Gesichtsraum z.B. ist von ganz anderer Struktur als der Tastraum. Der physikalische Raum aber ist gar nicht anschaulich, er ist lediglich ein Bezugssystem von Koordinaten, in das wir die Dinge einordnen. Darum können wir auch über diesen Raum gar nichts a priori aussagen, z.B. nicht, daß er euklidisch sei; es bleibt Aufgabe der Erfahrung, diejenige Geometrie zu bestimmen, welche die einfachste Formulierung der Naturgesetze ermöglicht. (Nach Einstein ist dies eine Riemannsche Geometrie mit veränderlichem Krümmungsmaß.) Ebensowenig ist der Raum eine Eigenschaft der wirklichen Dinge; er ist nur das Ordnungsschema, in das wir die Dinge hineinverlegen.*

[4] *Diese Lehre von der Anschauung hat zweifellos einen wesentlichen Erfolg: sie ermöglicht es, die Einsteinsche Gravitationstheorie in die Philosophie aufzunehmen. Aber sie scheint mir eins von den Gebieten zu sein, die Schlick gerade da abschließt, wo die wirklichen Probleme erst anfangen. Der Sehraum, der Tastraum, der physikalische Raum, alle sind nicht euklidisch. Welcher Raum ist nun eigentlich euklidisch? Es ist doch eine nicht abzuleugnende Tatsache, daß der euklidische Raum noch irgendeine Vorzugsstellung für uns besitzt. Woher kommt der Zwang, der jeden Unbefangenen immer wieder veranlaßt, an das Parallelenaxiom zu glauben, obgleich es gar nicht physikalisch gilt? Mit dem Schlagwort "Gewöhnung" ist das nicht abgetan. Es ist fraglich, ob*

die Psychologie oder die Erkenntnistheorie die Frage einmal beantworten wird. Schlick würde sie der Psychologie zuweisen; aber er deutet den Weg der Lösung nicht an.

[5] *Vollzieht sich die Erkenntnis in Begriffen und Urteilen, so tut sich die Kantische Fragestellung vor uns auf, die in der Aufzeigung synthetischer Urteile a priori gipfelte. Schlick geht auf diese Frage sehr ausführlich und ganz systematisch ein. Die analytischen Urteile sind leicht zu erledigen, da sie lediglich eine Wiederholung des Vorausgesetzten besagen. Synthetische Urteile a priori aber verneint Schlick. Daß er die anschaulich gewonnenen verneint (die transzendentale Ästhetik Kants), folgt aus seiner Lehre von der Anschauung, der er jede Bedeutung für die Erkenntnis abspricht; daß er aber die rein begrifflichen unter ihnen ablehnt (Kants transzendentale Analytik), scheint mir aus seiner Begründung nicht gerechtfertigt. Denn die Kantsche Fragestellung: "welches sind die Voraussetzungen der Erkenntnis?" bleibt auch für ihn bestehen, auf das Kausalitätsproblem wendet er selbst diese Fragestellung an; räumt man aber einmal die Existenz solcher aller Erkenntnis vorausgehenden Sätze ein, so ist ihre Sonderstellung gegeben, und der Name tut schließlich nichts mehr zur Sache. Es hätte vielmehr die Frage aufgeworfen werden müssen, ob es nicht außer der Kausalität, noch andere derartige Voraussetzungen der Erkenntnis gibt. Es scheint, als ob Schlick in seinem Bestreben, den Erkenntnisvorgang auf ein einfaches Schema zu bringen, hier die Tatsachen allzu sehr verzerrt hätte. So hätte ihn die Analyse des Wahrscheinlichkeitsproblems zu neuen derartigen Erkenntnispostulaten geführt, anstatt zu einer unglückseligen Reduktion des Wahrscheinlichkeitsurteils auf eine Konstatierung von Bedingungskomplexen.*

[6] *Hier liegen die Grenzen der Schlickschen Arbeit. Sie fußt zwar auf dem ganzen Unterbau, den mathematische und physikalische Analyse in jüngster Zeit für die Erkenntnistheorie aufgerichtet haben, aber sie führt den Ban nicht fort. Sie liefert eine zum Teil vorzügliche Kritik anderer Systeme (von schönem logischem Aufbau ist z. B. die ausführliche Kritik des Positivismus), sie verweilt mit ordnender Gründlichkeit auf dem Urteilsproblem, z. B. in der Reduktion aller aristotelischen Schlußformen auf eine einzige, in der Lehre von den impliziten Definitionen. Wegen seiner guten Darbietung des Materials erscheint das Buch als 'Lehrbuch des Studenten, als Grundlage von Seminardiskussionen vorzüglich geeignet. Es reißt alte Vorurteile eingewurzelter (oft unbemerkter) Metaphysik nieder, aber es vermag nicht, den neuen Bau zu*

errichten, der von vielen vorgeahnt noch auf die schaffende Hand wartet. Vielleicht liegt das daran, daß doch die naive Abbildungstheorie für den Erkenntnisvorgang nicht zureicht, insbesondere den Relationsbegriff nicht erschöpfen kann, wie Schlick es glaubt. Vielleicht auch daran, daß Schlicks Erkenntnistheorie, die man psychologistisch nennen kann, nicht psychologisch genug ist, d.h. nicht bis in jene Tiefen vordringt, wo das Psychologische in das Logische übergeht. Vielleicht wird ihm die Psychologie, die sich nicht, wie er es will, auf Gehirnphysiologie reduziert, einmal die Fortführung bringen, die er nicht geben kann.

[7] *Aber als gründliche. ordnende und reinigende Leistung, als tapfere, anti-metaphysische Tat, als ein Wegweiser, die Dinge beim rechten Namen zu nennen, soll sein Buch die gebührende Achtung finden.*

HANS REICHENBACH

3. ZUM SELBSTVERSTÄNDNIS DER 'WISSENSCHAFTLICHEN PHILOSOPHEN'

Die ersten beiden Absätze der vorstehenden Rezension umreissen ein gegenüber der traditionellen Rolle des Philosophen verändertes Selbstverständnis einer neuen Generation von fachwissenschaftlich ausgebildeten Naturwissenschaftlern und Mathematikern,[7] die bestrebt waren, die Philosophie zu verwissenschaftlichen, d.h. sie auf einen Standard zu bringen, der dem der Naturwissenschaften in Klarheit und logischer Strenge in nichts nachsteht. Dies bedeutet zunächst *negativ* die Ablehnung all der zeitgenössischen Philosophenschulen, die ihre Worte "wie einen zähen Brei um die Tatsachen herumlegen" – Reichenbach denkt hier z.B. an die Brentano-Schule, an die Phänomenologen und überhaupt große Teile der zeitgenössischen Schulphilosophie. Aus dieser Abwehrhaltung gegenüber herkömmlichem Philosophieren verstehen sich die harten Worte gegen den "zunehmenden philosophischen Dilettantismus (auch unter den beamteten Philosophen)", deren natürliche Folge dann die war, daß diese 'wissenschaftlichen Philosophen' es schwer hatten, sich in den akademischen Institutionen, den Fakultäten der Universitäten für Philosophie, niederzulassen. So wurde Reichenbach z.B. auf Betreiben Einsteins und Plancks und unter massivem Widerstand des philosophischen 'Establishments' in Berlin ein Lehrstuhl in der Fakultät für Physik vermittelt, nachdem verschiedene Versuche an anderen Orten gescheitert waren;[8] Schlick erhielt zwar den einflußreichen Lehrstuhl Machs für 'Philosophie, insb. Wissenschaftstheorie und-geschichte' an der Universität Wien, konnte aber kaum einem seiner Schüler eine akademische Position verschaffen,[9] und litt selbst unter permanenten Anfeindungen, die letztlich auch zu seiner Ermordung im Jahr 1936 führten.

Positiv bedeutete diese Orientierung an dem methodischen Vorbild der Naturwissenschaften, besonders der Physik, den Versuch, die Resultate philosophischen Arbeitens ebenso nachprüfbar und intersubjektiv zu machen. Mittel dazu waren der klare Aufbau der Texte, die übersichtliche Organisation in Textformen ähnlich denen naturwissenschaftlicher Lehrbücher,[10] die "wohltuende Nüchternheit" der Sprache und die klare Trennung von Konstatierung und Hypostasierung, von Beschreibung und Bewertung.[11] Schlicks *Allgemeine Erkenntnislehre* erschien dann auch nicht zufällig als Band 1 einer naturwissenschaftlichen Lehrbuch- und Monographienreihe, und schon in seiner Vorrede plazierte Schlick seine "Behauptung einer natürlichen Zusammengehörigkeit", einer "gegenseitigen Abhängigkeit und Durchdringung", von Philosophie und Naturwissenschaft.[12] Diese Absage an das traditionelle Verständnis der Philosophie als krönende Dachwissenschaft, die den Ergebnissen der Einzelwissenschaften ihren Platz im Erkenntnisganzen zuweist, war positiv gewendet die Aufforderung zu einem neuen Selbstverständnis der wissenschaftlichen Philosophen, die philosophische Prinzipien in der "Tiefe aller Wissenschaften" zu suchen bereit waren:

> die Philosophie [ist] nicht eine selbständige Wissenschaft, die den Einzeldisziplinen nebenzuordnen oder überzuordnen wäre, sondern das Philosophische steckt in allen Wissenschaften als deren wahre Seele, kraft deren sie überhaupt erst Wissenschaften sind. Jedes besondere Wissen, jedes spezielle Erkennen setzt allgemeinste Prinzipien voraus, in die es schließlich einmündet und ohne die es kein Erkennen wäre. Philosophie ist nichts anderes als das System dieser Prinzipien, welches das System aller Erkenntnisse verästelnd durchsetzt und ihm dadurch Halt gibt; sie ist daher in allen Wissenschaften beheimatet, und ich bin überzeugt, daß man zur Philosophie nicht anders gelangen kann, als indem man sie in ihrer Heimat aufsucht.[13]

Während die seit Hegel in Verruf gekommene Naturphilosophie traditionellen Schlages Ergebnisse und Probleme der Naturwissenschaft bestenfalls als Ausgangspunkt betrachtet hatte, bemühten sich Reichenbach und Schlick um eine aus "fachmännischer Kenntnis der theoretischen Naturwissenschaft, besonders der Physik" erwachsende Aufklärung ihres philosophischen Kerns.[14] Die dabei verfolgte Strategie nannte Reichenbach seit 1920 "wissenschaftsanalytische Methode".[15] Primat hierbei war die korrekte Wiedergabe des Sach- und Problemstandes. Darum war es für Reichenbach wesentlich, wenn er Schlick in seiner Rezension bescheinigen konnte, daß bei ihm "alle auf die exakten Wissenschaften bezüglichen Angaben als einwandfrei fundiert gelten können". Ihm war bekannt, daß Schlick bei Max Planck in Physik promoviert worden war – auch Reichenbach hatte in Berlin, Göttingen und München Mathematik, Philosophie und Physik studiert und u.a. bei Planck, Born, Cassirer, Hilbert und Sommerfeld Vorlesungen gehört. In seiner Dissertation behandelte er die Anwendung der Wahrscheinlichkeitstheorie in der Physik. Als Einstein 1914 von Max Planck nach Berlin geholt wurde, war Reichenbach unter seinen ersten Zuhörern bei öffentlichen Vorlesungen und Vorträgen.[16] Auch Schlick interessierte sich schon bald für die von Einstein 1905 vorgelegte 'Elektrodynamik bewegter Körper' und dessen seit 1907 unternommenen Verallgemeinerungsversuche dieser Relativitätstheorie auf alle, auch beschleunigte, Bewegungsformen. So war Schlick dann auch zwar nicht der erste Philosoph, der die Ergebnisse der speziellen Relativitätstheorie Einsteins zu interpretieren versuchte,[17] aber der erste, dem Einstein bescheinigte, daß er in seiner Deutung wesentliche Aspekte der Theorie begriffen und in fruchtbarer Weise ausgeleuchtet hatte.[18]

4. SCHLICKS ERKENNTNISTHEORIE

Im dritten Absatz (S. 342 oben) referiert Reichenbach Schlicks Zuordnungstheorie der Erkenntnis, in der Erkennen *nicht* der adequatio rei ad intellectus-Formel gemäß aufgefaßt wird.[19] Für Schlick besteht Erkenntnis in einer Zuordnung von Zeichen, die miteinander derart verknüpft sind, daß deren Relationen die Beziehungen zwischen 'wirklichen Dingen' abzubilden vermögen. Als Bedingung für die widerspruchsfreie Durchführung dieser Zuordnungen fordert Schlick die Eindeutigkeit dieser Zuordnung von Zeichen zu Bezeichnetem. Dann, wenn diese nicht gegeben ist, entstehen Irrtümer, Scheinprobleme, Denkfehler und Begriffsverwirrungen. Bei der 'Abbildung' von Sachverhalten in die Zeichensysteme (Sprache bzw. Formeln) geht es also keineswegs um das Bewahren irgendwelcher anschaulicher Qualitäten, sondern nur um die Erstellung widerspruchsfreier Zeichensysteme. Gerade in der Alltagssprache ist weder die Eindeutigkeit von Zuordnungen noch die Widerspruchsfreiheit des Zeichensystems leicht überschaubar – auch für viele Philosopheme seiner Zeitgenossen galt das gleiche. Somit versucht Schlick hier über die Erkenntnistheorie zu begründen, warum die Begriffssysteme so vieler Philosophenschulen seiner Zeit sich in unlösbare Probleme verstrickten, von denen hier nur das Leib-Seele-Problem genannt sei. Die Konsequenz daraus ist für Schlick (ebenso wie für Reichenbach) zunächst eine erneute Bestätigung des im Abschn. 3 bereits besprochenen Programms, möglichst klar und schlicht zu formulieren. Darüber hinaus trieben gerade die mathematischer orientierten Mitglieder des späteren Wiener und Berliner Kreises die Forderung auch noch weiter und bemühten sich um eine formalisierte Darstellung ihrer Aussagen unter Zuhilfenahme der formalen Logik, deren Kalkül gerade durch Peano, Frege und Russell entwickelt worden war: daher das Beiwort 'logisch' im 'logischen Empirismus' bzw. 'logischen Positivismus' der dreißiger Jahre.[20]

5. PHYSIKALISCHER RAUM UND EUKLIDISCHE GEOMETRIE

Im zweiten Teil dieses dritten Absatzes illustriert Reichenbach diese Erkenntnistheorie Schlicks am Beispiel des Raum-Konzeptes. Der Mensch hat räumliche Sinnesempfindungen vermöge seiner Seh-, Hör- und Tastorgane, aber sobald er diese Empfindungen sprachlich zu fassen versucht, verlieren diese Abbildungen ihren anschaulichen Charakter.

> Es gibt nicht nur einen anschaulichen Raum, sondern so viele als wir räumliche Sinne besitzen [. . .]. Alle diese sind unter sich von Grund aus verschieden, der Raum des Geometers dagegen ist nur *einer* und er ist nicht identisch mit irgendeinem von jenen, sondern hat ganz andere Eigenschaften als sie [. . .]. Es ist eine begriffliche Konstruktion und entsteht aus den räumlichen Daten der einzelnen Sinne mit Hilfe der früher geschilderten Methode der Koinzidenzen, welche die einzelnen Elemente der subjektiven Räume einander eindeutig zuordnet, was dann zur Bildung des Begriffes der 'Punkte' des objektiven Raumes führt.
>
> Dieser objektive Raum (auch der des täglichen Lebens) ist etwas zu den anschaulich-räumlichen Daten der Wahrnehmung *Hinzu*gedachtes, und es ist genau so leicht, nicht-euklidische Verhältnisse hinzuzudenken wie euklidische, denn es handelt sich ja nur um die Hinzufügung von *Begriffen*, durch welche die anschaulichen Daten interpretiert, aber in ihrem Bestande natürlich ganz unverändert gelassen werden.[21]

Indem Schlick insb. den physikalischen Raum zu einem abstraktem Zeichensystem erklärt, unterläuft Schlick die Strategie all der Phänomenologen und einiger Neukantianer, die über den physikalischen

Raum aufgrund vermeintlicher 'intuitiver' Einsichten, die aus der Raumanschauung gewonnen worden sind, Aussagen machen zu können glaubten. Es ist nicht die Sache der Philosophie, ohne Hinzuziehung von empirischem Wissen (a priori) zu entscheiden, welche Geometrie der Raum habe. Während die Kantianer dies über die transzendentale Ästhetik zu ermitteln versuchten und Konventionalisten wie Poincaré und Dingler aus Einfachheitserwägungen dem Euklidischen Raum eine Sonderstellung zuwiesen,[22] verweist der Empirist Schlick darauf, daß es selbst bei Einbeziehung der Einfachheitsforderung an das Zeichensystem eine "Aufgabe der Erfahrung" bleibt, die Geometrie des physikalischen Raumes zu ermitteln.[23]

Im vierten Absatz wird klar, worauf alle diese Betrachtungen hinzielen: auf die verallgemeinerte Theorie der Relativität und Gravitation von Einstein, in deren Feldgleichungen dieser Ende 1915 einen neuen Zusammenhang zwischen Masseverteilung und durch diese induzierter Geometrie angegeben hatte – besonders in der nahen Umgebung großer Massedichten war die Geometrie Einstein zufolge nicht mehr euklidisch, sondern Riemannsch. Dies äußert sich z.B. in kleinen Änderungen der Lichtausbreitung (nachweisbar für Fixsternlichtstrahlen in Sonnenrandnähe bei Sonnenfinsternissen) sowie in Abweichungen von den Newtonschen Bewegungsformen von Körpern im Gravitationsfeld großer Massen (Merkurperiheldrehung). Während viele Neukantianer auf diese neuen Entwicklungen in der Physik mit einer Immunisierungsstrategie reagierten, vermöge der ihre apodiktischen Bestimmungen über die 'Anschauungsform Raum' davon nicht betroffen seien,[24] bemühten sich Schlick seit 1915 (und Reichenbach seit 1920), die "Einsteinsche Gravitationstheorie in die Philosophie aufzunehmen".[25]

6. SCHLICK UND REICHENBACH ZUM KANTISCHEN APRIORI

Am Ende des vierten und im fünften Absatz kommt die 1920 noch bestehende Differenz der Auffassungen von Schlick und Reichenbach in Punkto Transzendentalphilosophie zur Sprache. Während Schlick, der ebenso wie Reichenbach in frühen Jahren kantianisch geprägt war, bei seiner Abfassung der *Allgemeinen Erkenntnislehre* bereits einen ablehnenden Standpunkt gegenüber dem Apriorismus gewonnen hat,[26] versucht Reichenbach in dieser Zeit noch mit seinem Buch *Relativitätstheorie und Erkenntnis a priori*, eine Revision der Kantischen Ausführungen zu unternehmen, die den Resultaten der modernen Naturwissenschaft gerecht wird.[27] Dabei ging Reichenbach so vor, daß er zwei Bedeutungen des Kantischen Apriori aufwies: einmal wurde es von Kant im Sinne von 'für alle Zeiten, apodiktisch gültig' gebraucht, und dann stand apriori auch für 'den Gegenstandsbegriff konstituierend', als Kurzformel für Kants transzendentalphilosophische Erkenntnistheorie.[28] Reichenbach versuchte nun, den zweiten Sinn von Apriori beizubehalten, hingegen die apodiktischen Festsetzungen, die Kant selbst in der *Kritik der reinen Vernunft* und den *Metaphysischen Anfangsgründen der Naturwissenschaft* getroffen hatte, zu lockern und dem fortgeschrittenen Wissen anzupassen. Durch die Abschwächung des Apriori-Begriffes erhoffte sich Reichenbach, "daß dieser Begriff mit der Relativitätstheorie nicht mehr in Widerspruch tritt, daß vielmehr die Relativitätstheorie durch die Gestaltung ihres Erkenntnisbegriffes als eine Bestätigung seiner Bedeutung angesehen werden muß."[29] Diesem Versuch einer Anpassung der kantischen Transzendentalphilosophie an die veränderten Inhalte der Naturwissenschaft im 20. Jahrhundert sprach Schlick im ersten erhaltenen Brief seiner Korrespondenz mit Reichenbach ein großes Kompliment aus, wenn er Reichenbachs Buch "bei weitem das Scharfsinnigste" nannte, "was bisher in erkenntnistheoretischer Absicht über die Relativitätstheorie geschrieben wurde".[30] Die sich an diese vielversprechende Kontaktaufnahme anschließende Korrespondenz beider war der Klärung offener Fragen und der noch verbleibenden Meinungsverschiedenheiten zwischen Reichenbach und Schlick gewidmet. Am 26. Nov. 1920 schreibt Schlick aus Rostock, in der Hoffnung, "durch gegenseitige Annäherung schließlich zu einer Übereinstimmung zu gelangen", an Reichenbach:

> Wie Sie ganz richtig bemerkten, habe ich in meinem Verhältnis zur Kantschen Philosophie hauptsächlich die negative Seite betont, während Sie alles Haltbare daran in der freundlichsten Weise hervorkehren; und dadurch erscheint die Kluft zwischen uns größer als sie in Wirklichkeit ist. Sie werden mir gewiß glauben, daß ich im Grunde vor dem alten Königsberger einen gewaltigen Respekt habe. Aber ich muß bekennen, daß mir in allen seinen großen Kritiken doch ein reaktionärer Geist am Werke zu sein scheint. Kant war eingestandenermaßen in die Metaphysik verliebt, und als der Positivismus Humes ihn im Innersten erschüttert hatte, blieb sein sehnlichster Wunsch, zu retten, was sich an Notwendigem und Allgemeingültigem retten ließ. Synthetische Sätze dieser Art glaubte er in der Mathematik und in der "reinen Naturwissenschaft" vorzufinden, und er erklärte sie und rechtfertigte ihre Geltung, indem er die allgemeinsten Gesetze der Natur*wissenschaft* zugleich als die Prinzipien der Natur*erkenntnis* enthüllte (als Prinzipien der Möglichkeit der Erfahrung). Mit anderen Worten (denn für ihn war dies dasselbe): er identifi-

zierte die evidenten allgemeinen Sätze der Naturwissenschaft mit den Prinzipien, die den Erfahrungsgegenstand konstituieren. Gerade hierin, d.h. in der Vereinigung der beiden von Ihnen sehr richtig unterschiedenen Begriffe des Apriori, scheint mir ein so wesentlicher Gedanke des Kritizismus zu liegen, daß man nicht daran rütteln kann, ohne sich weit außerhalb der Kantischen Philosophie zu stellen. Da Sie nun jene Identifizierung mit derselben Energie ablehnen wie ich, so sind wir m.E. beide weit davon entfernt, Kantianer zu sein. Ich bitte Sie, im Zweifelsfalle folgendes zu bedenken. (1) das Apriori im ersten Sinne (evidenz, apodiktisch giltig [!]) ist ja ganz gewiß nicht für den Kritizismus charakteristisch, sondern bildet von Descartes her ein altes Erbstück der Philosophie; (2) bei der zweiten Art des apriori (Gegenstandsbegriff bestimmend) hat Kant zwar das große Verdienst der ausdrücklichen scharfen Formulierung, der Sache nach aber wird es implizite von jeder Erkenntnistheorie anerkannt, der Leibnizschen wie der Humeschen, und eine Ausnahme bildet nur der extremste Sensualismus, von dessen Unhaltbarkeit ich natürlich ebenso wie Sie überzeugt bin. Mir ist die Voraussetzung gegenstandskonstituierender Prinzipien so selbstverständlich, daß ich, zumal in der "Allg[emeinen]. Erkenntnisl[ehre].", nich nachdrücklich genug darauf hinwies [. . .]. Es ist ganz klar, daß eine Wahrnehmung nur dadurch zur 'Beobachtung' oder gar zur 'Messung' wird, daß gewisse Prinzipien vorausgesetzt werden, durch die dann der Begriff des beobachtenden oder gemessenen Gegenstandes aufgebaut wird. In diesem Sinne sind die Prinzipien a priori zu nennen – Kant aber würde uns unzweifelhaft sagen, daß *dies* Apriori *allein* keinen Pfifferling wert sei; es komme vielmehr darauf an, daß jene Prinzipien identisch mit den evidenten Axiomen wären (z.B. Kausalsatz, Substanzgesetz); erst dann haben sie alle Merkmale des Kantischen Apriori. Es bestehen ja aber außerdem noch die beiden Möglichkeiten, daß jene Prinzipien Hypothesen oder daß sie Konventionen sind. Nach meiner Meinung trifft gerade dies zu, und es ist der Kernpunkt meines Briefes, daß ich nicht herauszufinden vermag, worin sich Ihre Sätze a priori von den Konventionen eigentlich unterscheiden – sodaß wir also im wichtigsten Punkte einer Meinung wären.[31]

Im weiteren setzte Schlick dann noch seine Auffassung der Bedeutung von Konventionen in der Naturwissenschaft auseinander.[32] Reichenbachs Antwort stellt einen weiteren Schritt in der allmählichen Annäherungen der Auffassungen von beiden über die Kantische Philosophie dar – weil auch Reichenbachs Rezension des Werkes von Schlick darin erwähnt wird, soll auch aus diesem Schreiben Reichenbachs an Schlick vom 29. Nov. 1920 etwas ausführlicher zitiert werden:

Dass Ihre Auffassung mit meiner in der konstitutiven Bedeutung der Zuordnungsprinzipien so weitgehend übereinstimmt, ist mir eine grosse Freude. Ich hatte nach der Lektüre Ihrer "Allgemeinen Erkenntnislehre" geglaubt, dass Sie darin anders urteilen würden, weil Sie dort das "Ding an sich" so definieren, wie die Kantianer sonst den Gegenstand der Erscheinung definieren.[33] Darum habe ich seinerzeit in einer Besprechung in der Zeitschrift für angewandte Psychologie (ich kann Ihnen leider kein Exemplar beilegen, da ich keines mehr besitze) manches an Ihrem Buche ausgesetzt, was ich heute, nach Ihrem ausführlichen Brief, nicht mehr sagen würde. [. . .]

Ueber die Beurteilung der Kant'schen Philosophie sind wir uns nun, glaube ich, im wesentlichen einig. Dass meine Kritik einen Bruch mit einem sehr tiefen Prinzip Kants bedeutet, glaube ich auch (vergl. S. 89 meines Buches). Wenn es mir trotzdem schien, dass meine Auffassung als eine neuere Fortführung der Kant'schen angesehen werden kann, so liegt das wohl daran, dass mir die Betonung des konstitutiven Charakters im Objektbegriff immer als das Wesentlichste bei Kant erschienen ist – vielleicht nur deshalb, weil ich persönlich diese Gedanken zuerst durch Kant gelernt habe. Es ist so schwer zu sagen, was Kant selbst für den Kern seiner Lehre gehalten haben würde. [. . .]. Auch glaube ich, aus meiner grossen Hochachtung gegen Kant heraus, dass er, wenn er heute lebte, die Relativitätstheorie anerkennen würde, und seine Philosophie ändern würde, und ich würde Kant gern vor den Kantianern bewahren. – Aber, ob man meine Ideenrichtung dann noch Kantianismus nennen soll, ist mir[!] noch eine terminologische Frage, und wohl besser zu verneinen.[34]

Somit zeigt sich, daß Reichenbach durch diesen Briefwechsel mit Schlick bereits einige der kritischen Passagen in seiner Rezension des Werkes von Schlick zurückzunehmen bereit ist, während beide in ihrer Kritik anderer Teile der *Allgemeinen Erkenntnislehre* völlig übereinstimmen.

Die kritischen Bemerkungen Reichenbachs im 7. (vorletzten) Absatz seiner Rezension, insb. über Reichenbachs Vorstellung zum Übergang des Psychologischen in das Logische, dürften in Anbetracht dieses späteren Annäherungsprozesses nur als Dokument einer Zwischenphase gesehen werden, die beide Denker, geeint in ihrer Kritik anderer zeitgenössischer Philosopheme und in ihrem Programm des Niederreißens der "Vorurteile eingewurzelter Metaphysik" im Jahr 1920 durchschritten.[35]

DANKSAGUNGEN

Für die Genehmigung zum Abdruck des Reichenbach-Textes und der Ausschnitte aus Briefen Reihenbachs an Schlick danke ich Frau Prof. Maria Reichenbach (Pacific Palisades, CA) sowie dem *Archive of Scientific Philosophy in the Twentieth Century*, Pittsburgh, das den Reichenbach-Nachlaß verwahrt. Für die Schlick-Briefe an Reichenbach gestattete mir freundlicherweise Herr Prof. Dr. A. J. Kox i.A. der Vienna Circle Foundation in Amsterdam und der Tochter Schlicks Frau Barbara Van de Velde-Schlick die wörtliche Wiedergabe einiger Ausschnitte. Für konstruktive Kritik zu einer früheren Fassung dieses Aufsatzes danke ich Frau Prof. Maria Reichenbach, Pacific Palisades, Ca., USA.

NOTES

[1] man siehe z.B. Reichenbachs 17-zeilige Rezension von H. Schmidt [1920] in *Naturwissenschaften* **8**, S. 925, in der er sich über die Darstellung der Relativitätstheorie im "schöngeistigen Gewande", verpackt in "sentimentaler Weltallsromantik", mokiert.
[2] z.B. in Reichenbach [1978] bzw. in Zittlau [1981], S. 292–309.
[3] siehe dazu z.B. Strauss [1963], Hecht u. Hoffmann [1988], Hentschel [1990].
[4] man vergleiche hierzu: Diederich [1974] S. 93ff. und Hentschel [1984].
[5] siehe z.B. Howard [1984], Hentschel [1984], [1985].
[6] in Schlick [1948] S. 14, Anm. 9.
[7] der erste Wiener Kreis bildete sich bereits um 1910 und geht zurück auf den Mathematiker Hans Hann, den Physiker Philipp Frank und Otto Neurath – siehe Haller [1985].
[8] eine von Prof. Andreas Kamlah vorbereitete Reichenbach-Briefedition wird auch hierzu aufschlußreiches Material beinhalten; vgl. ferner Hecht u. Hoffmann [1982].
[9] vgl. dazu Stadler [1979].
[10] die *Allgemeine Erkenntnislehre* ist gegliedert in 3 Teile, deren dritter in 3 Untergruppen, ferner gibt es eine durchgehende Abschnittszählung.
[11] Die "Vermischung ethischer Wertgefühle mit erkenntnistheoretischer Klärung" wurde ja gerade der traditionellen Philosophie vorgeworfen.
[12] Schlick [1918]c S. 7.
[13] Schlick [1918]c S. 7.
[14] vgl. z.B. Hecht u. Hoffmann [1987].
[15] siehe z.B. Reichenbach [1920]a S. 5, 71f.: "man muß sich darüber klar werden, daß es auch für die Erkenntnistheorie kein anderes Verfahren gibt, als festzustellen, welches die in der Erkenntnis tatsächlich angewandten Prinzipien sind".
[16] vgl. M. Reichenbach [1965].
[17] schon seit 1910 gibt es erste Deutungsversuche, u.a. von Natorp, Hönigswald und anderen Neukantianern – siehe dazu Hentschel [1987], [1989].
[18] siehe Einsteins Brief an Schlick am 14. dez. 1915 nach seiner Lektüre von Schlick [1915]; teilw. zitiert in Hentschel [1986] S. 478.
[19] vgl. hierzu Schlick [1918] 1. Teil: "Das Wesen der Erkenntnis".
[20] detailliertere Darlegungen zum log. Empirismus bieten z.B. Reichenbach [1936], Schlick [1937], Hegselmann [1988], Hentschel [1989] Abschn. 4.7.
[21] Schlick [1918]c S. 394f., Hervorh. Orig.
[22] siehe dazu z.B. Diederich [1974], Hentschel [1989] Abschn. 4.5.
[23] siehe dazu Schlick [1918]c § 38, S. 390ff., [1921].
[24] siehe dazu z.B. Reichenbach [1921]d, [1928]c, Schlick [1921], Hentschel [1987].
[25] Zitat aus dem 4. Absatz der Rez. Reichenbachs; siehe z.B. Schlick [1915], [1917], [1948] § 7–9; Reichenbach [1920]a, [1921]d, [1928]. Zu den Details dieser Interpretation vgl. Hentschel [1989] Abschn. 4.6–4.7.
[26] siehe etwa Schlick [1918]c § 38–40 sowie S. 94f., 266ff., 345ff., Schlick [1921].
[27] siehe Reichenbach [1920[a; vgl. Hentschel [1989] Abschn. 4.1.4.
[28] siehe dazu Reichenbach [1920]a S. 46f.
[29] Reichenbach [1920]a S. 5; vgl. Reichenbach [1921]a.
[30] Schlick an Reichenbach, 25 Sept. 1920, Archive for Scientific Philosophy, Pittsburgh, Nachlaß Reichenbach (im folgenden abekürzt ASP), Sign. HR-15-63-23.
[31] Schlick an Reichenbach, 26. XI. 1920, ASP, Sign. HR-15-63-22; Unterstreichungen Orig.

[32] Teile dieser Passagen des Briefes sind zit. in Hentschel [1989] Abschn. 4.5.; vgl. Schlick [1918]c § 11.
[33] siehe Schlick [1918]c § 25, S. 224: "Solche Gegenstände nun, deren Wirklichkeit behauptet wird, ohne daß sie schlechthin gegeben wären [. . .], nennt man Dinge an sich".
[34] Reichenbach an Schlick, 29. XI. 1920, Durchschlag ASP, Sign. HR-015-63-20.
[35] für spätere einschätzungen der Bedeutung von Kant durch Reichenbach siehe: Reichenbach [1928]c, [1932], [1933]; vgl. Hecht [1982], M. Reichenbach [1965], Kamlah [1985].

REFERENCES

[1] Boedke, P.: 1919, Rezension von Schlick [1918], *Monatschrift für die höheren Schulen* **18**, 382–385.

[2] Cassirer, E.: 1921, *Einsteins Relativitätstheorie. Erkenntnistheoretische Betrachtungen*, Berlin, Bruno Cassirer.

[3] Diederich, W.: 1974, *Konventionalität in der Physik*, Berlin, Duncker u. Humblot (= Erfahrung u. Denken, Bd. 42).

[4] Haller, R.: 1985, 'Der erste Wiener Kreis', *Erkenntnis* **22**, 341–358.

[5] Hecht, H.: 1982, 'Die Kantrezeption Hans Reichenbachs', *Greifswalder Philosophische Hefte* **1.2**, 147–157.

[6] Hecht, H. u. Hoffmann, D.: 1982, 'Die Berufung Hans Reichenbachs an die Berliner Universität', *Deutsche Zeitschrift für Philosophie*, **30**, 651–662.

[7] Hecht, H.: 1987, 'Naturphilosophie im Verständnis der Berliner Gesellschaft für wissenschaftliche Philosophie', *Greifswalder Philosophische Hefte* **5**, 93–99.

[8] Hecht, H.: 1988, 'Die Berliner Gesellschaft für Philosophie', *Spektrum* **19**, S. 28–29.

[9] Hegselmann, R.: 1988, 'Der logische Empirismus und die Möglichkeit einer rationalen Philosophie', in: G. Pasternack (Hrs.) *Rationalität und Wissenschaft*, Schriftenreihe des Zentrums Philosophische Grundlagen der Wissenschaft, Bd. 6.

[10] Hentschel, K.: 1984, *Zum Verhältnis Philosophie-Physik anhand der Korrespondenz Schlick-Einstein und ergänzender Dokumente*, Magisterarbeit Univ. Hamburg.

[11] Hentschel, K.: 1985, 'Die Korrespondenz Einstein–Schlick: zum Verhältnis der Physik zur Philosophie', *Annals of Science* **43**, 475–488.

[12] Hentschel, K.: 1987, 'Einstein, Neokantianismus und Theorienholismus', *Kantstudien* **78**, 459–470.

[13] Hentschel, K.: 1988, 'Zwei vergessene Texte Moritz Schlicks', *Centaurus* **31**, 300–311.

[14] Hentschel, K.: 1989, *Philosophische Interpretationen und Fehlinterpretationen der speziellen und allgemeinen Relativitätstheorie durch Zeitgenossen Albert Einsteins*, Diss. Univ. Hamburg; bzw. Basel, Birkhäuser, 1990 (=Science Networks, Bd. 6).

[15] Hentschel, K.: 1990, 'Die Korrespondenz Petzoldt–Reichenbach: zur Entwicklung der 'wissenschaftlichen Philosophie' in Berlin', Berlin, Sigma (=BBGNT, Bd. 12).

[16] Howard, D.: 1984, 'Realism and Conventionalism in Einstein's Philosophy of Science: the Einstein–Schlick Correspondence', *Philosophia Naturalis* **21**, 616–629.

[17] Kamlah, A.: 1985, 'The Neokantian Origin of Reichenbach's Principle of Induction',

in, N. Rescher (Hrsg.), *The Heritage of Logical Positivism*, Lanham u. London, Univ. Press of America, S. 157–169.

[18] Kranichfeld, H.: 1920, 'Ein Lehrbuch der Philosophie für Naturforscher', *Naturwissenschaftliche Wochenschrift* **35** (= N.F. 19), 529–537.

[19] Reichenbach, H.: 1920a, *Relativitätstheorie und Erkenntnis a priori*, Berlin, Springer.

[20] Reichenbach, H.: 1920b, Rez. v. H. Schmidt [1920], *Naturwissenschaften* **8**, 925.

[21] Reichenbach, H.: 1920c, 'Die Einsteinsche Raumlehre', *Umschau* **24**, 402–405.

[22] Reichenbach, H.: 1921a, Selbstanzeige von Reichenbach [1920]a, *Annalen der Philosophie* **2**, 493.

[23] Reichenbach, H.: 1921b, 'Erwiderung auf H. Dinglers Kritik an der Relativitätstheorie', *Physikalische Zeitschrift* **22**, 379–384.

[24] Reichenbach, H.: 1921c, 'Bericht über eine Axiomatik der Einsteinschen Raum-Zeit-Lehre', ibid., 683–687.

[25] Reichenbach, H.: 1921d, 'Der gegenwärtige Stand der Relativitätsdiskussion', *Logos* **10**, 316–378.

[26] Reichenbach, H.: 1924, *Axiomatik der relativistischen Raum–Zeit–Lehre*, Braunschweig, Vieweg (= Die Wissenschaft, Bd. 72).

[27] Reichenbach, H.: 1928, *Philosophie der Raum–Zeit–Lehre*, (a) Leipzig u. Berlin, de Gruyter; (b) als Bd. 2 in Reichenbach [1977] ff.

[28] Reichenbach, H.: 1928c, 'Raum und Zeit. Von Kant zu Einstein', *Vossische Zeitung* Nr. 55, So. 4. März.

[29] Reichenbach, H.: 1932, 'Kant und die moderne Naturwissenschaft', *Frankfurter Zeitung*, 23. Aug. 1932.

[30] Reichenbach, H.: 1933, 'Kant und die Naturwissenschaft', *Naturwissenschaften* **21**, 601–606.

[31] Reichenbach, H.: 1936, 'L'empirisme logistique et la désaggrégation de l'apriori', *Actes du congrès Intern. de Philosophie Scientifique, Paris*, **1**, 28–35.

[32] Reichenbach, H.: 1977ff., *Gesammelte Werke*, herausgeg. v. Maria Reichenbach u. Andreas Kamlah, Braunschweig, Vieweg, (Projektiert auf 9 Bände, ab 1977).

[33] Reichenbach, H.: 1978, *Selected Papers*, 1903–1953, herausgeg. v. Maria Reichenbach u. Robert S. Cohen, Dordrecht, Reidel (= Vienna Circle Collection, Bd. 4).

[34] Reichenbach, M.: 1965, 'Introduction to the English edition', in H. Reichenbach *The Theory of Relativity and a priori Knowledge*, 1965.

[35] Salmon, W. C.: 1977, 'Einleitung zur Gesamtausgabe [1977] Hans Reichenbachs Leben und die Tragweite seiner Philosophie', in Reichenbach [1977], S. 5-81 (in dt. Übers. v. M. Reichenbach).

[36] Schlick, M.: 1915, 'Die philosophische Bedeutung des Relativitätsprinzips', *Zeitschrift für Philosophie und philosophische Kritik* **159**, 129–175.

[37] Schlick, M.: 1917, 'Raum und Zeit in der gegenwärtigen Physik', (a) *Die Naturwissenschaften* **5**, 161–167, 177–186; (b) als Separatum Berlin, Springer, 1. Aufl. 1917; (c) 2. Aufl. 1919, (d) 3. Aufl. 1921; (e) 4. Aufl. 1922.

[38] Schlick, M.: 1918, *Allgemeine Erkenntnislehre*, Berlin, Springer (= Naturwissenschaftliche Monographien und Lehrbücher, Nr. (1); (a) 1. Aufl.; (b) 2. Aufl. 1925.

[39] Schlick, M.: 1921, 'Kritizistische oder empiristische Deutung der neuen Physik?', *Kantstudien* **26**, 96–111.

[40] Schlick, M.: 1937, 'L'École de Vienne et la philosophie traditionelle', in: *L'Unité de la Science: la méthode et les méthodes*, Paris, Actualités Scientifiques et Industrielles, Nr. 533, 99–107.

[41] Schlick, M.: 1948, *Grundzüge der Naturphilosophie*, Wien, Gerold (aus dem Nachlaß herausgegeben von W. Hollitscher u. J. Rauscher).
[42] Schlick, M.: 1974, *General Theory of Knowledge*, (Übers. v. Schlick [1918]b durch A. E. Blumberg, Einf. v. Blumberg u. Feigl), Wien u. New York, Springer.
[43] Schuster, C.: 1975, 'Reichenbach, Hans', *Dictionary of Scientific Biography* **11**, 355–359.
[44] Stadler, Fr.: 1979, 'Aspekte des gesellschaftlichen Hintergrundes und Standortes des Wiener Kreises am Beispiel der Univ. Wien', in Berghel u.a. (Hrsg.), *Wittgenstein, der Wiener Kreis und der kritische Rationalismus*, Wien, S. 41–59.
[45] Strauss, M.: 1963, 'Hans Reichenbach und die Berliner Schule', *NTM-Schriftenreihe*, Beiheft 1963, 268–278.
[46] Zittlau, D.: 1981, *Die Philosophie von Hans Reichenbach*, München, Minerva.

Institut für Wissenschaftsgeschichte
der Georg-August-Universität
3400 Göttingen
Humboldtallee 11
Germany

HANS REICHENBACH

THE SPACE PROBLEM IN THE NEW QUANTUM MECHANICS*

1.

The difficulties that have arisen with respect to a successful integration of Bohr's model of the atom into mechanics and electrodynamics have recently led to speculations that a failure of all of our space-time conceptions is involved rather than a mere inadequacy of physics. It seems highly doubtful that it might be possible to represent inner-atomic occurrences in the form of space-time models. Comments of this kind have been made by Bohr[1] as well as Born, Jordan and Heisenberg[2] in connection with their matrix mechanics. Schrödinger's wave mechanics should be seen as the decisive step towards a solution of the problem of matter. His views on wave mechanics have given a profound new turn to the problem of the atom. Accordingly, it seems justified to investigate once and for all the epistemological aspects of the problem of the atom.

The indeterminateness in the characterization of the spatial structure of the atom was reflected in the use of the concept of a *model*. From the outset this concept was supposed to indicate not merely a new physical hypothesis, but an uncertainty of a much more important kind. A model is something that is not the same as the real thing which it describes; if the scientist speaks of atomic *models* he expresses a limitation. Initially this restriction is not very far-reaching. If we construct a model out of wooden balls and wire, we must not say that this structure made of wire and wood is in *every* respect similar to the atom. It does not only transcend it in size, but also in some specific macroscopic properties such as color, sharp borders of the wooden balls, existence of rigid connections, etc. For this reason the wire frame is only a model, only a macroscopic analogue; yet it is relatively easy to disregard the irrelevant properties and to concentrate upon the spatial structure alone. This structure – this was the original significance of the Bohr-Rutherford atomic model – was intended to represent the essential properties. The spatial arrangement of nucleus and orbiting

Erkenntnis **35**: 29–47, 1991.
© 1991 *Kluwer Academic Publishers. Printed in the Netherlands.*

electrons was supposed to be similar to the spatial arrangement of the wooden balls of the model. Therefore, this model, in its essential features, was meant to be a faithful structural enlargement rather than a mere analogue. The atomic model was just as good a model as, say, the plaster model of a building in which window openings, door knobs, etc., have not been executed in detail, but where the spatial structure is strictly to scale. It is a model in the same sense as a planetarium is a model of the astronomical planetary system.

The hesitation to consider the atomic model true to nature was due to the fact that inferences from this model to the observed quantities were strained. It was necessary to disregard the contradiction with Maxwell's theory. In a strict interpretation of the model radiation occurs during the revolution of the electron while according to Bohr, this was to happen only during a jump from one orbit to another. Whereas this contradiction was overcome for the time being by the assumption that Maxwell's theory was not applicable to the microcosm, another fundamental principle of Bohr led to very puzzling statements. The *correspondence principle* asserted that the emitted radiation was after all determined in every respect by the form of the orbital curve: the harmonic oscillations of the orbit furnished by Fourier analysis were said to occur in the emitted radiation with a certain systematic deviation of the frequency and in exactly the same amplitudinal relation. Interpreted as physical *causation* the processes became unintelligible because then the revolution of the electron in its orbit would have an effect upon an event that is not released by this revolution. The correspondence principle, therefore, was to be understood only as a rule that supplied the correct result but did not justify a direct physical interpretation.

There seemed to be two possibilities to avoid this difficulty. First, one might try to change the atomic model in such a way that the electrons do no longer occur as material balls in revolutions. It would then be necessary to construct an essentially different model, one in which the electron may lose its individual existence and the negative charge is distributed continuously through the whole space. Its space-time electric mechanism would lead to the very laws of the emitted radiation asserted in the correspondence principle. It would be a model that yields results of the correspondence principle without using electronic orbits as *premises*. Since this program promised little success, a second way seemed to be needed: it was assumed that no space-time model could be constructed, that the concepts of space and time are no longer applicable in microscopic domains, and that the failure of the atomic model was to be explained on epistemological grounds. According to this view, it is not possible at all to visualize events in atomic regions that are similar to those in large domains. Understanding of the correspondence principle fails therefore not because of an *incorrect* model but because of the fundamental impossibility of a model as such.

One cannot help feeling, however, that this interpretation is the result of an embarrassment rather than of rational epistemological arguments. The revolution that the space problem has experienced in modern physics seems to have led in certain circles to the view that the concepts of space and time are to be thrown on the scrap heap. But this attitude would constitute a great misunderstanding of a development that represents an evolution rather than a revolution. However deeply our knowledge of space has been transformed by the theory of relativity, it must never be regarded as its consequence that visualizations of spatial processes are impossible. On the contrary, the epistemological analysis of the theory of relativity has shown that a visualization of space can be retained to a large extent, just to the same extent as was possible in classical physics. The visual images must only be changed somewhat and human potentiality for visualization can definitely accomplish this change if it undergoes some "training".

Based upon the development of the space problem it should be clear that a solution to the problem of the atom need not abandon visualization either, but at most involves further correction. The space problem of the atom can therefore be solved only when the necessary changes in the spatial structure of the model have been indicated. If topological changes *in* three-dimensional Euclidean space are not sufficient, it must be pointed out how the relevant type of space must be changed. Perhaps success will be attained by an additional number of dimensions, or the introduction of a lattice-like manifold in which only the points of the lattice are occupied by matter. Although such a far-reaching change would mean a renewed shift in our conception of physical space, it should never be interpreted as a renunciation of spatial order or visual models of the atom.

It is an epistemological reason that compels us to entertain this evolutionist conception of the space problem in atomic domains. The occasional doubt in the possibility of preserving spatial order was grounded in the theory of space originating with Kant who saw in spatial order something purely subjective, a function of human reason. Indeed, if geometry is nothing but a form into which human consciousness presses its perceptions in order to understand them, we must in principle envisage the possibility that this form will some day lose its adequacy and that it will no longer be applicable to a very complicated reality. The epistemological analysis of the theory of relativity has definitely shown that this idea would represent a far too vacuous conception of space. On the contrary, the three-dimensionality of space must describe an essential property of nature that exists just as independently from the human mind as any other property. Even though the *concept* of space, as any other *concept*, arises in the subject, its *applicability* states something about the world of *objects*. The assertion that physical space is three-dimensional and approximately Euclidean is therefore to be regarded as a genuine physical assertion, similar to all other physical assertions. And when the corresponding question is now asked with regard to the atom, it must likewise be treated as a *factual question*. The investigation of the spatial order in the atom does not concern the problem of subjectively conditioned images but a discovery of a *physical fact*.

In this context the connection with prior physics must be preserved. For macroscopic physics the assertion of a three-dimensional approximately Euclidean space must be correct, since so far all of physics supports it. It can therefore not be a matter of relinquishing the concept of space altogether but of changing it in such a way that it concerns atomic regions only, while for ordinary dimensions the old concept of space remains applicable. As with respect to every new theory the old theory must be contained in it as an approximately satisfied special case. The advance must represent a *continuous extension*; the atom may fill a more complicated space, but must have some geometrical structure from which ordinary space results by means of a transition to macroscopic matter.

2.

The first sketch of a new quantum mechanics[3] came from Born, Jordan, and Heisenberg, on the one hand, and Dirac on the other. It is characteristic for this theory that it involves a mathematical technique especially constructed for it, a matrix calculus. It makes it possible to formulate all statements about the state of the atom so economically that nothing is asserted beyond what has been observed experimentally. The authors called this feature "the elimination of unobservable objects", a language that is not quite accurate, because for all quantities of atomic physics, even for the emitted frequencies, their determination is not a matter of direct observation, but of indirect evidence by means of theoretically based inferences. The physicist has in mind the elimination of such parameters the calculation of which is so to speak "empty", i.e., of those of which no use is made for the result to be observed experimentally. This rightfully emphasized logical principle was meant above all to eliminate a direct interpretation of the correspondence principle. This principle was to be acknowledged merely as a *formulation of regularity*, no longer as a physical *explanation*. Consequently nothing was said about the structure of the model. A presentation of the spatial structure of the atom was replaced by a theory of the totality of possible oscillation states. It emphasized the laws of the emitted oscillations and renounced an interpretation by means of planetary orbits. This procedure led for the first time to a consistent theory of the atom that no longer needed a piecemeal patching together of partially valid assertions. The excellent quantitative agreement of this theory with the observations demonstrated that the logical progress was bound up with progress in the knowledge of reality.

Yet if the authors believed[4] that they had furnished at the same time a new kinematics of the atom, it must be pointed out that their view was hardly justified. Kinematics means the presentation of motion processes in space; but an interpretation of matrix mechanics had not even be attempted. It almost seems as if the spatial configuration of the atom had been designated as one of the "in principle unobservable objects" – but that is inadmissible. Rather it must be required that in principle the spatial configuration of the atom be inferred from the observed data. If the observation of the spectral lines alone should not suffice, collision experiments would certainly furnish clues. Even without them an inference should be possible. We must never forget that a renunciation of the planetary character of the electron system is not equivalent to a renunciation of a spatial interpretation.

In contrast to the above theory of quantum mechanics which had negative implications for the space problem it seems to me that the superiority of Schrödinger's theory[5], the second sketch of a new quantum mechanics, lies in *its offer of a kinematics*. Indeed, after Schrödinger could show the mathematical identity of his treatment with that of Born, Jordan and Heisenberg, there is no longer any doubt that the kinematics that was discovered was also the implicit foundation of matrix mechanics. It is the kinematics whose mathematical theory does not contain any "empty" parameters and therefore represents a strict connection with the experimental facts. Schrödinger is definitely concerned with kinematics; he does not *give up* the concept of space but simply *changed* something in its conception.

Schrödinger's theory goes along the first of the above mentioned ways: although a physical interpretation of the premises of the correspondence principle is relinquished, rather then denying the possibility of a model Schrödinger constructs a *different* one. Instead of the electron evolving around the nucleus there is a wave field oscillating in a stationary manner and filling the whole space; there is no longer an individual mass point travelling through empty space but continuous matter, an oscillating field. Such a field complex does not seem to contain laws of oscillation like those furnished by the Fourier analysis of a planetary orbit. However, Schrödinger could show – and this fact constitutes the outstanding achievement of his theory – that this model leads to exactly those regularities known as laws of atomic radiation. In place of the correspondence principle with merely regulatory character there appears a physical explanation of the oscillating phenomena by means of a space-time model. Furthermore, the connection with macroscopic relations is preserved. For large quantum numbers there results an interference phenomenon through superposition of many wave systems causing almost everywhere in space a mutual cancellation of all wave trains. This interference phenomenon leaves only an orbiting "energy packet" corresponding to the mass point of classical mechanics.

I cannot discuss any additional advantages of this remarkable mode, one that interprets the various quantum states as a superposition of various states of oscillation realized simultaneously; it lets us recognize the emitted frequencies as oscillations and thus renders mute the problem of orbital jumps. I wish to discuss only the question how far the previously accepted *spatial order* is preserved by the model. The question is not as simple as it may appear. There are complications based upon the fact that Schrödinger's model is embedded in the parameter (configuration) space, not in the coordinate space.

Let us clarify this distinction by means of a simple example. If we regard two mass points orbiting around a nucleus (assumed to be stationary in space) the state of each of these points is given by 3 coordinates, the complete state of the system formed by the two pointed by $2 \times 3 = 6$ entities. If we think of these 6 entities as coordinates drawn in a 6-dimensional space, they determine a point. Therefore, the state of the system can be described in two ways: either 2 points are given in a 3-dimensional space, or one point in a 6-dimensional space. Both are equivalent descriptions having the same meaning; they are merely expressed in different ways. Correspondingly the motion of the system can be expressed in two ways: formulated for 3-dimensional space there are 2 points describing two separate and usually different paths; for the 6-dimensional space there is only one point describing a single path. These statements, too, are equivalent. The 3-dimensional space is called the *coordinate space*, the 6-dimensional one the *parameter space*.

This analysis can be extended to n points; while the coordinate space retains its 3 dimensions, the parameter space has up to $3n$ coordinates (depending on the number of dependence relations between the points). The state of the whole system is then determined by a single point in the multi-dimensional space. It is an advantage of this procedure that the different determining entities need not be coordinates of the individual points, but may be any parameters determining the system. For instance, the distance between two points in the coordinate space, or the inclination of the axis of rotation of a rigid body (if it is no longer a question of mere mass points) can function as determining entities in place of the particular coordinates. This is the source of the parameter space; this space has as many dimensions as the system has degrees of freedom, and it is not necessary that the axis system selected in the parameter space consists of the coordinates of 3-dimensional space. Usually a coordinate transformation in the parameter space will have to precede a transition to that axis system that corresponds to coordinates of 3-dimensional space. However, such a transformation must always be possible.

For instance, if the state of motion of a rigid body in 3-dimensional space is to be determined, it can be achieved by the 3 coordinates of its center of gravity and by 3 further parameters indicating the inclination of its axis of rotation and the azimuth of the rotation. Instead it is also possible to select any 3 points of the body and give their spatial coordinates. These $3 \times 3 = 9$ coordinates are reduced to 6 because there exist between them 3 dependence relations representing the immutability of their mutual distance. In principle therefore, we can choose an axis system in the parameter space such that each axis represents a coordinate of a point in 3-dimensional space.

The introduction of the parameter space is usually regarded by physicists as a mere mathematical tool which has no objective reference. They say: "In *reality* these are processes in the 3-dimensional coordinate space, but we can describe them equivalently by processes in the *imaginary* parameter space through which we obtain the advantage of calculations". By means of this assumption for which he gives no arguments the physicist indicates a "division" at the end of his calculation; he shows what the path calculated in the parameter space means for the 3-dimensional coordinate space and regards this presentation as the ultimate description of the real process. But this procedure used as a matter of course hides a deeper problem. Why is the parameter space not as real as the coordinate space? On what rests the special position of the coordinate space?

The following idea complicates this consideration even more. If the initial analysis of the respective problem has been carried out in the 3-dimensional coordinate space and the parameter space was used only for a more convenient calculation, the later division seems to be a justified return to the original assumption. Yet in Schrödinger's mechanics a much more complicated inference is made. It is true that the usual starting point is the 3-dimensional coordinate space, and the introduction of the parameter space constitutes initially only another way of speaking. Then, however, the problem in the parameter space is subjected to an elaborate change: the *point* of the parameter space is "spread" into a *continuum* that performs wave-like oscillations and only then a return is made to the 3-dimensional coordinate space by means of a division. Events in the 3-dimensional coordinate space have thereby assumed quite different aspects.

It is, therefore, a burning question how to justify the view that these events are real. Does a return to 3-dimensional space make any sense in view of Schrödinger's transformation of orbital mechanics into wave mechanics?

3.

If we want to answer this question, we must first ask why we ascribe at all 3-dimensionality to macroscopic space. As has become even clearer from epistemological analysis, the geometry of physical space is determined by the behavior of rigid bodies; this geometry is the system of laws governing the topological possibilities of rigid bodies. The notion that space has 3 dimensions must also be understood in this way. For example, we can construct a 3-dimensional die by forming a body at whose corners always 3 edges meet, all of whose edges have the same length, and whose plane diagonals have $\sqrt{2}$ times the length of the edges. The relevant measurements are all to be made by rigid rods. We cannot physically produce a die with a higher dimensionality; there is a limit. If we put 3-dimensional dice next to one another such that all of them touch one another at one corner, we cannot arrange more than 8 dice in this manner. We express this physical impossibility by calling the topological possibilities of the dice a 3-dimensional manifold. If it had more than 3 dimensions, it would be possible to arrange infinitely many 3-dimensional dice in the manner indicated above. The dimensional number 3 is therefore a characteristic natural constant which manifests itself in the behavior of rigid bodies; the statement about 3-dimensionality has thus objective significance.

But at the same time the limit of determining the number of dimensions is given; it is meaningful only in so far as one can speak of rigid bodies. In atomic regions there are no rigid bodies; there is only a continuous field, and we must look for another possibility to define geometrical relations inside the atom. It has been discovered that the establishment of a physical spatial order is possible by the use of signals rather than of rigid bodies, and that their spatial order contains the deeper meaning of macroscopic spatial order.

This epistemological problem has been solved in connection with the axiomatization of the theory of relativity[6] which has developed a new conception of the nature of space. According to this interpretation the *measurement of space* can be reduced to the *measurement of time*; spatial distance can be measured by the time needed for a light signal to travel a certain segment. In order to eliminate the concept of simultaneity we can establish a mirror at the end B of the distance AB and reflect the signal; then the time for the round trip measured at the starting point A is a measure for the spatial distance of B from A. Thus the spatial order of "nearer" and "farther" is reduced to causal interaction. Points which can quickly be reached causally from A are said to be in the neighborhood of A. The light signal in this light geometry is preferred only because it is the fastest signal; for the determination of topological relations any causal signal is adequate.

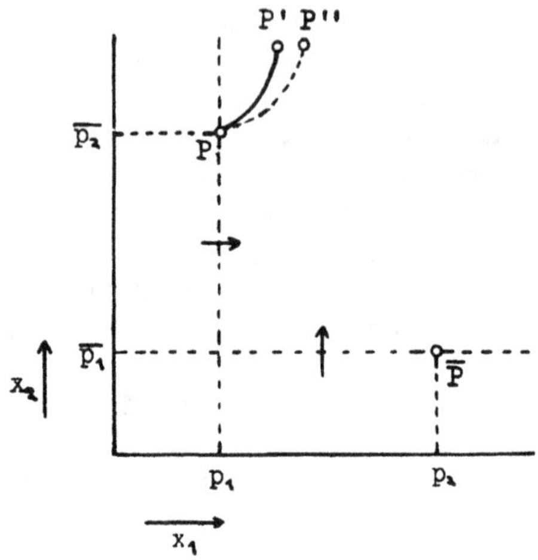

Fig. 1. Propagation of a disturbance in the parameter space.

The topological neighborhood relations of space are given by causal relations. Therefore this determination of the physical order of space is suitable for extension to the atomic domain in which there are no longer any material bodies, only a causal field.

How is dimensionality determined in this geometry of causal relations? Obviously the basic idea of this geometry is nothing but the elevation of the *principle of action by contact* to the fundamental principle of spatial order. By "action by contact" is meant the property of a causal process of spreading through all intermediate points with increasing time, i.e., to reach *more distant points* at a *later* time. But this principle, in turn, is used in this geometry to *define* spatially "nearer" and "farther". This means: *space is to be ordered topologically in such a way that the principle of action by contact* is valid. Of course, it is not *a priori* certain that this procedure can be carried through; the practicability must be regarded as an empirical assertion. Yet we can prove something else: if it is the case, then it leads to a determination of dimensionality.[7]

We shall explain this idea by the use of an example in which the parameter space has such a low number of dimensions that it can be diagramed in the customary fashion (Fig. 1). Let us consider two independent mass points moving on a straight line. In this case the coordinate space is one-dimensional and the parameter space is two-dimensional. The state of the point system at a given time is determined by the two coordinates x_1 and x_2 of the mass points. Hence, the location of the points is given *either* by the two points p_1 and p_2 in the 1-dimensional coordinate space *or* by a single point P in the parameter space. Formally speaking, we may conceive the motion of the point system either as the motion of two points in a 1-dimensional space or as the motion of a single point in a 2-dimensional space. But if we now introduce the principle of action by contact, the descriptions cease to be equivalent.

Let us consider a disturbance in the 1-dimensional space, such as a sound wave originating from point p_1. According to the principle of action by contact, it will gradually travel from p_1 in both directions. What would be its configuration in the 2-dimensional parameter space? Every pont P of the plane corresponds to a combination of two points $p_i p_k$ on the x_1 axis. All combinations $p_1 p_k$ lie on the straight line $p_1 P$. Since the disturbance acts at p_1, it must therefore affect all points on the line $p_1 P$ simultaneously and the propagation of the disturbance will be represented by a lateral shift of the line $p_1 P$ in the direction of the arrow. At the same time, however, there must also occur a horizontal, symmetrically located, disturbance front $\bar{p}_1 \bar{P}$, since p_2 will also be disturbed as soon as it approaches the area of the disturbance. Whereas the disturbance spreads from a center in the coordinate space, it does not have a central point in the parameter space, but affects immediately two intersecting straight lines. This fact shows that the "real space" in this example is 1-dimensional; only in the 1-dimensional space can the principle of action by contact be maintained, while in the 2-dimensional space infinite velocities of propagation exist along the intersecting straight lines.

We must now formulate this analysis in more detail. The transition from the coordinate space to the parameter space involves a certain arbitrariness, and we must now specify the presupposition according to which the point disturbance in the coordinate space is transformed into a line disturbance in the parameter space. If p_1 lies within the region of the disturbance, its path will be deflected. Consequently, the path of the combination point P will also be deflected, and it is irrelevant in this case whether p_2 is affected by the disturbance. If we now require that a deflection of P can occur only if P lies within the domain of disturbance in the parameter space, it follows necessarily that the disturbance in the parameter space must occur along a line and cannot be restricted to the immediate neighborhood of a point.

This disturbance has a second peculiarity. At first it has no effect on the state of motion of p_2 since it affects only p_1. In the 2-dimensional parameter space, it can therefore affect the point P of the system only in a certain limited fashion, namely, the disturbance can change only the x_1 coordinate and not the x_2 coordinate of P. If PP' is a segment of the undisturbed path of P, and PP'' is the corresponding segment of the disturbed path, then the points P' and P'' lying on the same horizontal line must correspond to simultaneous events. The path of P receives from the linear disturbance only a sideward bulge perpendicular to the front of the disturbance. The central disturbance spreading in all directions in the coordinate space will be linear and will spread unidirectionally in the parameter space.

If, on the other hand, the process of the disturbance were centrally oriented in the 2-dimensional space, it would not be oriented in the same way in the 1-dimensional space. If we consider a disturbance spreading centrally from P, it will be represented in the 1-dimensional space by two disturbances which affect p_1 and p_2 simultaneously and spread centrally from each of these points. Between these two disturbances there would exist an action at a distance: if the point p_1 should enter one of the regions of disturbance, it would be disturbed only if simultaneously the distance point p_2 were located in the other region of disturbance.[8] A central action by contact in the parameter space would therefore lead to an action at a distance in the coordinate space. In this case we would say that the 2-dimensional space is the "real one," while the 1-dimensional space is merely a mathematical tool.

As was pointed out before, the described difference in the causal propagation of the two spaces is based on the fact that no continuous one-to-one transformation is possible between spaces of different dimensionalities. There can only be a transformation that changes the elements of the space, i.e., a point in the 2-dimensional space corresponds to a combination of points in the 1-dimensional space, and a point in the 1-dimensional space coresponds to a straight line (or a pair of intersecting straight lines) in the 2-dimensional space.

An extension of these considerations to higher numbers of dimensions is easily accomplished. If the coordinate space is 3-dimensional, and the parameter space n-dimensional ($n > 3$), then a disturbance in the coordinate space which obeys the principle of action by contact is represented in the parameter space by intersecting hyperplanes moving sideward, which can again be disturbed only in a limited fashion and which will cover, in the course of time, a cylindrical region having a 3-dimensional cross-section. A centro-symmetric disturbance in the coordinate space corresponds therefore to a group of cylindrical and unidirectional disturbances in the parameter space. Conversely, a centro-symmetric disturbance in the parameter space would be equivalent in the coordinate space to a number of separate disturbances connected at a distance.[9]

We may formulate the result of our considerations as follows:

The principle of action by contact can be satisfied only for a single choice of the dimensionality of the parameter space; that particular parameter space in which it is satisfied is called the coordinate space or "real space".

This principle makes it possible to regard dimensionality as an objective determination characterizing a property of nature. The possibility of introducing the parameter space in place of the coordinate space had always existed in physics. That physics, up to now, has worked with 3-dimensional space as real space is not to be taken as a function of human intuition but as a necessity given by nature. Natural processes satisfy the requirements of the principle of action by contact only in a space of three dimensions. The statement that physical space has three dimensions has therefore the same objective character as, for instance, the statement that there are three physical states of matter. We must now ask how far this is the case in the wave mechanics inside the atom.

4.

There is a case in which the distinction between coordinate space and parameter space does not exist: to a system consisting only of one mass point. Here the parameter space has as many dimensions as the coordinate space and both spaces become identical. Recently Schrödinger has discussed at length the origin of the mass point from an interference phenomenon[10] and for this case there is no special space problem.

But if we proceed to two mass points that determine a 6-dimensional space, then the analogy to Schrödinger's interference phenomenon is to be performed in the 6-dimensional parameter space, not in the 3-

dimensional coordinate space. There are waves in the parameter space and the interference phenomenon results merely in an energy packet in the parameter space whose migration [Wanderung] corresponds to that of the system point in the parameter space. Only through division will a process in the 3-dimensional space be obtained; two separate mass points, or rather point regions, result in the coordinate space. Corresponding processes occur for higher atoms consisting of many mass points; the wave phenomenon always occurs at first in the many-dimensional parameter space from which the 3-dimensional coordinate space has then to be split off. Schrödinger has indicated a procedure for this division as to how to construct by means of partial integration the scalar field ψ, the matter of the coordinate space, from the scalar field ρ, the matter of the parameter space.

At first, no physical reason exists for this division. For instance, one could just as well divide the 6-dimensional parameter space into a 2-dimensional coordinate space in which 3 mass points travel around. The strategy not to proceed in this fashion but to fall back on a 3-dimensional space is based on the principle that one changes traditional conceptions as little as possible. But we must ask how far this procedure is founded on facts; it must be regarded as admissible and necessary to ask what the atom *actually looks like*. The answer can rest on our criterion of dimensionality; the question is therefore: in which space is the principle of action by contact realized according to Schrödinger's mechanics?

Here we find the pecularity that the principle of action by contact is valid just for the parameter space. The waves occurring in the parameter space have a finite velocity of propagation. The waves of the coordinate space derived from this occurrence must show the above described action at a distance and accordingly the parameter space would be real, not the coordinate space.

Nevertheless this inference is not necessary. For the time being Schrödinger's calculations have been carried out only for *stationary processes*. But the propagation in stationary processes may have quite different properties than are required by the principle of action by contact; actions at a distance are very well possible. As example there is action at a distance in an electric circuit; the intensity in the lead-in wire is determined by the resistance located at quite a different point of the circuit and with slow fluctuations of the resistance the intensity of the lead-in wire will fluctuate "simultaneously". We know, of course, that this result rests on a schematization; the fluctuations are not strictly simultaneous, because the disturbances will spread only gradually with a change of the resistance. A schematization for the stationary process is possible because the time required for the equalization of the disturbance is very small compared to the time required for the fluctuations in the resistance of the circuit. Stationary processes can therefore simulate action at a distance. Thus we cannot find any clue for the number of dimensions in wave mechanics as long as only stationary processes are involved.

The decision as to which dimensionality is the real one can be made only after wave mechanics has treated the propagation of disturbances. We can indicate on what fact this decision will be based: if the disturbance is to be regarded as centro-symmetrical in the parameter space, then the parameter space is the real space of the atom; if every disturbance, however, has to be regarded as a cylindrical region having a three-dimensional cross-section in the parameter space, the 3-dimensional coordinate space is the real space. This decision depends on the question which of the alternatives leads mathematically to results that accord with the experimental observations. It is obvious that the decision about the dimensionality can ultimately be given by experience. For the time being it cannot be indicated what that decision will be.

Schrödinger's view[11] that his model supports the traditional 3-dimensional topology does not yet seem to be sufficiently substantiated. With the transition from the planetary model to the wave field of the parameter space a new problem has arisen with respect to physical space: once more it has to be clarified which is the space of physical processes of propagation. Epistemologically it would be possible, in spite of the preservation of a *spatial model*, that the parameter space must be regarded as the real space.

Let us consider, for instance – without intending any pretension to physical applicability – what it would mean if the decision were made in favor of the parameter space: the atom would be multi-dimensional. Since the macroscopic world is 3-dimensional, as we know, a 3-dimensional division would have to result again for large numbers. The success of this transition would depend on the question as to how the wave process was presented in the parameter space. I wish to sketch at least one possibility of such a transition. It will be sufficient if we explain this idea by means of the simple case of Fig. 1. We must show how an initially centro-symmetrical disturbance in the 2-dimensional parameter space can degenerate into the shape of intersecting hyperplanes moving sideward. In such a case the conditions of divisibility would be given.

Under these circumstances the originally centro-symmetrical disturbance, which we imagine to start a P, must have three properties. First, the velocity of propagation of the disturbance must become approximately infinite in the perpendicular direction while remaining low in the horizontal direction; after a short time it will have the shape of the sideward traveling hyperplane p_1P. Secondly, the hyperplane $\bar{p}_1\bar{P}$ must emerge. For a better understanding we must consider the diagonal as a special line of the parameter space from which the disturbance progressing from P to p_1 is reflected with approximately infinite velocity, so that the hyerplane $\bar{p}_1\bar{P}$ originates through reflection. We may entertain this assumption because upon analysis we must regard diagonally symmetrical points such as P and $\bar{P}$ as identical in the space filled with continuous matter. Thirdly, we must finally assume that every hyperplane influences the path of P essentially only in the direction of its normal line. The satisfaction of these conditions would mean that the parameter space has certain physical pecularities that lead to the degeneration of the disturbance for large quantum numbers. Such a result must be required for the purpose of effecting divisibility.

We can illustrate this situation by means of the following analogy. If we imagine a thin layer of grains of sand of large horizontal dimensions, but only as thick as some grains together, we have similar relations. Such a structure is 3-dimensional in small regions, however essentially 2-dimensional for large regions, i.e., for large regions the third dimension can be neglected. If we assume a law of nature stating that in the third dimension never more than a few grains can be put side by side, it would be impossible in this world to turn a macroscopic measuring rod into the third dimension. Human beings who themselves would be built up of such grains of sand and would handle only macroscopic measuring rods would therefore not notice the third dimension.[12] Only the scientists among these beings would discover some day that the world of small domains has more dimensions and would in all probability horrify their contemporaries because of this attack against "common sense".

If this analogy were correct, it would no longer make sense for small quantum numbers to retain the 3-dimensional space and Schrödinger's parameter space would then be the real space. It is not my intention to anticipate the development in physics through this discussion; for the time being a decision does not seem possible.

Schrödinger's wave mechanics contains an argument that seems to speak against this interpretation. Although disturbances have not been calculated, 3-dimensional cylindrical cross-sections result at one place which suggest a division of the parameter space. Schrödinger's potential V, the electrical potential, has this shape, because so far the transition from the 3-dimensional space to the parameter space is still used in order to obtain a starting point for the parameter space. This procedure has been the customary one; but it is so strange that for once it must be described. We imagine an ordinary atomic model according to the old Bohr–Rutherford construction and determine from it the number of degrees of freedom, i.e., the dimensionality of the parameter space, and even the form of the potential function V and Hamilton's energy function H. Now this model is transposed into the parameter space. Here changes are made such that the original model can no longer be recognized, at least for small quantum numbers, if retransformations are performed while it is nevertheless asserted that this is the correct model. A return to 3-dimensional space is, of course, always possible for small quantum numbers; yet if this model had been the starting point, one could never have arrived at the above assumption for Hamilton's energy function or the potential function, nor even the correct number of dimensions of the parameter space.

The whole procedure can evidently be only an approximation, otherwise it would be meaningless. Therefore it can be regarded only as approximately useful. Especially the assumption concerning the potential curve must be considered a very rough approximation which may have to be corrected for small quantum numbers. Even if it is more reliable for small quantum numbers than might be assumed because of the rough approximation, it reveals all the more that something is not yet correct. Perhaps such a correction involves the abandonment of the cylindrical character of this function. Therefore this shape of the potential function, obtained by an approximation procedure valid for large numbers, cannot be regarded as a proof for the divisibility of the parameter space.

Summarizing our considerations we arrive at a partially conservative, partially revolutionary interpretation of the space problem in the new quantum mechanics. In any case, the atom must have some kind of spatial structure. It is not warranted to assume a completely non-spatial elementary structure which in the macrocosm results in a 3-dimensional space. It is also a misunderstanding of the problem to dispute any possibility of spatial pictures. If the customary pictures are not correct, others have to be looked for that may presume a much more complicated space type. It is the advantage of Schrödinger's wave mechanics that it assumes a spatial order for the atom; but that is not to say that this spatial order is the previously accepted 3-dimensional space type. While the ultimate decision cannot be made until the character of the disturbances has been calculated, much favors the view that regards the parameter space of the atom as the real space. Most important of all is Schrödinger's fundamental idea to accomplish the transition from line mechanics to wave mechanics in the parameter space, and not, as in the more basic optical analogy, in the coordinate space.

These considerations are not designed to interfere in the physical problem proper which consists in the calculation of Schrödinger's assumptions for complicated atoms under complicated external conditions. On the contrary, the above presentation makes the decision concerning the type of space dependent on the results of this calculation. We wanted to show what conceptual possibilities exist altogether. The stress was on the problem of deriving the assumption of the wave functions in the parameter space from an original model in the 3-dimensional coordinate space. This fundamental idea, admissible as an approximation, must not be exaggerated in the sense of an a priori requirement, because epistemologically it is definitively possible that the parameter space may have to be regarded as the original one. It may be better for further calculations to ignore the customary principle for the establishment of Hamilton's function and to search independently for suitable premises in the parameter space. The given presentation is supposed to show that no epistemological reservations exist for such a procedure. Epistemological analysis can do no more for physics than to interpret the meaning of traditional physical assertions and thus to open up possible new approaches – the decision about processes in the real world can only be made by physical investigations.

NOTES

* Translated by Maria Reichenbach.

[1] N. Bohr: 'Atomtheorie und Mechanik', *Die Naturwissenschaften* **14** (1926), 1–10; see p. 4.

[2] M. Born, W. Heisenberg, P. Jordan: 'Zur Quantenmechanik II', *Zeitschrift für Physik* **35** (1926), 557–615; see p. 558.
[3] Compare the summarizing presentation by A. Landé: 'Neue Wege der Quantentheorie', *Die Naturwissenschaften* **14** (1926), p. 455–458.
[4] M. Born, W. Heisenberg, P. Jordan: 'Zur Quantenmechanik II', *Zeitschrift für Physik* **35** (1926), 557–615.
[5] E. Schrödinger: 'Quantisierung als Eigenwertproblem', (first and second communication), *Annalen der Physik* **79** (1926), 361–376 u. 489–527.
[6] *Axiomatik der relativistischen Raum-Zeit-Lehre*, Braunschweig 1928: Vieweg; [Engl. translation by Maria Reichenbach: *Axiomatization of the Theory of Relativity*, Berkeley/Los Angeles 1969: University of Calif. Press.]
[7] [The next pages have become part of Reichenbach's §44 of *Philosophie der Raum-Zeit-Lehre*, Berlin 1928: de Gruyter; see p. 316–319; section 44 in *Philosophy of Space and Time*, New York 1957: Dover; see p. 276–278.]
[8] This follows because the combination point P lies in the region of the disturbance of the parameter space only under these conditions. The above mentioned requirement that P is disturbed only under these conditions is here obvious, since otherwise we cannot speak of action by contact in the parameter space.
[9] [End of the passage which was reprinted in *PST*, see note 7].
[10] E. Schrödinger: 'Der stetige Übergang von der Mikro- zur Makromechanik', *Naturwissenschaften* **14** (1926), 664–666.
[11] E. Schrödinger, op. cit. in note 5, p. 509.
[12] The comparison is not correct only in so far as the loss of the supernumerary dimensions in the atom would not result from too small extensions of these distances but rather from a division.

ANDREAS KAMLAH

THE CAUSAL RELATION AS THE MOST FUNDAMENTAL FACT OF THE WORLD. COMMENTS ON HANS REICHENBACH'S PAPER: THE SPACE PROBLEM IN THE NEW QUANTUM MECHANICS*

The article 'Das Raumproblem in der neuen Quantenmechanik' by Hans Reichenbach was never published, and therefore one needs some justification for printing it in this issue of *Erkenntnis*. The author might have had reasons for retaining it from publication.

The paper was most probably written in 1926, since it refers to the second communication of Schrödinger's fundamental four-part paper of spring 1926, and its manuscript has on its first page a stamp: "Prof. Dr. H. Reichenbach, Stuttgart-Ostheim, Teckstraße 75", which indicates that it was finished before he started his lectures in Berlin 1926 or not much later. Born's famous paper appeared in the same year. Not much later Reichenbach may have learned that Born's statistical interpretation is superior to that in terms of Schrödinger's wave packets. Instead of publishing the whole paper he inserted only four pages of it into §44 (p. 316–319) of his *Philosophie der Raum-Zeit-Lehre* (1928) (translated as *Philosophy of Space and Time* (1957); the passage there is p. 276–279). (On the next pages I will refer to the first as *PRZL* and to the second as *PST*.)

As a paper interpreting contemporary physics it is therefore without any value. Why is it published in spite of these deficiencies? The article illuminates one of Reichenbach's most important ideas, the thesis that the topology of space or space-time is established by the causal connection of space-time points or events.

In natural science papers which do not fit reality – provided that their mistakes have been noticed – will never appear in a journal. The overwhelming majority of philosophical writings, however, consists precisely of papers or chapters of this kind. For an idea running counter to experimental evidence may reveal the deepest commitments of a philosopher just as a Freudian slip of the tongue may uncover a person's subconscious. Therefore writings of a philosopher, even if they are withheld from publication because of their disagreement with experience, may tell us a lot about his philosophy which is not only made for this real but for many possible worlds. The philosopher may not be

Erkenntnis **35**: 49–60, 1991.
© 1991 *Kluwer Academic Publishers. Printed in the Netherlands.*

blamed for unfavourable experimental evidence. His logical analysis of wrong theories may, however, be true, being just a logical and not an empirical enterprise. These considerations may encourage us to publish a paper which was written by Hans Reichenbach under the impression of Schrödinger's first wave packet interpretation of quantum mechanics, and which was possibly rejected by himself when Born's statistical interpretation became known to Reichenbach.

Reichenbach stresses in this paper that topology is an empirical fact of the real world, while many philosophers of his time still believed that the dimensionality of space is determined by the way in which *we* perceive the world, by the structure of the visual field which in the first instance is two-dimensional and then acquires depth by binocular vision. Oskar Becker thus constructed the fundamental properties of space from the way in which it is given to us a priori (O. Becker 1930). We cannot imagine any other kind of space. Reichenbach considered such arguments to be rather weak and fallacious. How can I know that a state of affairs is inconceivable? He discusses a whole bulk of examples which all show that we may imagine many possible facts which we would classify as inconceivable for the present. An example is the violation of the Pasch axiom. According to this axiom a straight line which intersects one side of a triangle has to intersect or to touch also one of the two others. Reichenbach shows that for a torus space this axiom is not true, and describes how the torus world would look like for somebody living in it. Thus we are never sure if we have overlooked some possibility, when we claim a state of affairs to be unimaginable. "Pure intuition" mostly is nothing but lack of imagination.

Topology, therefore, can only be an empirical attribute of space. But to talk about space is devoid of any meaning, unless our concepts are coordinated in some way to real objects. Concepts do not already by themselves have meanings; they must be endowed with them. Reichenbach, therefore, stressed the importance of coordinative definitions which connect real things with our thoughts about them. The standard example for such a coordinative definition is Einstein's definition of simultaneity. It seems to be clear that such coordinative definitions are needed for all concepts which transcend the range of ordinary language. Simultaneity between different events in the planetary system may be such an extraordinary application of this concept, for which ordinary language is not any more precise enough. But simultaneity, on the other hand, is a concept of ordinary language, and it would be very confusing, if our coordinative definitions would contradict the usage of every day language in those cases where it is sufficiently precise.

The same is true for topological concepts like convergence of a series of points P_i towards a point P. Can we define an experimental procedure defining that P_i "approaches" P which does not agree with our prescientific usage of "to approach"? There is a certain intuitive idea contained in this usage which is roughly that events which are very near to each other can effect each other more easily than events which are very far from each other. Reichenbach considered this causal aspect of spatial order as fundamental. He had learned before from Kant that time order rests on causal order and from Einstein that temporal and spatial order are intimately connected with each other. Combining both insights he concluded that spatial topology is constituted by processes with finite velocities. Thus an oil spot spreading on the surface of a lake constitutes a series of *neighbourhoods*, "neighbourhood" being the fundamental concept of topology. The precondition for the existence of such realizations of topological neighbourhoods is the *principle of action by contact*. Only if such spreading processes touch all intermediate points of a given surface and do not jump over them without affecting them in any way, will they lead to sets of neighbourhoods.

Thus only in a physical description of the world in which the principle of action by contact is assumed to hold the topological connexions between different parts of space are given in a way which agrees with the intentions of ordinary language.

So far the coordinative definitions of topological concepts seem to be excellent tools for the connexion of physical language to observed phenomena, and that is what these definitions are meant to be. But strangely enough for Reichenbach the principle of action by contact becomes to be more than a guide for coordinative definitions. It becomes more and more a general principle for the selection of simple and informative descriptions of the world from others even when it is applied to physical microstates which are assumed for the explanation of phenomena and not any more to phenomena themselves. Thus it is no longer a device to connect physical language with empirical meaning but rather to constitute the objects of physical theory quite in the sense of Kant. It leads according to Reichenbach to the knowledge of the structure of the real world. Reichenbach stresses this in formulations which sound rather metaphysical, especially in the German text of *PRZL*: (I use my own English translation and add in brackets the formulations of *PST*):

Topological properties of space are to be considered much more as facts [are more directly determined by objective facts] than its metrical properties. *PRZL*, p. 314, *PST*, p. 274.

That means that they are less conventional. One sees immediately that his claim in the original text is much stronger.

The causal theory of space and time . . . can reveal the real substratum [the physical structure] into which space-time order relations can be embedded . . . *PRZL*, p. 308. *PST*, p. 268.
The fact that an ordering of all events is possible within the three dimensions of space and time is the actually fundamental fact [the most fundamental aspect] of the physical theory of space and time . . . topology remains an ultimate fact of nature
PRZL, p. 326, *PST*, p. 285.

These formulations are obviously mitigated or even changed in the English text (*PST*). This may be due to the fact that Reichenbach was a realist in the twenties and a logical empiricist in the fifties.

He became a logical empiricist in 1933, when he believed to have found a solution of Hume's problem of induction. Before that time he still thought that for induction some kind of metaphysics is required. He stopped to be a realist when he started in his *Philosophic Foundations of Quantum Mechanics* (1944) to make the existence of a thing while being not observed a matter of convention.

One of the concepts of topology is dimension. If the principle of action by contact is the one which constitutes the topology of the real word, it must lead to the constitution of its spatial dimension as well.

That means that in an spatially n-dimensional description of the world, n will be the *true* dimension of real space if and only if there exists a two-place causality relation between each pair of points of this space which satisfies some important axioms from which the principle of action by contact may be derived. According to this principle effects cannot be simultaneous to or earlier than their causes. As is generally known, Newtonian mechanics violates this principle. If two planets collide, the resulting change of their gravitational fields will be immediately present all over the universe. It is clear that this is not really true since Newtonian Mechanics is only a useful approximation for low velocities. Anyway, in classical mechanics the principle of action by contact *is* violated.

Thus three-dimensional space cannot be the space with the dimension which is adequate for classical physics. This sounds paradoxical but is a logical consequence of Reichenbach's coordinative definitions. Classical mechanics, however, does not only use three-dimensional space, it frequently operates with *configuration space*, too, (Reichenbach calls it "parameter space"), a $3 \times n$-dimensional space in which the motion of one point represents the motion of n particles in 3-dimensional space. We may ask, if then $3 \times n$ *is* the adequate dimension of space in classical mechanics. This question, however, does not make much sense, since there is only one "particle" in this space, and therefore it can neither causally effect any other particle nor be effected by it. Reichenbach's discussion of this point, therefore, in his *PST* is rather obscure, he talks about "disturbances" in configuration space, which are in fact excluded by its very definition (*PST*, p. 276–278).

If we had nothing but Reichenbach's *PST* at hand, we would have to conclude that he simply talks rubbish in Section 44, and that would be the end of our attempts to understand this section. Fortunately, we have still the original paper from which he had taken the most important passages of Section 44. And there we learn that there was a reasonable idea underlying Reichenbach's otherwise confused argument. It becomes perfectly sound in the light of Schrödinger's quantum mechanics in his original interpretation which was given up by physicists soon after, when Born proposed his famous statistical interpretation.

Schrödinger starts with the configuration space of classical mechanics. He, however, replaces the point which describes the system by a wave packet running through this $3 \times n$-dimensional space. Now Reichenbach's talk about disturbances makes sense. He talks about propagation of Schrödinger waves. In this context we may ask again for the dimension of real spaces claimed by Schrödinger's quantum mechanics, and obtain the answer that – given Reichenbach's coordinative definitions – for Schrödinger's world the true dimension of real space has to be $3 \times n$!

This conclusion is strange and has to be questioned in different respects. First, what is n? Is it the number of particles of the whole world? Second, Schrödinger and all experts in the 20th century knew, that quantum mechanical theory on the basis of non-relativistic mechanics can only be the starting point for further investigation and is only to be taken seriously as an approximation for small velocities. So any acceptable kind of quantum mechanics has to be consistent with Einstein's theory of relativity, and therefore also with the validity of the principle of action by contact for a 3–dimensional space!

But it is idle to discuss these questions, since Born's publication which appeared some months later than Schrödinger's second communication changed the situation completely. What was a serious question before, now becomes nothing but an interesting exercise in causal theory of space-time, interesting enough to shed some light on Reichenbach's important idea that the dimension of real space is an attribute of the net of causal connexions – given some coordinative definitions which express what we essentially mean with our topological concepts.

So far we may have understood Reichenbach's intention in the present paper and in Section 44 of *PST*. But is his claim really justified that causality determines dimension and determines it uniquely? I think, we have to study the idea of Section 44 a bit more thoroughly, and for this purpose a simple model seems to be most convenient. Imagine a world in which two kinds of particles exist in three-dimensional space, "male" particles and "female" particles. These are "married" as molecules by harmonic forces. If $\mathbf{x}_i$ is the position of the male particle and $\mathbf{y}_i$ the position of the corresponding female particle, the potential of the harmonic force is assumed to be

$$V = k(\mathbf{x}_i - \mathbf{y}_i)^2$$

It is clear that this force is acting on distance. A change in $\mathbf{x}_i$ causes immediately a change in $\mathbf{y}_i$ with infinite velocity, as is quite common in Newtonian mechanics. All other forces appearing in this world model, however, are supposed to satisfy the principle of action by contact.

Certainly signals would behave rather strangely in this world. A signal going from one male particle to another one will be rather slow, if the corresponding female particles are far from each other, and will be quicker, if their distance is small. If l_1 is the "male" distance and l_2 the corresponding "female" distance, the light would need the time $\sqrt{l_1^2 + l_2^2}/c$ for its travel from one male particle to another one. This condition valid in our model may be obscure to the reader. It will be seen to be important, when we later interpret the model world as 6-dimensional.

We may now ask for the real dimension of our model world. According to Hans Reichenbach this world cannot be three-dimensional, since in its three-dimensional representation the principle of action by contact is violated. But we may combine the positions $\mathbf{x}_i$ and $\mathbf{y}_i$ to give a six-dimensional vector $\mathbf{z}_i = (\mathbf{x}_i, \mathbf{y}_i)$ which represents a point in a six-dimensional space. In this space the harmonic potential becomes an external potential $V(\mathbf{z})$ depending only on one coordinate, and does not any more represent an interaction. All interacting forces however are now satisfying the principle of action by contact. Therefore we have to say that according to Reichenbach's criterion the model world is in fact a six-dimensional world and not a three-dimensional one. Let us now assume that the distances between $\mathbf{x}_i$ and $\mathbf{y}_i$ are very small, since the harmonic forces are rather strong. Then they exist only microscopically and can no longer be perceived by our senses. For human beings living in this six-dimensional world, therefore, it appears to be just three-dimensional. The space of the macroscopic world is the space of the centers of gravity of the molecules which has three dimensions. We thus deal here with the situation which Hans Reichenbach considered to be possible in atomic physics: that the dimension of the microphysical space differs from that of the macrophysical one. In the six-dimensional space all of the matter is concentrated near the hyperplane $\mathbf{x} = \mathbf{y}$ like "a thin layer of grains of sand of large horizontal dimensions, but only as thick as several grains together" as Hans Reichenbach says in section IV of the paper, and it is clear that only the hyperplane itself is the macroscopic space, not the six-dimensional space in which it is embedded.

At this point we can explain why it was assumed that the velocity of light signals between male particles depends also on the distance of the corresponding female particles. The expression $\sqrt{l_1^2 + l_2^2}/c$ leads just to a constant velocity of light in the resulting 6–dimensional space.

Are we now entitled to say that in our model world the "real dimension" is 6? Reichenbach claimed that his method to determine the dimension of a model world is unique:

> First it must be taken as an empirical fact that there is at least one dimensionality satisfying the principle of action by contact. If, however, there is such a dimensionality, there can only be one. Transformations to other dimensionalities always violate the principle of action by contact, because there are no continuous one-to-one transformations between spaces of different dimensionalities.
> (*PST*, p. 275; present paper, Section III)

This, however, is not true. What Reichenbach has in mind, when he talks of transformations, are clearly bijections, one-to-one transformations. Why does he not consider also surjections of more general type, projections of a space onto one of its hyperplanes for instance? In our example we may interpret the hyperplanes $\mathbf{x} + \mathbf{y} = \mathbf{a}$ as our new space points, and the set of events in one such hyperplane at a given time t as an event of the new type. The centers of gravity of our molecules – we assume that they consist of atoms with equal mass – are points of this kind. That means that the new points and events are macroscopic points and events. It is clear that there are causal relations between the new events as well since there exist such relations between the old ones. We may define the new relations between the new events in terms of the old ones. It is then a mathematical task to show that some important axioms which characterize the old causality relation are inherited by the new ones which imply the principle of action by contact for the new representation. For sake of brevity the proof is not given here, and I just claim that it is possible for some important models of the theory of causal connection.

For our model such a projection means intuitively that the distance between the two particles of the molecules is no longer treated as a spatial parameter but rather as an index of another kind of which there are many in physics, e.g. index numbers of vector components. Nobody forces us to interpret it in another way. The principle of action by contact remains valid in the new interpretation, if my mathematical claim holds.

Thus we may doubt that – as far as the principle of action by contact is empirically ascertained – Reichenbach's method reveals the dimension of space or space-time as the most fundamental theory-independent fact of the real world. We may admit that "what we really mean by the order of spatial coexistence" [was wir in der Ordnung des räumlichen Nebeneinander eigentlich meinen] (PST, p. 268; PRZL, p. 307) is adequately reconstructed by the causal theory of space-time. But from that it does not follow that this reconstruction leads to a unique statement about the dimension of real space or space-time.

Reichenbach's method of determining the dimensions of space could possibly be improved. Under the equivalent descriptions of the world which satisfy the principle of action by contact there may be one the space of which has the largest dimension. We may call this largest dimension the "true dimension" of space in the world. It may be that this criterion can be rendered unique. I will not try here to find out if this is always possible. But if that could be shown, Reichenbach's claim could be maintained in a somewhat weaker form.

At the end of these comments I want to add some remarks on the history of Reichenbach's thought. From his student days, when he wrote the paper 'Kants Behandlung des Kausalprinzips' [Kant's treatment of the principle of causality], his "Staatsexamensarbeit", for his final exam, until his death, when he had just written the chapter 'Particles Traveling Backward in Time' for the book *The Direction of Time* (1956), causality remained one of his most important themes. Causality is a kind of leitmotiv in his scientific work, and at the same time it is the subject of his deepest and most penetrating insights.

In his Staatsexamensarbeit and in his thesis (1916) Reichenbach still believed that a deterministic principle of causality is generally valid. But he saw already that there exist besides the deterministic laws also laws of another kind which are of statistical nature. For these laws we need – according to the thesis – a principle of probability. Soon later both principles merged together and he saw that a statistical principle of causality, which is not any more a priori but empirical, is more general than a deterministic one. About 1920 Reichenbach got the idea – I do not know if it was independent of the work of A. A. Robb (1914; 1921) – that not only the time scale but also the four-dimensional space-time continuum is characterized by a structure of the causality relation. He axiomatized this structure, and this axiomatization may be considered as his most ingenious work (H. Reichenbach 1924). Shortly thereafter he also tried to characterize the direction of time by the statistical causality relation (H. Reichenbach 1925). As was already mentioned, the structure of the causal net seemed him to be "a fundamental fact of the objective world", and "the topological properties of space . . . to be considered much more as facts than its metrical properties". He certainly considered descriptions with discontinuities in which, therefore, this causal structure is hidden as equivalent to the usual ones; but he clearly preferred those descriptions of the world in which this structure is overt, which do not contain 'causal anomalies', as he expressed it. The problem of causal anomalies arises for him also later in *Philosophical Foundations of Quantum Mechanics* (1944) for microscopic descriptions in a quantum mechanical formalism. Here we have the choice either to accept them in our description or to eliminate them using a three-valued logic. He never denied that he was more sympathetic to the second possibility.

It sounds rather strange that Reichenbach considered a possible violation of the principle of action by contact the most severe philosophical problem of quantum mechanics. Reichenbach never discussed the paradoxes of Wigner's friend or of Schrödinger's cat. Nowhere does he seem to be aware of the question illustrated by these paradoxes, where one has to locate the cut between the object and its observer. Compared with this problem of measurement Reichenbach's concern about quantum mechanics seems to be harmless. He seemingly did not think so. The principle of action by contact is for Reichenbach what keeps the world together, the glue of the world which otherwise would be nothing as an unconnected set of events.

The principle, fundamental as he considered it to be, was, however, for him no apriori principle. When the Feynman diagram technique came up, in which positron world lines appear as parts of electron world lines leading into the opposite time direction, Reichenbach was ready to give up his causal theory of time at least for the microscopic world. What he had still considered in his *PRZL* as the fundamental structure of the world, as a fact more real than others, crashed down as Euclidean geometry, determinism and even two-valued logic did before. But as a brave empiricist he relentlessly could drop any of his most sacred principles feeling even the satisfaction of revolutionary iconoclasm. He, however, was not right with this premature reaction to Feynman's new theory. Electron-positron pairs do not arise from nothing. Their coming into being is no creatio ex nihilo, and it is caused, since it takes place with a certain probability under certain conditions, and energy remains conserved during this process. So there is no causal anomaly connected with it, and the causal theory of time and space-time remains in full agreement with pair production.

I have here only referred to Reichenbach's most important books or articles in which he deals with causality, and I do not want to give an exhaustive list of all his works in which he deals with this subject. Historically the starting point of his lifelong occupation with the theme was Kant's deduction of the causality principle. Later he became acquainted with Leibniz' causal theory of time and praised him as a precursor of his own insights (1924a). He was no longer able to do justice to Kant, the philosopher to whom he owed so much, even if he could not any more follow his thesis that there are synthetic a priori propositions in science (see 1979, p. 416; 1978, vol. 2, p. 56).

Thus the causal theory of space-time accompanies Hans Reichenbach's lifelong endeavour for clearing up the logical structure of physics, and since the dimension of physical space is but an important aspect of causal structure of the world, the present article gives us a clue for understanding important details of the genesis of some of Hans Reichenbach's most important ideas.

At the end of this comment on a paper of Reichenbach let us inquire into the methodological status of his considerations. If somebody would have asked him in the twenties or somewhat later for the field of his research, he would have answered "Naturphilosophie" ("natural philosophy"). This label appeared in titles like: 'Neuere Forschungsergebnisse in der Naturphilosphie', 'Die neue Naturphilosophie', 'Ziele und Wege der heutigen Naturphilosophie' (see Reichenbach 1978, bibliography). In this point Reichenbach differed significantly from Wittgenstein and the Vienna Circle. He did not believe that philosophy is meaningless or merely an activity, as Wittgenstein did in his *Tractatus* (6.53). His concern was not meaningless metaphysics but apriorism. His enemies were those people who claimed to be Kantians and were unwilling to accept the new philosophical implications of modern science. He believed in the existence of a philosophy which is obtained by logical analysis of science, and thus he became the father of modern philosophy of science.

The difference between Reichenbach and the Vienna people becomes very clear in his correspondence with O. Neurath, who was very active in organizing common projects of the empiricist movement. Reichenbach had proposed the expression "exact philosophy" for the common endeavour of the Vienna and the Berlin Circle. Neurath wanted to eliminate the label "philosophy" altogether and to replace it by "wissenschaftliche Weltauffassung" ("scientific conception of the world" or "scientific world view"). He also rejected "natural philosophy". For him there existed no subject of philosophy.

I think that questions like the direction of time, the dimension of space or the legitimacy of determinism are classical problems of "Naturphilosophie" in its best sense, which show that philosophy indeed has a subject. The answers to these problems are partly empirical and partly conventional. But they are not given by physicists themselves but rather by philosophers analysing physics. Reichenbach's present paper, though resting on wrong premises, is a model of natural philosophy.

NOTES

* I am indebted to Dr. George Berger for checking my English in this paper, and to the Hillman Library at the University of Pittsburgh for some copies of papers from the

Reichenbach Collection. I list here (with their numbers in the archives) those papers which are relevant for this comment:

1. His seminar paper on Kant (HR-044–03–36).
2. His Staatsexamensarbeit (HR-018–09–01).
3. 'Das Raumproblem in der neueren Quantenmechanik' (HR-039–11–27).
4. 'Zur Störung des Objekts durch die Beobachtung in der Quantenmechanik' (HR-039–11–10).
5. A letter of O. Neurath to H. Reichenbach with the date 7/22/29 (HR 014–12–04).

BIBLIOGRAPHY

Becker, O.: 1930, 'Die apriorische Struktur des Anschauungsraumes', *Philosophischer Anzeiger* **4**, 129–162.

Born, M.: 1926, 'Quantenmechanik der Stoßvorgänge', *Zeitschrift für Physik* **38**, 803–827.

Reichenbach, H.: 1916, *Der Begriff der Wahrscheinlichkeit für die mathematische Darstellung der Wirklichkeit*, Barth, Leipzig.

Reichenbach, H.: 1924, *Axiomatik der relativistischen Raum-Zeitlehre*, Vieweg, Braunschweig, Engl. transl. Reichenbach, 1969.

Reichenbach, H.: 1924a, 'Die Bewegungslehre bei Newton, Leibniz und Huygens', *Kantstudien* **29**, 416–438; reprint in Reichenbach 1979; Engl. transl. in Reichenbach, 1978.

Reichenbach, H.: 1925, 'Die Kausalstruktur der Welt und der Unterschied zwischen Vergangenheit und Zukunft', *Sitzungsber. d. bayer. Akad. der Wissensch., Math. – Nat. Abt.*, Jg. 1925, S.133–175; Engl. transl. in Reichenbach, 1978.

Reichenbach, H.: 1928, *Philosophie der Raum-Zeit-Lehre*, de Gruyter, Berlin, Engl. transl. Reichenbach, 1957.

Reichenbach, H.: 1944, *Philosophic Foundations of Quantum Mechanics*, Univ. of Calif. Press, Berkeley/Los Angeles.

Reichenbach, H.: 1951, *The Rise of Scientific Philosophy*, Univ. of Calif. Press, Berkeley /Los Angeles.

Reichenbach, H.: 1956, *The Direction of Time*, Univ. of Calif. Press, Berkeley/Los Angeles.

Reichenbach, H.: 1957, *The Philosophy of Space and Time*, Dover, New York.

Reichenbach, H.: 1969, *Axiomatization of the Theory of Relativity*, Univ. of Calif. Press, Berkeley/Los Angeles.

Reichenbach, H.: 1978, *Selected Writings. 1909–1953*, 2 Vol., Reidel, Dordrecht.

Reichenbach, H.: 1979, *Gesammelte Werke*, Vol. 3, Vieweg, Braunschweig/Wiesbaden.

Robb, A. A.: 1914, *A Theory of Time and Space*, Heffers, Cambridge.

Robb, A. A.: 1921, *The Absolute Relations of Space and Time*, Cambridge Univ. Press, Cambridge.

Schrödinger, E.: 1926, 'Quantisierung als Eigenwertproblem', *Annalen der Physik* **79**, 361–376, **79**, 489–527, **80**, 473–490, **81**, 109–139.

Fachbereich Kultur- und Geowissenschaften
Universität Osnabrück
Postfach 4469
4500 Osnabrück
Germany

HILARY PUTNAM

REICHENBACH'S METAPHYSICAL PICTURE

I would like to begin by saying a word about Reichenbach's impact on my own philosophical formation. As an undergraduate at the University of Pennsylvania, I studied philosophy of science mainly with C. West Churchman, who taught a version of pragmatism informed by a substantial knowledge of and interest in the logic of statistical testing, and with Sidney Morgenbesser, who was himself still a graduate student, and logic and American philosophy with Morton White. My orientation on graduation was positivistic (although my knowledge of positivism came mainly from A. J. Ayer's Language, *Truth and Logic*). I did a year of graduate work at Harvard in 1948–49 (studying mainly mathematics and mathematical logic), where I came under the influence of Quine's views on ontology and his scepticism concerning the analytic/synthetic distinction. At that point, I was in a mood that is well known to philosophy teachers today: it seemed to me that the great problems of philosophy had turned out to be pseudoproblems, and it was not clear to me that the technical problems that remained to be cleared up possessed anything like the intrinsic interest of the problems in pure logic and mathematics that also interested me. It was a serious question in my mind at that point whether I should really go on in philosophy or shift to mathematics.

Within a few months of my arrival in Los Angeles in the fall of 1949 these philosophical "blahs" had totally vanished (although I did not lose my desire to pursue mathematics in some way, and eventually I succeeded in pursuing both fields simultaneously). What overcame my "philosophy is over" mood, what made the field come alive for me, made it more exciting and more challenging than I had been able to imagine, was Reichenbach's seminar, and his lecture course on the philosophy of space and time. And it was not the technical details of Reichenbach's philosophy that did this, although I pondered those details with great excitement, but the sense of a powerful philosophical vision behind those details: the vision that I am going to sketch in this essay.

A number of times some of my former students (and some who were

Erkenntnis **35**: 61–75, 1991.
© 1991 *Kluwer Academic Publishers. Printed in the Netherlands.*

not my former students) have complimented me on the fact that I have been willing to think and to write about the "big problems", and not just about technical problems. But this is something that Reichenbach instilled in me. Reichenbach taught me – by example, not by preaching – that being an "analytic philosopher" does not mean simply rejecting the big problems. Although Reichenbach was just as much of an empiricist as Ayer, empiricism, for Reichenbach, was a challenge and not a terminus. The challenge was to show that the great questions – the nature of space and time, the nature of causality, the justification of induction (and also, in other writings which I shall not discuss here, the question of free will and determinism, and the nature of ethical utterances) could be adequately clarified within an empiricist framework, and not merely dismissed. In clarifying them, Reichenbach was guided by what many philosophers today would be comfortable calling a metaphysical picture (even if "metaphysics" was a pejorative term for Reichenbach himself). That Reichenbach had a "metaphysical picture" did not keep him from being an analytic philosopher at the same time: rather, it gave direction and motivation to his philosophical endeavors, and not just motivation but excitement. I felt that excitement, and it generated my own excitement for the subject. I think that every one of Reichenbach's Ph.D. students would say the same thing.

REICHENBACH AND CARNAP

Although Reichenbach continues until this day to be lumped together with the Vienna Circle, his views, as he himself often insisted, differed in significant respects from those of the other leading representatives of Logical Empiricism. Throughout its existence, Logical Empiricism was characterized by a certain tension between its metaphysical and its antimetaphysical aspirations. On the one side, the antimetaphysical side, the self-image of the movement was that it represented the entire renunciation of metaphysics, that in the future metaphysical questions would be replaced by questions in the logic of science. Metaphysical questions which could not be so replaced would thereby be seen to be unintelligible. In this way, it was believed, philosophical questions would for the first time become susceptible to objective resolution. On the other side, the metaphysical side, the great Logical Empiricists – the most famous example is Rudolf Carnap – produced "rational reconstructions of the language of science" which looked for all the world like elaborate systems of metaphysics – or at least that is how they looked to philosophers who did not join the movement. Certain features of the *Logische Aufbau der Welt* have received a great deal of attention in this regard – Carnap's phenomenalism, his logicism,[1] his doctrine of the "incommunicability of content" and the "methodological solipsism" associated with that doctrine, have all been extensively discussed. Indeed, the ontology and epistemology associated with the *Logische Aufbau der Welt* are now so widely known that there is a tendency to assume that that metaphysical picture was *the* metaphysics of Logical Positivism.

In the present essay, I want to describe a totally different metaphysical picture: the picture that Hans Reichenbach defended in his major works, and particularly in *Experience and Prediction*, *The Philosophy of Space and Time*, *Axiomatization of The Theory of Relativity*, and *The Direction of Time*. I believe that that picture is of interest for at least two different reasons. One is that, like Carnap's picture, it represents the work of a brilliant and philosophically ambitious mind. Even if today one cannot accept either Carnap's or Reichenbach's solutions to the problems of philosophy, their attempts represent contributions of enormous value, and there is much to be learned from their study. The second reason is that one does not properly understand Logical Empiricism[2] itself if one simply identifies it with any of Carnap's successive programs of rational reconstruction. The fact that the movement had room for metaphysical visions as different as those of Carnap and Reichenbach is itself a fact that has to be appreciated if simplistic pictures of "positivism" are to be overcome.

The first point at which the metaphysical picture in Reichenbach's mature work stands in opposition to the metaphysical picture associated with Carnap's *Logische Aufbau* has to do with Reichenbach's realism. To be sure, Reichenbach did not see this realism as presupposing traditional realist metaphysics in any way. He insisted that the choice of "realistic language" is just that: a choice of a language. He emphasized, however, that it was not an *arbitrary choice*.[3] He once told me that he welcomed Carnap's shift from an *Eigenpsychische Basis* (a phenomenalistic basis) to a physicalistic basis in *Testability and Meaning* as an indication of convergence in their views, which is also how Carnap saw the matter. But the discussion in *Experience and Prediction* (henceforth cited as "EP") reveals deep disagreements with Carnap in spite of this "convergence". For one thing, it turns out that what Reichenbach is thinking of is not the choice of *sense-datum language* versus "thing language"; it is, instead, the choice of a language in which I can speak of things as *existing when unobserved* ("usual language") as opposed to the choice of a language in which I can speak of things as existing only when they are observed by me (an "egocentric language"). It is true that if "things" only exist when observed by me, and are ascribed only the properties that they appear (to me) to possess while observed, then these "things" will be, in a way, just as "phenomenal" as the empiricists' "impressions", and this is why Reichenbach, in the first part of EP, *identifies* the traditional empiricist problem of justifying the inference from "impressions" to "the external world" with the problem of justifying the inference from "observed things" to "unobserved things". He offers an account of this inference in Section 14 of that work; but that account, as he points out, assumes that one has already selected "usual language".[4] Reichenbach's inductive inference to the existence of unobserved things is not the *justification* for the choice of usual language – that is, for the decision to adopt a language in which I can ascribe properties to things that they do not appear to have, and in which I can ascribe properties to things at times when I do not observe them, and, indeed, when nobody observes them. The justification offered for that choice (EP, p. 150) is interesting: instead of making the usual argument that realist language enables us to formulate more successful scientific theories, Reichenbach argues that it makes nonsense of the *justification* of a great many ordinary human actions: "the strictly positivistic language . . . contradicts normal language so obviously that it has scarcely been seriously maintained; moreover, its insufficiency is revealed as soon as we try to use it for the rational reconstruction of the thought-processes underlying actions concerning events after our death, such as expressed in the example of the life-insurance policies. We have said that the choice of a language depends on our free decision, but that we are bound to the decisions entailed by our choice: we find here that the decision for the strictly positivistic langugage would entail the renunciation of any reasonable justification of a great many human actions."

What is striking, however, is that although Reichenbach does allow as possible the choice of an egocentric language in which I speak of, the table I observe as existing only when I observe it, he rejects the idea that what I *really* observe are impressions. Instead (EP, p. 163), he warmly endorses Dewey's view in *Experience* and *Nature* that impressions are inferred entities. (A view that goes back to Peirce's writings in the 1860's.) In Reichenbach's view, what we observe are *things*; this is the correct description of what we might call the "phenomenology" of observation.[5] That the appearances of things may sometimes be deceptive, that I may mistake a shadow for a human figure, or whatever, does not show that we do not directly observe things; it shows simply that observation is corrigible. But, Reichenbach insists, it would be corrigible even if we did have such a thing as an "impression language". The idea that there can be any such thing as "incorrigible observation" is rejected. Even in the extreme case in which someone decides that he was simply hallucinating (or dreaming), Reichenbach would say that he observed a physical "thing" (counting events, and even states of one's own body as "things"), namely a state of his own central nervous system, although he did not know that that was what he was observing.

For Reichenbach, to describe an observation using impression language – to say, e.g., "I had the impression of a table", or "I had the impression of a flash of light" – is always to make an inference (EP, pp. 163–169). Thus the difference between Reichenbach's position and Carnap's is not just that Reichenbach adopted "thing language" as basic rather than "impression language" – after a certain point Carnap also shifted to taking "thing language" as basic – the decisive difference is that Carnap continued to regard impression predicates as a possible, although less convenient, observation basis for the reconstruction of the language of science, whereas Reichenbach insisted that it was a mistake to think of impressions as observed entities at all. Impressions are inferred entities. For Carnap, there remains, even after the turn to physicalism, a lingering tendency to think of sensations as "epistemologically primary"; for Reichenbach it is things that are epistemologically primary.

"Things" in a wide sense, however. For, as already remarked, events are also "physical things", and when Reichenbach develops his reconstruction of modern physics in his writings on Relativity theory, the things which become fundamental are not the things we observe in everyday life, but the things we describe in our most basic physical theories.

REICHENBACH AND KANT

Although Reichenbach is justly famous for his decisive criticism of Kant's doctrine of the synthetic a priori as applied to the geometry of space and time, Reichenbach was by no means incapable of incorporating Kantian insights into his own philosophy.[6] One of the most important insights that Reichenbach takes from Kant[7] (even if he in one place credits it to Leibniz![8]), but transforms, is the inadequacy of the traditional empiricist way of accounting for the existence of an objective time order. That account presupposed the truth of some form of subjective idealism. If everything that exists is a complex of sense impressions, then, many empiricists thought, it suffices to define an objective order for sense impressions. Such an order is implicitly defined by the following principles: (1) if an impression A is simultaneous with a memory image of an impression B, then A occurred after B. (2) If two impressions A and B are experienced simultaneously, then, of course, they occur simultaneously. But, as Kant saw, the case is different once one takes the "experiences" of the external senses to be experiences of things rather than of impressions; neither of these principles holds if "impression" is replaced by "physical thing or event". If A and B are things or events rather than impressions, then I cannot infer from the fact that an experience of A occurred simultaneously with a memory of an experience of B that B occurred or existed before A occurred or existed; and if an experience of A occurred simultaneously with an experience of B, I cannot infer that A and B occurred or existed simultaneously. This is clearest in the case of astrophysics (and Kant and Reichenbach shared, of course, a profound interest in astrophysics). If I observe an explosion of a supernova A before I observe the explosion of a supernova B it does not at all follow that the A explosion occurred before the B explosion; it may be that the A explosion occurred later but that it was so much nearer to me that the light from the A explosion reached my telescope before the light from the B explosion. Similarly, if I observe (or "experience") two astronomical events simultaneously, it does not follow that they happened simultaneously. There are, however, homelier examples that make the same point. One, which was used by Kant,[9] is the following: if I look at a building, I may observe the top of the building before I observe the bottom of the building, but I cannot infer that the top of the building existed before the bottom of the building did. On the other hand, if I see a ship sailing down the river, and I first observe the ship passing under a bridge and then I observe the ship passing by a dock further down the river, I do infer that the ship's being under the bridge temporally preceded the ship's passing the dock. The Kantian explanation is that my very conception of the ship as an object is bound up with a whole system of laws ("rules"), and given my total system of knowledge I am able to interpret the two experiences in the case of the ship as corresponding to the time order in which the events occurred. When I look at a building I apply a different part of my knowledge – different laws as well as different initial conditions – and I conclude that I am simply seeing in a different order things that have continued existence. Here Kant stresses a further causal consideration: I know that I can see the different parts of the building in any order I choose; but I cannot see the events in the case of the ship in any order I choose. Kant's conclusion is that it is only by interpreting my experiences with the aid of causal laws that I am able to understand them as giving me an objective world with objective time relations.

As an empiricist, Reichenbach does *not* follow Kant in holding that we do not have a notion of an object at all without a concept of causality. He does, nevertheless, agree that it is causal relations that determine what the correct ("objective") time order is. However, Reichenbach has a problem: as a good empiricist, he does not want to take the notion of causality as primitive. On the other hand, he is convinced that one cannot simply take objective time order as primitive, that one must explain objective time order in terms of objective causal order. This leads Reichenbach to one of the most ambitious projects ever undertaken by an analytic philosopher, namely *to define causality without using temporal notions* so that he will be able to use the thus defined relation of causal precedence to define time order. In short, time order is to be reduced to causal order, and causal order is not to be taken as primitive, but to be explained. But explained using what notions?

Reichenbach's answer is that it is to be explained using the notion of *probability*.[10] In Reichenbach's metaphysical picture, the world consists of events, where an event might be either a macroscopic event or a microscopic one, say, a force-field's having a certain intensity at a certain spacetime point. Imagine, now, that I am given a sequence of events, say, that I observe a sequence of astronomical events $a_1, a_2, a_3, \ldots$. And let us suppose that I observe a second sequence of events, $b_1, b_2, b_3, \ldots$, and that I notice a statistically significant relation between events in the first sequence and events in the second sequence. For example, suppose that I observe that the probability that an event in the *b*-sequence will have a certain property Q is much higher if the corresponding event in the *a*-sequence has a certain property P. Inductively projectible statistical relations are not always a sign that one event directly influences the other. It could be that, for example, the *a*-events and the *b*-events are effects of a common cause.[11] Moreover, even if there is direct causal influence between an *a*-event and the corresponding *b*-event, we do not yet know in which direction the causality goes, that is, whether a_i's being a P causally affects b_i's chances of being a Q, or whether it is the other way around. However, Reichenbach believed that there is a method of experimental intervention, which he calls "the method of the mark", by which one can determine when the statistical relation is directly causal (i.e., by which one can rule out the hypothesis that the correlation is entirely explained by the presence of a common cause) and by which one can determine in which direction it goes. The idea is very simple: if the *a*-events are the causes (or partial causes) of the *b*-events, then small variations in the character of the *a*-events produced by an experimental intervention – Reichenbach calls such a variation a "mark" (*Kennzeichen*) – will bring about small variations in the character of the corresponding *b*-events.

Few contemporary philosophers of physics believe that Reichenbach succeeded. One difficulty is that the interpretation of an action as an "intervention" involves *already* knowing the direction of time/direction of causal processes, which is precisely what we are trying to determine. In *The Direction of Time*, Reichenbach tried to meet this objection by using thermodynamic criteria for irreversibility.[12] A further difficulty is the following: how can one know that the "small variation" in the *a*-event and the corresponding small variation in the *b*-event are not themselves effects of a common cause? If I myself "bring about" the variation in the *a*-events, this may be unlikely (but am I not appealing to causal knowledge when I say this?); but what if the "intervention" is Nature's, and not a human experimenter's? Presumably, Reichenbach would reply that further experimentation could rule out the common cause hypothesis; discussing this might also involve the question of the adequacy of Reichenbach's theory of the counterfactual conditional.[13]

My concern here, however, is not with the success or failure of Reichenbach's program, but with the picture which inspired him. The picture is this: the world consists of events. Those events form various sequences,[14] and there are statistical relations among the events in those sequences. Those statistical relations indicate the presence of causal relations, and the detailed nature of the statistical relations fixes the nature of the causal relations.

From this point on, Reichenbach's procedure is well known to philosophers of science. If an event A causally influences an event B, then the event A (absolutely) temporally precedes the event B: the interval separating the events A and B is time-like.[15] If A does not absolutely precede B and B does not absolutely precede A, then the separation between A and B is said to be space-like. (Such events are simultaneous in at least one coordinate system, while events whose separation is time-like are simultaneous in no admissible coordinate system.) In terms of causal (absolute temporal) precedence, one can define the notion of *temporal betweenness* and this is the first step in the construction of a topology[16] for spacetime.

With respect to the metric, as opposed to the topology, of spacetime, Reichenbach's position was a sophisticated form of conventionalism.[17] The world as it is in itself does not have a unique metric; it does, however, have a unique topology, and this is defined, as just sketched, in terms of the causal relations (and ultimately in terms of the statistical relations) between the events of which the world consists.

EPISTEMOLOGY AGAIN

At this point we may seem to have gotten very far indeed from the epistemological issues with which I started. The events of which we have been speaking are, for the most part, microevents, and thus very remote from observation. But here too there is a fundamental difference between Reichenbach's epistemological views and Carnap's. And this is true not only if one thinks of Carnap's approach in *Der Logische Aufbau der Welt*, but even if one considers Carnap's approach after the turn to "physicalism" (in "Testability and Meaning", and more completely in "Foundations of Logic and Mathematics"[18]). Carnap's successive positions might be described as follows: In the *Logische Aufbau*, Carnap hoped to reduce all talk of physical things and events to talk of the subject's own impressions by the method of logical construction.[19] In "Testability and Meaning" the aim of reduction was still present, but with two changes: (1) instead of taking impression predicates as the observation predicates to which all other descriptive predicates were to be reduced, a collection of "observable thing predicates" was taken as basic. Sentences without quantifiers in the observation vocabulary were eligible to represent what is given in experience. (2) Non-observation predicates were still to be reduced to observation predicates, but the allowed methods of reduction now included "reduction sentences", that is, operational definitions in a certain conditional form. Finally, in "The Interpretation of Physical Calculi", Carnap proposed to simply take theoretical terms as primitive and regard the adoption of a set of physical laws ("P-Postulates") as something to be justified on the following sorts of grounds: (1) an acceptable physical law was supposed to have observational consequences which are (as far as we know) true; and (2) in addition the set of laws is supposed to be simple, elegant, fruitful, etc. Physical laws and entities are, so to speak, *chosen rather than constructed or inferred*, according to late Carnap, but chosen subject to empirical constraints. Even in Carnap's last writings,[20] the whole content of the physical theory could be expressed by a single sentence in second order logic which contains only observation predicates, the so-called "Ramsey sentence" of the theory.

In Reichenbach's view, in contrast, physical laws and entities are *inferred*.[21] An example of what Reichenbach was thinking of might be the following. If I see a paddle wheel spinning, I normally observe that something is hitting the paddle wheel: air, or water, or perhaps someone is throwing stones at it, etc. If I perform a demonstration which was very popular in the secondary schools of Europe at the end of the nineteenth century, and place a cathode inside one end of a glass tube and an anode inside the other end, replace the air in the glass tube completely with an inert gas, and then turn on the electric current, I will (if all goes well) observe a glowing ray (this is, of course, the basis for our present "neon signs"). An experiment which was already performed in the nineteenth century was to place a tiny paper paddle wheel inside the tube. It was discovered that if the wheel was light enough, the presence of the ray would cause the wheel to spin. This spinning could not be due to to electromagnetism, because the wheel is made of paper. By an induction from the macroscopic phenomena I mentioned, we infer that therefore the ray consists of matter of some kind. Again, if I shoot a charged iron pellet through a magnetic field, I can observe that the pellet will be deflected from its usual trajectory by an amount which depends on the ratio of the charge on the pellet to its mass. If I put the glowing tube (this time without the paddle wheel) in a magnetic field, I can observe that the ray is also deflected, and, on the assumption that it consists of *charged* matter, I can infer the mass-charge ratio of the particles of which the ray consists. (Historically, this was one of the first determinations of the mass-charge ratio of the electron.) This is an example of an inference to the existence of what Reichenbach calls *illata*, inferred entities.

Whereas in the Carnap view (of the *Logische Aufbau* period, and even in the view of the "Testability and Meaning" period) the particles of which such a ray consists are logical constructions (*abstracta*, in Reichenbach's terminology), in Reichenbach's view they are inferred entities, and the inductive inferences by which we infer their existence are not different in kind from the inductive inferences that we find in, for example, Sherlock Holmes stories.[22] In fact, Reichenbach was famous for using Sherlock Holmes stories as the sources of his examples in his celebrated course on inductive logic.

REICHENBACH'S VINDICATION OF INDUCTION

If we picture Reichenbach's system as an arch, with the causal theory of time, the probability theory of causality, and the theory of the spacetime metric as one side, and the theory of the epistemological primacy of physical things and the inductive inferences to unobserved things and to *illata* as the other side, the keystone of the arch is his celebrated pragmatic vindication of induction (EP, pp. 339 ff). To vindicate induction, Reichenbach first reconstrued all inductive inferences as inferences whose purpose is to estimate the limit of a relative frequency in an infinite sequence.[23] Induction, for Reichenbach, always means wagering ("positing") that the limit of the relative frequency in some sequence or other is approximately equal to the relative frequency observed in the so-far examined initial section of that same sequence. With "induction" so defined, it is a tautology that *if* a sequence possesses a limit at all, then continued use of the method of induction will enable us to eventually estimate it correctly, to within any preassigned accuracy.

To see why this tautology should be regarded as a vindication of induction, we make the following thought experiment (EP, pp. 358–359): imagine that some method very different from induction leads to successful prediction, say, relying on a certain "clairvoyant". To say that the clairvoyant makes very successful predictions, say, that her predictions are true 85% of the time, is to say that the relative frequency in a certain sequence exceeds 0.85. But this is the sort of truth we can discover using the method of induction. Thus, Reichenbach concludes that induction will work in the long run if any method works.[24]

CONCLUSION

To recapitulate, then, for Reichenbach *probability* is the foundation of both metaphysics and epistemology. Metaphysically, probability is fundamental because it is the probability relations among the sequences of events in the world that gives rise to causality, time, and space. Epistemologically, probability is fundamental because empirical knowledge is simply knowledge of probabilities. Even knowledge of observation sentences is considered to be probabilistic knowledge by Reichenbach (EP, pp. 183–188), because Reichenbach's fallibilism leads him to hold that no observation sentence is absolutely incorrigible, and with the advance of scientific knowledge we need to inquire into the probability that our singular observation judgments may be in error.

My aim here has not been to argue that Reichenbach succeeded in his magnificent attempt any more than Carnap succeeded in his. But I hope to have convinced you that it *was* one of the most magnificent attempts by any empiricist philosopher of this or of any other century, and I believe that the effort to understand it and to master its details will as richly repay us as the much greater effort which has been devoted to the study of Carnap's work has already repayed us.

NOTES

[1] By "logicism" I mean the desire, expressed by Carnap late in the *Logische Aufbau*, to eliminate empirical primitives from the system *entirely*. For a discussion of this feature, see Michael Friedman, "Carnap's Aufbau Reconsidered", *Nous*, vol. 21, no. 4 (Dec. 1987), pp. 526–545.

[2] Reichenbach refused to call himself a positivist, because he associated that term with phenomenalism. For this reason, when I am considering Reichenbach's contribution I use the term "Logical Empiricism", which is the term by which he himself always referred to the movement to which he belonged.

[3] Cf. *Experience and Prediction*, 145ff. "In spite of our reference to a free decision, we should not like to say that the decision in question is arbitrary . . . . If the languages are in question are not equivalent, if the decision between them forms a case of a volitional bifurcation, this decision is of the greatest relevance: it will lead to consequences concerning the knowledge obtainable".

[4] In particular, one must adopt a "postulate of the homogeneity of causality". This is described as one of a number of "postulates concerning the rules of language" (EP, p.

139) and shortly thereafter the choice between "egocentric language" and "usual language" is described as "a free decision". (Compare n. 3).

[5] Although this view reminds one of Husserl, Reichenbach (EP. p. 163) finds an impeccably empiricist forerunner in Avenarius.

[6] Indeed, Reichenbach's great book *Relativity Theory and Apriori Knowledge* (University of California Press, 1965: English translation of *Relativitätstheorie und Erkenntnis apriori*, Springer 1920), although a criticism of Kant's thesis of the apriority of geometry, is in many respects a neo-Kantian work.

[7] "Kant saw very well the close relationship between time and causality. He saw that we discover time order by examining causal order". *The Direction of Time*, pp. 14–15.

[8] Cf. Reichenbach's "Die Bewegungslehre bei Newton, Leibniz und Huyghens", *Kant-Studien*, Bd. 29 (1924), p. 421. After quoting Leibniz ("Time is the order of non-contemporaneous things. (Tempus est ordo existendi eorum quae non sunt simul.) It is thus the *universal* order of change in which we ignore the specific kind of changes that have occurred". Reichenbach remarks, "This passage seems to me to represent a depth of insight into the nature of time that has not been equalled in the whole classical period from Descartes to Kant. Even Kant's theory of time (as formulated, for example, in the 'Second Analogy of Experience') does not attain Leibniz' perspicacity. Leibniz' characterization of time as the general structure of causal sequences is superior to Kant's unfortunate characterization of time as the form of intuition presupposed by causality".

[9] In the Second Analogy, A193/B234; the interpretation of the Second Analogy is my own, but I believe it accords with Henry Allison's *Kant's Transcendental Idealism* (Yale University Press, 1983), 225ff.

[10] In some of his writing on the subject, e.g., "Die Kausalbehauptung und die Möglichkeit ihrer empirischen Nachprüfung", *Erkenntnis*, vol. III, no. 1, 1932, pp. 32–64 (English translation, "The Principle of Causality and the Possibility of its Empirical Confirmation" in Reichenbach's *Modern Philosophy of Science*, ed. Maria Reichenbach, Routledge and Kegan Paul, 1959) Reichenbach, thinking of the deterministic case, identified causality simply with the existence of functional relationships (with the proviso that the relationships must be inductively projectible to unobserved cases). But the need to replace this deterministic notion of causality by a probability structure was already explained in his 1925 paper "The Causal Structure of the World and the Difference Between Past and Future" (in *Hans Reichenbach: Selected Writings, 1909–1953, vol. 2*, ed. Maria Reichenbach and Robert S. Cohen, Reidel, 1978; this originally appeared in German in the *Sitzungsberichte der mathematisch-naturwissenschaftlichen Abteilung der Bayerischen Akademie der Wissenschaften zu München* (Nov. 1925, pp. 133–175).

[11] For Reichenbach the above are the *only* possibilities; there cannot be an inductively projectible probability relation which *always* holds and which has no basis in a causal connection between the events related. (Two events' being effects of a common cause counts as a "causal connection" for this purpose.) This might seem to be trivially wrong on the following ground: suppose two sequences of events, *a*-events and *b*-events, both follow the same periodic law. Suppose, for simplicity, that every fifth *a*-event has property P and every fifth *b*-event has property Q. Then the probability that a *b*-event has property Q *given that* the corresponding *a*-event has property P is *one*, yet it may well be that the *a*-events and the *b*-events do not causally influence one another and do not have a common cause. Reichenbach might answer that, in this case, my prediction of the character of a *b*-event can also be made without using any knowledge of the character of the corresponding *a*-event: it is enough to know the character of the *four preceding*

b-events. Perhaps it is when knowledge of the character of one or more *a*-events permits me to better predict the character of *b*-events ("better" in the sense of: better than I could do on the basis of the knowledge of earlier or later *b*-events) that Reichenbach would postulate causal connection – postulate it aparently *a priori*, judging by what he says in Chapter 10 of *The Rise of Scientific Philosophy*. However, a case, in which one sequence is a "carbon copy" of another *could* also arise from a genuine causal connection; so the answer I have just suggested on Reichenbach's behalf does not satisfy me. (Moreover, a further counterexample to Reichenbach's claim might be this: suppose the *a*-events are connected by a fortuitous relation of the kind just described – one that does not rest on any causal connection –_to *c*-events, and the *c*-events *are* causes of the *b*-events. Then knowledge of the character of an *a*-event *may* enable me to better predict the character of the corresponding *b*-event whether or not there is any causal connection between the *a*-events and the *b*-events.)

[12] *The Direction of Time* (University of California Press, 1956), p. 198. Note that the concept of entropy to which Reichenbach appeals itself involves *spatial* notions in its definition; but the spatial metric is explained by Reichenbach in terms which assume that time order has already been established. The difficulty that I am worried about is not determining the direction of time, given that the topology of time (= the structure of the causal net) has already been established; the problem is whether purely statistical relations *can* determine even the topology of time if no temporal notions are anywhere "smuggled in".

[13] Cf. *Nomological Statements and Admissible Operations* (North-Holland, 1954). The theory Reichenbach presents in this book presupposes the view I questioned in note 11, that there cannot be a true but non-lawlike universal statement of the form: whenever an *a*-event has property P, the corresponding *b*-event has property Q. (In an unpublished note dating back to about 1954, Carnap also expressed scepticism as to the possibility of ruling out non-lawlike truths of this form.)

[14] A problem which arises in connection with this picture is just what "sequence" means. Reichenbach does not mean *arbitrary* sequence: to see why not, let A be a random sequence of heads and tails produced by flipping a coin, and let B be a second, causally independent sequence of heads and tails, also random. Let C be a subsequence of B which consists of heads and tails in exactly the order that they occur in A. (Every random sequence contains a subsequence which is a "carbon copy" of any sequence you like.) Then the probability that c_i is a head if the corresponding a_i is a head is one: but this is not because there is any causal connection between the a_i's and the c_i's. Reichenbach was aware of this objection, and in his lectures at UCLA he tried to rule it out by requiring that the sequences be "extensionally given". When I asked him what this meant, he explained that the probability relation we find must not be an artifact of the way the sequences are *defined*. But this raises the following problems: (1) It seems, then that causal connections exist only between definable sequences of events (and with respect to definable attributes of the members of those sequences). This seems counterintuitive, and it raises a host of questions: e.g., in what *language* must the sequences be definable? (2) What exactly is meant by a relation's being an *artifact* of the way something is defined? The intuitive idea is clear, but it seems difficult to capture in a definition. Reichenbach's theory of nomological statements, presented in the book cited in note 13, may be designed to deal with this problem.

[15] Strictly speaking, I should have written "time-like or light-like". Once the space-time metric has been constructed, one can identify a class of "fastest causal signals"; in our

world, these are the signals that travel at the speed of light. In the customary metric of relativity theory, the world lines of these fastest signals are considered neither time-like nor space-like.

[16] To define such a topology, one may proceed as follows (here, let P, P′, Q, R be variables over point events and S a variable over sets of point events): define P *is a limit point of* S to mean that for every Q, R such that P is temporally between Q and R, there is a P′ in S such that P′ ≠ P and P′ is temporally between Q and R.

[17] For a discussion see my "Refutation of Conventionalism", in my *Mind, Language and Reality: Philosophical Papers, Vol 2.* (Cambridge University Press, 1975).

[18] Reprinted in *International Encyclopedia of Unified Science: vol. 1, part 1*, ed. by Otto Neurath, Rudolf Carnap, and Charles W. Morris (University of Chicago Press, 1938); see, especially pp. 198–211.

[19] Whether this was the principle *aim of the Logische Aufbau*, is, however, a matter of disagreement among interpreters. An alternative reading is that the phenomenalistic construction is offered as only one of a number of alternative reconstructions of the language, and the primary purpose of the work is to argue that it is only by being willing to formulate philosophical positions in terms of such reconstructions that we can see exactly what the issues are. Cf. the article by Friedman cited in note 1.

[20] See, for example, Carnap's "The Methodological Character of Theoretical Concepts", in *Minnesota Studies in the Philosophy of Science, vol. 1: The Foundations of Science and the Concepts of Psychology and Psychoanalysis*, ed. by Herbert Feigl and Michael Scriven (University of Minnesota Press, 1956).

[21] There is, however, an element of choice in Reichenbach's view as well as in Carnap's: by adopting different coordinating definitions one can arrive at different but empirically equivalent metrics for spacetime, for example. The inductive inferences needed to infer the existence of illata depend on these coordinative definitions, and thus rest on a certain element of convention. For a discussion of this element of Reichenbach's thought see "Equivalent Descriptions", in my *Realism and Reason: Philosophical Papers, Vol. 3* (Cambridge University Press, 1983) and my essay cited in n. 17.

[22] In a way, then, Reichenbach may have originated what was later called the "inference to the best explanation" account of scientific reasoning – an account which was often thought to constitute a *rejection* of Logical Empiricism!

[23] Reichenbach idealized very long finite sequences as infinite sequences. I discussed this idealization and its bearing on Reichenbach's pragmatic vindication in my Ph.D. thesis, written under Reichenbach's direction in 1951. This has now been published by Garland Publishing Company (*The Meaning of the Concept of Probability in Application to Finite Sequences*, Garland, 1990).

[24] For a criticism of Reichenbach's vindication argument, see my "Introduction added some years later" to the work cited in note 23.

Department of Philosophy
Harvard University
Emerson Hall
Cambridge, MA 02136
U.S.A.

FELIX MÜHLHÖLZER

EQUIVALENT DESCRIPTIONS*

In this essay I examine the conceptions of empirical and theoretical equivalence developed by Reichenbach and Quine. I shall show that they fail to do justice to important structural facts of the world and to the status of mathematical knowledge within science.

1. REICHENBACH

Reichenbach develops a general conception of *empirical equivalence* which, according to his verificationist intuitions, is at the same time a conception of *cognitive* equivalence. Reichenbach expands the basic verificationist tenet that two statements are empirically (cognitively) equivalent if and only if the same observable situations verify them and the same observable situations falsify them, by introducing the concept of probability and, in doing so, formulates the following definition: two statements are empirically (cognitively) equivalent if and only if in each observable situation they receive the same probability (Reichenbach 1938, Sec. 7).

This conception of equivalence has two fundamental defects. Firstly, Reichenbach uses the word "probability" as if it were a magic word. Nobody actually knows how to hit upon the probabilities which statements allegedly 'receive' from observable situations. Consider, for example, the statement "Current is flowing in wire L" together with the observable situation of an ammeter hooked up to L.[1] A fundamental trait of our world (which makes life hard for empiricists of all varieties) consists in the simple fact that ammeter needles may fail to deflect when current is present and may be deflected in the absence of current. There exist *disturbing factors* which always threaten to disappoint our expectations. Of course, Reichenbach introduces his probabilities in order to make allowance for just these disturbances. Probabilities, however, cannot accomplish this end. Disturbing factors are potentially unsurveyable and unforeseeable and thus prevent us from specifying probabilities by referring to observable situations alone.[2]

The second defect of Reichenbach's conception of empirical equiv-

Erkenntnis **35**: 77–97, 1991.
© 1991 *Kluwer Academic Publishers. Printed in the Netherlands.*

alence lies in the fact that it is formulated for single statements. Since Quine 1951, it has been accepted that there is, in general, no well-defined range of observable situations that confirm (or infirm) an isolated statement. This insight, which defeats all statement-oriented forms of verificationism, also disqualifies Reichenbach's conception of empirical equivalence.

There seems to be still another view of equivalence in Reichenbach's writings: equivalence understood on the basis of different *coordinative definitions*. This conception appears rather early during Reichenbach's occupation with relativity theory and figures most prominently and peculiarly in his late essay 'The Philosophical Significance of the Theory of Relativity'. There we read: "it is a consequence of the definitional character of fundamenl concepts that with the change of the definitions various descriptional systems arise. But these systems are equivalent to each other, and it is possible to go from each system to another one by a suitable transformation. Thus the definitional character of fundamental concepts leads to a plurality of equivalent descriptions" (Reichenbach 1949, p. 295). In this essay Reichenbach remains silent as to the exact nature of the equivalence he is talking about and he doesn't mention a single word about his verificationist-probabilistic conception of 1938.

Verificationism, however, also lurks behind this second conception of equivalence defined in terms of coordinative definitions. According to Reichenbach, the latter are 'first coordinations' by which 'real objects' or 'physical structures' are coordinated to concepts; they "are *arbitrary*, like all definitions; on their choice depends the conceptual system which develops with the progress of science" (Reichenbach 1928, Sec. 4). Reichenbach believes that such definitions *must* exist and that, consequently, the emergence of equivalent descriptions is unavoidable. He argues as follows. (1) Attempts to verify certain empirical hypotheses inevitably lead to circularities. (2) These circularities are vicious and can only be broken by conventional determinations, viz., 'coordinative definitions'. (3) It regularly turns out that, in order to avoid the verification circles, one can choose among different coordinative definitions (or systems of coordinative definitions), each of which leads to its own conceptual system. (4) All these systems are cognitively equivalent, and although they may differ in simplicity, such differences concern only *descriptive* simplicity and have nothing to do with truth.

This line of thought is typical of Reichenbach 1928. It is rich in content and rich in mistakes and has evoked manifold criticism. Let me simply list some of its most serious defects:[3] (a) The verification circles described by Reichenbach emerge, or are vicious, only on the basis of an unreasonably narrow view of verification. More reasonable views do not lead to circles, or at least not to vicious ones. (b) The coordinative definitions Reichenbach actually mentions are defective. They pretend to bring off *initial* and *unique* coordinations to 'real objects', but reality with its omnipresent disturbing factors actually prevents them from doing this. (c) The coordinative definitions envisaged for a given concept have to fulfill appropriate conditions; 'length', for example, should (perhaps) conform to the mathematical axioms of a metric. Exactly which conditions, however, should we impose? Reichenbach is confronted with a dilemma here. If the conditions are very weak, the respective claims as to the possibility of equivalent descriptions threaten to become trivial (sometimes they seem to refer only to the trivial possibility of using different coordinate systems in the description of physical reality). If the conditions are stronger, their choice has to be justified, but this cannot be done in a non-dogmatic way.

Thus, Reichenbach's analysis of the phenomenon of equivalent descriptions is in many respects unsatisfactory. More adequate views must be found.

2. WHAT IS EMPIRICAL EQUIVALENCE?

According to statement-oriented verificationism, empirical equivalence is sameness of the empirical meanings of statements. As Quinean holism shows, this idea doesn't work. It can be adjusted, however, to holistic insights. Quine tried his hand at this and defined empirical equivalence as follows: two theories are empirically equivalent if and only if they have the same empirical content (Quine 1975 and 1981b).

A theory in Quine's sense is simply a set of sentences.[4] Its empirical content is the class of observation categoricals logically implied by it. An observation categorical is a sentence like "Where there is smoke there is fire", compounded of two observation sentences ("Here is smoke", "Here is fire") by means of the "Whenever this, that" construction (Quine 1990, Sec. 4). Accordingly, two theories are empirically equivalent if and only if they imply the same observation categoricals. The spirit of this conception, its holistic and naturalistic stamp notwithstanding, is essentially that of Logical Empiricism, "which recognizes only sense perception [or better, as Quine would put it, 'sensory stimulation'] and the [. . .] principles of logic as sources of knowledge" (Reichenbach 1949, p. 310). It is in agreement with Reichenbach's characterization of the philosophy of physics which "endeavors to clarify the meanings of physical theories, independently of the interpretation by their authors, and is concerned with logical relationships alone" (Reichenbach 1949, p. 293).

Unfortunately, Quine's conception doesn't work either. Statement-oriented verificationism – whether expanded to include probabilities or not – fails, first, through the ubiquity of disturbing factors and, second, through the holistic phenomena noticed by Duhem and Quine. By formulating his conception of empirical equivalence for theories instead of sentences, Quine has avoided the second problem; the first one, however, remains unmastered. Quinean observation categoricals are sentences of strict generality which, besides being simply wrong in most cases, in general are *not* logically implied by our existing theories. This has been conspicuously worked out by Hempel (see Hempel 1988). In general, our theories deal with undisturbed, ideal situations. In most cases their applications to real situations are subject to certain *provisos* to the effect that no disturbing factors are present. These disturbing factors are unsurveyable and cannot be specified in advance. Precisely such specifications, however, would be necessary if our theories were able to *logically* imply observation categoricals. Consequently, Quine's account of 'empirical content' and 'empirical equivalence' is inadequate.[5]

Is this a banal point? Yes and no. From the standpoint of the practicing scientist, it's banal. Philosophers, however, who are subject to the strict standards of Logical Empiricism, tend to become blind to this point, and for them it's not at all banal. The lesson to be drawn simply says that the relation between theory and experience cannot be understood as a *purely logical* relation between 'theoretical' sentences and observation categoricals (or 'observation sentences' of any other variety).

The existence of disturbing factors already thwarted Carnap's reductionistic project in *Der logische Aufbau der Welt*. It is noteworthy that Quine, whose naturalism can be seen as a reaction to Carnap's failure, stumbles just at the same point. In spite of all holistic insights, Quine's account of scientific theories remains, as Wittgenstein would say, a philosopher's *Luftgebäude* (*Philosophical Investigations*, Sec. 118). As soon as one uses the word "theory" in the manner of the practicing scientist, the relation between theory and experience doesn't appear any more as an affair which can be described by a short formula like "logical implication of observation categoricals". Theories in the scientist's sense reveal themselves as very flexible entities, not as sharply defined sentence-buildings, and the answer to the question of whether a certain experimental outcome is in contradiction to a theory depends on the skillfulness by which theoreticians and experimenters make use of the theory. A really good reason to consider a theory as falsified will be given only if a better theory is available which explains why the adherents of the old theory were unsuccessful. In other words, an isolated theory has no well-defined range of falsifying observable situations. Thus, Quine's holistic version of verificationism can be proven untenable by the same argumentation which Quine himself uses to refute sentence-oriented verificationism.

In his recent book, *Pursuit of Truth*, Quine concedes that his conception of empirical content is unrealistic. He now calls theories possessing empirical content in his sense "testable theories", and he writes: "much solid experimental science fails of testability in the defined sense. This can happen, we saw, because of vague and uncalibrated probabilities in the backlog of theory. No doubt it happens also in more complex ways, not clearly understood. I have no definition of empirical content to offer for such theories, but it still seems to make reasonable intuitive sense to speak of empirical equivalence among them, since experimentation is still brought to bear. The idea is that whatever observation would be counted for or against the one theory counts equally for or against the other. What I shall have to say about empirically equivalent theories applies indifferently to testable ones and to theories that are empirically equivalent in this ill-defined way" (Quine 1990, pp. 95f).

Thus, problems with 'empirical content' notwithstanding, Quine clings to a general notion of empirical equivalence. This empirical equivalence, however, is now no longer constituted by *logical deductions* leading to observation categoricals, but by the *scientists themselves* who have learned to judge whether an observation is to be counted for or against a given theory. In other words, logic has been replaced by the scientists themselves and their specific professional competence. With this step, Quine seems to have given up the Logical Empiricist's ideal of recognizing "only sense perceptions and the [. . .] principles of logic as sources of knowledge".

How *do* scientists judge that observations which would be counted for or against the one theory count equally well for or against the other? I think judgements of this sort always involve reflections on relations between the theoretical structures themselves. It is always some *theoretical* relation, often some *theoretical equivalence*, which gives rise to claims about 'empirical equivalence' (in whatever sense). This is clearly indicated in Reichenbach's discussions of concrete cases of empirical equivalence which are always cases of an equivalence constituted "by a one-to-one correspondence" between theoretical structures (Reichenbach 1949, p. 298).

The theoretical relation by which we judge that two theories are empirically equivalent need not necessarily be a one-to-one correspondence. It will often be a *reduction*, in particular an *approximative* reduction. There are, for instance, domains of application, in which both Newton's mechanics and the theory of special relativity are, according to existing experimental devices, equally successful. Any empirical situation in this domain which can be represented in a satisfactory way by a newtonian model can be represented in an equally satisfactory way by many models of special relativity theory, and vice versa. This is a simple consequence of the inevitable blurredness of our experimental results. There exists, then, a relation of *experimental indistinguishability* between the models of the two theories, by which the claim that the theories, when restricted to the domain in question, are empirically equivalent can be readily justified, and this relation is not a one-to-one correspondence.[6]

Approximative reductions between theories can be best accounted for when theories are understood not as sets of statements, but rather in a '*nonstatement*' or '*structuralist*' manner as proposed by J. D. Sneed and W. Stegmüller.[7] A theory T, in the structuralist sense, is essentially a class of structures called "models of T". Experience, or observation, is represented by certain structures which are constructed out of experimental data (and which therefore could be called "data structures"). From the outset, this construction process takes into account the blurredness of the data. The inquiry into the relationship between a theory T and experience is reduced, then, to the question of whether certain data structures are substructures of models of T. Two theories T_1 and T_2 are *empirically equivalent* if and only if each experimental situation which can be represented by a datum structure that is a substructure of a model of T_1 also can be represented by a datum structure that is a substructure of a model of T_2, and vice versa.

I cannot discuss this conception in more detail here. It is a conception of empirical equivalence only in a rather derived and abstract sense of "empirical". Data structures are the results of an abstract processing of empirical circumstances, and they are explicitly constructed with regard to the specific theory to be applied. Therefore, they and the respective conception of empirical equivalence are theory laden to a considerable extent (see Balzer et al. 1987, Sec. VI.5). This will, I think, confirm the foregoing result that empirical equivalence can only be understood on the basis of certain *theoretical* relations.

In what follows, I shall not bother to consider the difficulties besetting a general conception of empirical equivalence. In the cases to be discussed below there is general agreement as to whether the respective theories are empirically equivalent or not. The problem is, rather, whether the theories are to be considered as *theoretically* equivalent. To this problem I now turn.

3. FROM TRIVIAL TO SUBSTANTIAL EQUIVALENCE

Given a theory T_{em} containing the terms "electron" and "molecule", one can construe a second theory T_{me} by simply switching these two terms throughout. This second theory, however, is equivalent to the first in a quite trivial sense because the switching of the two terms certainly should be viewed as a purely terminological, or purely semantical, maneuver. Even Quine has to concede this although he is otherwise notoriously skeptical about notions like "purely terminological" or "purely semantical". In Quine 1975, moreover, even more complicated 'switchings' – called "reconstruals of predicates" – are considered purely terminological. Quine gives the following definition: "By a *reconstrual* of the predicates of our language [. . .] let me mean any mapping of our lexicon of predicates into our open sentences (*n*-place predicates to *n*-variable sentences)" (Quine 1975, p. 320). If T is a theory and ρ a reconstrual of its predicates, one can replace every occurrence of every predicate P in T by $\rho(P)$; the result is a new theory which I call "ρT". Let us call theories T_1 and T_2 *equivalent by reconstrual of predicates* if and only if there exist reconstruals ρ_1 and ρ_2 of predicates such that $\rho_1 T_1$ is logically equivalent to T_2 and $\rho_2 T_2$ is logically equivalent to T_1. Obviously, this is true of the "electron"-"molecule" theories T_{em} and T_{me} above.

What about the languages of our theories? In Quine 1975, p. 318, we read: "I prefer in the present study to set aside the whole question of formulating theories in other languages, and to think of theories only as formulated in our own language, with help of our own regimented logical notation". Later on, however, Quine deals with theories which are equivalent by reconstrual of predicates, e.g., with our "electron"-"molecule" theories T_{em} and T_{me}. Isn't the difference between T_{em} and T_{me} simply a difference in *language*?

First of all, a reconstrual of predicates is a purely formal maneuver and the corresponding equivalence a purely formal relation. To bring in 'language' in its full sense, one has to bring in 'meaning'. Since, for Quine, meaning is evidence (Quine in Hahn/Schilpp 1986, p. 155) and evidence is deposited in observation sentences, the identity of observation sentences must be an at least *necessary* condition for the identity of languages (or language forms).[8] Is this condition also *sufficient*? I am not sure what Quine would say. But I think that if the languages, besides having the same observation sentences, are also *structurally similar* in their more theoretical parts, then Quine would consider them identical. If this interpretation is correct, then the difference between our two "molecule"-"electron" theories does not count as a difference in language: Quine presupposes that the terms "molecule" and "electron" do not occur in observation sentences; consequently, there is no difference with respect to observation sentences; and certainly there is structural similarity as well. The same is true for *all* theories that are equivalent by reconstruals of predicates that do not change the observation sentences. These theories, obviously, are empirically equivalent in Quine's sense. Moreover, in the light of the account of language stated above, Quine must hold that these theories 'say the same'.

This relation of saying the same (in Quine's sense) is nothing but the relation of theoretical equivalence to be found in Quine 1975: two theories formulated in the same language are *theoretically equivalent* (*in Quine's sense*) if and only if they are empirically equivalent and equivalent by reconstrual of predicates.[9] In the present section I will always use the term "theoretical equivalence" in this sense.

Quine's criterion of theoretical equivalence applies to trivial cases such as the "electron"-"molecule" example. Does it also apply to less trivial ones? To show that it does, Quine in 1975 mentions the following two cosmological theories: a theory T_H, which represents space as infinite and homogeneous, and Poincaré's well-known empirically equivalent version T_P, which represents space as finite and as possessing a central point such that all physical objects shrink in proportion to their distance from this point. Quine thought that T_H and T_P were theoretically equivalent. Later on, however, he noticed that this is not true (see Barrett/Gibson 1990, p. 53, and Quine 1990, p. 97). Aided by the simple notation introduced above, we can easily see why. Poincaré's theory T_P implies a sentence which states that there is exactly one point of space (namely, the central point) having property so and so. Then, obviously, for any reconstrual ρ of predicates, the respective theory ρT_P implies a sentence, too, which states that there is exactly one point in space having a certain property. In contrast, theory T_H which represents space as homogeneous does not imply a sentence of this sort. Consequently, for each ρ, T_H cannot be logically equivalent to ρT_P, and therefore T_H and T_P are not theoretically equivalent.

Nevertheless, in another way that Quine does not consider, Poincaré's general method of construing T_P does in fact lead to cases of theoretical equivalence which are definitely more substantial than the "electron"-"molecule" case. To see this, let us consider examples that are easier to handle than Poincaré's T_P. Take, for example, Newtonian mechanics with *absolute space* in addition to the usual Galilei invariant quantities and Galilei invariant statements about these quantities. Call this theory "T_{NA}". Think of T_{NA} as equipped with enough mathematics allowing all the theoretical procedures common in physics. Let us further assume that absolute space, together with absolute time, is simply represented by a coordinate system on the space-time manifold, i.e., by a function assigning quadruples of real numbers to space-time points. In Quine's regimented language, this function is expressed in an obvious way by a 5-place predicate S. All the laws of T_{NA} are formulated relative to absolute space and absolute time, i.e., relative to S. In particular, all differentiations with respect to place and to time are defined on the basis of S. Nevertheless, T_{NA} is a Galilei invariant theory since all its theorems are Galilei invariant.

T_{NA} is rich enough to express *any* inertial frame by means of an appropriate Galilei transformation applied to absolute space (which, of course, is an inertial frame in its own). Such a transformation can be viewed as a reconstrual of the predicate S which maps S into an open sentence with 5 free variables. Like S, this sentence represents the inertial frame as a function from space-time points to quadruples of real numbers. A reconstrual of predicates of the language of T_{NA} which changes S in this way and which leaves all other predicates unchanged will be called *Galilean*. Thus, if ρ is a Galilean reconstrual of predicates, then $\rho(S)$ is a 5-variable sentence representing an inertial frame. Furthermore, the Galilei invariance of T_{NA} can be expressed now in the following way: For any Galilean reconstrual ρ of predicates, ρT_{NA} is logically equivalent to T_{NA}.

So the phenomenon of *invariance*, familiar to any physicist, amounts to the following in the Quinean context: given any theory T, one can look for reconstruals ρ of predicates of the language of T such that ρT is logically equivalent to T. I shall call a ρ of this sort a *symmetry of T*.[10] If T is an empirically and methodologically satisfying theory, then the symmetries of T represent important facts, not only about T but also about the world. They represent, as it were, structural facts about the world and they should be acknowledged as part of the *cognitive content* of T.[11]

The symmetries of a theory T lead to logical equivalence and not to equivalence in the more interesting sense we are investigating here. They don't lead to other theories, but only back to T itself. As we will now show, however, they can *produce* theoretical equivalence in a substantial sense. To see this, consider again our Newtonian theory T_{NA}. In T_{NA} absolute space, expressed by the predicate S, is used as a device for differentiation, etc., but it does not present itself as an (empirically) identifiable entity or structure. In order to make it so, we will enrich T_{NA} by simply specifying the paths of certain identifiable particles relative to absolute space, i.e., by giving, for each instance of absolute time, the locations of the particles in absolute space. Let $T_{NA\iota}$ be this extension of T_{NA}. Obviously, $T_{NA\iota}$ is no longer Galilei invariant since nontrivial Galilei transformations change the space-time description of the particle's world lines. In other words, for any nontrivial Galilean reconstrual ρ of predicates, $\rho T_{NA\iota}$ contradicts $T_{NA\iota}$.

In this way, *each* Galilean reconstrual ρ of predicates leads to an extension of T_{NA}, which simply specifies the locations of the particles relative to the *inertial frame* expressed by $\rho(S)$. I shall call this extension "$T_{NA\rho}$". Obviously, $T_{NA\iota} = T_{NA\rho}$ if ρ is the identity. The theories $T_{NA\rho}$ contradict each other. Nevertheless, they are certainly empirically equivalent in any reasonable sense of empirical equivalence. Furthermore, they are also equivalent by reconstrual of predicates, as can be seen as follows. Any Galilean reconstrual ρ of predicates can be extended to a reconstrual ρ' which, besides transforming S into $\rho(S)$, also transforms the predicate expressing the particle locations relative to absolute space into the open sentence expressing the particle locations relative to the inertial frame represented by $\rho(S)$. As can be easily verified, $\rho' T_{NA\rho}$ then is logically equivalent to $T_{NA\iota}$. Since the inverse of a Galilei transformation is also a Galilean transformation, there also exists a Galilean reconstrual ρ'' of predicates such that $T_{NA\rho}$ is logically equivalent to $\rho'' T_{NA\iota}$. Thus, for any Galilean reconstrual ρ of predicates, $T_{NA\rho}$ is equivalent to $T_{NA\iota}$ by reconstrual of predicates. As this relation is an equivalence relation, *all* the theories $T_{NA\rho}$ are equivalent by reconstrual of predicates. Consequently, they are all theoretically equivalent.

This equivalence is based on symmetries of T_{NA} representing structural facts about the world, and therefore it is substantial. Let us examine the specific mechanism that produced the equivalent theories $T_{NA\rho}$. It proceeds in three steps. (1) We start with the Galilei-invariant theory T_{NA}. If ρ is a Galilean reconstrual of predicates, i.e., a symmetry of T_{NA}, then within the framework of T_{NA}, $\rho(S)$ figures exactly in the same way as S. This shows that absolute space, represented by S, is *arbitrary*: it is arbitrarily chosen out of the whole class of inertial frames which are represented by the open sentences $\rho(S)$. Of course, the choice of any other of the $\rho(S)$ would be arbitrary as well. (3) In making absolute space or any other inertial system *identifiable* by specifying certain particle locations relative to them, we produce the theories $T_{NA\rho}$. These identifications are arbitrary as well and their arbitrariness shows that the theories $T_{NA\rho}$ are empirically equivalent. (3) The symmetries mentioned in (1) show that the identifications mentioned in (2) allow reconstruals of predicates which constitute the *equivalence* of all theories $T_{NA\rho}$.

A mechanism of this sort can be detected in many other cases. In a straightforward way, a perfectly analogous case is offered by special relativity theory including mechanics and Maxwell's electrodynamics and formulated relative to a single inertial frame (which could be dubbed "the ether frame"). Let us call this theory "T_{SRE}". The symmetries of T_{SRE} allow the arbitrary choice of any inertial frame whatsoever as 'the ether frame', and the respective identifications of these ether frames by means of particle specifications lead to theoretically equivalent theories T_{SRE_ρ} (the ρ's being symmetries of T_{SRE}).

Newton's theory of gravitation provides a more sophisticated case.[12] It is formulated relative to a specific flat connection ∂ of the space-time manifold, which represents the inertial structure of space-time, and it makes use of a potential Φ which represents the gravitational field. Again, we can find certain symmetries of this theory indicating the existence of arbitrary elements. What proves to be arbitrary now is the (∂, Φ)-pair: there are many other pairs of this sort which, within Newton's theory, figure in exactly the same way as (∂, Φ). Once again, specific identifications of these pairs (which I will not describe here) lead to theories – we may call them "$T_{N(\partial,\Phi)}$" – that are theoretically equivalent in a substantial sense.

All these equivalences are based on certain general, structural facts of the world, which show up in the symmetries of the respective theories. In the case of Newtonian mechanics and special relativity theory, the basis is found in space-time symmetries; in the case of the Newtonian theory of gravity, the basis is (essentially) the equivalence of gravitational and inertial mass. Based on these facts, the respective equivalences are highly non-trivial.

Let us return now to Poincaré's cosmological theory T_P. In the same way as Newton's theory T_{NA} arbitrarily selects one inertial frame as its 'absolute space', so Poincare's cosmology arbitrarily selects one point of space as the 'center of space'. Newton's maneuver, however, does not alter the *factual* equivalence of all inertial frames and, likewise, Poincaré's maneuver does not alter the *factual* equivalence of all spatial points. Moreover, in the same way as Newtonian maneuvers lead to the infinity of the theoretically equivalent variants T_{NA_ρ} each based on an arbitrarily selected inertial frame, so maneuvers à la Poincaré lead to an infinity of theoretically equivalent variants of T_P each based on an arbitrarily selected spatial point. Reflecting the factual homogeneity of space, the equivalence of these T_P variants is certainly nontrivial.

Substantial equivalences of this sort are in the center of attention of modern physics. Reichenbach and Quine, however, remain unimpressed and tend to ignore them. The reason for this neglect obviously lies in their deep-rooted verificationism. For both, cognitive content is identical with empirical content and this empiricist preconception leads to an underestimation of *structural* issues.

Through his verificationism Reichenbach in particular was led to his account of equivalence as based on different *definitions*. According to him, our attempts at theory testing regularly end up with certain gaps of verifiability which can only be closed by arbitrary definitions which, in turn, produce equivalent descriptions. This view has proved to be untenable. In the foregoing analysis we uncovered another source of arbitrariness and equivalent descriptions. This source, as we have seen, lies in the *symmetries* of certain theories. It produces cases of theoretical equivalence that reflect structural facts of our world.[13]

4. STRUCTURAL FACTS

Now it is time to examine these structural facts more closely. Considerations à la Reichenbach may suggest that they pose problems. Reichenbach's geometrical conventionalism, for instance, seems to say that the aforementioned structural fact of the homogeneity of space is no fact at all but simply a convention. In order to avoid the complexities of general relativity theory, I shall discuss not geometrical conventionalism, but rather Reichenbach's more perspicous claim that simultaneity in special relativity theory is conventional.[14] The structural fact that is at stake in this case is the *isotropy* of space as postulated in special relativity theory.

Reichenbach considers a single inertial frame K (and 'space', then, is identical with 'space of K'). Relative to K there exists the *standard* simultaneity relation known from the usual formulations of special relativity theory, but there also exist *nonstandard* relations. Relative to clocks in *standard* synchrony, i.e., clocks representing the standard relation, the velocity of light appears to be the same in all spatial directions; relative to clocks in *nonstandard* synchrony, however, the velocity of light appears to be different in different spatial directions. In other words, relative to standard synchrony space appears to be isotropic, whereas relative to nonstandard synchrony it appears to be nonisotropic. Reichenbach argues that the choice between physical descriptions referring to these different relations of simultaneity is a matter of convention. But then the isotropy of space seems to become a matter of convention, too.

As we have pointed out in Section 1, Reichenbach's arguments for conventionalist theses of this sort are defective. This alone should be enough to dismiss Reichenbachian doubts concerning the factuality of the isotropy of space. It is worthwhile, however, to examine the putative conventionality of simultaneity still from other angles.

There is the aspect of *simplicity*. Standard simultaneity is simpler than nonstandard simultaneity. Reichenbach depreciates this difference in simplicity as a purely 'descriptive' one and he thereby denies its relevance to questions of truth or empirical adequacy. As Michael Friedman has made sufficiently clear, however, Reichenbach's distinction between 'descriptive simplicity' and 'inductive simplicity', which is at stake here, is utterly dubious (see Friedman 1983, pp. 268–273). Issues of simplicity pervade more or less all our assumptions about factuality, and there is no convincing reason why the case of standard versus nonstandard simultaneity should be considered as an exception. (Note, by the way, that in the case of special relativity one is confronted with the remarkable fact that the whole space-time structure can be described by axioms which mainly express *symmetry principles*.[15] To view symmetries as conventional would mean, then, to view practically the whole space-time structure as conventional. This is geometrical conventionalism across the board.)

There is, furthermore, the fact that nonstandard simultaneity requires the specification of a certain direction in space together with specifications of the to and fro velocities of light in that direction. These specifications are arbitrary and they are not required in the case of standard simultaneity. In the terminology of my paper 'On Objectivity' (Mühlhölzer 1988a), one can say that the standard simultaneity relation is *more objective* than its nonstandard alternatives. Standard simultaneity requires the relativization to an inertial frame and this relativization has proved to be necessary; it is, as it were, imposed on us by nature. All further relativizations to spatial directions etc., as required by nonstandard simultaneity, are, however, completely arbitrary and superfluous. It seems to me that this difference between the nonstandard relations of simultaneity and the standard relation is clearly of a factual nature and that it objectively distinguishes the latter as the adequate one.

This assessment is confirmed by *invariant*, *geometric* formulations of special relativity theory in the spirit of Minkowski. (The conception of objectivity developed in Mühlhölzer 1988a demands such formulations.) Geometrically viewed, an inertial frame K consists of a class of straight, parallel, timelike world lines, and the standard simultaneity relation relative to K is then the uniquely determined equivalence relation on the set of space-time points whose equivalence classes are hyperplanes *orthogonal* (in the sense of Minkowski geometry) to the wordlines constituting K. This is a simple geometric fact that does not involve any arbitrary features besides the arbitrary choice of K which has proved to be unavoidable. In contrast, a Reichenbachian nonstandard relation of simultaneity requires the specification of further arbitrary features which are avoidable and which are completely alien to the geometric spirit of an invariant formulation of special relativity theory.[16]

The upshot of these considerations is that Reichenbach has no convincing reasons to contest the factuality of the isotropy of space, whereas there are very good reasons to assert said factuality. Physicists certainly agree with this, as is shown e.g. in the following statement by Rindler concluding a discussion of the relativity of simultaneity: "We therefore prefer the unique synchronization adapted to each frame which makes the physics isotropic *not only in fact* but also in its coordinate description" (Rindler 1977, p. 29, my emphasis). Furthermore, our considerations are not only relevant to the isotropy of space but can be applied, with simple modifications, to all the strucural features mentioned in the foregoing section. Therefore, we can acknowledge the factuality of these features with good conscience.

5. EMPIRICAL EQUIVALENCE WITHOUT THEORETICAL EQUIVALENCE

Structural facts can reveal themselves, as we have seen, in certain theoretical equivalences. Of course, they can be expressed also more directly. The homogeneity of space, for example, showing itself in the equivalence of the infinitely many versions of Poincaré's cosmological theory T_P, is directly expressed in theory T_H. Similarly, all the equivalent theories T_{NA_ρ} can be replaced in an obvious way by a single theory – call it "T_N" – which simply drops absolute space and treats all inertial frames as equivalent. T_N expresses, as it were, the homogeneity of the class of inertial frames. In the same way, the equivalent theories T_{SRE_ρ} can be replaced by a theory T_{SR} dropping the ether frame and expressing the full equivalence of all inertial frames. An analogous move is possible in the case of the gravitation theories $T_{N(\partial,\Phi)}$. They can be replaced in a straighforward way by a theory T_{NG} ("G" as "Gravitation") which treats all the (∂, Φ)-pairs that constitute the equivalence of the theories $T_{N(\partial,\Phi)}$ as equivalent within its own theoretical framework.

The theories T_P and T_H are empirically equivalent but not theoretically equivalent in Quine's sense. The same is true for $T_{NA\rho}$ and T_N, $T_{SRE\rho}$ and T_{SR}, $T_{N(\partial,\Phi)}$ and T_{NG}, respectively, since Quine's criterion of theoretical equivalence is always sensitive to questions of homogeneity, whether they concern space, the class of inertial frames, the class of certain (∂, Φ)-pairs, etc. In this connection, we should also mention theories about the simultaneity of distant events using (a) a Reichenbachian predicate of nonstandard simultaneity or (b) the normal predicate of standard simultaneity. (a) and (b) are empirically equivalent but not equivalent in Quine's sense, since they differ in respect to the isotropy of space, i.e., the homogeneity of the class of spatial directions.

In cases as these Quine's criterion works. There is certainly an important improvement in the aforementioned theoretical transitions from T_P to T_H, $T_{NA\rho}$ to T_N etc., constituting theoretical *non*equivalence. I now want to consider some further improvements. Let us assume that the theories T_N, T_{SR} and T_{NG} are formulated with the help of certain distinguished coordinate systems that are adapted to the theoretical framework in question. In the case of T_{SR} for example, these are coordinate systems giving the metric tensor g_{ab} its standard $(1, -1, -1, -1)$-diagonal form. In T_N, T_{SR} and T_{NG} one has avoided the arbitrary singling out of a certain inertial frame or a certain (∂, Φ) pair, but the distinguished coordinate systems still bring along an element of arbitrariness. This, however, can be avoided as well by means of coordinate-free (tensorial; invariant; geometric) improvements of T_N, T_{SR} and T_{NG}. Let us call them, respectively, "T_{Ng}", "T_{SRg}" and "T_{NGg}" ("g" as "geometrized").[17] In what follows, I will concentrate on T_{SRg} and T_{NGg}.

T_{SRg} is, essentially, *Minkowski's formulation* of special relativity theory (Minkowski 1908). It represents the structure of space and time by a single space-time metric, mathematically expressed by a tensorfield g_{ab}, which is the basis of the entire theoretical edifice. In particular, this metric incorporates the class of all inertial frames and expresses the homogeneity of this class. However, no explicit reference to inertial frames or to coordinate systems is necessary.

T_{NGg} is the so-called *Newton–Cartan theory* of gravitation. It does not contain any explicit reference to (∂, Φ) pairs as they appear in T_{NG}. Instead, it is based on a *nonflat connection* D which represents free fall: i.e., the world lines of freely falling particles are geodesics of D. Since free fall embodies gravitation and D is part of the geometry of space-time, one can say that in T_{NGg} gravitation has been 'geometrized away'. In the same manner, however, as the metric g_{ab} in special relativity theory implicitly incorporates the class of inertial frames, D implicitly incorporates the class of (∂, Φ) pairs appearing in T_{NG}.

It is easily verified that T_{SR} and T_{SRg} are not only empirically equivalent but also theoretically equivalent in Quine's sense (provided that they contain enough mathematics). The same is true of T_{NG} and T_{NGg}. Should we say, then, that T_{SR} and T_{SRg}, resp. T_{NG} and T_{NGg}, have the *same content*? In agreement with the Quinean conception of equivalence, one could indeed take the view that these theories are 'purely formal' variants of each other without any difference in content. Initially, Einstein himself reacted in this manner to Minkowski's theory of 1908 (i.e., T_{SRg}) compared to his own theory of 1905 (i.e., T_{SR}). He simply regarded Minkowski's geometrization as 'überflüssige Gelehrsamkeit' (superfluous learnedness; see Pais 1982, p. 152).

Nevertheless, there are good reasons to recognize a definite increase in content here. The geometrized theories reveal important *structures* that remain in the dark within their nongeometrized predecessors. These are mathematical structures representing *mathematical knowledge*. Minkowski's formulation of special relativity theory is based on the idea of a *metric of space-time* (in contrast to metrics of space and time separately) and its geometrical insights proved to be extremely fruitful in further theoretical developments. Einstein conceded this readily, as he himself needed the Minkowskian view to create the general theory of relativity. The same can be said of the Newton–Cartan formulation of Newton's theory of gravitation. It replaces the euclidean inertial paths postulated by Newton (the 'Newtonian geodesics of space-time') by paths of freely falling particles (the geodesics of Cartan) and thereby immediately arrives at a geometry with curvature. The idea of using a *nonflat geometry* in this manner[18] is not contained in the formulation of T_{NG}, and it can be seen as the second geometrical step after Minkowski's geometrization of special relativity theory necessary for the development of general relativity theory.

If one accepts the view that new mathematical ideas are able to increase the content of a theory, then Quine's conception of theoretical equivalence turns out to be too loose: it does not cover the *mathematical content* that distinguishes T_{SRg} from T_{SR} and T_{NGg} from T_{NG}. We are thus invited to search for an appropriate conception of 'mathematical content' and a corresponding conception of theoretical equivalence. The latter should tighten up the Quinean conception by requiring, in addition to the Quinean conditions, that theoretically equivalent theories should also have the same mathematical content.

I cannot offer such conceptions. If we had them, however, what would be the benefit? We would have satisfied Bourbaki's desire, expressed in the words of Dirichlet, "to replace calculations with ideas" (last sentence of Bourbaki 1948; my translation), and in particular to replace logical calculi with ideas. This would mean a further departure from Logical Empiricism and its instrumentalistic notion of theories as nothing more than calculi that help us foresee and control sensory experiences in the light of previous sensory experiences.[19] The Logical Empiricist's logical and linguistic orientation would be replaced to a considerable extent by a mathematical orientation. Mathematics would present itself as a matter of importance in its own right.

NOTES

* I am indebted to the participants of the Oberseminar 'Grundprobleme der analytischen Philosophie' at the University of München for helpful discussions and to Marshall Kavesh for correcting and improving my English.

[1] Compare Putnam 1983.

[2] See Hempel 1988 for a very instructive exposition of the many conclusions to be drawn from the existence of disturbing factors. In the context of Reichenbach's space-time philosophy the role of disturbing factors has been stressed in Mühlhölzer 1983, esp. in §§5–7.

[3] Argumentative details can be found, e.g., in Putnam 1975, Glymour 1980, Mühlhölzer 1983 and 1986.

[4] This is what Quine in 1975 called a "theory formulation", in contrast to a 'theory' simpliciter, by which he meant a class of *theoretically equivalent* theory formulations. In his later writings, however, he plays down this contrast and essentially returns to his pre-1975 practice of identifying a theory with its formulation. In the present essay, when discussing Quine's view, I shall follow this practice. Instead of asking for an adequate notion of 'theory' one asks, then, for an adequate notion of 'theoretical equivalence'.

[5] As already seen with Reichenbach's probabilistic verificationism, it would be misguided here to expect the concept of probability to rescue us. There is simply no way to estimate probabilities in the present context. Compare Hempel 1988, pp. 23–25.

[6] A detailed analysis of approximative reduction in this manner can be found in Mühlhölzer 1989, chap. 4, which in turn is based on Ehlers 1986. I stress the aspect of the 'indiscernibility of models' in Mühlhölzer 1988b.

[7] See, e.g., Sneed 1976, Stegmüller 1976 and Balzer et al. 1987. The aforementioned analyses in Mühlhölzer 1988b and 1989 also make use of the structuralist machinery.

[8] By "observation sentence" I always mean "observation sentence cum stimulus mean-

ing". The notorious problems concerning the intersubjectivity of stimulus meanings will be ignored here (compare Quine 1990, §§15f).

[9] Putnam proposes a similar conception of equivalence in Putnam 1983. The main difference between Quine's and Putnam's conception lies in the fact that, whereas Quine brings into play his nonintentional notion of *observation sentence* (cum stimulus meaning), Putnam brings into play the intentional notion of *explanation*. A version of Quine's conception à la Putnam – which, however, is not exactly identical with the proposal in Putnam 1983 – would be the following: two theories are *theoretically equivalent* (*in the sense of Putnam*) if and only if they preserve the relation of explanation, explain the same phenomena and are equivalent by reconstrual of predicates. Note that Putnam doesn't say anything about the languages (in the full sense of 'language') of the respective theories. We shall see later that it may be in fact wise to avoid any reference to 'language' or 'meaning'. I will not discuss Putnam's proposal here, because this would require an examination of the concept of explanation beyond the scope of this essay.

[10] Here questions about the structure of the class of *all* symmetries of T – in particular about this structure in dependence on properties of T – immediately come to mind. This is not the place, however, to pursue them further.

[11] Reichenbach (if I understand him correctly) would challenge this. He would say that structural issues of this sort are, in most cases, not facts but rather conventions. As we have seen in Section 1, these claims are dubious due to the dubiousness of the fact-convention dichotomy. In Section 4 I shall say more about 'structural facts'. – Note, by the way, that even Reichenbach sometimes appears to acknowledge structural facts of reality, as shown, e.g., by the following statement cited (and translated) by Salmon (Salmon 1979, p. 78, fn. 73): "It is thus the combination of logic and physics which reveals the structure of reality that concerns the physicist."

[12] Readers not familiar with the physical and mathematical peculiarities of theories of gravitation may ignore this example (as well as the corresponding examples in later sections). A good exposition of theories of gravitation can be found in Friedman 1983.

[13] I do not claim, of course, that symmetries are the *only* source of substantial equivalence, but I have little to say about other sources that might possibly exist.

[14] In what follows I shall mention only the bare essentials of this widely discussed thesis. Detailed accounts can be found in Friedman 1983 and Mühlhölzer 1983.

[15] An explicit axiom system along these lines can be found in Mühlhölzer 1983, §12. Besides symmetry principles it contains only two further statements which guarantee that the set of relative velocities between inertial systems ranges from 0 to c, c excluded, where c is the velocity of light.

[16] Compare also the discussion in Friedman 1983, pp. 309–320.

[17] Readers unfamiliar with geometrizations of this sort are referred to Friedman 1983, chaps. II–V.

[18] This is, of course, Einstein's idea. Cartan, who reformulated Newton's theory of gravitation only after the development of general relativity theory, simply took up this Einsteinian idea.

[19] This is more or less also Quine's notion; see the first sentence of Quine 1981a.

REFERENCES

Balzer, W., Moulines, C. U., and Sneed, J. D.: 1987, *An Architectonic for Science*, Reidel, Dordrecht.

Barrett, R., Gibson, R. (eds.): 1990, *Perspectives on Ouine*, Basil Blackwell, Oxford.

Bourbaki, N.: 1948, 'L'architecture des mathématiques', in F. le Lionnais (ed.), *Les grands courants de la pensée mathématique*, Blanchard, Paris, pp. 24–47 (German translation: 'Die Architektur der Mathematik', in M. Otte (ed.), *Mathematiker über die Mathematik*, Springer, Berlin etc., 1974, pp. 140–159).

Ehlers, J.: 1986, 'On Limit Relations Between, and Approximative Explanations of, Physical Theories', in R. Barcan Marcus et al. (eds.), *Logic, Methodology and Philosophy of Science VII*, Elsevier, Amsterdam, pp. 386–403.

Friedman, M.: 1983, *Foundations of Space-Time Theories*, Princeton University Press.

Glymour, C.: 1980, *Theory and Evidence*, Princeton University Press.

Hahn, L. E., Schilpp, P. A. (eds.): 1986, *The Philosophy of W. V. Quine*, Open Court, LaSalle.

Hempel, C. G.: 1988, 'Provisos: A Problem Concerning the Inferential Function of Scientific Theories', in A. Grünbaum and W. C. Salmon (eds.), *The Limitations of Deductivism*, University of California Press, Berkeley, pp. 19–36.

Minkowski, H.: 1908, 'Raum und Zeit', in H. A. Lorentz, A. Einstein and H. Minkowski (eds.), *Das Relativitätsprinzip*, Wissenschaftliche Buchgesellschaft, Darmstadt, 1958, pp. 54–66.

Mühlhölzer, F.: 1983, *Der Zeitberiff in der Speziellen Relativitätstheorie*, Peter Lang, Frankfurt-Bern.

Mühlhölzer, F.: 1986, 'A Non-Essentialist View of Special Relativity', in P. Weingartner and G. Dorn (eds.), *Foundations of Physics*, Hölder–Pichler–Tempsky, Wien, pp. 369–383.

Mühlhölzer, F.: 1988a, 'On Objectivity', *Erkenntnis* **28**, 185–230.

Mühlhölzer, F.: 1988b, 'Ununterscheidbarkeit und intertheoretische Relationen', *Conceptus* **XXII**, 107–130.

Mühlhölzer, F.: 1989, *Objektivität und Erkenntnisfortschritt*, Habilitationsschrift, Universität München.

Pais, A.: 1982, *'Subtle is the Lord . . .': The Science and the Life of Albert Einstein*, Oxford University Press.

Putnam, H.: 1975, 'The Refutation of Conventionalism', in H. Putnam, *Mind, Language and Reality, Philosophical Papers, Vol. 2*, Cambridge University Press, pp. 153–191.

Putnam, H.: 1983, 'Equivalence', in H. Putnam, *Realism and Reason, Philosophical Papers, Vol. 3*, Cambridge University Press, pp. 26–45.

Quine, W. V.: 1951, 'Two Dogmas of Empiricism', reprinted in W. V. Quine, *From a Logical Point of View*, Harvard University Press, Cambridge, Mass., 1953, pp. 20–46.

Quine, W. V.: 1975, 'On Empirically Equivalent Systems of the World', *Erkenntnis* **9**, 313–328.

Quine, W. V.: 1981a, 'Things and Their Place in Theories', in W. V. Quine, *Theories and Things*, Harvard University Press, Cambridge, Mass., pp. 1–23.

Quine, W. V.: 1981b, 'Empirical Content', in W. V. Quine, *Theories and Things*, Harvard University Press, Cambridge, Mass., pp. 24–30.

Quine, W. V.: 1990, *Pursuit of Truth*, Harvard University Press, Cambridge, Mass..

Reichenbach, H.: 1928, *Philosophie der Raum-Zeit-Lehre*, reprinted in H. Reichenbach, *Gesammelte Werke, Bd. 2*, Vieweg, Braunschweig, 1977.

Reichenbach, H.: 1938, *Experience and Prediction*, University of Chicago Press.

Reichenbach, H.: 1949, 'The Philosophical Significance of the Theory of Relativity', in P. A. Schilpp (ed.), *Albert Einstein: Philosopher-Scientist*, Open Court, LaSalle, pp. 189–311.

Rindler, W.: 1977, *Essential Relativity*, second edition, Springer, New York etc.
Salmon, W. C. (ed.): 1979, *Hans Reichenbach: Logical Empiricist*, D. Reidel, Dordrecht.
Sneed, J. D.: 1979, *The Logical Structure of Mathematical Physics*, 2nd ed., Reidel, Dordrecht.
Stegmüller, W.: 1976, *The Structure and Dynamics of Theories*, Springer, New York–Heidelberg–Berlin.

Seminar für Philosophie, Logik
und Wissenschaftstheorie
Universität München
Ludwigstr. 31
8000 München 22
Germany

WESLEY C. SALMON

HANS REICHENBACH'S VINDICATION OF INDUCTION

Hans Reichenbach believed that he had solved Hume's problem of the justification of induction, but his arguments have not proved persuasive to most other philosophers. The majority of those who addressed the problem held, for one reason or another, that it is a pseudo-problem. In a number of articles during the 1950s and 1960s I tried to refute this position.[1] I still believe it is incorrect – that the problem of justification of induction is a genuine and profoundly important problem – but I shall not rehearse that issue here. In this article I shall first discuss Reichenbach's justification and the problems confronting it. I shall then consider other attempts at vindication that in one way or another pursue a similar goal. In the end, I shall maintain, Reichenbach's program can succeed, given certain additional considerations, a crucial one of which is found in his own writings.

1. REICHENBACH'S JUSTIFICATION

One of the key steps in Reichenbach's solution to the problem of induction was his recognition that what is needed is the justification of a rule, not the proof of a factual proposition such as the uniformity of nature.[2] He realized, in addition, that it is impossible to justify the rule in question by proving that it will always, or even sometimes, yield true conclusions, given true premises. He argued, nevertheless, that his *rule of induction*[3] should be adopted because one has everything to gain and nothing to lose by employing it. Although successful prediction cannot be guaranteed, he argued, if any method works the rule of induction will work. The structure of his argument is rather similar to Pascal's wager; it seeks not to justify belief in a proposition but rather to justify a practice. For that reason, Reichenbach characterized his justification as *pragmatic*.

Herbert Feigl, who was strongly sympathetic to Reichenbach's approach, drew a basic distinction between two kinds of justification, namely, *validation* and *vindication* (1950). One validates a rule or proposition by deriving it from a more fundamental principle. In deductive

Erkenntnis **35**: 99–122, 1991.
© 1991 *Kluwer Academic Publishers. Printed in the Netherlands.*

TABLE I

	Nature is uniform	Nature is not uniform
Induction is used	Success	Failure
Induction is not used	Success or failure	Failure

logic, for example, the rule of conditional proof is validated by means of the deduction theorem, which shows that any conclusion deduced through use of conditional proof can be deduced without appeal to that rule. Obviously, the most fundamental rules cannot be validated. If they can be justified at all, it must be by vindication. One vindicates a rule by showing that its use is well suited to the achievement of some aim we have. The rules of propositional logic can be vindicated by showing them to be truth-preserving. Their use fulfills our desire to avoid deriving false conclusions from true premises.

Since Reichenbach's justification of induction does not consist in the derivation of the rule of induction from a more fundamental rule, his pragmatic justification qualifies as a vindication. Our goal is to make correct predictions of future events (or more generally, to make correct inferences from observed phenomena to as yet unobserved phenomena). He argues roughly as follows (see Table I).[4] As Hume has shown, we cannot know whether nature is uniform or not. If we are fortunate and nature is uniform then the use of induction will fulfill our goal. This does not mean that every prediction will be correct, but we will be successful on the whole. If we are unlucky and nature turns out not to be uniform we may fail miserably. Perhaps there will be a few lucky guesses, but overall we will suffer failure in our attempts at prediction.

Suppose, instead, that we do not use induction. This might happen in either of two ways. In the first place, we might simply refuse to make any inferences at all. This alternative obviously fails whether nature is uniform or not. Nothing ventured, nothing gained. In the second place, we might try some different method for making predictions, for example, making wild guesses, consulting a crystal gazer, or believing what is found in Chinese fortune cookies. If nature exhibits uniformities, any of these methods might work, but there is no guarantee of success. If nature is uniform, then, it seems clear that induction is the best method, for it is bound to work on the whole, whereas the others may or may not be successful.

But what if nature is not uniform? In that case, no method can yield consistent success, for the *consistent* success of any noninductive method would be a uniformity, contary to the hypothesis that nature is not uniform. Moreover, if such a uniformity did transpire, that regularity could be exploited inductively. If, for example, the crystal gazer achieves a good predictive record – consistently predicting the outcomes of future horse races – we could use induction to predict that such predictions will continue to be accurate. It would *not* be foolish to use such information for the placing of bets. Therefore, Reichenbach concludes, if nature is not uniform the user of inductive reasoning is no worse off than anyone who uses any other method. Consequently, we have everything to gain and nothing to lose by employing inductive methods.

Although the foregoing argument gives some of the flavor of Reichenbach's vindication, it suffers from excessive vagueness. How uniform must nature be to qualify as uniform? What sorts of uniformities are important? What exactly do we mean by "success" and "failure"? How are the various kinds of methods to be precisely characterized?

Reichenbach was well aware of these difficulties, and he offered a more precise version of the foregoing pragmatic argument (1949, Sec. 91). Whether he knew of Bishop Butler's famous aphorism or not, he concurred fully that *probability is the very guide of life*. The fundamental goal in terms of which induction is to be vindicated is the acquiring of knowledge of probabilities. Inasmuch as he advocated the limiting frequency interpretation of probability, the goal is the ascertainment of the values of limits of relative frequencies in potentially infinite sequences of events. Given any such sequence of events, and any attribute that can meaningfully be predicated of its members, we can attempt to ascertain its limiting frequency in that sequence. There is, of course, no a priori guarantee that the limit in question exists. If it does, in fact, exist, then nature is uniform in that respect. The probability constitutes a statistical regularity. As we try to establish the value of the probability we are concerned with precisely that uniformity. If the frequency with which the attribute occurs in the sequence does not converge to any limit, nature fails to be uniform in the pertinent respect.

In order to make the notion of using induction more precise, Reichenbach offers his *rule of induction*. which may be formulated as follows:

> If an observed initial section consisting of n members of a sequence of As contains m elements with the attribute B

TABLE II

	Sequence has a limit	**Sequence has no limit**
Induction is used	Success	Failure
Induction is not used	Success or failure	Failure

> **POSIT THAT** the limit of the relative frequency of B in A lies within the interval $m/n \pm \delta$.

It is to be understood that nothing is known about the probability of B within A beyond the observed frequency of B in the specified initial section of the sequence. Moreover, the rule is to be used repeatedly as larger and larger initial sections of the sequence are observed. The size of δ is determined by pragmatic aspects of the context – the degree of precision required in that situation. Looking at the problem in terms of these more precise concepts, we may offer a refined version of Table I (see Table II).

Given the precise formulation of the rule of induction, Reichenbach points out, it is an immediate consequence of the mathematical definition of the limit of a sequence that, if the limit exists, repeated application of that rule will lead sooner or later to posits that are accurate to any desired degree of approximation; moreover, further posits, based upon larger and larger observed initial sections of that sequence, will continue to be at least that accurate. Thus, he argues, it is an analytic truth that *if success in ascertaining a limit is possible his rule of induction will yield success.* If no limit exists, obviously no method will succeed. This is his argument to establish the first row of Table II.

Various objections have been raised against this part of Reichenbach's argument. Some authors have questioned the presumption that ascertainment of limits of relative frequencies can seriously be considered a goal of human inquiry.[5] The first question to ask, it seems to me, is whether knowledge of the objective physical probability relations that obtain in the world is an aim of our endeavor. With Bishop Butler's aphorism in mind, I think the answer must be affirmative. The next question concerns the appropriate interpretation of physical probabilities. Reichenbach, of course, adopted the limiting frequency interpretation. Nowadays the so-called propensity interpretation is more popular, but it has severe drawbacks, including the fact that it is not an admissible interpretation of the probability calculus.[6] Since the controversy over these interpretations is beyond the scope of this paper, I shall adopt Reichenbach's position for purposes of argument herein.

Another objection arises from the fact that, with respect to any given sequence, we cannot predict how far we must go before reaching posits that are accurate to any particular degree. Moreover, even if we have arrived at that point, we have no way of knowing that we are there. For all we can ever know, a sequence might not begin to converge until an initial section containing billions upon billions of members had elapsed. One can only hope that convergence occurs reasonably rapidly, for convergence that occurs too slowly for the benefit of human investigators is no better than complete lack of convergence. Reichenbach, and John Venn[7] before him, stated clearly that the infinite sequence is a mathematical idealization of a very large finite class, much as the Euclidean plane is an idealization of a large surface that is approximately flat. Reichenbach (1949, 347–48, 447–48) called specific attention to this issue by introducing the concept of the *practical limit.*

There are obviously many ways of attempting to ascertain the value of the limiting frequency of a sequence – assuming it exists – that may or may not yield approximately correct results. One could, for instance, write a lot of rational fractions between zero and one on slips of paper, place them in a hat, mix them well, and draw one out. One could then posit that the number drawn is within δ of the actual limit. Still assuming that the sequence has a limit, there is no proof that this method will not work, but there is no proof that it will. Another example is the *counter-inductive rule* – discussed, but not advocated, by Max Black (1954) – according to which one posits that the relative frequency of non-B in the observed sample, $(n - m)/n$, is approximately equal to the limiting frequency. In any case in which the limiting frequency is not near 1/2, the persistent use of this method is guaranteed to yield posits that do not approximate the limiting frequency. In my view, Reichenbach's convergence argument is sufficient to show the superiority of his rule of induction to either of these noninductive methods. The counter-inductive rule can, incidentally, be rejected on other grounds as well, for it yields radically incoherent sets of probability values.[8]

Unfortunately for Reichenbach's attempted pragmatic justification, there exists a nondenumerably infinite set of rules each of which shares

TABLE III

	Sequence has a limit	Sequence has no limit
Rule of induction used	Success	Failure
Other asymptotic rule used	Success	Failure
Nonasymptotic method used	Success or failure	Failure

the convergence property of his rule of induction. He was fully aware of this set; he called them *asymptotic rules*. These rules can be characterized as follows:

> If an observed initial section consisting of n members of a sequence of As contains m elements with the attribute B **POSIT THAT** the limit of the relative frequency of B in A lies within the interval $(m/n + c_n) \pm \delta$, where $c_n \to 0$ as $n \to \infty$.

We may think of c_n as a 'corrective term' that modifies the observed frequency for the sake of a 'better posit'. Because the sequence of posits endorsed by any rule of this type converges to the sequence of posits endorsed by the rule of induction, both sequences will converge to the actual limiting frequency provided that such a limit exists. The situation is shown in Table III.

In view of this circumstance, Reichenbach cannot claim that his rule of induction is the *only* rule that is guaranteed to succeed if any method can succeed; any of the asymptotic rules will succeed if success is possible. He realized, moreover, that it is impossible to show that his rule of induction will yield faster convergence than any others of the asymptotic rules.[9] If his rule of induction is to be justified, some adequate reason must be given to prefer it to the other asymptotic rules. He was fully aware of that fact, and he offered a justification that he considered sufficient. From the entire class of asymptotic rules, he said, we select the rule of induction on grounds of descriptive simplicity (1949, p. 447).

Reichenbach had distinguished two types of simplicity: inductive and descriptive (1938, Sec. 42). Suppose we have two hypotheses, one simpler, the other more complex, both of which are compatible with all of our observations up to the present. They are, however, factually distinct; indeed, they are mutually incompatible. Faced with a choice between them, we sometimes select the simpler because we believe it is more likely to be true. This is *inductive simplicity*. In such cases there is evidence, not in our possession as yet, to undermine at least one of them. They are *not* observationally equivalent.

Descriptive simplicity comes into play when we have two or more theories that *are* observationally equivalent. The most vivid example arises in his theory of space and geometry. He maintained that the physical space of our universe can be described equally adequately by Euclidean geometry augmented by a suitable set of universal forces or by a non-Euclidean geometry without universal forces. Given such a pair of descriptions, either both are true or both are false. There is no empirical or factual difference between them. In company with Einstein, he maintains, we choose the description that eschews universal forces, but it is a matter of aesthetics or intellectual economy. Truth or falsity does not enter into the choice.

Reichenbach claimed that, since all of the asymptotic rules, including his rule of induction, converge to the same limits in the long run, they are empirically equivalent. We are free to choose the rule of induction because it is the descriptively simplest rule in the set of asymptotic rules. It appears, however, that a serious lapse has occurred in his argument. We noted at the outset that he placed great emphasis upon the fact that what stands in need of justification is not a statement but, rather, a rule. Clearly, both inductive and descriptive simplicity apply only to selections among statements, not to selections among rules. If Reichenbach's claim about the equivalence of all asymptotic rules has any merit at all, it must refer to equivalence "in the long run". According to a famous aphorism of J. M. Keynes, *in the long run we will all be dead*. If we look at the asymptotic rules in terms of human application, they are as radically nonequivalent as any rules could be.

Reichenbach's attempt to vindicate his rule of induction cannot be considered successful.

2. SALMON'S ATTEMPT TO FILL THE GAP

When I realized that the counter-inductive rule runs into incoherence, it occurred to me that the same consideration imposed a serious constraint on Reichenbach's 'corrective term' c_n. Any asymptotic rule in which c_n is a function of n alone will lead to the same sort of incoherence (Salmon, 1956). After imposing a suitable coherence condition – which I first called *regularity*, but later referred to as *normalizing conditions*

– on asymptotic rules, I was able to show that, even after disqualifying the irregular asymptotic rules, an infinity remained. This collection is so broad that it contains rules to license any posit whatever regarding limiting frequencies. More explicitly, one may arbitrarily choose any positive integer n as the size of the observed sample (initial section) of the sequence A, any nonnegative integer $m \leq n$ to represent the number of elements of the sample having the property B, and any real number $p (0 \leq p \leq 1)$ as the value of the limit of the frequency of B in A. Then, there exists among the regular asymptotic rules some rule that directs one to posit p as the limit on the basis of the observed frequency m/n (Salmon, 1957a). If, for example, a million members of A have been observed, all of which have possessed the attribute B, there is an asymptotic rule that licenses the posit that the limiting frequency of B within A is zero. Although the set of regular asymptotic rules is convergent, it is *nonuniformly* convergent. That means that there is no finite integer N representing a sample size at which all of the regular asymptotic rules begin to converge. For purposes of human prediction, this set of rules is as divergent – as empirically nonequivalent – as it could possibly be. Descriptive simplicity is not a suitable criterion for making a selection from that class. If simplicity is to be invoked for purposes of justifying an inductive rule, it must be a different sort of simplicity. Since it would be applicable to rules, I suggest that it be called *methodological simplicity*. I shall return to that concept in Section 4.

Having noted the foregoing difficulty regarding regular asymptotic rules, and having taken into account the fact that Reichenbach's 'corrective term' c_n cannot be a function of n alone, I began looking at other variables on which it might depend. The search was facilitated by consideration of Carnap's continuum of inductive methods (1952). All of these methods, with the exception of the straight rule, are dependent upon the language in which the evidence and hypotheses are stated. It seemed to me at the time – and it still does – that our inductive rules should be invariant across languages. For example, a switch from metric units to English units should make no difference to the inductive relationship between the hypothesis and the experiment. Similarly, if a hypothesis can be articulated in German and in English, and if the evidence can also be described in both languages, then the degree to which the hypothesis is supported or undermined should be the same in both cases. It would be strange, indeed, if a native speaker of English – displeased with the outcome of an experiment with respect to a hypothesis – could find a more pleasing inductive result by translating the experimental outcome and the hypothesis into German.

In an attempt to bring these considerations to bear on the problem at hand, I imposed – in addition to the regularity requirement or normalizing conditions – a *requirement of linguistic invariance*. I then offered a rather tedious mathematical argument to show that these two requirements constrained c_n to be identically zero, thus establishing Reichenbach's rule of induction as the only acceptable rule (1963a). Regrettably – at least from my standpoint – the argument was flawed.[10] As Ian Hacking pointed out, I had failed to take into account the fact that we often know, not only the relative frequency of the attribute in the sample, but also the order in which the Bs occur within the sample. It is possible to construct asymptotic rules that violate neither of my requirements but are not identical with Reichenbach's rule of induction (Hacking, 1968, esp. pp. 57–59).

Hacking did more; he proved a general theorem, showing that the fulfillment of three conditions – (1) *consistency*, (2) *symmetry*, and (3) *invariance* – is necessary and sufficient to select the Reichenbach rule of induction. The first condition, consistency, is unproblematic from my standpoint. It is closely related to the normalizing conditions (regularity requirement). It is somewhat stronger, but it is demonstrably satisfied by limits of relative frequencies. The third condition, invariance, is related to my criterion of linguistic invariance, but is considerably stronger. It includes a condition of *statistical invariance* over and above linguistic invariance. In a commentary on Carnap's inductive logic, I had already argued for Hacking's stronger condition (1967). As we shall see, it still appears to be defensible.

Hacking's second condition, symmetry, is closely related to what personalists call *exchangeability*. It says, in effect, that for a given relative frequency in an initial section of a sequence, the posited value for the limiting frequency must be the same regardless of the order in which the members of the sample occur. I shall return to this requirement in Sections 6–7. For 25 years, it has seemed to me an insurmountable obstacle to the kind of vindication I had hoped to provide.

My attempt to vindicate Reichenbach's rule of induction cannot be considered successful.

3. SELLARS: INDUCTION AS VINDICATION

More than a quarter of a century ago, Wilfrid Sellars published "Induction as Vindication" (1964) in which he offered his resolution of the problem of justifying induction. At the very heart of his argument, and of the article (paragraph 55), there occurs a brief subsidiary argument that deserves careful scrutiny.

Let me begin by setting the stage. The context in which the crucial argument occurs is one in which Sellars is concerned with inferences from a finite observed sample K of population X to an unobserved finite sample ΔK of that population with respect to an attribute Y. The practice to be justified is to infer that the relative frequency of Y in ΔK is approximately the same as it is in K. Sellars maintains quite explicitly that he is trying to justify a practice rather than attempting to establish any sort of lawful statistical generalization. More precisely, he wants to establish "the state of being able to draw inferences concerning the composition with respect to a given property Y of unexamined finite samples (ΔK) of a kind, X, in a way which also provides an explanatory account of the composition with respect to Y of the total examined sample, K, of X" (1964, p. 215). As I understand it, Sellars is making a distinction between (1) simply drawing an inference from a frequency in an observed sample to the frequency in an unobserved sample of the same population and (2) drawing an inference from something that *explains* the frequency in the observed sample to the frequency in an unobserved sample of the same population. We can now consider the crucial argument; I shall quote it in full:

> . . . to give an explanatory account of the composition of the class K of *examined* Xs one must, logically, assert that the composition in question is the most statistically probable composition on the basis of the finite population (P) of Xs which are known to exist but of which only the members of K have been examined. If we take the finite unexamined remainder of P as ΔK, so that
>
> $$P = K + \Delta K$$
>
> then, since the statistically probable composition of a random sample approximates that of the population, the above condition logically requires the acceptance of
>
> $$rf(Y, P) \approx rf(Y, \Delta K) \quad [\text{'}\approx\text{' means 'approximates to'}]$$
>
> which, in turn, logically requires the acceptance of
>
> $$rf(Y, \Delta K) \approx rf(Y, K)$$

and hence that the proportion [mentioned above] be specified as (approximately) the proportion of Ys in the examined sample K. [p. 216]

This argument involves, I think, a serious ambiguity.

When Sellars refers to "the statistically probable composition of a random sample", he seems to be referring to the combinatorial fact that, *given a finite population* P, in most subsets K (of reasonable size *m*) of P the relative frequency of Y in K is approximately equal to the relative frequency of Y in P. This fact is not in dispute; it is a consequence of the Bernoulli theorem. If you pick *randomly* one subset K from the set of all subsets of specified size of P, you will probably get a representative sample. (We shall consider the meaning of the concept of randomness and its role in Sellars's arguments below.)

It is crucial to realize, however, that the foregoing fact does not imply that, *given an observed set* K *of size m containing n elements with property* Y, it very probably comes from a population P in which the relative frequency is approximately *n*/*m*. This probability must be computed by means of Bayes's theorem, and to do so requires prior probabilities. No conclusion can be drawn concerning the relative frequency of Y in P unless we are given a distribution of prior probabilities for the logically possible relative frequencies of that attribute in that population.

This point can be illustrated by a simple example. Suppose we have a sack containing a million pennies, all but one of which are standard fair coins. The exceptional one is two-headed. Someone draws a coin at random from this sack and proceeds to flip it ten thousand times. We have no opportunity to examine the coin, nor to witness all of the tosses, but we do have the opportunity to learn the outcomes of ten tosses selected at random. All of the ten tosses resulted in heads. It would obviously be unwarranted to infer that the relative frequency of heads in the set of ten thousand tosses is approximately one. It would obviously be unwarranted to infer that the relative frequency of heads in another (nonoverlapping) randomly selected subset of ten would be approximately one.

Now Sellars has, in the foregoing argument, insisted on the importance of being able to *explain* the frequency in the observed sample, and the principle of explanation he adopts is essentially of a maximum likelihood type. Recall his assertion that "to give an explanatory account of the composition of the class K of *examined* Xs one must, logically, assert that the composition in question is the most statistically probable composition on the basis of the finite population (P)". In spite of Sellars's use of such expressions as "must, logically", maximum likelihood explanations are not uncontroversial. For instance, it would be rash in the extreme to offer as an explanation of the ten heads in the foregoing example that the coin being tossed has two heads.[11] A much more plausible explanation of the set of ten heads in this context would be that it was a fairly improbable (1/1024) chance occurrence that came about as a result of flipping a fair coin. And, from a practical standpoint, it would surely be unwise to take a number close to one as a betting quotient for purposes of wagering that the next toss will be a head.

In the above-quoted argument, Sellars appears to make use of two transitivity relations, both of which are illegitimate. In the first place, he claims that we are logically required to accept

$$(1) \qquad rf(\mathrm{Y}, \Delta\mathrm{K}) \approx rf(Y, P)$$

"which, in turn, logically requires the acceptance of

$$(2) \qquad rf(\mathrm{Y}, \Delta\mathrm{K}) \approx rf(Y, K)\text{''}.$$

How could (1) logically require the acceptance of (2)? As far as I can see, the justification for accepting the second approximation, given the first, is the assumption that

$$(3) \qquad rf(\mathrm{Y}, \mathrm{P}) \approx rf(\mathrm{Y}, \mathrm{K}).$$ [12]

If "$\approx$" designated a transitive relation, (2) would follow from (1) and (3); however, it is well-known that relations of this sort (approximate matching relations) are not transitive (Salmon, 1984, pp. 78–79). But this misuse of transitivity is relatively innocuous compared to the second.[13]

Sellars is not claiming, after all, that the frequency makeup of the sample *must* approximate that of the population, even that of population P as he defines it. In order to make his argument go through, Sellars is apparently relying on something like the transitivity of probabilistic support. The argument would seem to go as follows: Given that the frequency of Y in K = r, it is highly probable that the frequency of Y in P = $r \pm \delta$, and given that the frequency of Y in P = $r \pm \delta$, it is highly probable that the frequency in ΔK = $r \pm \epsilon$ (for suitably chosen δ and ϵ).[14] My favorite counterexample to probabilistic transitivity at the time

Sellars's article was published was this: Given that x is a scientist, it is highly probable that x is alive,[15] and given that x is alive, it is highly probable that x is a micro-organism. The reader can complete the syllogism.

In subsequent paragraphs (81–82) Sellars addresses the issue of inferences from samples to populations: ". . . given an identificatory ordering of the classes K_i which are members of ^2K [the class of all subclasses of P having m members]

$$K_1, K_2, \ldots, K_\mu$$

formulating the class of questions

Does K_i match the B composition of P within ϵ?

and answering them all in the affirmative, a majority of the answers, for properly chosen ϵ, will be true". This much is certainly correct (at least for samples and populations of reasonable size). But Sellars continues, ". . . we can argue

> I shall accept all the affirmative answers to the question 'Does K_i match P in B within ϵ?'
> Therefore since S is a random sample of P having m members, it is identical with one of the members K_i of ^2K
> Therefore I shall accept 'S matches [P] in B within ϵ'
> But the B composition of S is n/m
> Therefore I shall accept 'the B composition of P is within ϵ of m/n'"

Seductive as this reasoning may be, it is unsound. Sellars begins with the true claim that, if we examine *each and every m*-size sample of P *exactly once*, we shall be right in the majority of cases if we assert that the sample approximately matches the population.[16] But that is not the situation in which we find ourselves for the most part. We ordinarily observe one or a few samples of the given population. If we are to have any basis for claiming that these observed frequencies match the population, we must, as Sellars seems to realize, assume that the observed samples are random samples.

A good deal of trouble is caused in Sellars's arguments by his use of the term "random". Unfortunately, it is seriously ambiguous. The meaning Sellars adopts, in a footnote to the quoted passage, is "a sample concerning which *nothing else is known* relevant to its matching o[r] not matching the composition of P". Another standard meaning is *a sample selected by a method under which all possible samples have an equal probability of being drawn*. Now Sellars's discussion of the numbers of samples of a given composition from a given population is pertinent if the proportion of such samples in the population reflects the frequency with which they are drawn. Ignorance of bias is not, however, an adequate basis for concluding that there is absence of bias. For example, if the members of the population are presented sequentially, and if the probability that an element possesses an attribute is *not* independent of the possession of that attribute by its predecessor, then sequential sampling is not random. Consider the probability that a day is warm and sunny. In Pittsburgh, for example, it is far more probable that a warm sunny day follows a warm sunny day than that it follows a cold snowy day. You will not get a random sample with respect to warmth and sunshine by visiting Pittsburgh for a month, whichever month you choose. The samples nature gives us are often far from random; frequently we must contrive cleverly to find random samples.

The randomness issue arises again near the conclusion of Sellars's essay. In paragraph 86 he deals with inferences regarding an attribute B from the composition of a finite population P to the composition of a *random sample* S drawn from that population. Citing the combinatorial facts discussed above, he concludes, "I shall accept 'S matches the B composition of P within ϵ'". The problem is, how are we to know whether an actual sample drawn from an actual population is random or not? Sellars's answer seems to be that we are entitled to consider any sample random if we have no knowledge to the contrary (1964, p. 225, n. 16). This answer constitutes an appeal to Laplace's *principle of indifference*: two events are equally probable if we have no reason to prefer one to the other. In this context Sellars is saying that any particular *m*-member sample of the population in question is just as likely to be drawn as any other sample of the same size. The principle of indifference has been widely criticized, and I am convinced that it cannot be sustained in the face of the well-known objections, the chief among which is that its unbridled use leads to outright logical contradiction (Salmon, 1967a, pp. 65–68). In his theory of confirmation, Carnap attempted to preserve what he considered "the valid core" of the principle, but even a limited adoption seems to me to entail intolerable a priorism. I cannot see that Sellars has escaped these well-known difficulties.

Sellars's attempt to show that induction is vindication cannot be considered successful.

4. CLENDINNEN'S APPEAL TO SIMPLICITY

In *Experience and Prediction* (1938, p. 355) Reichenbach remarked that the adoption of any asymptotic method in which the 'corrective term' c_n is not identically zero would be *arbitrary*, but he did not elaborate.[17] Instead, he argued that the adoption of any such rule would carry a greater risk of error than would adoption of his rule of induction. Later, in his *Theory of Probability*, he saw that this argument is unfounded, and he abandoned it in favor of an appeal to descriptive simplicity.

In his (1982), F. John Clendinnen develops an argument for a vindication of induction that hinges crucially on the notion of arbitrariness. The point of departure is a claim that *it is irrational to believe in a proposition that we have arrived at by guessing*. He readily concedes that there are circumstances in which guessing is perfectly appropriate. Suppose I am on my way to Damascus, and I come to a fork in the road. I have no idea which fork leads to Damascus – no evidence to which I can appeal. Unfortunately, there are no inveterate liars, truth-tellers, or anyone else for me to interrogate. If I stay at the fork in the road I am likely to die of thirst before anyone shows up. I must choose one way or the other. I could flip a coin or just make a wild guess. That would be better than no choice at all, for the arbitrary choice gives me some chance of getting to Damascus, while the absence of choice will surely prevent me from reaching my goal. It would be rational, in these circumstances, to make an arbitrary choice, and to *hope* that it is the right choice. It would, however, be irrational to *believe* that the road I choose will lead to Damascus, or even to believe it *more likely* than the road I reject to lead to Damascus.[18]

How does all of this apply to the problem of induction? Clendinnen offers the following suggestion:

> In outline the argument is that non-inductively based prediction is, if not itself a mere guess, based on a procedure which includes a purely arbitrary step. As such, non-inductive predictions are no better than guesses. And it is irrational to place any more reliance on one guess than any of the other guesses which might have been made (p. 3).

Suppose that we have observed an initial section consisting of n members of a sequence A and that we have found m of them to be B. Suppose also that we have no further evidence concerning the probability that an A is a B. If we use Reichenbach's rule of induction we will posit that the limit of the relative frequency is approximately equal to m/n. If, instead, we use a different asymptotic rule, we must add a (possibly negative) quantity c_n to the observed frequency. As we have already noticed, there is a vast plethora of asymptotic rules which furnish a superabundance of 'corrective terms'; hence, the decision to use one value instead of another is simply a blind guess. To guess when you don't have to is irrational.

It might be objected that even the use of Reichenbach's rule of induction is arbitrary. As Hume's skeptical arguments show, it might be said, any prediction we happen to make is just as arbitrary as any other. Clendinnen would deny this claim. Reichenbach's convergence argument shows that the frequency in the observed initial section of a sequence is relevant evidence regarding the probability of a given attribute in that sequence.[19] We are, after all, investigating the behavior of a sequence of relative frequencies, and the observed frequencies are constitutive of that very sequence. Rationality requires that we utilize all of the available relevant evidence; it requires, further, that we not introduce unnecessary arbitrary elements. The quantities we get by adding a 'corrective term' to the observed frequency may or may not occur anywhere in the sequence of relative frequencies. Hence, to use Reichenbach's rule of induction constitutes use of the available evidence. However, to modify that rule by adding a 'corrective term' is to add an element that is arbitrary. To a sound inductive procedure it adds an irrational guess.

The outcome of Clendinnen's argument is a principle that warrants designation as *the principle of methodological simplicity*:

> Adopt the simplest system of predicting rules which are compatible with, and exemplified in, the set of known facts (p. 20).

It is manifestly more appropriate to appeal to this concept of simplicity, which pertains to the selection of rules, than to appeal either to Reichenbach's concept of descriptive simplicity or to his concept of inductive simplicity, both of which pertain to the selection of statements or propositions. Moreover, Clendinnen's principle, prohibiting reliance on guesses, seems to me eminently sound.

Although Clendinnen's essay does not, in my opinion, furnish a fully articulated vindication of induction, it does provide a significant step in the right direction.

5. CARNAP'S REJECTION OF THE STRAIGHT RULE

Given what strikes many philosophers as the reasonableness of the straight rule, it is incumbent upon us to consider Carnap's reasons for rejecting it. His argument is actually quite simple. In any case in which all observed As are B, or in which no observed As are B, Reichenbach's rule of induction would have us posit that the limit of the relative frequency, and hence the probability, is one or zero respectively. In Carnap's view, a major function of probabilities is to serve as betting quotients, and it is easy to see that zero and one are unsuitable values for them. A betting quotient of one would mandate a wager of a million dollars to a penny on the next event in the sequence. Such bets would obviously be absurd.

The source of Carnap's difficulty is his claim that statements of probability$_1$ (degree of confirmation) are, if true, analytic, or, if false, contradictory. One can be as certain of the correctness of the value as one is of any other truths of arithmetic. When one has a probability value of unity, one can be certain that it is the correct betting quotient. In consequence, to protect against foolhardy betting quotients, Carnap builds in what might be called a "safety factor" which keeps various probabilities from assuming the offending values. It is the safety factor rather than an arbitrary guess that makes Carnap's probabilities differ from those the straight rule would give. Users of the straight rule – Reichenbach's rule of induction – are willing to posit probabilities having the extreme values, but they recognize full well that they *cannot* be confident that the posited values are truly the limiting values of the relative frequencies. A posit is *by defnition* something about which we cannot be certain. Rather than building the safety factor into their inductive rules, they would offer such practical advice as to avoid making large bets at unfavorable odds on the basis of probabilities whose values are not known with great confidence.

6. TWO REICHENBACHIAN DISTINCTIONS

In Section 2 I mentioned the three criteria – consistency, symmetry, and invariance – shown by Hacking to be necessary and sufficient for justification of Reichenbach's rule of induction. Consistency poses no problems; it amounts to probabilistic coherence and is demonstrably satisfied by limits of relative frequencies. The invariance requirement, as I remarked above, corresponds to two invariance criteria I have proposed, namely, linguistic invariance and statistical invariance.[20] These two invariance requirements are, I think, fully justified by Clendinnen's principle of methodological simplicity; a violation of either would be a case of proscribed arbitrariness. The criterion of symmetry is another story.

The reason symmetry is required, according to Hacking, is that we often have knowledge, not only of the relative frequency of a given attribute in a given sample, but also of the order in which the elements occur. Symmetry requires that the order have nothing to do with our posit regarding the limiting frequency. One can devise asymptotic rules that satisfy both consistency and invariance, as Hacking has shown (1968, pp. 50–51), but that differ from Reichenbach's rule of induction. This particular example can be ruled out by Clendinnen's methodological simplicity principle, but I do not think all rules that violate symmetry can be handled quite that easily.

Depending on one's philosophical proclivities, there are various ways of dealing with the symmetry issue. A subjective Bayesian can simply invoke exchangeability, meaning that his or her subjective probability with respect to an A being a B would not be any different regardless of the order of B and non-B in the sample. Reichenbach, as a dedicated frequentist, would not have admitted subjective probabilities.

Another approach would be to apply statistical estimation methods. In stating his rule of induction, Reichenbach consistently used the term "posit", meaning something like a bet or a wager. It is not entirely clear whether he intended this term in the sense of an inference or in the sense of an estimate, but the fact that he included a margin of error δ in the formulation of the rule suggests that it can properly be construed as an estimate. On this construal, we can circumvent the symmetry requirement by adopting the observed frequency S_n as our estimator. It has the sorts of virtues we would seek; it is convergent, additive, unbiased, and has minimal variance. The observed frequency provides a sufficient statistic; the order of occurrence of the constituents is irrelevant.

Reichenbach's objection to this approach would be, I believe, to call attention to the fact that it requires factual assumptions about the nature of the population under investigation.[21] In his treatment of induction, he distinguished *primitive knowledge* from *advanced knowledge*. In primitive knowledge we have no previous inductive results upon which to depend; in advanced knowledge the results of previous inductive inferences are available. His rule of induction is a method for primitive knowledge, and this is what he was attempting to justify. Thus, he would argue, since we have no results of previous inductions to establish these factual assumptions, we are not entitled to make them.

From a *psychological* standpoint, the distinction between primitive and advanced knowledge is probably unfounded; it is doubtful that any such psychological state as primitive knowledge exists. We can, nevertheless, make a useful *logical* distinction between primitive inductive rules and advanced inductive methods. Primitive rules are employed where no previous inductive results are available – the permissible inputs for such rules are statements of observed facts, but no inductive generalizations are allowed. According to Reichenbach, all inductions, primitive or advanced, are carried out by means of the rule of induction and the probability calculus. The theorems of Bernoulli and Bayes play prominent parts in the development of advanced induction. On the frequency interpretation of probability, he argues, all of the axioms and theorems are logically necessary. The rule of induction provides the only nondeductive element in inductive logic. Relying on no inductive assumptions, it provides the probability values to plug into the formulas of the mathematical calculus in order to get the whole inductive enterprise off the ground. It should be noted, by the way, that Reichenbach (1949, Sec. 86) offers a treatment of induction by enumeration in advanced knowledge. In this context he is free to make use of any of the tools of mathematical statistics, provided there is inductive evidence to support the assumptions demanded by these methods.

Reichenbach made another fundamental distinction, namely, between the *context of discovery* and the *context of justification*. Although he often emphasized its importance,[22] he did not, to the best of my knowledge, appeal to it in his arguments concerning the justification of induction. We might begin by asking whether his rule of induction belongs to the former or the latter context. Clearly any decision to examine As to find out whether or how often they are Bs belongs in the context of discovery. What about the inductive posit itself? The use of the rule of induction to *arrive at* a value to posit is also part of the context of discovery; at the same time, it looks like part of the context of justification as well, for the posit is justified by virtue of the rule of induction. Although, as I have argued in detail (1970), it is possible for a given item to belong to both contexts, let us consider it, in the first instance, as a method of discovery only.[23]

Suppose, then, that somehow our curiosity has been aroused regarding the probability that an A is a B. We look at n of the As and find m to be B. We might posit – i.e., guess – that the probability of an A being a B is about m/n. We might further hypothesize – i.e., guess – that the distribution is Bernoullian.[24] On that assumption about the distribution, we can calculate the size n of the sample required to have a given degree of confidence that the actual probability is within *a specified* δ of the observed frequency S_n.[25] Our hypothesis may, of course, be false; the distribution may be far from Bernoullian. This does not vitiate our investigation, however, since the assumption is itself subject to statistical testing by standard means. Thus, the assumption that was introduced as a hypothesis in the context of discovery can be confirmed or disconfirmed in the context of justification.

The Bayesian approach can also employ the distinction between discovery and justification. What the subjective Bayesian takes as a personal probability the objective Bayesian can regard as a guess in the context of discovery. For an objective Bayesian, the guess might take the form of an assumption that the sampling procedure is random. This, too, can be subjected to statistical tests.

It may seem that we run a risk of violating the requirement of total evidence if we decide to ignore the order of items in the sample, but this is not necessarily the case. The requirement of total evidence requires us to take account of all available *relevant* evidence. We normally have a great deal of evidence about our samples that is not taken into account in making various inferences or estimates – e.g., whether the evidence was collected at night or during the day, whether the collector's hair was blond or not, whether the study was conducted in winter or some other season. Notice that such information would clearly be relevant to certain investigations, but for many others it would not. Standard practice, in general, ignores much available information; otherwise statistical studies would be too complicated to be practical. In estimating or inferring values of limiting frequencies, under many circumstances, the order in the sample can also be ignored as irrelevant.[26]

7. CONCLUSION

Reichenbach sought to resolve Hume's problem of the justification of induction by means of a pragmatic vindication that relies heavily on the convergence properties of his rule of induction. His attempt to rule out all other asymptotic methods by an appeal to descriptive simplicity was unavailing. We found that important progress in that direction could be made by invoking normalizing conditions (consistency) and methodological simplicity (as a basis for invariance), but that they did not do the whole job. I am proposing that, in the end, Reichenbach's own distinction between discovery and justification holds the key to the solution.

8. ACKNOWLEDGMENT

I should like to express my sincere gratitude to Deborah Mayo for critical comments and constructive suggestions on an earlier draft of this paper.

NOTES

1 See, for example, Salmon (1957), (1965), (1967a), and (1968a).

2 Or any functional equivalent thereof, such as Keynes's principle of limited independent variety or Russell's postulates of scientific inference. Herbert Feigl (1949) had urged the same point.

3 It is the counterpart of what Carnap called "the straight rule".

4 Reichenbach gives a very informal sketch of this argument in (1951), chap. 14.

5 See, for example, Sellars (1964), Sec. XII, pp. 212–14.

6 This point was first made by Paul Humphreys (1985). I have discussed the propensity 'interpretation' at length in (1979).

7 Although many authors, including Aristotle, had hinted at a frequency interpretation of probability, John Venn, in *The Logic of Chance* (1866) was the first to spell it out fully; see Salmon (1980).

8 See Salmon (1956).

9 We may as well classify the rule of induction as an asymptotic rule, namely, that for which c_n identically zero for all values of n.

[10] This point was first made by the statistician I. Richard Savage in discussion at the Minnesota Center for the Philosophy of Science.

[11] Using Bayes's theorem, we can calculate that, in the light of the evidence that the ten tosses resulted in heads, the probability that the coin is two-headed is about 0.001.

[12] The key principle seems to be that the frequency composition of any randomly selected sample very probably nearly matches the frequency composition of the population.

[13] By suitably specifying precise degrees of approximation in the three formulas, something akin to transitivity can be salvaged, though it is not actually transitivity, for "≈" does not remain univocal throughout the argument.

[14] The fallacy in arguments of this type was pointed out in my (1961) and (1965).

[15] At that time it had been estimated that 90% of all scientists that ever lived were then alive. I do not know what the current percentage would be – still fairly high I should imagine.

[16] We shall also be easy victims of Kyburg's lottery paradox.

[17] Herbert Feigl made a similar point, and elaborated it somewhat more fully, in (1949).

[18] Actually, I would have preferred to go to Rome, but since, as the saying goes, all roads lead to Rome, that would not have constituted a suitable example.

[19] It has often been noted, as I did above, that any observed frequency is *deductively* compatible with any limit. The issue here is not, however, *deductive relevance* but rather *inductive relevance*.

[20] Linguistic invariance requires invariance under permutations of predicates; statistical invariance requires invariance under permutations of properties.

[21] At any rate, this was my longstanding objection to attempts to justify induction by appealing to standard statistical methods.

[22] See Reichenbach (1938, pp. 6–7), (1947, p. 2), and (1949, pp. 433–34). Robert McLaughlin (1982) has argued persuasively that it would be preferable to call these the *context of invention* and the *context of appraisal*; however, in this historical discussion I shall retain Reichenbach's terminology.

[23] In an unpublished manuscript, Deborah Mayo has pointed out that an excellent method for discovering and justifying a statement about the mean score on a test is to add up all of the scores and divide by the number of students in the class taking the test.

[24] One may, of course, hypothesize a different sort of distribution, but it, too, can be tested statistically.

[25] Reichenbach has often been criticized for failure to provide any way of establishing specific values for δ.

[26] In his (1980) Hacking relinquishes his earlier position on foundations of statistics, and adopts the Neyman–Pearson approach. It seems to me likely that his position regarding the symmetry requirement and the status of information about order in the sample would be revised in consequence.

REFERENCES

Black, Max: 1954, *Problems of Analysis*. Ithaca, NY: Cornell University Press.

Carnap, Rudolf: 1952, *The Continuum of Inductive Methods*. Chicago: University of Chicago Press.

Clendinnen, F. John: 1982, 'Rational Expectation and Simplicity', in Robert McLaughlin (ed.), *What? Where? When? Why?* (Dordrecht: D. Reidel Publishing Co.), pp. 1–25.

Feigl, Herbert: 1949, 'The Logical Character of the Principle of Induction', in Herbert Feigl and Wilfrid Sellars (eds.), *Readings in Philosophical Analysis* (New York: Appleton-Century-Crofts), pp. 297–304. Originally published in *Philosophy of Science* **I** (1934).

Feigl, Herbert: 1950, 'De Principiis Non Disputandum. . .?' in Max Black, ed., *Philosophical Analysis* (Ithaca, NY: Cornell University Press), pp. 119–56.

Hacking, Ian: 1968, 'One problem about induction',' in Imre Lakatos, ed., *The Problem of Inductive Logic* (Amsterdam: North-Holland Publishing Co.), pp. 44–59.

Hacking, Ian: 1980, 'The theory of probable inference: Neyman, Peirce and Braithwaite', in D. H. Mellor (ed.), *Science, Belief and Behaviour* (Cambridge: Cambridge University Press), pp. 141–60.

Humphreys, Paul: 1985, 'Why Propensities Cannot Be Probabilities', *Philosophical Review* **XCIV**, 557–70.

McLaughlin, Robert: 1982, 'Invention and Appraisal', in Robert McLaughlin (ed.), *What? Where? When? Why?* (Dordrecht: D. Reidel Publishing Co.), pp. 69–100.

Popper, Karl R.: 1959, *The Logic of Scientific Discovery*. New York: Basic Books.

Reichenbach, Hans: 1938, *Experience and Prediction*. Chicago: University of Chicago Press.

Reichenbach, Hans: 1947, *Elements of Symbolic Logic*. New York: Macmillan.

Reichenbach, Hans: 1949, *The Theory of Probability*, 2nd ed. Berkeley & Los Angeles: University of California Press.

Reichenbach, Hans: 1951, *The Rise of Scientific Philosophy*. Berkeley & Los Angeles: University of California Press.

Reichenbach, Hans: 1954, *Nomological Statements and Admissible Operations*. Amsterdam: North-Holland Publishing Co. Reissued by the University of Califomia Press under the title, *Laws, Modalities, and Counterfactuals* (1976, same pagination).

Salmon, Wesley C.: 1956, 'Regular Rules of Induction', *Philosophical Review* **LXV**, 385–88.

Salmon, Wesley C.: 1957, 'Should We Attempt to Justify Induction?' *Philosophical Studies* **8**, 33–48.

Salmon, Wesley C.: 1957a, 'The Predictive Inference', *Philosophy of Science* **24**, pp. 180–90.

Salmon, Wesley C.: 1963, Review of John Patrick Day, *Inductive Probability*, in *Philosophical Review* **LXXII**, 392–96.

Salmon, Wesley C.: 1963a 'On Vindicating Induction', *Philosophy of Science* **30**, 252–61.

Salmon, Wesley C.: 1965, 'Consistency, Transitivity, and Inductive Support', *Ratio* **VII**, 164–69.

Salmon, Wesley C.: 1967, 'Carnap's Inductive Logic', *Journal of Philosophy* **LXIV**, pp. 725–39.

Salmon, Wesley C.: 1967a, *The Foundations of Scientific Inference*. Pittsburgh: University of Pittsburgh Press.

Salmon, Wesley C.: 1968, 'Reply', in Imre Lakatos (ed.), *The Problem of Inductive Logic* (Amsterdam: North-Holland Publishing Co.), pp. 84–85.

Salmon, Wesley C.: 1968a, 'The Justification of Inductive Rules of Inference', in Imre Lakatos (ed.), *The Problem of Inductive Logic* (Amsterdam: North-Holland Publishing Co.), pp. 24–43.

Salmon, Wesley C.: 1970, 'Bayes's Theorem and the History of Science', in Roger H. Stuewer (ed.), *Minnesota Studies in the Philosophy of Science*, vol. V (Minneapolis: University of Minnesota Press), pp. 68–86.

Salmon, Wesley C.: 1979, 'Propensities: A Discussion Review', *Erkenntnis* **14**, 183–216.

Salmon, Wesley C.: 1980, 'John Venn's Logic of Chance', in J. Hintikka and David Gruender (eds.), *Probabilistic Thinking, Thermodynamics, and the Interaction of History and Philosophy of Science*, vol. II (Dordrecht: D. Reidel Publishing Co.), pp. 125–38.

Salmon, Wesley C.: 1984, *Logic*, 3rd ed. Englewood Cliffs, NJ: Prentice-Hall.

Salmon, Wesley C., *et al.*: 1965, 'Symposium on Inductive Evidence', *American Philosophical Quarterly* **2**, 1–16.

Sellars, Wilfrid: 1964, 'Induction as Vindication', *Philosophy of Science* **31**, 197–231.

Venn, John: 1866, *The Logic of Chance*, 1st ed. London & Cambridge: Macmillan & Co.

Department of Philosophy
University of Pittsburgh
Pittsburgh, PA 15260
U.S.A.

KEVIN T. KELLY

REICHENBACH, INDUCTION, AND DISCOVERY

Reichenbach's *pragmatic vindication* of induction has almost no philosophical following today. It is taken to epitomize a narrow, unrealistic, and rigid approach to the understanding of scientific inference. But Reichenbach's theory of induction has inspired a more formidable approach to the study of inductive inference that is now known as *learning theory*. Learning theory is a fusion of Reichenbach's reliabilist standards for inductive success with the techniques and results of logic and the theory of computation. So far, learning theoretic results have not drawn much attention from the philosophy of science, despite the fact that they bear directly upon standard questions and puzzles surrounding inductive method.

In this paper I introduce learning theory as a refinement of Reichenbach's approach to induction. Then I present a very general learning theoretic characterization of exactly the kind of background knowledge necessary for reliable hypothesis assessment in a variety of senses. As a corollary to this discussion I show how the framework eludes various standard problems of confirmation theory such as the paradoxes of Goodman and Hempel and problems involving the manner in which confirming instances are obtained. Next, I present an analysis of the logic of discovery in which I show that the hypothetico-deductive method is not very reliable and is trounced by some easily formulated, maximally reliable architectures for scientific discovery.

Reichenbach's reliabilist approach to induction has been left on the ash heap of history in favor of notions of confirmation or evidential support in the short run. But in fact, his focus is still a healthy tonic for those who would justify belief in hypotheses in a manner that has no evident connection with truth or accuracy.

REICHENBACH'S THEORY OF INDUCTION

Reichenbach's views on induction were odd, but not at all mysterious. Like any good logical positivist, Reichenbach wanted belief to be

Erkenntnis **35**: 123–149, 1991.
© 1991 *Kluwer Academic Publishers. Printed in the Netherlands.*

grounded entirely on the basis of logic and observation. But Hume teaches that claims about the future cannot be empirically certain. Reichenbach responds, intuitively enough, that claims about the future can at best be probable (Reichenbach 1956, p. 231). Unfortunately, he chose to interpret probabilities as limiting relative frequencies. This interpretation of probability simply posed Hume's problem anew, since it is no easier (and is in fact harder) to determine the limiting relative frequency of an event than it is to decide the truth value of a universal hypothesis (p. 242).

Undaunted by this setback, Reichenbach decided that there must be some inductive method for discovering probabilities that is not itself probabilistic or justified in terms of probabilities. His proposal for such a method was the *straight rule*, or the rule of *enumerative induction*. The straight rule simply conjectures that the limiting relative frequency of a given event is the observed relative frequency of that event in the evidence observed so far. By the very definition of limiting relative frequency, it follows that if some event P has a limiting relative frequency in data presentation e, then for each ϵ, the straight rule eventually produces conjectures within ϵ of the true limiting relative frequency. And of course if there is no limiting relative frequency, no method could find a true one, so no other method could succeed (p. 245). Reichenbach concluded that the straight rule is an optimal method for guessing at probability values in the limit. Reichenbach reasoned that one ought therefore to rely upon the straight rule in making practical decisions. That is, if the estimated probability of P is greater than 0.5, then we should act as though P will be true tomorrow. If we all live forever and continue to follow this rule, then eventually we will act correctly more often than not. This is Reichenbach's "pragmatic vindication" of the straight rule.

Reichenbach's pragmatic vindication of induction persuades almost no one today. One of its main problems is that the appeal to "pragmatics" rings false. The practical benefits of the straight rule don't start until after some arbitrary finite time, but as Keynes noted, we are all dead after some such time. And even after that time, the argument ignores utility and expectation, and hence could lead to less than optimal returns on utility in the limit.[1]

In the short run, matters are worse. Wesley Salmon was troubled by a simple fact that Reichenbach himself pointed out. For each event P and time t, some method vindicated by Reichenbach's argument assigns a higher estimated probability to P than to any event incompatible with P (Salmon 1967, p. 88). For those who thought that the objective of the philosophy of science is to find a logical or probabilistic explication of the weight of evidence for or against a hypothesis in the short run, this objection seemed devastating. Extra criteria of adequacy have been proposed to weed down the class of optimal methods, but sufficiently strong principles to support univocal judgments of evidence in the short run were never found. (Salmon 1967 p. 97ff.)

Even more unfortunately for Reichenbach's program, subjective Bayesianism seems to address most of these difficulties. The norms of Bayesianism are grounded in the maximization of expected utility, and the punch behind the norms is the immediate prospect of a visit by a demonic bookie. Unlike limiting relative frequencies, subjective degrees of belief are not features of the world to be investigated, but propositional attitudes of the scientist. Hence, Reichenbach's ponderous recourse to non-probabilistic methods for discovering probabilities in the world becomes unnecessary. Bayesians can give definitions of confirmation in terms of Bayes' rule, and the threat of a possible visit by the demonic bookie secures compliance with this notion of confirmation. To top all, Bayesian norms require each rational agent (subject to certain important restrictions) to be almost certain that he will converge to the truth in Reichenbach's sense anyway, should he be so reactionary as to care. This sounds like the relentless march of history when compared with the incongruities of Reichenbach's position.

REICHENBACH REFINED

If we eliminate some of the curious turns leading to Reichenbach's position, we end up with a more general and more formidable position that still retains a recognizable Reichenbachian character. First, we need not assume Reichenbach's foundational empiricism. Reichenbach thought that all knowledge must ultimately be producable by the straight rule and the application of the axioms of the probability calculus. This is one way to motivate the study of inductive methodology, but it is not the only way. Perhaps some knowledge is not founded upon observation. Nonetheless, it would be frivolous to deny the importance of inductive methods when there are gaps in our present knowledge (however we obtained it).

Second, there is no reason to restrict Reichenbach's analysis of induction to methods that estimate probabilities. By basing all inductive inference on an inductive rule whose justification is non-probabilistic, Reichenbach actually undercut his own thesis that probabilities are essential to the understanding of induction. On his frequentist view, probability assertions are just one kind of empirical hypothesis about the data to be seen. So I propose that we extend Reichenbach's non-probabilistic analysis of the straight rule to all sorts of empirical questions.

Third, we can liberalize the types of methods that we will consider. Reichenbach's straight rule took in data and output hypotheses about limiting relative frequencies. We can expand our repertoire of methods to include both hypothesis tests (methods that take in data and hypothesis and that output test outcomes) as well as discovery methods (methods that take in data alone and that conjecture theories on the basis of this data).

Fourth, we can dispense with Reichenbach's appeal to pragmatism and focus on the concern that really drives his project, namely, *reliability*. Many areas of human endeavor are committed to the generation of practical benefits; most notably, business and government. These areas of endeavor are pretty much free to adopt whatever expedients are required to generate such benefits. But when it is free from subversion by other interests, science is distinguished from other activities by aiming for the truth rather than for direct practical benefits. A scientist who discovers a principle that leads to the destruction of the world may have sinned greatly, but not as a scientist. A scientist who saves the world in a way that leads to error may be a saint, but not in the pantheon of scientists. Therefore it seems to me to be a mistake to justify scientific methods entirely by means of pragmatic principles.

These qualms extend to the popular "Dutch Book" arguments for Bayesian methods. The Dutch book arguments threaten the critic of Bayesianism with the possibility of disastrous pragmatic consequences, but these consequences will obtain regardless of which hypotheses are true and which hypotheses are false. To say that Bayesian confirmation, underwritten by such an argument, provides a reason to increase one's degree of belief in a given hypothesis seems to me to be just a pun. A gun to the head provides a good reason to believe a hypothesis, but it does not *confirm* the hypothesis, or provide a properly scientific reason to believe it. Neither is the pragmatic threat of the Dutch book. Convergence to the truth may not yield the kind of detailed judgments about the bearing of evidence that philosophers find so desirable, but at least it has a clear tie to the truth of the matter under investigation.

Insofar as Bayesian methods have been shown to converge to the truth, however, they carry some properly scientific justification. But we must distinguish this situation from the very general arguments based on the so-called "swamping of the priors" (Salmon 1967, p. 122). What the most general prior-swamping arguments show (Halmos 1974, p. 213, Theorem B) is that one must believe that he is converging to the truth on pain of incoherence. This is not genuine reliability, but rather, a pragmatic response to a threat from the demonic bookie. My objection is not to statistical convergence when one really *knows* various things about probability. I object, rather, to any confusion between an individual's "internal" certainty that he is reliable and the actual fact of the matter. For example, a psychologist who samples randomly according to a die or some other random process may be said to reliably converge to the truth under this sampling measure. But an astrophysicist who places degrees of belief over models of general relativity cannot be said to be reliable just because he has a unit degree of belief (in his measure over models) that he is converging to the truth.

Fifth, we can look at notions of reliability other than reliablility in the limit. A standard response to studies of reliability in the limit is Keynes' quip that in the long run we are all dead. The usual moral is that "we only care about" short-run notions of reliability. But this is only half of the story. The other half of the story is that in the short run we are all unreliable, unless we already know a lot or we don't wish to discover very much. When we know enough to be reliable in the short run, there is no real tension between the notion of justified belief in the short run and convergence to the truth. I suspect that many of our intuitions about evidential support are derived from cases of this sort, and that the philosophical quest for a general relation of evidential support is the result of wishful extrapolation from this special situation.[2] The hard choice arises only when we don't know enough to be reliable in the short run. Then reliable convergence to the truth in the limit becomes much more attractive as an alternative to doing nothing, or to collapsing scientific methodology into a theory of rational action with no short-run conection to the truth of the subject matter under investigation. By examining various notions of reliability, both long run and short run, we can come to understand exactly what kind of knowledge we do need in order for the man of action and the man of science to agree about how to proceed.

Finally, we can extend Reichenbach's reliability analysis with the many results and formal techniques that have been issued from foundational studies in logic and computability since Reichenbach's day. Much of the power of the theories logic and computation theory derives from a focus on problems rather than on particular methods. Whereas philosophers of science have tended to think of a method and then study what the method can and cannot do, computer scientists and logicians have developed the habit of starting with problems and examining whether or not these problems are solvable. For example, the power of Gödel's incompleteness theorem is to show that there is no recursive verification procedure for elementary arithmetic, period. He did not simply propose particular axiomatizations and then shoot them down.

We now have the requisite mathematical tools to place the theory of inductive inference on an equally sound footing. Given the problem of converging to the truth about some hypothesis on the basis of some background theory and evidence obtained in a given way, it is possible to determine whether there exists a method, computable or otherwise, that can solve the problem. Some problems will be solvable by computer, others will be solvable by gods but not by a computer, and still others will not even be solvable by gods. Some methods will work very well for some problems and not for others. Some problems will be reliably solvable in the limit while others are solvable in the short run. From the learning-theoretic perspective, methodology should look much like theoretical computer science. Each inductive problem should be categorized as to the precise sense in which it can be solved. This goal may seem utopian, but a great deal of the topography of induction has already been mapped out by learning theorists. Some examples of such results will be presented below.

LEARNING THEORY

The streamlined and generalized version of Reichenbach's program that has just been presented is essentially an outline of the study that has come to be known as *learning theory*. The name is somewhat unfortunate, as it suggests to philosophers an empirical study of how people actually learn things. In fact, it is the formal study of the reliable solvability of inductive problems of theory assessment and discovery, both by computers and by ideal agents.

Learning theory is built on more than the notion of limiting reliability. It is also founded on the availability of techniques for proving that no method can possibly solve a given inductive problem, even in the limit. Such techniques were first employed in an explicitly methodological discussion by Hilary Putnam and by E. Mark Gold.

Putnam's interest in reliabilism must have derived, in part, from the influence of Reichenbach, who was his thesis advisor. Putnam's first application (1963) of learning-theoretic techniques was to attack what was then the preeminent perspective on confirmation theory, namely, Carnap's *c*-functions. What Putnam showed is that there exists a computable inductive method that dominates every Carnapian *c*-function in limiting reliability. Putnam's moral was simple. You shouldn't use *c*-functions when other methods are more reliable in the limit.

Putnam also realized that recursion-theoretic techniques permit one to give an exact characterization of the kinds of hypotheses that can be settled reliably in the limit. It is an interesting indication of the ripeness of the time for such ideas that Putnam's characterization was published back-to-back with a paper by E. Mark Gold, who proved the same result independently (Putnam 1965, Gold 1965).

Gold's interest in reliabilism was motivated by Chomsky's program in linguistics (Chomsky 1965). Chomsky viewed the aim of linguistics as the specification of universal grammar; a formal specification of the class of all languages that could possibly be natural, in the sense that real human societies could speak and learn them as first languages. Chomsky introduced two constraints on possible theories of universal grammar. If the theory fails to include an actual natural language, it is *descriptively inadequate*. If it includes a class of languages so broad that a child couldn't possibly learn an arbitrary language in the class from the usual sort of data a child receives, then not every language in the class is a possible natural language, and so the theory is said to be *explanatorily inadequate*, since it does not permit us to explain language learnability. Chomsky's program did not leave any room for equivocation between justified belief and reliability. What is to be explained is that children come to speak their native tongues, not that they come to be justified in believing in a given grammar. Gold's influential paper "Language Identification in the Limit" (1967) was an analysis of how different kinds of assumptions about how the data is given to the child yield different conclusions about what classes of languages are learnable in the limit. It is important to notice that in Gold's application, it is the negative results that are important. Of course it is not sufficient for a child to learn language in the limit. But if he can't learn a class of languages even in the limit, then he certainly can't do so in the usual amount of time. Keynes' quip about limiting analysis applies only to positive results.

Putnam's work on limiting reliability has been extended by Peter Kugel (1977). Gold's paper on language identification set a pattern for learning theoretic research. His techniques have been applied to such diverse areas as grammatical inference, automaton synthesis, automatic computer programming (Blum and Blum 1975), automatic PROLOG programming (Shapiro 1981), and theory discovery in first-order languages.[3] More recent results focus on reliable short-run convergence from randomly sampled data (Haussler 1989) and have been applied to the problem of training neural networks.

HYPOTHESIS ASSESSMENT

Let's consider a simple, learning theoretic analysis of hypothesis assessment. An assessment method is some function that takes a finite data segment and a hypothesis as inputs and that produces 1 or 0 to indicate whether or not the given hypothesis passes muster on the current data. A computable assessment method is an assessment method that is computed by some Turing machine.

Suppose that our data comes from an experimental lab that is concerned with the divisibility of elementary particles. The lab has unlimited resources for constructing ever more powerful accelerators. Given the assumption that our lab has unlimited ambitions, if a cut is physically possible, the lab will eventually find it, although there is no telling how long it will take until the experimentalists get around to building a sufficiently large accelerator. This is an optimistic assumption, but it only strengthens the negative results. The lab starts with some particle, and attempts successive splits on this particle. Each time a split is accomplished, it writes 1 on the tape, and it writes 0 on the tape each time an attempted split fails.

In this setting consider the Cartesian hypothesis that matter is infinitely divisible. Given our assumption about the skill of our lab, the hypothesis that matter is infinitely divisible may be represented as the set of all infinite data sequences in which infinitely many 1's occur. The negation of this hypothesis corresponds to the set of all infinite data sequences in which at most finitely many 1's occur.

While Descartes was certain by means of his "natural light" that matter is infinitely divisible, Kant held that the infinite divisibility of matter is a paradigmatic metaphysical question that goes beyond all possible experience (1950, p. 87). From our refined Reichenbachian perspective, there is an exact sense in which Kant is correct.

There are various reliabilist notions of scientific success that we may entertain. A *data presentation* will be taken to be an infinite tape of evidence, just as in the case of the tape produced in the limit by the particle lab in our example. A method M *empirically semi-decides* hypothesis *h in the limit* just in case for each data presentation *p*, M converges to 1 on *p* if and only if *h* is true of *p*. So M must eventually stabilize to 1 if *h* is true, but M is entitled to vacillate forever or to converge to 0 if *h* is false. This is similar to the situation in a logical proof system, in which there are proofs of theoremhood but no proofs of non-theoremhood. Of course, we would prefer to have a limiting decision procedure. Accordingly, a method M *empirically decides* hypothesis *h in the limit* just in case for each data presentation *p*, it converges to 1 on *p* if the hypothesis is true of *p* and converges to 0 on *p* otherwise. Empirical decision in the limit corresponds to Peirce's aim of convergence to the truth without ever knowing when one has done so. We would prefer to know when we have converged. M *empirically semi-decides h* just in case for each data presentation *p*, M eventually halts on *p* with output 1 if and only if *h* is true of *p*. So if *h* is true, M eventually stops reading new data and returns a reliable indication of truth. Otherwise, like a logical proof system, it goes on searching for some verification that will never appear in the data. And we can also consider short-run empirical decision procedures. M *empirically decides h* just in case for each data presentation *p*, M eventually halts on *p* with 1 if *h* is true of *p*, and M eventually halts on *p* with 0 otherwise.

It is easy to show that the hypothesis h_{inf} that matter is infinitely divisible is not empirically semi-decidable in the limit, even by non-computable scientists. Hence, it is not decidable in any of the senses mentioned, since limiting semi-decidability is the weakest such sense. The proof is by a simple version of the Gold–Putnam *diagonal* or *demonic* argument strategy. Let M be an arbitrary method. Now a demon starts feeding the sequence 11111 . . . to M until M conjectures that matter is infinitely divisible. This must happen, else M converges to 0 on the everywhere 1 presentation when it should have converged to 1. As soon as M says 1, the demon adds one more 1 and then switches to all 0's. Eventually M must say 0, else M converges to 1 on a sequence with only finitely many 1's. At this point the demon switches to all 1's, and so forth. Since the demon makes sure a 1 is added each time M concludes that h' is true, the demon constructs a data presentation in which matter is infinitely divisible, so h_{inf} is true. But M changes its mind infinitely often, and hence fails to semi-decide h_{inf} in the limit.

On the other hand, the hypothesis $\neg h_{\text{inf}}$ that matter is just finitely divisible is semi-decidable in the limit by a computable method. Consider the method M′ that says 1 each time the lab fails to make a cut, and that concludes 0 each time the lab succeeds. If the data presentation has just finitely many cuts, then after some time M′ converges correctly to 1. Otherwise, M′ converges correctly to 0 or vacillates forever, which is also acceptable behavior. The demonic argument must fail in this case, but why? The answer is that the data presented by a demon that fools M′ infinitely often cannot be a presentation that makes $\neg h_{\text{inf}}$ true, so the method is not required to converge.

Since decidability in the limit implies that both the hypothesis and its negation are semi-decidable in the limit, h_{inf} is not decidable in the limit. But with suitable background knowledge, h_{inf} is decidable in the limit by a computable method. Suppose, for example, that we know that if a particle is divisible, the lab will succeed immediately in splitting it, without any failed trials. Then every possible data sequence converges either to 0 or to 1. M′ can decide h_{inf} in the limit over this restricted set of data presentations.

It turns out that the sense in which a hypothesis may be empirically decided, either in the short run, or in the limit, is entirely a matter of its *topological complexity* when viewed as a set of possible data presentations. A standard scale of topological complexity in descriptive set theory is *Borel complexity* (Hinman 1978). Let H, K be sets of data presentations, where K represents background knowledge and H represents the hypothesis under investigation. H is a K-*fan* just in case it is the set of all extensions in K of some finite sequence of observations. H has Borel complexity Σ_1^B in K just in case it is a countable union of K-fans. H has Borel complexity Π_1^B in K just in case it is a countable intersection of K-fans. Inductively, H has Borel complexity

Σ_{n+1}^{B} in K just in case it is a countable union of sets with Borel complexity Π_{n}^{B} in K, and H has Borel complexity Π_{n+1}^{B} in K just in case it is a countable intersection of sets with Borel complexity Σ_{n}^{B} in K. Finally, H has Borel complexity Δ_{n}^{B} in K if and only if H has complexities Σ_{n}^{B} and Π_{n}^{B} in K.

It is shown in (Kelly 1990) using techniques due to Gold (1965) and Putnam (1965) that

THEOREM 1:

> H is empirically decidable given K $\Leftrightarrow$ H $\cap$ K is Δ_{1}^{B} in K.
>
> H is empirically semi-decidable given K $\Leftrightarrow$ H $\cap$ K is Σ_{1}^{B} in K.
>
> H is empirically decidable in the limit over K $\Leftrightarrow$ H $\cap$ K is Δ_{2}^{B} in K
>
> H is empirically semi-decidable in the limit over K $\Leftrightarrow$ H $\cap$ K is Σ_{2}^{B} in K

This result explains our examples. Finite divisibility is a $\exists\forall$ hypothesis: "$\exists n \forall m > n$, the particle is not cut at time m". Given our assumptions about how data is presented by the lab, the universal quantifier amounts to a countable intersection over Borel sets and the existential quantifier amounts to a countable union over Borel sets. So long as the matrix of the hypothesis is some quantifier free claim about what appears in the data, a $\exists\forall$ hypothesis determines a Σ_{2}^{B} hypothesis. So it is the fact that the data presentations for finite divisibility form a Σ_{2}^{B} Borel set that makes the hypothesis semi-decidable in the limit. On the other hand, infinite divisibility is a $\forall\exists$ hypothesis that is not also $\exists\forall$: "$\forall n \exists m > n$ such that the particle is cut at time m". So infinite divisibility is not semi-decidable in the limit. Hence finite divisibility is not a Δ_{2}^{B} hypothesis, and is therefore not decidable in the limit. But in the background theory K determined by the proposition "$\exists n\ \forall m > n$ the particle is cut at time m or $\exists n \forall m > n$ the particle is not cut at time m", h_{inf} is equivalent to the hypothesis "$\exists n \forall m > n$ the particle is cut at time m". Hence, h' is expressible in K both as a $\forall\exists$ hypothesis and as a $\exists\forall$ hypothesis, and so the intersection of h_{inf} with K has Δ_{2}^{B} Borel complexity in K.

The learning theoretic analysis just described is not subject to many of the standard objections that plagued logical theories of confirmation.

For example, Goodman's problem is sidestepped by the analysis. The hypothesis that all emeralds are grue is decidable in the limit with one mind change, and is not decidable in the short run. This result depends only on the truth of the hypothesis, and not on the primitive vocabulary in which it is stated. That's not to say that reliability analysis *solves* Goodman's problem, whatever this might mean. It is just to say that Goodman's riddle is a riddle about short-run justification of belief rather than about reliability, either in the short run or in the long run. The same can be said of Hempel's raven paradox.

Another difficulty with syntactic confirmation theory is its inability to take into account various assumptions about the process by which data was collected. For example, Hempel's confirmation theory fails to distinguish between a thousand instances of black ravens selected by a machine that catches only black things and a thousand instances of black ravens selected at random. But learning-theoretic reliability analysis is not just a matter of logical form. It depends, rather, upon the topological structure of the set of all possible, infinite data presentations for which a hypothesis is true. The topology of this set can be affected quite radically by a slight change in our assumptions about how data is collected. It is clear, for example, that the hypothesis "all ravens are black" is not decidable in the limit from data collected by the black-object selector. Hypothesis topology is affected at least as much by material assumptions concerning the quality of the data as it is by the logical form of the hypothesis and the scientist's background knowledge. All three factors interact holistically to determine the sense in which an inductive inference problem is reliably solvable.

COMPUTABLE HYPOTHESIS ASSESSMENT

So far I have not focused on the distinction between "ideal" and computationally bounded inquiry, but it is not hard to see how gods can beat the reliability of computers. Consider the hypothesis h_P = "the first thing you see will be an element of P", where P is some undecidable set of natural numbers. An ideal agent can simply observe the first datum and determine whether or not it is in P, so ideal agents can empirically decide h_P by looking only at the first datum. But any computer that could succeed only after looking at one datum would be a decision procedure for P, which is absurd. But we can say more than this. Suppose that P is recursively enumerable but not recursive. Then some machine can empirically decide h_P with one mind-change starting with 0. The machine simply runs the enumeration procedure for P and waits for the first datum to appear in the enumeration. If P is not recursively enumerable but its complement is, then some machine can empirically decide h_P with one mind change starting with 1. As the computational complexity of P gets worse, the computational complexity of deciding h_P gets worse until h_P is no longer even semi-decidable in the limit.

Two morals may be drawn from this example. The first is that topological "clues" for ideal agents can be hard for computers to "decode". The second is that the notion of search in computer science is a kind of inductive inference concerning formal questions. Computers can treat hard formal problems as though they were inductive inference problems by spreading them out in the limit. The computer may be able to generate an infinite sequence of formal instances of a question and then perform some test on each instance, just as an empirical scientist looks at a data stream and checks a hypothesis against each datum. As the formal questions become harder, the sense in which the computer succeeds deteriorates accordingly.

It turns out that computable empirical decidability can be characterized in a manner quite similar to the characterization of ideal empirical decidability. The difference is that the appropriate notion of complexity is *arithmetic complexity* rather than Borel complexity. A relation over infinite data presentations and natural numbers has arithmetic complexity Σ_1^0 just in case the relation is semi-decidable by some Turing machine, in the sense that after some finite time, the machine stops reading the data presentation and halts with 1 if the relation holds of the presentation. It is Π_1^0 just in case it is the complement of a Σ_1^0 relation. A Σ_{n+1}^0 relation is the result of existentially quantifying-out a natural number variable in a Π_n^0 relation. A Π_{n+1}^0 relation is the result of quantifying out a number variable in a Σ_n^0 relation (Hinman 1978). The relativization of arithmetic complexity to background knowledge K works as before, where a relation is recursively enumerable in K just in case some machine is a positive test for the relation at least so far as data presentations in K are concerned.

Arithmetic complexity relates to Borel complexity in an intuitive way. Whereas Borel hierarchy is based on the notion of ideal empirical verifiability, arithmetic complexity is based on the notion of empirical verifiability by computer. And while Borel complexity is increased by countable unions and intersections, arithmetic complexity is increased by universal and existential quantification over number variables in relations of lower complexity. Quantification over numbers corresponds to countable union over a decidable set of indices (namely, the natural numbers). In constructing a Borel set, it is possible to take unions over non-decidable sets of indices. The following theorem is a corollary of results of (Gold 1965) and (Putnam 1965).

THEOREM 2: Each result in Theorem 1 holds for computable methods if we substitute arithmetic complexity for the corresponding notion Borel complexity in Theorem 1.

Hence, the entire difference in reliability between gods and computers is characterized in the difference between Borel and arithmetic complexity. For example, hypothesis h_P is constructed by a countable union over a very ineffective set of indices, namely, P.

When we make the naive assumptions that the data is true and complete, and the hypothesis contains no "theoretical vocabulary", then hypotheses determined by first-order sentences automatically have an arithmetic complexity determined by the quantifer prefix of the sentence. For example, the sentence $\exists x \forall y\, P(x, y)$ determines a Σ_2^0 set of data presentations. Under these assumptions, we have the surprising result[4] that there is no difference in reliability between gods and computers.

THEOREM 3: When H is determined by a logical sentence and the data is true and complete in the non-logical vocabulary of the sentence then

> H is empirically [semi-] decidable [in the limit] given K $\Leftrightarrow$
> H is empirically [semi-] detectable [in the limit] given K by computer

This result helps to explain both what was right and what was wrong with the positivists' tendency to formulate methodological principles in terms of first order logic. Under their simplified assumptions about how data is presented, logical form determines whether or not reliable success is possible and the distinction between computable and ideal epistemology can be ignored. But if the assumptions fail, even in minor ways, logical form can have only the mildest connection with the outcome of the reliability analysis, and computers and gods may have very different abilities.

REICHENBACH AND THE LOGIC OF DISCOVERY

Philosophers have tended to ignore discovery problems, and Reichenbach's famous distinction between the *context of discovery* and the *context of justification* is partly to blame. In the hands of posterity, it has been interpreted as the distinction between hypothesis construction (a non-normative matter of purely psychological interest) and hypothesis assessment (the only legitimate subject matter of the philosophy of science).

But this reading of Reichenbach's distinction is not at all true to its original statement:

> What epistemology intends is to construct thinking processes in a way in which they ought to occur if they are to be ranged in a consistent system; *or to construct justifiable sets of operations which can be intercalated between the starting-point and the issue of thought processes, replacing the real, intermediate links.* ***For this logical substitute the term *rational reconstruction* has been introduced. . . .
>
> ***
>
> If a more convenient determination of this concept of rational reconstruction is wanted, we might say that it corresponds to the form in which thinking processes are communicated to other persons instead of the form in which they are subjectively performed. ***
> . . . [The] well-known difference between the thinker's way of finding this theorem and his way of presenting it before a public may illustrate the difference in question. I shall introduce the terms *context of discovery* and *context of justification* to mark this distinction. (Reichenbach 1938, pp. 5, 6, my emphasis).

In discovery problems the starting point is evidence and the issue of the discovery process is a theory. A good discovery procedure is a "justifiable set of *operations* that may be intercalated between" the reading of the evidence and the issue of the theory. And Reichenbach argues elsewhere that rational reconstruction is one of the primary objectives of epistemology. Hence, Reichenbach should therefore include the logic of discovery as a compartment of epistemology. Finally, the "context of justification" refers to any sort of rational reconstruction. So the learning theoretic analysis of discovery, being normative, would belong to the context of justification, not to the context of discovery. The context of discovery would include only those studies of discovery (or of hypothesis assessment) that are purely sociological, psychological, or descriptive in character.

But other passages sound more like the Reichenbach of posterity:

> The finding of explanation belongs in the context of discovery and can be analyzed only psychologically, not logically; it is a process of intuitive guessing and cannot be portrayed by a rational procedure controlled by logical rules. (Reichenbach 1949, p. 434).
>
> The mystical interpretation of the hypothetico-deductive method as an irrational guessing springs from a confusion of the context of discovery and context of justification. The act of discovery escapes logical analysis; there are no logical rules in terms of which a "discovery machine" could be constructed that would take over the creative function of the genius. But it is not the logician's task to account for scientific discoveries; all he can do is to analyze the relation between given facts and a theory presented to him with the claim that it explains these facts. In other words, logic is concerned only with the context of justification. And the justification of a theory in terms of observational data is the subject of the theory of induction. (Reichenbach 1956, p. 231).

In this passage a new element is added, namely the hypothetico-deductive picture of scientific method. Hypothetico-deductivism insists upon a sharp division of science into two separate modules, an unanalyzed and unregulated hypothesis generator employing the oracle of "human genius" and a logically respectable hypothesis assessment procedure that alone confers "justification" on the theories' output by the whole assembly.

It is very tempting for hypothetico-deductivists to try to allign the procedural distinction between generation and test that is assumed by their methodology with the much more general distinction between the contexts of discovery and justification. The generator generates hypotheses and the tester justifies them, so the tester belongs to the context of justification and the generator belongs to the context of discovery. The identification is further reinforced by a narrow conception of logic and by Reichenbach's characterization of the logic of justification as being concerned with how results are presented. In formal logic, it "doesn't matter" how one dreams up a conjecture. It "matters" only that the proof of the conjecture is displayed. Analogously, it "doesn't matter" how a hypothesis was generated. It "matters" only that the conjecture is justified by inductive proof in the test module of hypothetico-deductive method. This alliance between Reichenbach's original distinction and the hypothetico-deductive distinction between generation procedures and test procedures has resulted in the conclusion that there is no logic of discovery.

Perhaps no dogma of the positivistic era has been more durable than the one just described. The view was positioned prominently in the major works of Reichenbach, Popper, Hempel, Carnap, and many others. But it is wrong. From a learning theoretic perspective, hypothetico-deductivism is itself a logic of discovery, since it proposes a way to organize the generation of theories from evidence; namely, by unregulated generation and subsequent filtering through a logical test. But Reichenbach should have realized that such procedures are just as subject to reliability assessment as was the straight rule. For a given generator and tester, one can employ purely mathematical techniques to determine whether some other method is more reliable at converging to explanatory hypotheses that are either true or at least empirically adequate. This is clearly a normative, rather than a psychological undertaking, and the nature of the generator is clearly relevant to the reliability of the overall process of hypothetico-deductive method.

Reichenbach's focus in this passage on explanation seems to me to be quite irrelevant. If explanatory theories are what we want, then our reliability analysis can simply include explanation as part of the definition of methodological reliability. If the real objection is that there is no clear notion of explanation, so convergence to reliable theories cannot be analyzed, then the conclusion should hardly be that the logic of discovery is just psychology. The proper conclusion would be that there is no logic of justification, because explanation is part of what we want in a theory, and hence should be part of a theory's assessment. It is also irrelevant that the hypothesis generation disposition determined by "human genius" is an empirical question. We need not know which discovery methods are implemented by the human brain in order to recommend discovery methods on the basis of reliability.

The passage also asserts that the theory of induction is about the justification of *theories*. This might suggest that the logic of discovery is irrelevant to the theory of induction because it is no mark against a hypothesis that it was dreamed up so long as it passes its evaluation. This argument plays upon the hypothetico-deductivist's attempt to identify the normative-descriptive distinction with his procedural distinction between generate and test. But the conclusion is clearly mistaken. Just because a hypothesis can be assessed later, no matter how it was generated does not imply that the manner of generation is irrelevant to its justification. If the method that generates the hypothesis is reliable in the short run, then this fact is clearly relevant to the justification of belief in the hypothesis.

DISCOVERY PROBLEMS

Computer scientists have investigated a wide variety of subtle questions in the logic of discovery over the past two decades, and it is impossible even to summarize the work here. Instead, I will apply learning-theoretic techniques to issues closer to home in the philosophy of science, namely, the putative optimality of the hypothetico-deductive architecture for inquiry and the optimality of the straight rule.

It is noteworthy that the same analysis will apply directly to both methods, given that many philosophers tend to view the straight rule as an unrealistic toy, while they clothe hypothetico-deductivism in the most glowing terms. This tendency is summarized in the following passage:

> Quite early in this essay, I acknowledged the fact that induction by enumeration is a far cry from what we usually regard as scientific inference. When we think of scientific reasoning, we are likely to bring to mind the grand theories like those of Galileo, Newton, Darwin or Einstein, and to contemplate the manner in which they were established. This is in obvious contrast to the attempt to infer the limit of a relative frequency from the observed frequency in an initial section of a sequence of events. Scientific inference is usually thought to be hypothetico-deductive in structure. Induction by enumeration is puerile, as Francis Bacon remarked, and the hypothetico-deductive method is regarded as a great improvement over it. (Salmon 1967, p. 108).

But this is just where our election to drop the probability theory from Reichenbach's program comes into service. Somebody who does nothing but estimate limiting relative frequencies all the time is no doubt puerile, but the idea of assessing an arbitrary discovery method's reliability is not. In particular, nothing prevents us from assessing the reliability of hypothetico-deductive method just the way Reichenbach assessed the reliability of his straight rule. As it turns out, there are methods much more reliable in the limit than the cherished method of conjectures and refutations.

To abstract the logic of discovery from quibbles about what kind of hypothesis is to be sought, I will take hypothesis *adequacy* as primitive. Hypothesis adequacy may involve truth, empirical adequacy, simplicity, explanatory power, unity, symmetry, or any of the other criteria that have been proposed. We will assume that whatever criteria we have packed into adequacy, adequacy is never underdetermined by the total data (i.e. in the limit). So if a hypothesis is adequate in one world and inadequate in another, then the two worlds give rise to no infinite data presentation in common. It is immediate that no method is reliable when the assumption is violated. Under this assumption, adequacy is a relation R holding directly between infinite data presentations and hypotheses. I will assume that the hypothesis language is countable and contains hypotheses $\{h_1, h_2, \ldots, h_n, \ldots\}$. I don't assume anything more about hypotheses, so their significance is determined entirely by R for the purposes of the analysis.

Now we are interested to determine whether a given method M can reliably discover in the limit an adequate hypothesis (with respect to R) given background knowledge K. This is such a messy phrase to repeat, I will abbreviate it as "M identifies R in the limit given K". Identification in the limit is defined as follows:

M *identifies* R *in the limit given* K just in case for each data presentation p in K there is a hypothesis h such that $R(p, h)$ and there is some time n such that for each time m later than n, M conjectures h at time m on p

So if M identifies R in the limit, then for each possible data presentation, *M* converges in the limit to an adequate hypothesis on that presentation. As success is defined, M must fail if some data presentation has no adequate hypothesis.

Let's bring hypothetico-deductive method under the critical yoke of reliability analysis. Some "creative genius" produces hypotheses that are placed into some enumeration $e = \langle h_1, h_2, \ldots, h_n, \ldots \rangle$ according to relative simplicity, unity, symmetry, or some other desired properties. I do not assume that all possible hypotheses occur in the enumeration. The method is free to ignore some, at its own risk. Hypothetico-deductive method also employs some test procedure T, which takes in a hypothesis h_i and a finite data segment σ, and produces a test outcome (1 for "yes" and 0 for "no"). When the finite data sequence σ has been read, the hypothetico-deductive method tests hypotheses in sequence until some hypothesis "passes muster", and is conjectured. The hypothetico-deductive method determined by enumeration e and test T will be denoted $HD_{T,e}$.

In the special case in which T is a consistency test, we have the method CR_e of *conjectures* and *refutations* employing hypothesis enumeration e. In our rarefied setting, h is *consistent* with data segment σ given K just in case there exists in K some infinite extension of σ for which h is adequate. Hence, once a hypothesis is inconsistent with the data, it cannot possibly be adequate and may be rejected once for all. CR_e has all the right Popperian properties. It rejects refuted hypotheses as soon as they are refuted, and it retains a hypothesis until it is refuted.

Popper intended the method of conjectures and refutations to work for falsifiable hypotheses (i.e. hypotheses that are eventually refuted by the data if they are inadequate). In topological terms, a hypothesis h is falsifiable given K if and only if $R_h \cap K$ is Π_1^B in K, where R_h is the set of all data presentations for which h is adequate. It is easy to see that the method of conjectures and refutations works in this case (Kelly 1990). Say that a set of hypotheses S *covers* K *under* R just in case each data presentation in k has some adequate hypothesis in S.

PROPOSITION 4: If

(1) e enumerates a set that covers K under R and
(2) for each h occurring in e, R_h is Π_1^B in K then CR_e identifies R in the limit given K

By assumption (1), some hypothesis h in e is adequate. By assumption (2), each inadequate hypothesis prior to h is eventually refuted, at which point CR_e converges correctly to h.

The conjectures and refutations method can actually succeed in other cases that are a bit messy to characterize. For example, if K can be covered with just finitely many hypotheses, and just one hypothesis h fails to be Π_1^B in K, then CR_e can succeed if e places h at the end of the enumeration. If h is the first adequate hypothesis, then each inadequate hypothesis prior to h is eventually refuted.

To say that h is not Π_1^B in K is equivalent to saying that there is some data presentation p in K (i.e. a data presentation that may arise for all we know) for which h is inadequate, but data presentations for which h is adequate branch off of p at infinitely many distinct points. Such a presentation will be called *adverse* for h given K. For example, consider the existential hypothesis "some raven is white". A data presentation with nothing but black ravens is adverse for this hypothesis, for a white raven may be observed at any time.

The method of conjectures and refutations breaks down whenever there is some data presentation p in K and the first hypothesis h in e that is adequate for p follows some hypothesis h' for which p is adverse. In such a case, h' will never be refuted on p, so CR_e will converge to h', which is inadequate for p. Purely existential hypotheses are especially bad if we assume that the data is true and complete, for then every data presentation in K for which such a hypothesis is inadequate is adverse. For example, let the hypothesis be "some raven is white". Every data presentation in which all ravens are black is adverse, because no matter how far we go, it is possible that the next observation will be a white raven.

The question now is whether any other architecture for discovery is more reliable than the celebrated method of conjectures and refutations. In fact, the method of conjectures and refutations is not even close to being optimally reliable.

The first weakness is the restrictive notion of test employed. Consistency with the data fails even to semi-decide hypotheses that are not Π_1^B in K. We have seen that other hypothesis assessment methods can semi-decide hypotheses that are Σ_2^B in K. Why not use these more powerful semi-decision procedures as the test module in hypothetico-deductive method?

The reason is that the method of conjectures and refutations chooses its conjecture according to test results in a manner that cannot take advantage of the extra power of semi-decision procedures. Arbitrary semi-deciders can vacillate forever if a hypothesis is inadequate, whereas the consistency test does not. Suppose that the first hypothesis h in enumeration e is inadequate and the semi-decision procedure T vacillates forever concerning h on data presentation p. Then each time h "passes muster" under T, it is conjectured again, so the overall hypothetico-deductive method employing T fails to converge to an adequate hypothesis on p. It might be responded that the true hypothetico-deductive method drops a hypothesis forever once it has failed test, rather than always returning to the first hypothesis that succeeds. But then h will be missed if h is adequate for P and T eventually converges to 1 after a finite period of vaccillation. That won't do either.

There is a better way. At stage n, a *priority method* applies test T to the first n hypotheses in enumeration e. Then it conjectures the first hypothesis among those tested whose test has said 0 no more recently than any other hypothesis' test has said 0. If each hypothesis is semi-decided by its test, then it is easy to see that the priority method using T eventually converges to an adequate hypothesis, if there is one in e. Let $PM_{T,e}$ be the priority method specified by test method T and hypothesis enumeration e.

PROPOSITION 5 (Kelly 90): If

(1) e enumerates a set that covers K under R and
(2) T semi-decides each h occurring in e given K then $PM_{T,e}$ identifies R in the limit given K

Since a hypothesis is semi-decidable given K just in case it is Σ_2^B in K, we have

COROLLARY 6: If there is a set S of hypotheses such that (1) S covers K under R and (2) for each h in S, h is Σ_2^B in K then some priority method identifies R in the limit given K.

This result pretty well discredits the traditional method of conjectures and refutations so far as reliable convergence to the truth in the limit is concerned. The falsifiable hypotheses are just the hypotheses that are Π_1^B in K, but reliable discovery can be achieved over all hypotheses that are Σ_2^B in K. In the very special case when hypotheses are logical sentences and the data is true and complete, this means that reliable discovery is possible for hypotheses equivalent to sentences with $\exists\forall$ quantifier prefixes relative to background assumptions K, but the method of conjectures and refutations will fail for many such cases.

Proponents of the conjectures and refutations method must show both how my description of the method is wrong and how their corrections of my description bring the power of the method up to that of the priority method. I don't see how appeals to the "grandness" of scientific theories will help. If adequacy is underdetermined, then reliability is hopeless and we are done. If adequacy is not underdetermined by the total data in the limit, then it can be represented as a relation between possible data presentations and theories, and the analysis applies. The analysis makes no assumptions about what data is like, and assumes none of the troublesome old distinctions between observable and unobservable vocabulary. It makes no assumption either about what explanation, simplicity or symmetry is, or about whether these are or are not part of adequacy. The analysis does not *identify* the meaning of the hypothesis with the set of data presentations in which it is adequate, so it cannot be tarred with the same brush as positivism. The ultimate retort would be that the approach is so abstract as to be vacuous; but this isn't so. A priority method using a non-monotone test criterion and a peculiar selection mechanism for conjectures is very different from the method of conjecturing the first hypothesis in some ordering that is not refuted by the data. And it is much more reliable in the limit.

Hypothetico-deductive methodology and Reichenbach's straight rule seem very different in motivation, operation, and level of abstraction. Nonetheless, the above results also apply directly to the straight rule, which we will now revisit. The hypothesis h_r that r is within ϵ of the true limiting frequency of a given event P is a $\exists\forall$ hypothesis and hence is Σ_2^B even with no background knowledge:

> $h_{r,\epsilon}$: $\exists n \forall m > n$, the observed relative frequency of P at time m is within ϵ of r.

So each hypothesis $h_{r,\epsilon}$ is semi-decidable in the limit. Reichenbach requires that we specify how close we need to be to the true frequency ahead of time, so each discovery problem has a specified value of ϵ. Let the hypothesis language for ϵ be the set of all $h_{r,\epsilon}$, where r is a rational between 0 and 1. This language is countable, as required. Let p be a data presentation. Then adequacy is defined (relative to our choice of ϵ) as

> $R(p, h_{r,\epsilon}) \Leftrightarrow p$ has a limiting relative frequency r' and r is within ϵ of r'

If we let K be the knowledge that each p has some limiting relative frequency then each data presentation in K has some adequate hypothesis under R. That is because each real-valued limiting relative frequency r' is approximated to degree ϵ by some rational r. Hence, we have that for each ϵ,

FACT 7: R is identifiable in the limit given K.

This is exactly the discovery problem solved by the straight rule. So the straight rule may be viewed as a discovery method at exactly the same level of abstraction as our analysis of hypothetico-deductive method.

Reichenbach exempted the straight rule from failure when probabilities do not exist by the argument that no method can find what does not exist. This is a bit quick. For example, we would like a method that would give us exact probability estimates rather than approximations up to ϵ.

But there is no such method, for the hypothesis

> h_r: $\forall \epsilon \exists n \forall m > n$, the observed relative frequency of P at time m is within ϵ of r.

is not equivalent to any Σ_2^B hypothesis. Indeed, a direct diagonal argument reveals that the exact probability cannot be identified in the limit. Let M be an arbitrary method that would like to try its hand at the problem. We will show that M fails to converge to h_1 on a data presentation 1 for which h_1 is true. Start presenting to M a sequence in which the event P whose probability is in question never occurs. Eventually M says 0, else it fails to converge to the correct probability for the sequence. At that point, we start presenting data in which P occurs every other time 1, 0, ... Again, M must eventually say 1/2, else it fails on the presentation received in the limit. Then we switch to the repeating pattern 1, 1, 0, . . . until M says 2/3, and then we use the pattern 1, 1, 1, 0, and so on forever. The presentation that results has limiting relative frequency 1, but M fails.

Another question about the straight rule is the difficulty of determining what the straight rule assumes, namely, that some limiting relative frequency exists. In fact, neither this hypothesis nor its negation is semi-decidable in the limit. Consider the hypothesis h that some limiting relative frequency does exist. Let T attempt to semi-decide h in the limit. We can drive the observed frequency above three quarters and below one quarter until T says 0, which must happen on pain of converging to 1 on a data presentation in which h is false. Then we drive the observed frequency above 5/8 and below 3/8 until T again says 0, at any rate ensuring that we go through one full cycle. Then we narrow the range further, and so forth. The resulting data sequence has limiting relative frequency 1/2 but T says 0 infinitely often.

$\neg h$ also fails to be semi-decidable in the limit, as can be seen by diagonalization (extend by all 0's and then by all 1's in ever longer segments, waiting for T to say 0 prior to the switch). These arguments show that the straight rule could not possibly be improved in various ways even if we extended the vocabulary of its hypothesis language to permit it to make conjectures about exact probability estimates and about probability existence.

CONCLUSION

I have applied a fairly general, learning theoretic perspective to some questions raised by Reichenbach's positions on induction and discovery. This is appropriate in an examination of the significance of Reichenbach's work, since the learning-theoretic perspective is to some degree part of Reichenbach's reliabilist legacy. I have argued that Reichenbach's positivism and his infatuation with probabilities are both irrelevant to his views on induction, which are principally grounded in the notion of limiting reliability. I have suggested that limiting reliability is still a formidable basis for the formulation of methodological norms, particularly when reliability cannot possibly be had in the short run, so that refined judgments about evidential support must depend upon measure-theoretic choices having nothing to do in the short run with the truth of the hypothesis under investigation. To illustrate the generality of Reichenbach's program, I showed how it can be applied to methods that aim to solve arbitrary assessment and discovery problems in various senses. In this generalized Reichenbachian setting, we can characterize the intrinsic complexity of reliable inductive inference in terms of topological complexity. Finally, I let Reichenbach's theory of induction have the last say about hypothetico-deductive method.

ACKNOWLEDGMENTS

I would like to thank Clark Glymour and Peter Spirtes for very useful comments on drafts of this paper.

NOTES

[1] If action A yields one dollar when P occurs and zero dollars otherwise, and action B yields 0 dollars when P occurs and a million dollars otherwise, then it would seem rather silly to follow Reichenbach's advice and behave as though P will always obtain when the probability of P is greater than 0.5.

[2] Popper is well known for being a sceptic about the very notion of inductive support.

> The wrong view of science betrays itself in the craving to be right; for it is not his possession of knowledge, of irrefutable truth, that makes the man of science, but his persistent and recklessly critical quest for truth. (Popper 1968, p. 281).

Popper's disenchantment with the project of a general account of inductive support accords well with the reliabilist perspective of learning theory. But unlike Popper, who has tended to equivocate between falsification as the objective of science and falsification as a means for convergence to the truth, learning theorists insist on a clearly demonstrated connection of the latter sort.

[3] Work on the induction of first-order theories may be found in Osherson and Weinstein (1986, 1989a, 1989); Kelly and Glymour (1988, 1989, 1990); Kelly (1988, 1989). For a good sample of the techniques and questions that have been entertained in learning theory see (Osherson, Stob and Weinstein 1986) and (Angluin and Smith 1982).

[4] Osherson and Weinstein (1989a); Kelly (1990).

REFERENCES

Angluin, D. and Smith, C.: 1982, 'A Survey of Inductive Inference Methods', Technical Report 250, Yale University, October.

Blum, M. and Blum, L.: 1975, 'Toward a Mathematical Theory of Inductive Inference', *Information and Control* **28**.

Chomsky, N.: 1965, *Aspects of the Theory of Syntax*, MIT Press, Cambridge.

Gold, E. M.: 1965, 'Limiting Recursion', *Journal of Symbolic Logic* **30**(1), 27–48.

Gold, E. M.: 1967, 'Language Identification in the Limit', *Information and Control* **10**, 447–474.

Halmos, P. R.: 1974, *Measure Theory*, Springer, New York.

Haussler, D.: 1989, 'Generalizing the PAC Model: Sample Size Bounds from Metric Dimension-based Uniform Convergence Results', *Proceedings of the Second Annual Workshop on Computational Learning Theory*, San Mateo: Morgan Kaufmann.

Hinman, P. G.: 1978, *Recursion-Theoretic Hierarchies*, Springer, New York.

Kant, I.: 1950, *Prolegomena to any Future Metaphysics*, L. Beck, (trans.), Bobbs-Merrill, Indianapolis.

Kelly, K.: 1988, 'Theory Discovery and the Hypothesis Language', *Proceedings of the Fifth International Conference on Machine Learning*, Morgan Kaufmann, San Mateo.

Kelly, K.: 1989, 'Induction from the General to the More General', *Proceedings of the Second Annual Workshop on Computational Learning Theory*, R. Rivest, D. Haussler, and M. Warmuth (eds.), Morgan-Kaufmann, San Mateo.

Kelly, K.: 1990, *The Logic and Complexity of Scientific Discovery*, in preparation.

Kelly, K. and Glymour, C.: 1989, 'Convergence to the Truth and Nothing but the Truth', *Philosophy of Science* **56**(2).

Kelly, K. and Glymour, C.: forthcoming, 'Inductive Inference from Theory-Laden Data', *Journal of Philosophical Logic*.

Kelly, K. and Glymour, C.: 1990, 'Theory Discovery from Data with Mixed Quantifiers', *Journal of Philosophical Logic* **19**: 1–33.

Kugel, P.: 1977, 'Induction, Pure and Simple', *Information and Control* **33**, 276–336.

Osherson, D. and Weinstein, S.: 1986, 'Identification in the Limit of First Order Structures', *Journal of Philosophical Logic* **15**, 55–81.

Osherson, D. and Weinstein, S.: 1989, 'Paradigms of Truth Detection', *Journal of Philosophical Logic* **18**, 1–42.

Osherson, D. and Weinstein, S.: 1989a, 'A Universal Inductive Inference Machine', Unpublished manuscript.

Osherson, D., Stob, M., and Weinstein, S.: 1986, *Systems that Learn*, MIT Press, Cambridge.

Popper, K.: 1968, *The Logic of Scientific Discovery*, Harper, New York.

Putnam, H.: 1963, '"Degree of Confirmation' and Inductive Logic", in A. Schilpp (ed.), *The Philosophy of Rudolph Carnap*, Open Court, Lasalle, Illinois.

Putnam, H.: 1965, 'Trial and Error Predicates and a Solution to a Problem of Mostowski'. *Journal of Symbolic Logic* **30**(1), 49–57.

Reichenbach, H.: 1938, *Experience and Prediction*, University of Chicago Press, Chicago.

Reichenbach, H.: 1949, *The Theory of Probability*, Cambridge University Press, London.

Reichenbach, H.: 1956, *The Rise of Scientific Philosophy*, University of California Press, Berkeley.

Salmon, W.: 1967, *The Foundations of Scientific Inference*, University of Pittsburgh Press, Pittsburgh.

Savage, Leonard J.: 1972, *The Foundations of Statistics*, Dover, New York.

Shapiro, E.: 1981, 'Inductive Inference of Theories from Facts', Report YLU 192, Department of Computer Science, Yale University.

Department of Philosophy
Carnegie Mellon University
Schenley Park
Pittsburgh, PA 15213
U.S.A.

C. GLYMOUR, P. SPIRTES, AND R. SCHEINES[1]

CAUSAL INFERENCE

1. INTRODUCTION

Reichenbach[2] connected probability and causal dependence through two principles, which we can put this way:

> **Screening Off:** If A causes C only through the mediation of a set of variables B, then A and C are statistically independent conditional on B.
> **Common Cause:** If A does not cause B and B does not cause A, and A and B are statistically dependent, then there exists a common cause of A and B.

This paper is about some of the remarkable implications of these two principles for an ancient philosophical and scientific question: when and how causal relations can be inferred from probability relations. There is more to tell than we have space.

2. FUNCTIONAL DEPENDENCE, PROBABILITY AND GRAPHS

Causal relations among variables sometimes follow deterministic laws in which the effect is a linear or quadratic or sinusoidal or some other smooth function of its causes. We are familiar with systems of this kind in engineering and physics, and, rightly or not, it is often assumed that social and psychological and economic systems satisfy deterministic functional relations of the same kind.

It will help to clear away some of the mystery about causality if we begin with simple, concrete physical examples, where we think we understand the laws of a system quite well, and where judgements about causal dependence seem uncontroversial. Digital circuits represent clear examples, and they have the further advantage that they can be described in simple pictures. Consider the simple circuit element in Figure 1:

Erkenntnis **35**: 151–189, 1991.
© 1991 *Kluwer Academic Publishers. Printed in the Netherlands.*

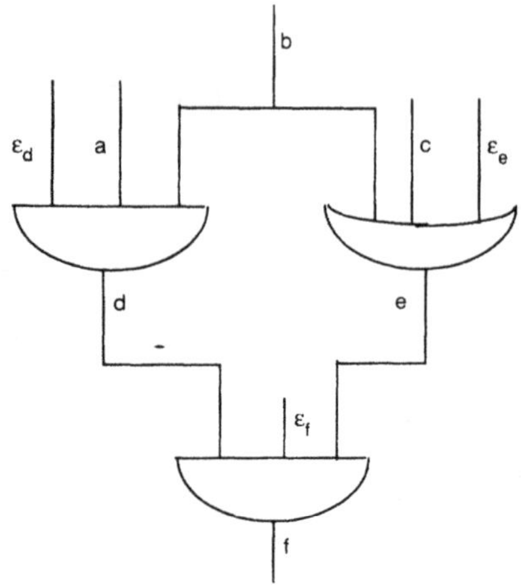

Fig. 1

The variables are represented by the lines with letters attached. The moon (or banana) shaped junction is an "or" gate, and the semi-circle shaped junctions are "and" gates. The variables take two values only, 0 or 1, representing the absence or presence of a current through the line. The variables satisfy the system of Boolean equations

$$d = a * b * \epsilon_d$$
$$e = b + c + \epsilon_e$$
$$f = d * e * \epsilon_f$$

in which "+" stands for Boolean addition $(1 + 1 = 1)$ and "*" stands for multiplication. A current emerges from an "and" gate and makes the value of the line out of it 1 if and only if all the lines into it have current, i.e., each has value 1. A current emerges from an "or" gate and makes the value of the line out of it 1 if and only at least one of the lines into the gate carries a current and so has value 1.

Suppose there is a probability distribution over the values of the six input lines, a, b, c, ϵ_d, ϵ_f, and ϵ_e. Then the distribution on these six variables defines a distribution on d, e and f as well. The probability that $d = 1$ and $f = 0$, for example, is the probability that $(a * b * \epsilon_d = 1)$ and $(d * e * \epsilon_f = 0)$.

The digital circuit in Figure 1 has a causal structure reflected in the three equations. The causal structure can be represented by a directed graph as shown in Figure 2.

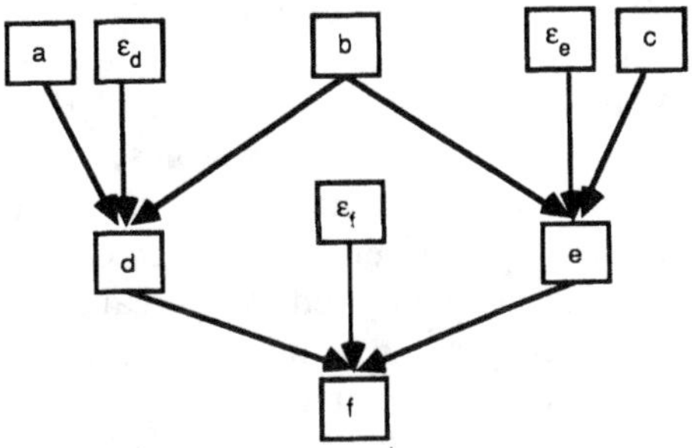

Fig. 2

Whereas the variables correspond to lines of the circuit, they are the vertices of the graph, and the directed lines of the graph represent a relation of direct causal dependence. With the assumption that the system is deterministic, the graph of causal structure represents the same functional dependencies given in the three equations for Figure 1, although it does not represent the particular functions. Assuming effects are functions of their immediate causes, Figure 2 tells us that $f = F_1(d, e, \epsilon_f)$; $d = F_2(a, b, \epsilon_d)$ and $E = F_3(b, c, \epsilon_e)$, but the figure does not specify that F_1, for example, is multiplication.

For each variable in the graph, the graph determines what other variables it is a function of, but the graph does not further specify the function. We say that the graph represents the **causal structure**. Given any digital circuit diagram (without feedback) it is straightforward to transform it into a graph of the causal structure of any device the circuit diagram describes. Of course many distinct causal systems share the same causal structure and can be represented by the same graph.

To good approximation anyway, a device with the circuit structure illustrated in Figure 1 is a deterministic system. We will use the notion of a deterministic system in a technical sense:

A causal system whose causal structure is represented by a graph G is **deterministic** if each of the vertices of G of non-zero indegree is a function of the vertices that are its immediate parents in G.

By "function" we mean function: for each assignment of a unique value to each of the parent vertices, there is a unique value of the dependent vertex.

We don't have to confine ourselves to digital circuits; they are only an illustration. We can consider any finite structure in which there is a set of input variables whose values are randomly distributed, a set of first-level variables each of which is some function – linear, non-linear, or whatever – of some subset of the input variables, a set of variables each of which is some function of some subset of the union of set of input variables and the set of first-level variables, and so on.

In all of these cases there is a common formal structure. The causal structure can always be represented by a directed graph. In circuits without feedback and in most applied statistical cases, the directed graph is acyclic. Sometimes cyclic graphs occur in causal models in econometrics and other subjects, but they are almost always thought to be surrogates for underlying acyclic graphs with "lagged" variables.

2. CAUSALLY SUFFICIENT STRUCTURES

In discussing Figure 1, we supposed that there is a probability distribution over the input variables of the circuit, or equivalently, over the vertices of zero indegree of the causal graph of the system. The probability distribution might or might not make the zero indegree vertices probabilistically independent of one another. If not, we would expect that the causal graph is incomplete and there is some further causal mechanism, not represented in the graph, responsible for the probabilistic dependence. Either some of the input variables are causes of others (in which case we have equivocated, and the causal graph is not actually the graph of the causal structure of the system) or else there is some variable or variables not included among the vertices of the causal graph, and these variables are common causes of some of the zero indegree or input variables. Some systems of variables for certain causal structures may be complete enough that no common cause is omitted. We call such systems **causally sufficient**.

When a system is causally sufficient, it is natural to assume that the values of the variables represented as vertices of zero indegree (the inputs or exogenous variables) take their values randomly and independently. Assume for the moment that each input is a random variable, and that the value of each variable that is not an input variable is uniquely determined by a measurable function of its immediate causes. Then all variables are in fact random variables, and the graph of causal relations also represents a system of functional relations among these random variables: e.g., the graph in Figure 3 represents the functional relations

$x1$ input
$x2$ input
$x3 = f(x1, x2)$
$x4 = g(x1, x2)$
$x5 = h(x1, x2)$

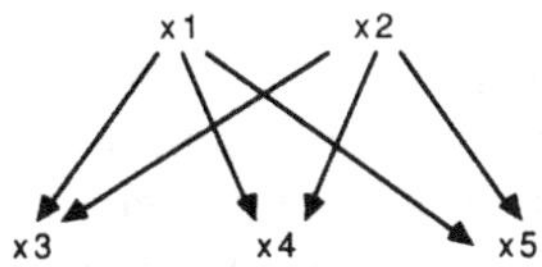

Fig. 3

3. INDETERMINISTIC AND PSEUDO-INDETERMINISTIC SYSTEMS

A system of variables can be causally sufficient without being deterministic. If a system of variables does not include all of the causes of each of its members, then even though it is causally sufficient, some of the variables of the system will not be deterministic functions of the other variables of the system. Consider Figure 2 again.

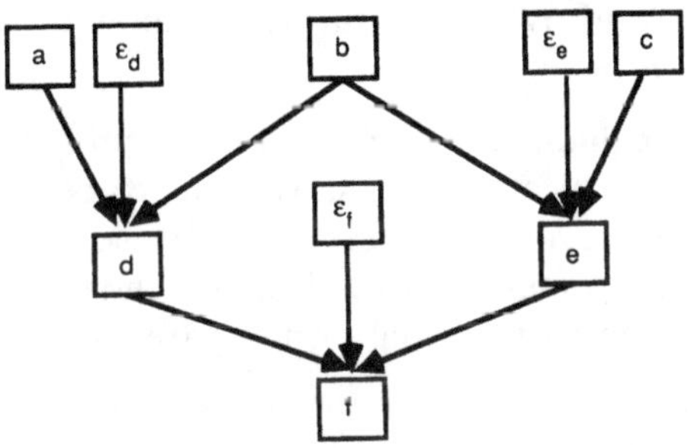

Fig. 4

If ϵ_d, ϵ_e, and ϵ_f are not measured, and we were to consider only the system of variables a, b, c, d, e, and f, we would find that none of the latter variables has its values uniquely determined by the values of the others, although the variables are statistically dependent. The system looks indeterministic, although there are "hidden" variables which when added make it a deterministic system in the sense of the previous section.

We will say any system of variables that is not deterministic but forms a subset of a deterministic system is "pseudo-indeterministic". A variety of applied statistical methods, both linear and non-linear, assume that the systems under study are pseudo-indeterministic. The assumption is especially explicit in "structural equation models" in which for each measured variable of positive indegree an "error" variable is introduced representing the unmeasured causes of that variable alone.

It is at least conceivable that there are genuinely indeterministic systems, even genuinely indeterministic macroscopic systems, whose variables have a causal structure. An indeterministic causally sufficient system might appear statistically like the variables *a*, *b*, *c*, *d*, *e*, and *f* from Figure 2, but if the system were genuinely indeterministic no hidden variables like ϵ_d, ϵ_e, and ϵ_f would exist. We assume in what follows that the systems considered are stochastic or pseudo-indeterministic.

4. SCREENING OFF AND THE COMMON CAUSE PRINCIPLE

The condition connecting probability and causality that we will use has been named after Markov, but so far as we know the first description of it was given by Reichenbach.

> **Markov Condition:** A graph G and a probability distribution P on the vertices V of G satisfy the Markov condition if and only if for every *v* in V, and every set X of vertices in V such that no member of X is a descendant of *v*, *v* and X are independent conditional on the parents of *v*.

In addition to the Markov condition we will assume throughout that causal connections do *something*. More exactly, we will assume that the causal structures associated with pairs ⟨G, P⟩ satisfying the Markov condition also satisfy a minimality condition, namely that with P fixed, no proper subgraph of G satisfies the Markov condition.

The warrant for Reichenbach's two principles lies in the history of human experience with systems that we can largely control or manipulate. Electrical devices, mechanical devices, chemical devices all satisfy the principles. Large areas of science and engineering – from auto mechanics to chemical kinetics to digital circuit design – would be impossible without using the principles to diagnose failures and infer mechanisms. Unsurprisingly, philosophers have nonetheless offered a spate of criticisms against Reichenbach's principles, especially against the common cause principle.

4.1. *Interactive Forks*

Wesley Salmon argues that "[t]here is another, basically different, sort of common cause situation" that cannot appropriately be characterized in terms of the second part of the common cause principle.[3] In what Salmon calls an *interactive fork*, C is a complete description of causal conditions relevant to both A and B, but A and B are not independent conditional on C. Salmon uses a slight variant of the following example from the game of pool.

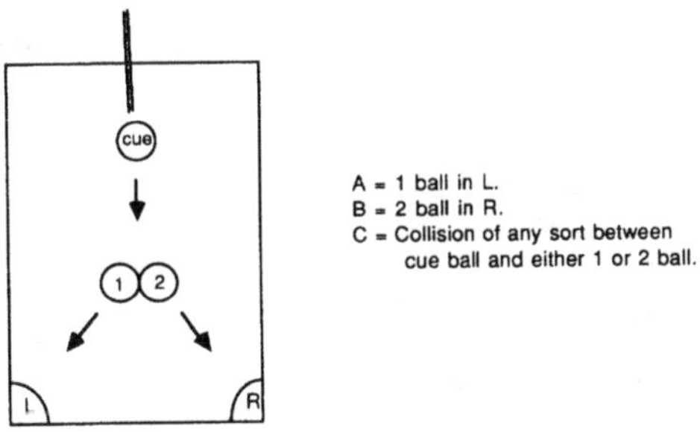

Fig. 5

Knowing C (that there was a collision) and A (that ball 1 dropped into its pocket) clearly tells us more about whether B occurred (the 2 ball dropped into its pocket) than just knowing C. A and B are not directly causally connected, and they are not independent conditional on C.

Nonetheless, the example does not show that the common cause principle is in error. Event C is not a complete description of all of the common causes of A and B. C tells us only that there was a collision of some sort between the cue ball and the 1 or 2 balls. It does not tell us the nature of the collision. Knowing A in effect informs us about the nature of the collision and thus tells us about B. Were the prior event more informative, e.g. were it to specify the exact momentum of the cue ball on striking the two target balls, conditional independence would be regained. Once we knew what value of this variable obtained, knowing A would tell us nothing about the probability of B. So the conditions of the common cause principle are not violated. (Salmon himself admits that there may not be any real macroscopic interactive forks, just apparent macroscopic interactive forks. However, he believes it likely that there are real microscopic interactive forks.)

Another example of an "interactive fork" is from Davis (1988).[4]

Imagine a television set with a balky switch: it usually turns the set on, but not always. When the set is on, it produces both sound and picture. Then the probability of a picture given that the switch is on and given sound is greater than the probability of a picture given just that the switch is on. (Davis 88, p.156)

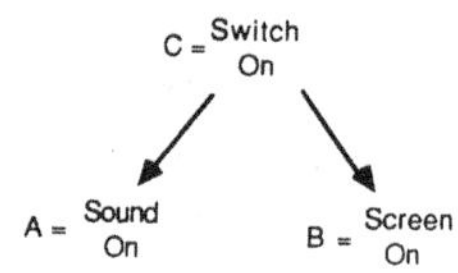

Fig. 6

So again, P(B/C) < P(B/A & C). But this example gives an inaccurate picture of the causal situation, which is better depicted as follows:

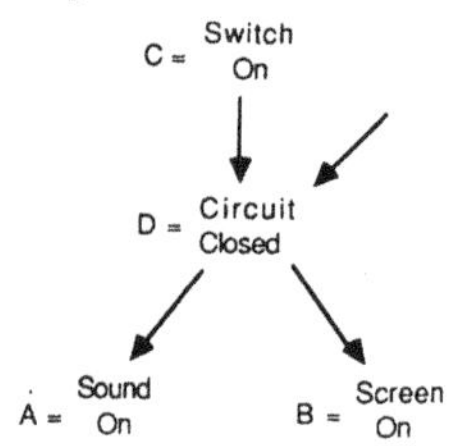

Fig. 7

The state of the circuit, or some variable downstream from the switch event, makes A and B independent.

Elliott Sober (1987) argues that we routinely find correlations for which there is no common cause, or for which the residual correlations after conditioning on known common causes do not vanish. The correlation of bread prices in England and the sea level in Venice may have some common causes (e.g., the industrial revolution), but not enough to account for all of the dependency. Sober claims that in routine cases in social and natural science and everyday life when we find causal antecedents to explain statistical dependencies there may often be residual dependencies that simply have no causal explanation. One trouble with Sober's considerations is that they fail to distinguish between statistical dependencies in a sample, which may be due to chance and present no violation of the common cause principle, and statistical dependencies that are features of a causal process determining a probability distribution from which the sample is taken. Every statistician since Cournot has known that if you have a sample with sufficiently many independent variables in proportion to the sample size, by chance alone some of the variables can be expected to appear to be statistically dependent. Another trouble is that we have no idea from what distribution or chance process the covariance of the sea level in Venice and the price of bread in England over the last two hundred years is drawn, and similarly for Sober's other examples. Indeed, since the sample of bread prices and sea levels have taken their values over a long period of human history, there is little reason to believe that any statistical dependency in our sample is due to a single causal mechanism. Causal structure can change, and if we mix the probabilities from different causal structures, there is no guarantee that Reichenbach's principles are satisfied by the result – or even what that would mean, since there is no single causal structure for the mixed probabilities to reflect.

The basis for the common cause principle is our experience with systems that can be put through repetitive processes and whose fundamental propensities can thereby be tested. No macroscopic system of this kind has yet been presented which violates the common cause principle. Any persuasive case against the principle would have either to exhibit such a system or give some powerful reason why we should think the macroscopic natural and social systems for which we wish causal explanations are fundamentally different in this regard. It seems to us that no such case has been made.

We will assume the Markov and minimality conditions throughout the rest of this paper. Given any graph, the Markov condition determines a set of independence relations. These independence relations in turn may entail other independence relations, in the sense that every probability distribution having the independence relations given by the Markov condition will also have these further independence relations. In general a probability distribution on a graph satisfying the Markov condition may include other independence relations besides those entailed by the Markov condition and the graph. If, however, that does not occur, and all of the independence relations of the probability distribution are entailed by the graph and the Markov condition, we will say that the distribution is **faithful**. We will not in general assume that all probability distributions associated with causal structures represented by a directed graph are faithful, but faithfulness turns out to be important to discovering causal structure.

5. DISCOVERY PROBLEMS

It is time to be a little more precise about what we mean by "inference" and "discovery". A discovery problem is composed of a set of alternative structures, any of which could be the actual structure but only one of which is in fact the actual structure. There is something to be found out about the actual structure, whichever it is. It may be that we want to settle a particular hypothesis that is true in some of the possible structures and false in others, or it may be that we want to know the complete theory of a certain sort of phenomenon. In our case the alternative structures are directed acyclic graphs paired with joint probability distributions on their vertices. What we want to know is the structure of the graph. Further, a discovery problem includes a characterization of a kind of evidence; for example, data may be available for some of the variables but not others, and the data may include the actual probability relations or, more realistically, simply the values of the variables for random samples. To solve a discovery problem is to be able to answer the question or find the theory *whatever the truth might be*. A procedure for inferring causes that gives no answer, or the wrong answer for some of the alternative possibilities, does not solve the problem posed, although it may solve some other, easier problem that arises when background knowledge excludes some of the alternative structures.

Consider pairs $\langle g, P\rangle$ where g is a directed acyclic graph and P a joint probability distribution on the vertices of g satisfying the Markov condition, and in addition g is minimal in the sense that P does not satisfy the condition if any edge of g is removed.

A **causal discovery problem** is given by a class K of pairs $\langle g, P\rangle$ satisfying the condition just stated, a set V of vertices shared by all graphs that are first elements of members of K and a property R. Extensionally, R is a subset of K.

K represents the "background knowledge" brought to the problem and R represents the property to be determined. The inference task is to determine for arbitrary $\langle g, P\rangle$ in K whether or not $\langle g, P\rangle \in$ R, from data consisting of values of the vertices in V distributed according the sampling distribution of P. Our theoretical discussions will usually consider discovery problems in which the data include the true independence relations among the measured variables.

The variety of discovery problems is immense. We can consider problems in which something is known about the family of probability distributions – e.g., that it is normal; problems in which it is known that the causal structures are causally sufficient, and other problems in which there is no such knowledge. We can consider causal discovery problems in which the systems are pseudo-indeterministic and the form of the functional dependency is known – for example, known to be linear. We can consider problems in which various graph structures are excluded a priori – for example, systems in which a time order of the variables is known and it is known that later variables do not cause earlier variables. We can ask that a discovery procedure tell us which pairs of variables are directly causally connected, or that it tell us for which ordered pairs of variables there is a directed path from the first to the second, or even that it tell us the entire structure of the directed acyclic graph, or more realistically that it give us the class of alternative graphs that are statistically indistinguishable from the true graph. All of these dimensions can be combined.

Which of these many causal discovery problems is solvable, and by what methods, are determinate, mathematical questions. The metaphysical wrangling lies entirely in motivating the problems, not in solving them.

6. DISCOVERY ALGORITHMS

The philosophical literature on causality contains a number of proposals for probabilistic analyses of causal dependence. As attempts to give perfectly general necessary and sufficient conditions for causal dependence each of these analyses is disappointing in one way or another, but several of them nonetheless provide algorithms that solve interesting causal discovery problems. In addition, there are algorithms in the literature of computer science that also solve special causal discovery problems, and there is an algorithm that is in a certain sense the most general possible. We will consider five such algorithms and some of their variants.

We will assume throughout that we are confronting discovery problems in which all of the alternative causal structures are causally sufficient: there are no unmeasured variables that produce statistical dependencies among the measured variables.

7. SUPPES' ALGORITHM

More than twenty years ago, Patrick Suppes[5] offered the following simple analysis of the proposition "Event X causes event Y":

(1) X occurs prior to Y.

(2) The probability of Y conditional on X is greater than the probability of Y.

(3) There exists no event Z prior to X and to Y such that X and Y are independent conditional on Z.

Most of the discussion of Suppes' analysis emphasized cases in which it might plausibly be said that the occurrence of X, though a cause of Y, reduces rather than increases the probability of Y. For example, it was claimed that a golf ball may be caused to fall into the hole by hitting a tree, although hitting a tree reduces the probability that a ball will land in the hole. Such examples seem to suffer some of the same equivocations over specificity that beset the idea of "interactive forks". Sound or not, the unfruitful result of such criticism has been a literature that seeks probabilistic conditions to distinguish between "causes" and "inhibits".[6] We propose to ignore the distinction, but our use of "causes" can be read as "causes *or* inhibits."

Suppes' theory of causation yields a reliable algorithm for solving certain causal discovery problems when (1) the alternative causal systems are causally sufficient; (2) the time order of the variables is known and it is known that variables can only cause later variables; (3) the data are the probabilities, or enough about the distribution family is known to make consistent estimates of conditional independence relations from data consisting of random samples; and (4) the task is to determine for which ordered pairs of variables $\langle x, y\rangle$, there exists a directed path from x to y.

SUPPES' ALGORITHM: Given: A set V of variables, a partial ordering, $<$, of V and a list of all conditional independence relations on V; Enumerate the ordered pairs $\langle x, y\rangle$ of vertices V such that $x < y$; For each ordered pair $\langle x, y\rangle$ of vertices in V, if x and y are not independent then enumerate the subsets Z_x of V such that for all z in Z, $z < x$, and if for all subsets Z_x, x and y are dependent conditional on Z_x then output "there is a directed path from x to y"; else go to the next ordered pair of vertices.

THEOREM 7.1: In any causal discovery problem such that (i) all possible alternative causal structures are causally sufficient, (ii) the vertices of each possible alternative graph are partially ordered by a relation $<$ such that there is a directed path from x to y only if $x < y$, and (iii) the data include the partial ordering and a list of all conditional independence relations in the joint distribution on the vertices, Suppes' algorithm correctly identifies the ordered pairs $\langle x, y \rangle$ of vertices for which there exists a directed path from x to y.

Suppose, for example, that we have five jointly normally distributed variables and we know that $x1 < x2, x3, x4 < x5$. There are then 128 distinct labeled directed acyclic graphs consistent with this ordering. Given the correlations among the variables, conditional independence relations can be determined from the corresponding partial correlations. Suppose for concreteness that the true structure is given by the equations:

$$x1 = e1$$
$$x2 = 0.887x1 + e2$$
$$x3 = 2.102x1 + e3$$
$$x4 = 2.383x1 + e4$$
$$x5 = 2.330x3 + e5$$

With the ei variables independent and distributed as N(0,1), the correlations are as follows:

$x1$	$x2$	$x3$	$x4$	$x5$
1.00				
0.664	1.00			
0.983	0.599	1.00		
0.922	0.612	0.833	1.00	
0.888	0.589	0.983	0.819	1.00

Suppes' algorithm forms an enumeration, say $\langle x1, x2 \rangle$, $\langle x1, x3 \rangle$,

⟨$x1, x4$⟩, ⟨$x1, x5$⟩, ⟨$x2, x5$⟩, ⟨$x3, x5$⟩, ⟨$x4, x5$⟩. Since there is no variable prior to $x1$, and since $x1$ and $x2$ are not statistically independent, the algorithm says "there is a directed path from $x1$ to $x2$". The same is true for $x1$ and $x3$, for $x1$ and $x4$ and for $x1$ and $x5$. Variable $x1$ is prior to $x2$, and $x2$ and $x5$ are independent conditional on $x1$ (because the partial correlation of $x2$ and $x5$ on $x1$ vanishes), and similarly $x4$ and $x5$ are independent conditional on $x1$, so the algorithm does not conjecture a directed path from $x2$ to $x5$ or from $x4$ to $x5$. But $x3$ and $x5$ are not independent conditional on $x1$, so the algorithm says there is a directed path from $x3$ to $x5$.

Suppes' algorithm does not find the graph itself uniquely, because a directed acyclic graph cannot generally be reconstructed from a list of the pairs, ⟨x, y⟩, of vertices having directed paths from x to y. Suppes' algorithm reduces the 128 alternative graphs consistent with the time ordering of the sample problem to just two alternatives:

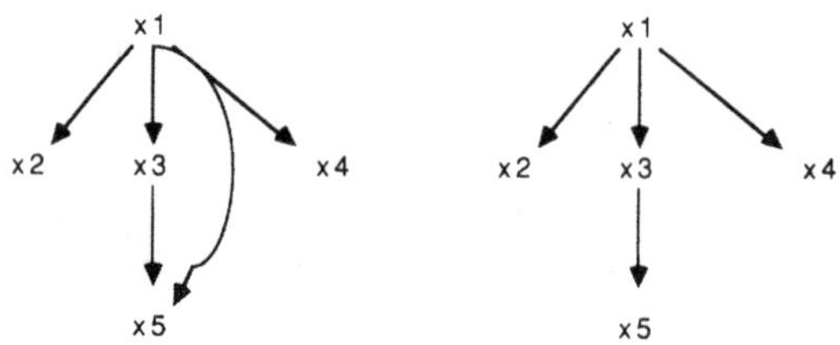

Fig. 8

The algorithm cannot distinguish between the case in which $x1$ causes $x5$ only through the mediation of $x3$ and the case in which there is a further direct effect of $x1$ on $x5$ not mediated by $x3$. As we will see later, these cases are readily distinguished by other procedures.

8. HAUSMAN'S ALGORITHM

Dan Hausman[7] gave conditions that determine whether x is a cause of y from facts about which pairs of variables are causally connected (in the sense that one is a cause of the other or there exists a common cause of both). He assumed causal structures satisfied the following condition: For every pair x, y such that x causes y there exists a z such that z is causally connected to y but not x. We say that in such structures

x causes y if and only if x and y are causally connected and

> every variable causally connected with x is causally connected with y, but not every variable causally connected with y is causally connected with x.

Hausman's analysis, like Suppes', has been criticized unprofitably. For causal discovery problems in which Hausman's condition (1) is met by every alternative structure, his analysis does, however, lead to a correct algorithm for determining the pairs, $\langle x, y\rangle$ such that there is a directed path from x to y.

HAUSMAN'S ALGORITHM: Given: A list of conditional independence relations on a set of vertices V: For each variable x, form the set S_x of variables causally connected to x.

> For each pair (x, y) if $x \in S_y$ (or equivalently $y \in S_x$) and $S_x \supset S_y$ then output "there is a directed path from x to y", and if $S_y \supset S_x$ then output "there is a directed path from y to x", else go to the next pair in the enumeration.

THEOREM 8.1: In any causal discovery problem such that (i) all possible alternative causal structures are causally sufficient, and (ii) for each pair of vertices x, y, if there exists a directed path from x to y then there exists a vertex z with a directed path from z to y but no directed path from z to x, and z occurs among the vertices for which a probability distribution is given in the data, Hausman's algorithm correctly identifies the ordered pairs $\langle x, y\rangle$ of vertices for which there exists a directed path from x to y.

There is no great mystery as to why the algorithm works. Consider the structure:

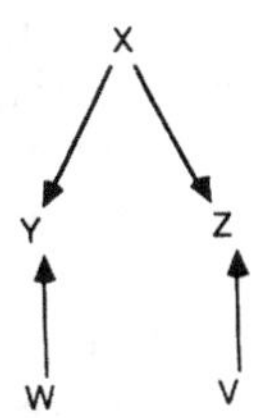

Fig. 9

In this graph, X causes Y and Z; W causes Y and V causes Z. That Y does not cause Z is indicated by the fact that W causes Y but not Z; that Z does not cause Y is indicated by the fact that V causes Z but not Y.

For the same reasons as with Suppes' algorithm, Hausman's algorithm will not enable us to reconstruct the graph of causal dependencies. Hausman's procedure tells us when there is a directed path from x to y, but it does not tell us when there is a directed edge from x to y.

Structures meeting Hausman's condition are widely assumed in applied statistics, but the unique causes are also usually assumed to be unmeasured, and Hausman's algorithm cannot be usefully applied.

9. THE CHOW–LIU ALGORITHM

Suppose for the moment that rather than seeking to discover the directed graph of causal relations among a set of variables, we confine ourselves to seeking the undirected graph. An undirected edge between two variables, A and B, means that A is a cause of B or B is a cause of A. Suppose further that the system of variables is causally sufficient. For these circumstances, Chow and Liu[8] proposed an algorithm that works when the undirected graph is a tree. Their algorithm, moreover, has an interesting robustness. The algorithm was developed for reasons having nothing to do with causality. Chow and Liu were interested in how to compact the data stored in large data bases.

We need a few preliminaries. A tree is an undirected, connected graph without cycles. Any vertex of a tree can be selected as the root, and a tree with such a selection is a **rooted tree**, which is the object usually displayed as a tree. One and the same tree can therefore generate as many distinct rooted trees as there are vertices. A rooted tree **represents** a probability distribution P on the vertices if the joint distribution on all vertices is given by the taking the product over all vertices of the probability of a vertex conditional on its parents.

Given any connected undirected graph G, a **spanning tree** of G is any subgraph of G that is a tree and contains all vertices of G. An arbitrary connected undirected graph may have many distinct spanning trees. Suppose that a real number is assigned to each edge of G. Then G is a *weighted* undirected graph. A **maximum weight spanning tree** of a weighted undirected graph G is any spanning tree T of G such that the sum of the weights of the edges in T is not smaller than the sum of the weights of the edges in any other spanning tree of G. Given a weighted, undirected connected graph there are standard algorithms for finding a maximum weight spanning tree in $O(N^2)$ steps, where N is the number of vertices of the graph.[9]

The Chow–Liu algorithm considers a set V of variables. It forms the complete graph C on vertex set V. Each edge in C is determined by the pair of vertices that are its termini, and is given a weight that is a function of the probabilities of those vertices and of their joint probabilities. The result is a weighted graph with the same vertices and edges as C. Chow and Liu then find a maximum weight spanning tree T of C. Their procedure chooses a root vertex of the tree, and assigns the root the same probability it has in the original probability distribution P. Each other vertex v in T is given a probability determined by the probability of its parent vertex in T, and the conditional probability of v given its parent. The result is a rooted tree and a probability distribution P′ which may or may not be the same as the original distribution P.

The essential thing is how the weights are assigned to the edges of the graph C. Chow and Liu use the following weighting to each edge given by vertices V_j, V_k, where we assume that the probability distribution is discrete, and variable V_j takes values x_j:

$$W(V_j, V_k) = \sum_{x_j, x_k} P(x_j, x_k) \log\left[\frac{P(x_j, x_k)}{P(x_j)P(x_k)}\right]$$

The Chow–Liu algorithm can be applied to any discrete probability distribution.[10] When the original probability distribution P is representable by a rooted tree T, the algorithm outputs an equivalent tree but possibly with a different root, and the distribution P. The algorithm will also return a tree when the probability distribution is not associated with any directed graph according to the Markov condition. For any distribution P the algorithm gives a tree and a distribution on that tree that approximates the original distribution as closely as can any distribution represented by a tree.[11]

The Chow–Liu algorithm is efficient and, in the statistical sense, consistent. If the true distribution P is represented by a tree, and the algorithm is applied to samples from the sampling distribution of P, then with probability 1 the algorithm converges to the distribution P.[12] The algorithm requires $O(N^2)$ steps, where N is the number of vertices or variables. To apply the algorithm we require a finite description of a probability distribution or its sampling distribution. When the variables are discrete, such a distribution can be given just by specifying a collection of propositions. When the variables are continuous, the distribution must be finitely described, as by the second moments and means in the case of normal distributions, and the sum in the weighting expression must be replaced by an integration.

10. REBANE AND PEARL'S ALGORITHM

Consider a causal discovery problem in which each structure is represented by a directed acyclic graph whose underlying undirected graph is a tree. For this case, Rebane and Pearl[13] proposed a simple algorithm to recover causal structure from probabilities. Their procedure is to use the Chou–Liu algorithm to find the underlying graph and then to determine the direction of the edges from the fact that if X is adjacent to Y and Y is adjacent to Z, then X and Z should be independent if and only if the direction of the edges is $X \rightarrow Y \leftarrow Z$. The following is a simplified version of their algorithm.

REBANE–PEARL ALGORITHM: Given: Probability distribution P; Form a rooted tree T by the Chow–Liu algorithm;

> For each triple X, Y, Z of vertices such that X is adjacent to Y and Y is adjacent to Z in T, orient the edges $X - Y - Z$ as $X \rightarrow Y \leftarrow Z$ if and only if X and Z are independent.

Output the result.

The output of the algorithm need not be a directed graph, since some of the edges may not be oriented. We will call a graph that mixes directed and undirected edges a **pattern graph.** The algorithm is polynomially bounded, since the Chow–Liu algorithm is $O(N^2)$ and the second step of the Rebane–Pearl algorithm is $O(N^3)$.

The Rebane–Pearl algorithm will not always give the correct answer, even for directed graphs with underlying undirected trees. The algorithm does correctly solve naturally described causal discovery problems. Recall that a probability distribution on the vertices of a directed acyclic graph is **faithful** if and only if every independence relation in the distribution is a consequence of the independence relations given by the Markov condition for the graph. We say that two directed acyclic graphs are **strongly statistically indistinguishable (s.s.i)** if and only if they share the same vertex set and every faithful probability distribution for one is faithful for the other and vice-versa. We say that a procedure **solves a discovery problem s.s.i** provided that for every graph/distribution pair in the problem, the output of the procedure is the set of graphs that are s.s.i from the true graph.

THEOREM 10.1: Given the probability distribution as data, the Rebane–Pearl algorithm solves s.s.i. every causal discovery problem in which all structures are causally sufficient, every directed acyclic causal graph has an underlying undirected graph that is a tree, and for each graph/distribution pair in the problem the distribution is faithful.

Further, the Rebane–Pearl algorithm works reliably when it can be assumed that the functional dependencies among the variables are linear:

THEOREM 10.2: Given the probability distribution as data, the Rebane-Pearl algorithm solves s.s.i every causal discovery problem in which all structures are causally sufficient, every directed acyclic causal graph has an underlying undirected graph that is a tree, and every structure is deterministic or pseudo-indeterministic, with each variable a linear function of its parents.

This algorithm and other related algorithms[14] work only for a rather special kind of causal structure. The Rebane–Pearl algorithm permits two distinct variables, X and Y, to both cause a third variable, Z, but it does not permit there to be two or more distinct causal paths from one variable to another. In most circumstances these are not reasonable assumptions, and so we look for a more general procedure.

11. THE SGS ALGORITHM

The SGS algorithm uses the strategy adopted in the Rebane–Pearl algorithm; the problem of inferring the directed acyclic graph is divided into finding the undirected graph and then orienting the edges.

Suppose variables X and Y are statistically dependent and remain so no matter which subsets of a set V of variables we conditionalize on. Then we expect one of three things: either X causes Y through some mechanism that is not mediated by any of the other variables in V, or Y causes X through some such mechanism, or there exists a variable not in V that is a common cause of both X and Y. In causally sufficient systems the third case cannot arise. This is only a slight generalization of the idea in Suppes' algorithm, but it suggests for causally sufficient structures a procedure that finds the undirected graph underlying the directed graph of causal relations:

SGS 1: Given: A list of conditional independence relations, I(X, Z, Y), for all variable pairs X, Y in a set V of variables and all subsets Z of V − {X, Y}

> For each pair, X, Y, of variables, if there exists a Z in the list such that I(X, Z, Y), go to the next pair of variables, else output "X − Y" and go to the next pair.

Given the undirected graph, how is a direction for the edges to be found without any prior knowledge of the time order? Consider a system in which X and Z both cause Y directly but there is no causal connection of any kind between X and Z: Then X and Z should be statistically dependent conditional on Y: $P(Z/XY) \neq P(Z/Y)$. Knowing the value of Y, the value of X would provide you with additional information about the value of Z. Imagine, for example, a sailboat sailing with the wind against a current flowing in the opposite direction. The properties of the sailboat, including its velocity, tell you little about the wind force or the current force, but if in addition you knew how fast the current was moving you could infer something about the force of the wind.

Think of the question in the reverse way: what if you know that X is adjacent to Y and Y is adjacent to Z, then what could the facts about the statistical dependencies and independencies of X, Y and Z tell you about the orientations of the X − Y and Y − Z connections? There are four different possible orientations of the pair of edges:

X → Y → Z (i)   X ← Y ← Z (ii)

X ← Y → Z (iii)   X → Y ← Z (iv)

Fig. 10

The fact that X and Z are statistically dependent conditional on Y of itself tells us nothing about the direction of the connections, because that dependence might be due to some other causal pathway between X and Z or common cause of X and Z. Consider a different example: Suppose you know that smoking and heart disease are causally connected, and obesity and heart disease are causally connected, and smoking and obesity are correlated conditional on heart disease. If, furthermore, smoking has an effect on obesity we cannot infer from the statistics alone that smoking and obesity cause heart disease. Suppose (contrary to fact), however, that the only effect that smoking has on weight is through exercise; smoking causes people to exercise less which causes them to gain weight. In that case we could examine the joint probability of smoking and obesity conditional on heart disease, and conditional on heart disease *and* exercise. If, in each case, smoking and heart disease proved conditionally dependent, then we could indeed conclude from the probabilities that smoking and obesity cause heart disease.

More generally, if in the graph of a causally sufficient structure with vertex set V, X is adjacent to Y and Y is adjacent to Z and X and Z are not adjacent, and X and Z are statistically dependent conditional on every subset of $V - \{X, Z\}$ containing Y, we should expect that X and Z cause Y.

SGS2: Given: an undirected graph on vertex set V and a list of all conditional independence relations over V.

> For each triple X, Y, Z such that X is adjacent to Y, Y is adjacent to Z and X and Z are not adjacent, if there is a subset S of $V - \{X, Z\}$ containing Y such that X, Z are independent conditional on S, go to the next triple, else $X \to Y \leftarrow Z$;
>
> Find all orientations of remaining edges that do not introduce cycles or new collisions $U \to W \leftarrow R$ unless U and R are adjacent;

Output all orientations found.

The number of orientations can be very large, and it is convenient to condense them into a single pattern:

SGS3: Given: a set of orientations of an undirected graph.

Form the pattern of orientations by putting for all pairs of vertices, X, Y, X → Y if X → Y occurs in every orientation, and X − Y if X → Y but not X ← Y occurs in some orientation and X ← Y but not X → Y occurs in another orientation;

Output the pattern.

The SGS algorithm applies SGS1 to the list of independence relations and applies SGS2 to the output of SGS1; SGS3 is then applied to the output of SGS2.[15]

11.1. *Reliability of the SGS Algorithm*

The SGS algorithm satisfies a reliability condition that is analogous to the condition for the Rebane–Pearl algorithm but is not restricted to causal structures whose undirected graphs form trees.

THEOREM 11.1: Given a list of the independence relations as data, the SGS algorithm solves s.s.i. every causal discovery problem in which all structures are causally sufficient and for each graph/distribution pair in the problem the distribution is faithful.

The Rebane–Pearl algorithm is reliable for all linear systems whose causal structures are trees, provided the probability distribution can be finitely presented. The SGS algorithm does not give the correct answer for every linear system, or even for every linear multinormal system, but it almost does. Given a causally sufficient, deterministic or pseudo-indeterministic linear system represented by a directed acyclic graph with vertex set V, the family of multinormal distributions on the vertices satisfying the Markov condition can be parametrized by the means of the exogenous (i.e., zero indegree) variables, their variances, and the linear coefficients corresponding to the directed edges of the graph. Suppose we neglect the means by setting them to zero. Then the values of the parameters consisting of the variances and the linear coefficients form a product space, $\mathcal{S}$, which in the linear coefficient axes are isomorphic to the real numbers and in the variance axes to the positive real numbers. Any probability measure $\mathcal{P}$ on $\mathcal{S}$ is thus a probability measure on the family of joint normal probability measures on V. If we require that $\mathscr{P}$ agree with the Lebesque measure on the product space, then the unfaithful probability distributions on V have measure 0 according to $\mathscr{P}$.

THEOREM 11.2: Let M be a linear theory with n free linear coefficients $a_1, \ldots, a_n$ and k variances $v_1, \ldots, v_k$. Let M(U) be the theory obtained by specifying values $U = \langle u_1, \ldots, u_n, u_{n+1}, u_{n+k} \rangle$ for $a_1, \ldots, a_n$ and $v_1, \ldots, v_k$. Let Π be the set of probability measures $\mathscr{P}$ on the space R^{n+k} of values of the parameters of M such that for every subset U of R^{n+k} having Lebesque measure zero, $\mathscr{P}(U) = 0$. Let Q be the set of vectors of coefficient and variance values such that for all q in Q every multinormal probability distribution consistent with $M(q)$ is not faithful. Then $\mathscr{P}(Q) = 0$.

Theorems of this sort are cold comfort to those who think it likely that certain parameters – linear coefficients, for example – have particular values to which the nice measures of the theorem give zero probability.

11.2. *Complexity of the SGS Algorithm*

Reliability is one thing, efficiency another. The SGS1 algorithm is $O(2^{|V|})$, where $|V|$ is the cardinality of the set of vertices. SGS1 requires that for each pair of variables we look at all possible subsets of the remaining variables, and that, of course, is an exponential search. In the worst case that complexity is, however, unavoidable if reliability is to be maintained. For each search procedure for finding the undirected graph of causal relations that does not examine all possible subsets, there is a causal discovery problem that SGS1 will solve that the alternative procedure will not. Two variables can be dependent conditional on a set U but independent on a superset or subset of U. Consider, for example, the causal discovery problem in which all structures are causally sufficient, all probability/graph pairs are faithful, and the possible graphs consist of all acyclic graphs based on either of the undirected graphs in Figure 11.

In this problem for any collection C of nonempty subsets of $S = \{X_1, \ldots, X_n\}$ such that C is not equal to power set of S, there is a graph in which X and Y are dependent conditional on every set in C but X is not adjacent to Y. Any procedure that does not examine the conditional independence relations of variables X, Y on all subsets of

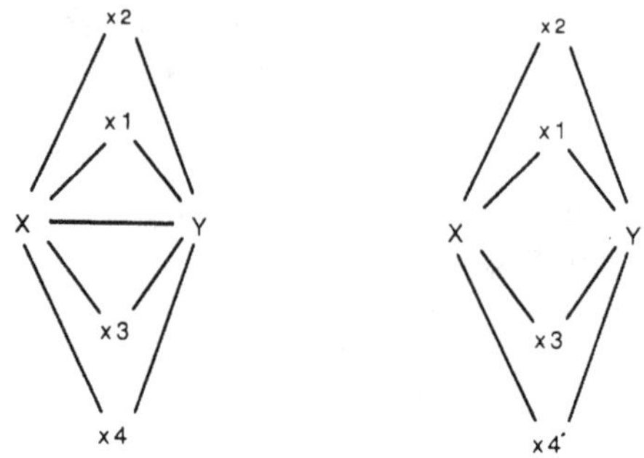

Fig. 11

vertices not containing that pair will fail – there will be some structure the procedure does not get correctly.

SGS2 is also exponential, but that feature is likewise essential in the worst case, as a slight variant of the problem just shown for SG1 illustrates. Suppose it is known that the undirected graph is as in Figure 12 below, and consider all possible orientations of the edges and the corresponding faithful independence relations:

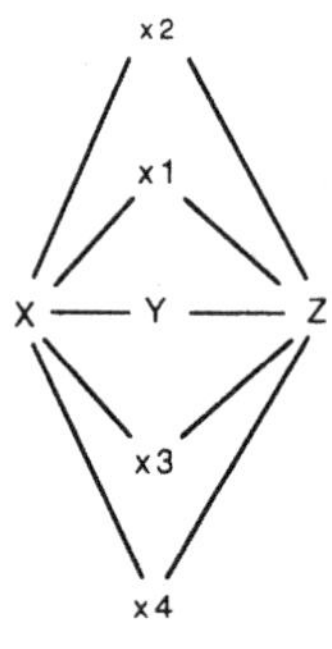

Fig. 12

Any procedure that fails to consider all sets of vertices containing Y but not X or Z will misorient the X – Y – Z connections for some structure in this collection.

11.3. *Stability of the SGS Algorithm*

Besides reliability and efficiency, we need to consider whether an algorithm remains reasonably reliable when the data are imperfect. We still use the notion of stability informally: If intuitively small errors of input produce intuitively large errors of output, the algorithm is not stable. For the SGS algorithm, an intuitively small error consists of a few independence relations that are falsely included or falsely excluded from the input. An intuitively small error for SGS1 is a few undirected edges erroneously included in or omitted from the output. An intuitively small error for SGS2 is a few edges misoriented.

The SGS1 algorithm is stable. If, for example, a single correct conditional independence relation – is omitted from the input, the algorithm will nonetheless produce the correct undirected graph unless there is no other set besides U on which X, Y are independent. Even in that case the SGS1 algorithm will make an error in postulating an X – Y connection, but no other errors. If a single incorrect conditional independence relation is included in the input – say again variables X, Y on set U – the algorithm will fail to connect X and Y but no other error will be made.

The SGS2 algorithm is unstable. A small error in either component of the input, either the undirected graph or the list of independence relations, can (and often will) produce large errors in the output. That is because the edges that occur in collisions determine the orientations of other edges in the graph, and if input errors lead the algorithm to erroneously include or exclude a collision, the error may affect the orientations of many – indeed all – edges in the graph.

Suppose, for example, an undirected edge connecting X, Z is erroneously omitted in the input, and X – Y – Z correctly occurs in the input. Then if X, Z are dependent conditional on every subset of variables containing Y but not X, Z, the algorithm will mistakenly require a collision at Y, and this requirement will ramify through orientations of other edges. Or, if the true structure contains a collision at Y but X – Y is omitted in the input, no unique orientation will be given to Y – Z, and this uncertainty may ramify through the orientations of other edges on paths including Z. We have no remedy for these sorts of instabilities.

Instabilities may also arise in the SGS2 algorithm because of errors in the list of conditional independence relations input, even when the undirected graph is correct. If an independence relation involving X and Z is omitted from the input, it will produce no error unless there is no other set containing Y but not X and Z on which X and Z are conditionally independent. But if in the true directed graph, the edges between X, Y and Y, Z collide at Y, and an independence relation involving X and Z and some such set U is erroneously included in the input, the algorithm will conclude that there is no collision at Y, and this error may be ramified to other edges.

12. THE PC ALGORITHM

In the worst case, the SGS algorithm requires a number of conditional independence facts that increases exponentially with the number of vertices, as must any algorithm based on conditional independence relations. But even for sparse graphs, the algorithm rapidly becomes computationally infeasible as the number of vertices increases because the number of conditional independence facts that must be generated and checked in stage (1) of the algorithm is unaffected by the connectivity of the true graph. Besides problems of computational feasibility, the algorithm has problems of reliability when applied to sample data. The determination of higher order conditional independence relations from sample distributions is generally less reliable than is the determination of lower order independence relations. With, say, 37 binary variables, to determine the conditional independence of two variables on the set of all remaining variables requires considering the relations among the frequencies of 2^{35} distinct states, only a tiny fraction of which will be instantiated even in very large samples.

To illustrate the difficulty consider an example due to Cooper. Cooper's Kutato' Algorithm is a heuristic entropy minimization procedure for recovering a directed graph given sample data and a total ordering of the vertices such that $v1 > v2$ implies that there is no directed edge from $v2$ to $v1$. The asymptotic reliability of the procedure is unknown. Nonetheless from large sample data the algorithm recovers most of the connections on a sparse graph with 37 variables. Using 10,000 cases an implementation on a MacIntosh II required about 22 and one half hours, about a quarter of which was required to read the data-base. In contrast the SGS algorithm has been implemented in the TETRAD II program using partial correlation tests for conditional independence. Run on a DEC workstation with 20 megabyte RAM the procedure stops at about 17 variables because of space requirements to store the conditional independence facts. Space could be traded for time, but Cooper's case is out of sight.

Verma and Pearl have suggested an improvement on the SGS algorithm. For each pair of variables a, b introduce an undirected edge between them if they are dependent conditional on the set of all other variables. Call the resulting network N. (In the true graph, G, the parents of any variable form a maximal complete subgraph – a clique – in the network N.) Again for each pair of variables a, b adjacent in N, determine if a, b are dependent conditional on all subsets of variables in the cliques in N containing a, b. If so a is adjacent to b in G. The complexity is thus bounded by the size of the largest clique in N.

The practical value of the improvement is limited by the fact that conditional independence relations of the order of the number of vertices of the graph (minus two) must still be estimated. With discrete data the great majority of the corresponding states will not be instantiated in the data.

We should like an algorithm that has the same input/output relations as the SGS procedure but for sparse graphs does not require the determination of higher order independence relations, and in any case requires as few conditional independence relations as possible. The following procedure starts by forming the complete undirected graph, then "thins" that graph by removing edges with zero order conditional independence relations, thins again with first order conditional independence relations, and so on. The set of variables conditioned on need only be a subset of the set of variables adjacent to one or the other of the variables conditioned.

PC ALGORITHM: Given: A list of conditional independence relations on a set of vertices V.

(A) Form the complete graph C on the vertex set V. For each pair of variables a, b determine if a, b are independent. If so, delete $a - b$ from C. Call the graph that results from this procedure applied to each pair of variables C_0.

(B) For each pair of variables a, b adjacent in C_n consider S_{ab}, the union of the set of vertices adjacent to a on undirected paths between a and b with the set of vertices adjacent to b on undirected paths between a and b. (α) If S_{ab} does not have cardinality greater than n, go to the next pair of vertices adjacent in C_n. (β) If S_{ab} does have cardinality greater than n, determine if a, b are independent conditional on any subsets of S_{ab} of cardinality $n + 1$. If so, delete $a - b$. Call the graph that results from this procedure applied to each pair of variables C_{n+1}. Continue until a value $f + 1$ of n is reached such that β is not satisfied for any pair.

(C) For each triple of vertices a, b, c such that a, b are adjacent in C_f and so are b, c but a, c are not adjacent in C_f, consider P_{ac}, the union of the set of vertices adjacent to a on undirected paths between a and c and and the set of vertices adjacent to c on undirected paths between c and a. Orient $a - b - c$ as $a \rightarrow b \leftarrow c$ if and only if a and c are dependent on every subset of P_{ac} containing b. Output all graphs consistent with these orientations.

An obvious modification of the algorithm will generate patterns rather than collections of graphs.

The complexity of the algorithm for a graph G is bounded by the cardinality of the largest set that is the union of the variables adjacent to two variables and on undirected paths between them in G, which is never more than the sum of the two largest degrees in G. Generally stage B of the algorithm continues testing for some steps after the correct undirected graph has been identified. The number of steps required before the true graph is found (but not necessarily until the algorithm halts) depends on the maximal number of treks between a pair of variables, say a, b, such that no two treks[16] share vertices adjacent to a or b. If these maximal numbers are held constant as the number of vertices increases, so that k, the maximal order of the conditional independence relations that need be tested, does not change, then the worst case of computational demands of the algorithm increase as

$$\frac{n!}{2!(n-2)!} \sum_{j=2}^{k} \frac{(n-2)!}{j!(n-2-j)!}$$

which is bounded by n^{2k}. Of course the computational requirements increase exponentially with k. It should be possible to recover sparse graphs with as many as a hundred or more variables.

The structure of the algorithm and the fact that it continues to test even after having found the correct graph suggest a natural heuristic for very large variable sets whose causal connections are expected to be sparse, namely to set a fixed bound on the order of conditional independence relations that will be considered.

THEOREM 12.1: If the input to the SGS and PC algorithms is a set of conditional independencies that can be faithfully represented by some directed, acyclic graph, then the PC and SGS algorithms give the same output.

13. STATISTICAL INDISTINGUISHABILITY

Some causal structures cannot be distinguished from one another by any probability facts from a fixed faithful distribution on the variables. We have called such structures strongly statistically indistinguishable (s.s.i). That two structures are s.s.i. of course does not mean that the causal structures are one and the same, or that the difference between them is undetectable by any means whatsoever. From the sheer correlation of two variables, X and Y, one cannot distinguish whether X causes Y, Y causes X or there is a third common cause, Z. But by embedding X and Y in a larger system some of whose causal relations are known and forcing a distribution on certain of the variables, these alternatives may be distinguished. That is just what happens when we perform experiments.

There is another equivalence relation among directed acyclic graphs that is of interest. It may be that for two distinct directed acyclic graphs sharing the same vertex set there is *some* probability distribution on the vertices that satisfies the Markov condition for both graphs. In that case we will say the two graphs are **weakly statistically indistinguishable (w.s.i.)**. Trivially every pair of graphs that are s.s.i. are also w.s.i., but the converse is not true. Weak indistinguishability typically arises through special parameter values that reproduce on one graph an unfaithful distribution that is faithful on another graph with the same vertices.

In the absence of prior knowledge restricting the alternative structures, we cannot expect any algorithms that use only the probability distributions and their consequences to distinguish between s.s.i. causal structures. So investigating the relation of strong statistical indistinguishability is important in understanding the limitations of methods that lack full experimental controls, in understanding the efficient design of experiments, and in assessing the adequacy of procedures such as the SGS algorithm. It turns out that it is easy to characterize the s.s.i. equivalence class of any causally sufficient structure, and the SGS algorithm correctly returns all such equivalents and never outputs a graph that is not w.s.i. from the true graph of a causally sufficient structure. Thus the algorithm is as informative and reliable as any procedure can be for this class of causal discovery problems. From a probability distribution that satisfies the Markov condition for two weakly statistically indistinguishable causal structures, no procedure can reliably determine which graph obtains. Since two graphs may be w.s.i. but not s.s.i. the SGS algorithm may in this case output a set of graphs that does not include the true causal structure. One interesting approach to this difficulty in any general class of distributions and graphs is to characterize the special probability distributions in the class that connect graphs in the class that are w.s.i but not s.s.i.

14. STRONG STATISTICAL INDISTINGUISHABILITY

Consider the following equivalence relation on directed acyclic graphs:

VP EQUIVALENCE: Two DAGs G and H are VP equivalent if and only if (i) they have the same vertex set, (ii) any two vertices are adjacent in G if and only if they are adjacent in H, and (iii) any three vertices, x, y, z, such that $x - y - z$ but z is not adjacent to z are oriented as $x \rightarrow y \leftarrow z$ in G if and only if they are so oriented in H.[17]

While many equivalence relations on graphs are difficult to compute, VP equivalence is comparatively easy. The VP equivalence of two graphs can be decided in $O(N^3)$ where N is the number of vertices. The following sequence of theorems shows that VP equivalence suffices for strong statistical equivalence among causally sufficient structures.

THEOREM 14.1: Two graphs are strongly statistically indistinguishable if and only if they are VP equivalent.

THEOREM 14.2: Two graphs, G, H, are strongly statistically indistinguishable if and only if for every probability distribution P, the SGS algorithm outputs G on input P if and only if it outputs H on input P.

THEOREM 14.3: The SGS algorithm outputs two graphs, G, H on some probability distribution if and only if for every probability distribution P, the SGS algorithm outputs G on P if and only if it outputs H on P.

COROLLARY: Two graphs, G, H, are strongly statistically indistinguishable if and only if there exists a probability distribution P such that the SGS algorithm outputs G and H on input P.

Theorem 14.3 and the corollary tell us that the SGS algorithm is maximally informative. If on some (error free) input the algorithm outputs two graphs, then those graphs cannot be distinguished by any method from any probability distribution on their vertices satisfying the Markov condition. They also tell us that in one sense the algorithm is also maximally reliable: the algorithm will never output one of two or more statistically indistinguishable graphs but not the others. But these results do not assure us that on causally sufficient problems the SGS algorithm always outputs an equivalence class that contains the true graph, whichever graph in the problem it may be. We only have that assurance when all distributions are faithful.

Special questions about indistinguishability arise in causal discovery problems with restricted classes of probability distribution/graph pairs. If the class of probability distributions is sufficiently restricted, two graphs may admit the same distributions from the class without being VP equivalent and hence without being s.s.i. For example, suppose it is known that any possible structure will be linear deterministic or linear pseudo-indeterministic. It is at least imaginable that every probability distribution satisfying the Markov condition on one of two linear systems with distinct graphs also satisfies the Markov condition on the other, even though the two graphs are *not* VP equivalent. In fact this cannot happen for linear systems:

THEOREM 14.4: If two graphs are strongly statistically indistinguishable over linear models, then they are VP equivalent.

We have not proved the converse but we conjecture that it is so.

CONJECTURE 14.5: Two graphs are strongly statistically indistinguishable over linear models if they are VP equivalent.

15. PARAMETERS AND WEAK STATISTICAL INDISTINGUISHABILITY

In her recent book (*Nature's Capacities and Their Laws*, Oxford University Press, 1989), Nancy Cartwright objects that since in linear structures independence relations may be produced by special values of the linear coefficients and variances as well as by the causal structure, it is illegitimate to infer causal structure from such dependencies. Referring to the use in our book, *Discovering Causal Structure*,[18] of vanishing first order partial correlations to infer causal dependence, she writes:

> Theorems like [those of] Glymour, Scheines, Kelly, and Spirtes . . . . may seem to provide a way to mark out certain relations as relevant: the vanishing three-variable partial correlation is relevant to judging every [causal] structure because it implies some facts about what any [causal] structure will look like that can account for it. But the original question is always looming: should a [causal] structure be required to account for it? The model should do so, of course; but should it do so on the basis of [causal] structure alone? (p. 85)

In effect, she demands that any acceptable inference procedure be able to distinguish which of two w.s.i. causal structures – or linear models – is correct based on a probability distribution that satisfies the Markov condition for both. That is demanding the impossible. But it is not impossible to know something about the pairs of structures that can be w.s.i., and it may not be impossible to have marks or indicators of probability distributions that satisfy the Markov condition for two w.s.i but not s.s.i. graphs.

Relations of conditional independence can arise among variables in a causal structure either because of the Markov condition, or because in addition to that condition special forms of conditional probability happen to obtain. In some forms of causal theory, the conditional probabilities are determined by the directed graph of causal relations and by an underlying set of parameters; special values of the parameters will interact with the causal structure to produce conditional independencies that do not result from the causal structure alone. For example, in a linear normal structure with the directed graph (1) in Figure 13, if the values of the linear coefficients, a, b and c satisfy $a = -bc$ then x_1 and x_3 will be statistically independent, but they will be statistically dependent conditional on x_2. So far as the SGS algorithm is concerned, it will appear as though the causal structure is that of graph (2).

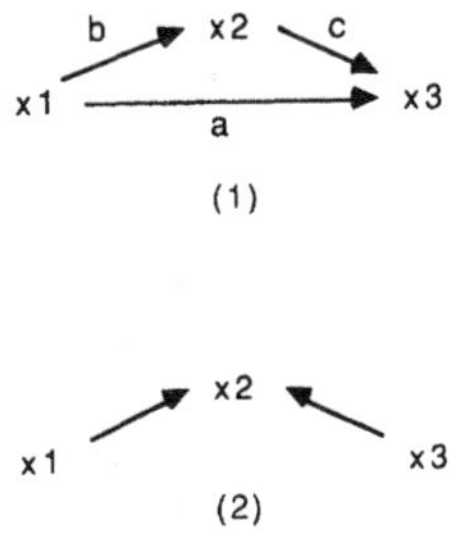

Fig. 13

One and the same probability distribution is faithful to (2) and unfaithful to (1), which are w.s.i.

Parameter values cannot make a conditional independence represented by the graph of a model disappear. Parameter values can, however, force conditional independencies that are not consequences of the Markov condition in the true causal graph, as the example illustrates.

If probability distribution P satisfies the Markov condition for G, and P is a distribution faithful to graph H, what is the relation between G and H?

THEOREM 15.1: If probability distribution P satisfies the Markov condition for graph G and P is faithful to graph H, then for all vertices x, y, if x, y are adjacent in H they are adjacent in G.

THEOREM 15.2: If probability distribution P satisfies the Markov condition for graph G and P is faithful to graph H, then (i) for every triple x, y, z of vertices such that $x \rightarrow y \leftarrow z$ is in G and x is not adjacent to z in G, if x, y are adjacent in H and y, z are adjacent in H, then $x \rightarrow y \leftarrow z$ in H, and (ii) for every triple x, y, z of vertices such that $x \rightarrow y \leftarrow z$ is in H and x is not adjacent to z in H, either $x \rightarrow y \leftarrow z$ in G or x, z are adjacent in G.

THEOREM 15.3: If probability distribution P satisfies the Markov condition for graph G and P is faithful to graph H and G and H agree on a partial ordering of the variables (as by time) such that $x \rightarrow y$ only if $x < y$ in the partial order, then H is a subgraph of G.

These results provides a bound on what parameters can do in the general case to mislead us about causal structure. They tell us that the example in Figure 13 represents the only way in which a mistake in orientation can occur so that two edges that in fact do not collide are taken to do so by the SGS algorithm. If in that example the directed edges from $x1$ to $x2$ and from $x2$ to $x3$ are replaced by directed paths, then no illusion of a collision can be produced by special parameter values. If there is some variable $x4$ with an edge directed into $x2$ but not adjacent to $x1$, then again no illusion of a collision can be produced by special parameter values.

16. LINEARITY AND TIME ORDER

We are interested in two sorts of restrictions or "background knowledge", namely a time ordering of the variables and the assumption of linearity.

If an ordering – as by time – of the variables is specified, and variable x can cause variable y only if $x < y$, then if H is any graph consistent with the time order that perfectly represents a superset of the conditional independence relations represented by G, H is a sub-graph of G. This means that when the time order of the variables is known, conditional independence relations due to special parameter values can only produce erroneous causal inferences in which a true causal connection is *omitted*; no other sorts of error may arise. For example, the sort of error illustrated in Figure 13 cannot occur.

In linear structures we assign a non-zero real number to each directed edge of a graph. These parameter values and the graph structure determine the correlations among the variables. In linear statistical methods it is routinely assumed that there is a set E (the "error variables") of variables of outdegree one and indegree zero such that every dependent variable not in E is adjacent to a variable in E. In other words, we have a linear pseudo-indeterministic case. Generally, all variables including the error variables are required to have non-zero variance, although we will be forced to relax this requirement in what follows.

A **trek** between distinct variables i and j is either a pair of acyclic paths from some common source S to i and j that intersect only at S, or a directed acyclic path from i to j or a directed acyclic path from j to i. For standardized models, in which the mean of each variable is zero and non-error variables have unit variance, the correlation of two variables is given by the sum over all treks connecting x, y of the product for each trek of the linear coefficients associated with the edges in that trek (we call this quantity the trek sum). We will use standardized systems throughout our examples.

The system of correlations determines all partial correlations of every order through standard recursion relations. In a linear system, vanishing partial correlations bear the same relations to a graphical structure as do conditional independence relations. Since the recursion relations give the same partial correlation no matter what the order of the variables conditioned on, a vanishing partial correlation corresponds to a system of equations in the coefficients of a standardized system.

Suppose now that special values of the linear parameters in a normal, standardized system G produce a set of partial correlations that is perfectly represented only by false causal structures, say H. Then the parameter values must require extra vanishing partial correlations not represented by G. Any partial correlation is a function just of the trek sums connecting pairs of variables, and the trek sums in this case involve just the linear parameters in G. Hence each additional vanishing partial correlation not perfectly represented by G determines a system of (non-linear) equations in the parameters of G that the parameter values must satisfy in order to produce the "spurious" partial correlation. Now for some G and some H, a sub-graph of G, these systems of equations may have no simultaneous solution. In that case there are no values for the parameters of G that will produce partial correlations that can be perfectly represented by H. For other choices of G and a subgraph H, it may be that the system of equations has a solution, but only solutions that allow only a finite number of alternative values for one or more parameters. If these parameters determine a correlation coefficient, then such a solution must "give itself away" by special correlation constraints that are not themselves conditional independence relations but rather follow from conditional independence relations only because of the true causal structure, G. Consider the following choices of G and H in Figure 14, where in each pair G is on the left hand side and H is on the right hand side:

In the first and last pairs coefficients can be chosen for the graph on the left hand side so that it appears as though an edge does not occur, but only by making the coefficient labeled b equal to either 1 or -1. Since the variables are standardized, this requires that the error term for variable 2 have zero variance and zero mean – i.e., it vanishes. Thus in order for the true graph to be that on the left hand side

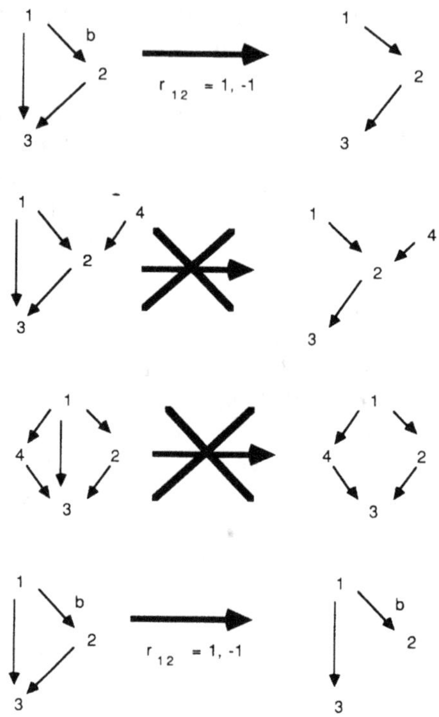

Fig. 14

and the parameter values to produce independence relations that are perfectly represented by the graph on the right hand side, variable 2 must be a linear function of only variable 1. The same result obtains if the edges that are not eliminated in the first and last examples are replaced by directed paths of any length. Clearly in these cases special parameter values that produce independence relations not perfectly represented by the true graph must give themselves away. In the two middle cases, the edge between variables 1 and 3 cannot be made to appear to be eliminated by any choice of parameter values for the true graph. In fact the following principles hold:

> If G contains a directed edge from variable 1 to variable 3, and G contains two treks between 1 and 3 that intersect only at 1 and 3, then no values of the parameters in G give vanishing partial correlations perfectly represented by a graph

H without a directed edge from 1 to 3. (See the third pair of graphs in Figure 14.)

If G contains a directed edge from variable 1 to variable 3, and G contains a trek *t* between 1 and 3 and a variable *j* such that there is a directed edge from *j* to a vertex of *t* other than 1 or 3 and there is no other path from *j* to *t*, then no values of the parameters in G give vanishing partial correlations perfectly represented by a graph H without a directed edge from 1 to 3. (See the second pair of graphs in Figure 14.)

In every pair G, H we have considered such that H is a subgraph of G and special values of the parameters of G determine partial correlations perfectly represented by H, there are extra constraints on the correlations not entailed by the partial correlations perfectly represented by H. We conjecture that this is always the case. In other words, if time order is known, special parameter values cannot deceive us about the causal structure without giving themselves away. Further, unless three edges form a triangle as in the example in the first section, we conjecture that if parameter values of G determine a collection of partial correlations perfectly represented by a graph H – whether or not H is a subgraph of G – then there are extra constraints on the correlations not entailed by the partial correlations perfectly represented by H.

We have considered the circumstances for linear systems in which parameter values for a graph G can produce partial correlations faithful to a different graph H. What of the case in which values of the parameters of G produce a system S of partial correlations corresponding to conditional independence relations that are not faithful to any directed acyclic graph? In that case, one could consider the maximal subsets of S that are faithful to some graph. Any such subset may be faithful to a graph H not identical with G, or to G. In the former case, the partial correlations of any maximal subset of S must have been produced from G by special parameter values, hence the preceding sections apply. Save where there is a triangle in G two of whose edges form collisions in H but not in G, if the conjectures of the previous section are correct the correlation values will mark this indeterminacy. In practice, the strategy of considering the maximal subsets of the set of independence relations found empirically is likely to be computationally infeasible even for small sets of variables.

17. CONCLUSION

We have examined only a few of the basic questions about causal inference that result from Reichenbach's two principles. We have not considered what happens when the probability distribution is a mixture of distributions from different causal structures, or how unmeasured common causes can be detected, or what inferences can reliably be drawn about causal relations among unmeasured variables, or the exact advantages that experimental control offers. A good deal is known about these questions, and there is a good deal more to find out.

NOTES

[1] We thank the Office of Naval Research and the Navy Personnel Research and Development Center for supporting this research. Proofs of theorems will be found in Spirtes, Glymour, and Scheines (1991).

[2] See Reichenbach (1949) and Reichenbach (1956).

[3] Salmon (1984), p. 168.

[4] Davis (1988).

[5] Suppes (1970).

[6] See for example Cartwright (1989),

[7] Hausman (1984), pp. 261–279.

[8] Chow and Liu (1968).

[9] Six algorithms are given in Gondran and Minoux (1984), pp. 135–140. $f(N) = O(N^2)$ means that there exists a constant K and there exists a number n, such that for all $N > n$, $|f(N)| < KN^2$. For a readable introduction to complexity analysis, see Wilf (1986).

[10] And, of course, to continuous, integrable distributions as well by replacing sums by integrals.

[11] The measure of approximation is the Kullback–Leibler distance.

[12] Chow and Wagner (1973).

[13] A more detailed account of the algorithm and a great deal of other important information on the connection between probability and directed acyclic graphs will be found in Pearl (1988).

[14] Compare Geiger et al. (forthcoming), Geiger (1990).

[15] SGS1 and SGS2 were proposed as part of a combined algorithm in 'Spirtes et al. (1990). The notion of a pattern and the modification of the algorithm to output patterns are due to Verma and Pearl (1990).

[16] A trek is a pair of directed paths from a vertex z to a, b respectively, intersecting only at z – one of the pairs may be empty.

[17] Called "VP equivalence" because the relation was investigated by Verma and Pearl (1990). Theorems 14.1–14.4 are immediate consequences of their results.

[18] See Glymour et al. (1987).

REFERENCES

Cartwright, N.: 1989, *Nature's Capacities and Their Measurement.* Oxford University Press.

Chow, C. and Liu, C.: 1968, 'Approximating Discrete Probability Distributions with Dependence Trees', *IEEE Tans. on Info. Theory* **IT-14**, 462–467.

Chow, C. and Wagner, T.: 1973, 'Consistency of an Estimate of Tree-Dependent Probability Distributions', *IEEE Tans. on Info. Theory* **IT-19**, 369–371.

Davis, W.: 1988, 'Probabilistic Theories of Causation' in J. Fetzer (ed.), *Probability and Causality.* Reidel.

Geiger, D., Paz, A., and Pearl, J., 'Learning Causal Trees from Dependence Information', *International Journal of Intelligent Systems* (forthcoming).

Geiger, D.: 1990, *Graphoids: A Qualitative Framework for Probabilistic Inference.* Ph.D thesis, Department of Computer Science, UCLA.

Glymour, C., Scheines, R., Spirtes, P., and Kelly, K.: 1987, *Discovering Causal Structure*, Academic Press, Orlando, FL.

Gondran, M., and Minoux, M.: 1984, *Graphs and Algorithms.* Wiley, pp. 135–140.

Hausman, D.: 1984, 'Causal Priority', *Noûs* **18**, 261–279.

Pearl, J.: 1988 *Probabilistic Reasoning in Intelligent Systems*, Morgan Kaufmann.

Reichenbach, H.: 1956, *The Direction of Time.* University of California Press.

Reichenbach, H.: 1949, *The Theory of Probability.* University of California Press.

Salmon, W.: 1984, *Scientific Explanation and the Causal Structure of the World*, Princeton University Press.

Spirtes, P., Glymour, C., and Scheines, R.: 1990, 'Causality from Probability', in G. McKee (ed.), *Evolving Knowledge in Natural Science and Artificial Intelligence*, Pitman.

Spirtes, P., Glymour, C., and Scheines, R.: forthcoming, *Causality, Statistics and Search.*

Suppes, P.: 1970, *A Probabilistic Theory of Causality.* North-Holland.

Verma, T. and Pearl, J.: 1990, 'Equivalence and Synthesis of Causal Models', in *Proceedings, Sixth Conference on Uncertainty in AI*, Cambridge, Mass., July 27–29.

Wilf, H.: 1986, *Algorithms and Complexity*, Prentice Hall.

Department of Philosophy
Carnegie Mellon University
Schenley Park
Pittsburgh, PA 15213
U.S.A.

D. H. MELLOR

CAUSATION AND THE DIRECTION OF TIME

1. INTRODUCTION

Among Reichenbach's greatest contributions to philosophy was his causal theory of time and its direction (Reichenbach (1928), (1956)), and the probabilistic theory of causation that underpins it. These theories were well ahead of their time and are still by no means uncontentious. But not all the contentious features of Reichenbach's accounts of causation and probability are essential to his thesis (CT for short) that causation gives time its direction. CT is for example no less consistent with later propensity theories of probability than it is with Reichenbach's own frequency account; and nor does it entail most of the other disputed features of Reichenbach's theory of causation.

Because CT is largely independent of Reichenbach's other views, I will discuss it here without referring to them. In particular, I will argue independently for the following two ways of strengthening CT, both of which I think improve Reichenbach's causal account of time even though he himself would probably have rejected them on other grounds:

(1) I shall derive CT from the causal mechanism by which we perceive the temporal order of events. This will give CT a foundation that I think it needs, and it also shows why our awareness of the order of our own experiences is not (as it must otherwise seem to be) a rival criterion of temporal order.

(2) Reichenbach saw that for CT 'to exclude a contradiction [in temporal order] we must make the assumption that *there are no closed causal chains*' (Reichenbach (1928), p. 139, his italics). But he also thought that such chains (which I shall call causal loops) 'cannot be excluded *a priori*' (p. 146), and that their non-existence, and hence the linearity of time, is only contingent. But this is not true. The possibility of causal loops *can* be excluded *a priori*, and so therefore can the closed timelike paths entailed by closed time, backward time-travel and all kinds of backward causation.

I have argued for (1) and (2) elsewhere (in Mellor (1981)), and shall not repeat all my arguments here. But recent attacks on them by Weir

Erkenntnis **35**: 191–203, 1991.
© 1991 *Kluwer Academic Publishers. Printed in the Netherlands.*

(1988), Faye (1989) and Riggs (1990), although I think they don't succeed, do show that my arguments for (1) and (2) could be better put. This seems a suitable occasion to try and do that, and indeed to develop them further; and although, in order to keep the discussion self-contained, I shall not refer directly to my critics, I shall try in what follows to meet their objections.

2. CAUSAL AND TEMPORAL ORDER

Consider first our perception of temporal order, especially that of our own experiences. It is not only that, as Robb (1914) remarks, 'of any two elements of time of which I am *directly* conscious one is *after* the other' (p. 4, his italics). What tells me this is that I am conscious not only of these elements but also of their temporal order. Indeed all our conscious states, whatever their content, come in a temporal order of which we are also conscious. And even if, like Reichenbach (1956), pp. 13–15, we decline to follow Kant (1781), p. 77, in inferring from this fact that time is a purely subjective 'form of inner sense', the fact itself is so clearly fundamental that any theory of time must account for it somehow.

How can CT account for it? If my experiences not only have a temporal order but tell me what it is, we cannot follow Robb (1914), p. 7, and just define temporal order as causal order. We must say why the order we perceive our experiences to have coincides with the order fixed by causation. And conversely, we must explain why any causal path can, as Sklar (1977) puts it, 'be traversed by a local "consciousness" who directly and immediately, as a primitive content of his experience, can tell which events in his consciousness, and hence which spacetime locations along the worldline of his history, are "near" one another' (p. 258).

The link between causation and the temporal order we perceive our experiences to have could *prima facie* be forged in either of two ways. First, causal order might itself depend on a temporal order fixed by consciousness: e.g. by our awareness of the temporal succession of our present conscious states. But this will not do for CT, for then causal order would depend on temporal order, not *vice versa*.

The other possibility is that our perceptions of temporal order have a causal mechanism which makes the perceived temporal order of our experiences coincide with their causal order. This is the link which CT needs and which I argued for in Chapter 9 of Mellor (1981). But as I argued there, this link is not merely consistent with CT: it entails it. It makes causal order entail temporal order, not merely in our experiences, but in everything. And this is the germ of truth in Kant's idea that time is the form of inner sense: temporal order is indeed derivable from the self-intimating temporal order of a hypothetical individual's experiences. But my derivation does not support Kant's idealism. For, as we shall see, the self-intimating temporal order of these experiences is entailed in turn by their objective causal order[1] – which is why I think my derivation should be congenial to Reichenbach.

In what follows I shall derive CT by looking first at how we perceive the temporal order, not of our own experiences, but of external events. We do this all the time, not only when we see (e.g.) a match light after it's struck, but whenever we perceive motion, or change of any other kind. To see a second hand move clockwise, for example, is to see that it passes '1' before it passes '2', and so on: to see it move anti-clockwise would be to see (*inter alia*) that those events had the opposite temporal order. And similarly with the perception by any of our senses of changing colours, temperatures, pressures, sounds, tastes, and so on. We are continually perceiving instances of temporal order in the world around us, as well as in our own experiences; and the causal mechanism of these perceptions is, I shall argue, what makes causal order always entail temporal order.

But before showing how this follows, I must make three preliminary points. The first is terminological. In Mellor (1981), I followed Davidson (1967) in taking causal and temporal relations to hold primarily between events, construed as particulars, corresponding to singular terms (as in 'the short circuit caused/preceded the fire'). I now take them to hold primarily between facts, corresponding to true sentences, and therefore to be rightly reported by connectives (as in 'there was a fire because/after there was a short circuit'): see Mellor (1987). But since little of what follows turns on whether causal and temporal relata are particulars or facts, I shall bow to custom here and call them all 'events'; but without thereby committing myself to any particular account of them except where I say so.

My second point is also partly terminological. In what follows, I shall not limit perception to veridical perception, nor will I equate perceptions with the beliefs they normally, but not always, cause. In other words, 'X perceives/sees that *p*' will here entail neither '*p*' nor even 'X believes that *p*'. I shall take it for example that we can see that something happens on the sun just after a clock strikes one, even though we know (because we know that sunlight takes eight minutes to reach us) that it actually happens earlier.

My third point is more substantial. Veridical or not, believed or not, our perceptions of the temporal order of events are of wholly objective tenseless temporal relations. In particular, they do not depend on our perceiving external events to be temporally related to ourselves. I argued this point in Mellor (1981), pp. 24–8, and will not repeat the whole argument here. But given the recent fashion for 'subjectivity' in Nagel (1986), ch. IV, and others, it is important to emphasise that our own temporal location never infects the content of our perceptions of external temporal order. For example, my seeing that one celestial event precedes another neither depends on nor includes my seeing either event as present. Nor as past, come to that: for while I believe the celestial events I am now seeing *are* past, they no more *look* past than they look present. (How would an event look if it *did* look past, or present?) The fact that I don't see events until after they occur is not something I *see*: I see temporal relations between events, but not between them and my perceptions of them. In short, although our perceptions of the temporal order of events may be false, or not believed, there is nothing tensed or in any other way subjective about their contents.

So much for preliminaries: now for the argument, which summarises and develops that given in Mellor (1981), pp. 144–5, 150–156. Suppose I see that one event, *e*, precedes another, *f*. My seeing this is itself an event, which I shall call $S(e<f)$, where '$S(p)$' represents a perception that *p* and '$<$' means 'precedes'. But what is $S(e<f)$'s structure: *how* do I see that *e* precedes *f*? Obviously by seeing *e*, seeing *f*, and seeing *e* first: events which – again waiving the distinction between facts and particulars – we may call respectively *Se*, *Sf* and $(Se<Sf)$. But there must be more to $S(e<f)$ than this. For suppose that by the time I see *f* I have completely forgotten having seen *e*: i.e. suppose *Se* leaves no kind of memory trace to affect *Sf*, and in particular to enable it to complete the perception $S(e<f)$. Then $S(e<f)$ could not occur: for I cannot perceive anything about two items if they are at no time connected in my mind.

In other words, for me to see *e* precede *f*, my seeing of *e* must somehow affect my seeing of *f*: i.e.

(1) $S(e < f) \models (Se \Rightarrow Sf)$,

where '$\models$' means 'entails' and '$\Rightarrow$' means 'affects (or causes)'.[2]

Similarly, for me to see *e* and *f* temporally reversed, my perceptions of *e* and *f* would have to be causally reversed: $S(f < e) \models (Sf \Rightarrow Se)$. In short, the causal order of my perceptions of *e* and *f* fixes the temporal order I thereby see *e* and *f* to have. So if *C* is the conjunction of the other conditions required for *Se* and *Sf* to constitute a perception of the temporal order of *e* and *f* then

(2) $C \& (Se \Rightarrow Sf) \models S(e < f)$.

But this then fixes the temporal order of *Se* and *Sf*. For it is an obviously analytic truth that the temporal order of my perceptions of events must coincide with the temporal order I thereby perceive those events to have. Thus in particular, for me to see that *e* precedes *f* by seeing *e* and seeing *f*, I must see *e* before I see *f*: i.e.

(3) $C \models S(e < f) \leftrightarrow (Se < Sf)$.

Hence, from (2) and (3), we get

(4) $C \& (Se \Rightarrow Sf) \models (Se < Sf)$.

The causal order of *Se* and *Sf* will of course normally not fix the temporal order of *e* and *f*. For as I've remarked, perceptions in general, and perceptions of temporal order in particular, need not be veridical. In celestial cases especially, when events can occur at long and very varied intervals before we see them, we can easily *see* that *e* precedes *f* even when we know that in fact it succeeds it. But that can't happen when *e* and *f* have the same temporal order as *Se* and *Sf* because they are the very same events: i.e. when what our experiences intimate to us is their own temporal order. In that case the causal order of our perceptions of events does entail the temporal order we thereby perceive those events to have. And this is why the fact I cited at the start of this section – our awareness of the temporal order of our own experiences – does not in fact provide an independent criterion of temporal order that could in principle conflict with CT.

So far so good, but apparently not yet far enough. For so far causal order seems to entail temporal order for a pair of events only if they are perceptions of events of whose temporal order the pair thereby also constitutes a perception: let us call this complicated property of pairs of events *PT*. But in fact any causally ordered pair of events can be conceived to be *PT*. For consider what, besides their causal and temporal order, gives the pair $\{Se, Sf\}$ the property *PT*: what, in other words, must the condition *C* include? It needn't include *Se* and *Sf* having any intrinsic properties peculiar to perceptions. Some perceptions may need specific intrinsic properties (e.g. the visual sensations involved in seeing colours), but perceptions of temporal order don't. Temporal order can obviously be perceived equally well by any of our senses, and by beings whose senses are quite different from ours. Indeed events of any intrinsic kind can be parts of such perceptions, provided only that causation incorporates them in a network of events so causally interrelated as to constitute the workings of a perceptual system. And what makes something a perceptual system is not any particular ordering, or special intrinsic properties, of the events within it, but its causal role in forming the beliefs and hence the actions of some agent.[3]

We can therefore without contradiction envisage any two events *g* and *h* such that *g* affects or causes *h*, i.e. such that

(5) $g \Rightarrow h,$

keeping their actual causal and temporal orders while being so related to other events that the pair $\{g, h\}$ has the property *PT*: i.e. while being such that, for some *e* and *f*, $g = Se$, $h = Sf$, and condition *C* holds. (This, in the special case where $g = e$ and $h = f$, is what justifies Sklar's claim, quoted above, that any causal path could be traversed by a consciousness which can tell that some of its own conscious states are near each other in time.) But then (4) entails that in these circumstances

$$g < h,$$

i.e. *g* precedes *h*. But since $g \Rightarrow h$ and $g < h$ are *ex hypothesi* the actual causal and temporal orders of these events, *g* must precede *h* in any case, whether $\{g, h\}$ has the property *PT* or not. So causal order does always entail temporal order, just as Robb and Reichenbach say it does.[4]

3. THE IMPOSSIBILITY OF CAUSAL LOOPS

The fact that all causes must precede their effects does not, as Reichenbach recognised, show immediately that they cannot also succeed them. For suppose there were causal loops, i.e. events *e*, *f*, ... such that

(6) $e \Rightarrow f \Rightarrow \cdots \Rightarrow e.$

The transitive temporal order entailed by the causal order of these events would then make *e* both earlier and later than *f*. This would enable several phenomena that many philosophers take to be possible, even though no one really believes they actually occur. In particular, it would enable backward causation, which is not ruled out simply by causes having to precede their effects, since that merely makes local reversals of causal order entail local reversals of temporal order (as in backward time-travel).

To rule out backward causation, therefore, we must also rule out causal loops. Reichenbach himself, as we saw in the Introduction, denied that we can rule them out *a priori*. But I think we can, and in Mellor (1981), ch. 10, I did so by an argument derived from Dummett (1964). But since, as I've remarked, the argument, though sound, has not convinced everyone, I shall try in what follows to restate it more persuasively.

Before doing so, however, I want to register and reject two common objections to any such argument. The first (which I take to be Reichenbach's) is the positivist thesis that nothing outside logic and mathematics can be ruled out *a priori*. But then my argument itself, if sound, refutes that thesis. Without an independent refutation of the argument, the objection simply begs the present question.

The second objection occurs in Gödel (1949), pp. 560–2, who infers that backward time travel is possible because some solutions of the equations of general relativity allow it. But this assumes that anything which is 'physically possible' (i.e. compatible with physics) is really possible: i.e. that only physics can limit metaphysical possibility. And that's nonsense. For example, the physics of a simple pendulum only constrains its period of oscillation to be proportional to the square root of its length, an equation which has negative solutions. But this doesn't entail that, unless some other *physics* rules it out, a pendulum could oscillate in literally less than no time! We need no *a posteriori* physics to rule that out. We can rule it out *a priori*, because it makes no sense. And nor, though less obviously, do causal loops.

The following proof that causal loops are impossible assumes that an effect must have a greater chance (i.e. objective physical probability) than in the circumstances it would have if its cause did not occur. Let us call this assumption *CE*. *CE* has been disputed, e.g. by Salmon

(1984), ch. 7, but it too can be derived *a priori* from the connotations of causation, and in particular from the fact that when an effect is an end, its causes are *ipso facto* means to it: see Mellor (1988). One could therefore reject the assumption and hence the proof by rejecting this connotation; but that weakening of the concept of backward causation would destroy the whole point of it. (Why, for example, do something now to affect the past if not as a means to some past end?) But I needn't defend the connotation and its consequences here, since Reichenbach also holds CE; and although my account of chance (in Mellor (1971)) differs from his, the difference makes no odds to the ensuing argument.

Now for the proof, which is a *reductio*. Suppose therefore that there *is* a causal loop: i.e. that some pair of events e and f satisfy (6) above. What kind of events they are doesn't matter, and nor does the size of the loop. It can even include the whole history of the universe: so that proving no such loop exists will also disprove the hypothesis that time itself is closed (*pace* Weir (1988) and Newton-Smith (1980), pp. 65–8). But we can still let the causal order in $f \Rightarrow \cdots \Rightarrow e$ define a temporal order relative to which the causation in $e \Rightarrow f$ is backward, and thus present the argument in terms of backward causation.

The next step is to imagine replicas of the causal situation in which e and f occur: call them *ef*-replicas. (In the closed time case *ef*-replicas are other similarly cyclical universes.) But what these replicas are depends on whether e and f are facts or particulars (see *Causal and Temporal Order*) so at this point we must again distinguish those two possibilities.

Suppose first that e and f are particulars. Then their causal relations will depend on their having intrinsic properties E and F that make them instantiate laws which in their circumstances (of some kind K) give F-events a greater chance of occurring with E-events than without: see Mellor (1987), Section VI. Thus, for example, if e is a short-circuit and f the fire it causes, E would be a high temperature, F ignition and K a mixture of oxygen and inflammable material. Then an *ef*-replica is another K situation in which an F-event's chances of occurring with and without an E-event are the same as f's chances of occurring with and without e.

If e and f are causally and thus temporally ordered facts, then whatever their structure in terms of the presence or absence of events and other material particulars, they are existential facts about times or, more generally, spacetime regions: see Mellor (1987), Section VIII–IX. That is, they entail the existence if not the identity of the regions they occur in, regions whose temporal order is entailed by the causal order of the events occurring there. (For example 'there was a fire because there was a short circuit' entails 'the time at which there was a short circuit preceded the time at which there was a fire'.) Thus the laws that give f a greater chance with e than without it may again be taken to relate properties E and F of particulars: namely, of spacetime regions in which the condition K obtains. For present purposes, therefore, we may think of the facts e and f as particular events: namely, as particular E and F regions of spacetime (cf. Quine (1985), p. 168). Then an *ef*-replica is another K region of spacetime in which some subregion has the same chances of being F with and without a later E subregion as f has of occurring with and without e.

Since therefore we can make similar sense of *ef*-replicas whether e and f are particulars or facts, we may after all continue to waive that question. We may also waive the distinction between events and non-events, and call the occurrence of an E-event in any *ef*-replica an e event, or just an e, and its non-occurrence a $\sim e$ event, or a $\sim e$; and similarly for fs and $\sim f$s.

Now imagine many *ef*-replicas, k of them with es, and k with $\sim e$s. Suppose that m fs occur in the e replicas, and n in the $\sim e$ replicas. Then since CE makes f's chance greater with e than without it, the laws of large numbers (see e.g. Kingman and Taylor (1966), ch. 13.3) require the chance of m/k exceeding n/k, and hence of m exceeding n, to tend to 1 as $k \to \infty$. In short, for e to affect f, m's chance of exceeding n must $\to 1$ as $k \to \infty$. But it needn't, as I shall now show by describing possible *ef*-replicas in which it doesn't.

First, however, I must show that my replicas don't beg the question: in particular, that they could occur in circumstances of the relevant kind K. What then are those circumstances? They are those needed by CE, which says that an effect's chance must be greater than it would have been *in the circumstances* if its cause had not occurred. CE needs this qualification to cope with cases where another cause, which would occur if e didn't, would make f's chance as great or greater than e does. The circumstances that CE must take to be the same whether or not e occurs must therefore include the absence of such alternative causes. There is more to it than that, of course, and the extra is both complex and controversial (see Mellor (1988), Section 4), but fortunately the controversy doesn't affect the present argument. For whatever else these circumstances must include, they needn't include f's *effects*. For it is causes that raise the chances of their effects, not *vice versa*. f's chances (as opposed to its merely subjective or epistemic probabilities – see Mellor (1988), Section 1) with and without e don't depend at all on f's effects, only on its other actual and possible causes. And even if f affects e via the causal chain $f \Rightarrow \cdots \Rightarrow e$ (which it needn't, since '$\Rightarrow$' need not be a transitive relation), what makes f's chance depend on e is that e affects f, not that f affects e.

More generally, the causal relation $g \Rightarrow h$ (6) between any two events g and h must be logically independent of g's causes and of h's effects: for otherwise causation would not be a binary relation. So we can without contradiction envisage any g and h continuing to satisfy (6) while g's causes or h's effects are varied from what they actually are. In particular, therefore, no consistent suppositions about the causes of es and the effects of fs in ef-replicas can create a contradiction in the assumption that $e \Rightarrow f$ which is not already there. And those are all the suppositions we shall need.

First, then, let us suppose that every ef-replica contains a causal chain (like $f \Rightarrow \cdots \Rightarrow e$) between its f or $\sim f$ event and its e or $\sim e$ event, simply in order to make the latter later than the former. Secondly, suppose that each such chain contains some j or $\sim j$ event such that fs always cause js and $\sim f$s always cause $\sim j$s: i.e. suppose a j's chance is 1 with an f and 0 without. Thirdly, suppose that in some chains (call them A chains) js always cause es and $\sim j$s always cause $\sim e$s, while in the others (B chains) it's the other way round: js always cause $\sim e$s and $\sim j$s always cause es. Finally, suppose that half of the chains contain fs – call them f-chains – and half $\sim f$s, and that half of the f-chains and half of the $\sim f$-chains are A, and half B.

(In Mellor (1981), ch. 10, following Dummett (1964), I made these js and $\sim j$s veridical perceptions of fs and $\sim f$s, and made half of the perceivers cause an e if they saw an f and a $\sim e$ if they saw a $\sim f$, and half do the opposite. This makes the thought-experiment easier to visualise, but it also makes the argument appear to depend on assumptions about perception and action – e.g. about perceptual evidence, or free will – which it doesn't.)

All these suppositions are compatible with (6). For example, the causation in $f \Rightarrow \cdots \Rightarrow e$ and its replicas need not be transitive, but it cannot be intransitive (since causation, like time, is dense): so nothing in (6) can prevent *f*s and ~*f*s affecting *e*s and ~*e*s indirectly via *j*s and ~*j*s in the way supposed. Nor, since these suppositions only concern the effects of *f*s and the causes of *e*s, can they be excluded by *e*s affecting *f*s. For as we've noted, if an *e* can affect an earlier *f* at all, it must be able to do so however it is caused and whatever the *f* it causes affects.

But that, as we can now see, it cannot do. For consider the *f*-chains, and suppose there are *k* of them (and that *k* is even). Half of them – the *A* *f*-chains – produce *e*s, the others ~*e*s. The same goes for the *k* *f*-chains. But this means that half of the *k* *e*s, and half of the *k* ~*e*s, are preceded by *f*s: which entails that *m*, the number of *f*s occurring in the *k* replicas with *e*s, is *k*/2; and so is *n*, the number of *f*s occurring in the *k* replicas with ~*e*s. For all *k*, therefore, $m = n$. So in these *ef*-replicas, the chance of *m* exceeding *n*, far from $\rightarrow 1$ as $k \rightarrow \infty$, is 0, for all *k*. But then *f*'s chance in *K* cannot in fact be greater with *e* than it would be without it. So *e* cannot affect *f* after all.

How might this argument be resisted? In particular, which of its assumptions might we reject? Well, we could in fact reject most of them, but that won't help the cause of causal loops, since the ones we could reject are as inessential as they are innocuous, and were made only for simplicity. The argument will for example obviously work just as well for any other proportions of *f*s and ~*f*s and of *A* chains and *B* chains. Nor does it depend on the determinism of the causal links between *f*s and *j*s and between *j*s and *e*s. All that matters is that the chain of necessarily not-intransitive causal relations $f \Rightarrow \cdots \Rightarrow e$ enables the chances of *e*s and ~*e*s in *ef*-replicas to depend on whether they contain *f*s or ~*f*s. That is what prevents the chances of *f*s in those replicas *having* to be greater with *e*s than without them, as $e \Rightarrow f$ requires.

The only way to save $e \Rightarrow f$ from this argument is to deny the assumed causal chain $f \Rightarrow \cdots \Rightarrow e$. But that just breaks the causal loop $e \Rightarrow f \Rightarrow \cdots \Rightarrow e$ somewhere else. So the argument does, as promised, show *a priori* that there can be no such loops, and hence no backward causation, no backward time travel and no closed time. What Reichenbach rightly took to be the fundamental fact about causation on which the linear structure of time depends is not after all the mere contingency he thought it was.

NOTES

[1] Like Reichenbach, I reject Kant's idealist view of causation, for reasons I needn't here discuss.

[2] A particular event is merely affected rather than caused when the effect on it is inessential to its occurrence. The difference between affecting and causing lies therefore in the difference between essential and inessential properties, and has nothing to do with causation as such. (See Mellor (1987), Section VII.) In the present case, *Se* only affects *Sf*, and doesn't cause it, because *Sf* will obviously occur whether *Se* affects it or not.

[3] I am here taking a broadly functionalist view of beliefs about temporal order and hence of the perceptions that normally cause them. See e.g. Block (1980), Part 3. The details don't matter: all that matters is that what makes an event such a perception is its internal causal structure and its external causal role, not its intrinsic properties. In particular, since its temporal content is independent of its qualitative properties (if any), the problems that qualia pose for functionalism (see e.g. Shoemaker (1975)) do not affect the present argument.

[4] Apparent examples of simultaneous causes and effects are easily disposed of. Take the notorious ball on the cushion. *Pace* Kant (1781), p. 226, the ball's position at time *t* causes the cushion to have a hollow only *after t*, not at *t* itself: for if the ball were removed at *t*, the cushion would take time to recover its shape. Or take an engine starting to pull (push) a stationary train. Even if every part of the train must start after (before) the parts in front (behind) that pull (push) it, because time is dense, the whole train can still move off in less than any finite time, however short. The denseness of time can similarly prevent any temporal gap, however small, between an electric charge (say) at a point *p* in spacetime and its effects on the electric field at all points later than *p*.

REFERENCES

Block, N., (ed.): 1980, *Readings in Philosophy of Psychology Volume 1*, Methuen, London.

Davidson, D.: 1967, 'Causal Relations', *Essays on Actions and Events*, 1980, Clarendon Press, Oxford, pp. 149–62.

Dummett, M. A. E.: 1964, 'Bringing about the Past', *Truth and Other Enigmas*, 1978, Duckworth, London, pp. 333–50.

Faye, J.: 1989, *The Reality of the Future*, Odense University Press.

Gödel, K.: 1949, 'A Remark about the Relationship between Relativity Theory and Idealistic Philosophy', in *Albert Einstein: Philosopher-Scientist*, P. A. Schilpp. (ed.), Open Court, La Salle, Illinois, pp. 557–62.

Kant, I.: 1781, *Critique of Pure Reason*, English edn, 2nd impression, transl. N. Kemp Smith, 1933, Macmillan, London.

Kingman, J. F. C. and Taylor, S. J.: 1966, *Introduction to Measure and Probability*, Cambridge University Press.

Mellor, D. H.: 1971, *The Matter of Chance*, Cambridge University Press.

Mellor, D. H.: 1981, *Real Time*, Cambridge University Press.

Mellor, D. H.: 1987, 'The Singularly Affecting Facts of Causation', in *Metaphysics and*

Morality: Essays in Honour of J. J. C. Smart, P. Pettit *et al.* (eds.), Blackwell, Oxford, pp. 111–36.

Mellor, D. H.: 1988, 'On Raising the Chances of Effects', in *Probability and Causality*, J. H. Fetzer (ed.), Reidel, Dordrecht, pp. 229–39.

Nagel, T.: 1986, *The View from Nowhere*, Oxford University Press.

Newton-Smith, W. H.: 1980, *The Structure of Time*, Routledge & Kegan Paul, London.

Quine, W. V. O.: 1985, 'Events and Reification', in *Actions and Events*, E. LePore and B. P. McLaughlin (eds.), Blackwell, Oxford, pp. 162–71.

Reichenbach, H.: 1928, *The Philosophy of Space and Time*, English translation, 1958, Dover, New York.

Reichenbach, H.: 1956, *The Direction of Time*, University of California Press, Berkeley.

Riggs, P. J.: 1990, 'A Critique of Mellor's Argument against 'Backwards' Causation', *British Journal for the Philosophy of Science* (forthcoming).

Robb, A. A.: 1914, *A Theory of Time and Space*, Cambridge University Press.

Salmon, W. C.: 1984, *Scientific Explanation and the Causal Structure of the World*, Princeton University Press.

Shoemaker, S.: 1975, 'Functionalism and Qualia', *Philosophical Studies* **27**, 291–315.

Sklar, L.: 1977, 'What Might be Right about the Causal Theory of Time'. *Philosophy and Spacetime Physics*, 1985, University of California Press, Berkeley, pp. 249–67.

Weir, S.: 1988, 'Closed Time and Causal Loops: a Defence against Mellor', *Analysis* **48**, 203–9.

Faculty of Philosophy
University of Cambridge
Cambridge, CB3 9DA
United Kingdom

NANCY CARTWRIGHT AND MARTIN JONES

HOW TO HUNT QUANTUM CAUSES[1]

0. INTRODUCTION

In Bohm's version of the Einstein–Podolsky–Rosen (E.P.R.) paradox, a source prepares paired spin-1/2 particles in the singlet state. This is a state in which the total spin must be zero. Yet, when a measurement is made along any given direction, each of the particles must yield a value of +1/2 or −1/2. Hence when measurements are made along the same direction on both members of a singlet pair, even though the two measurements can be carried out at quite distant places, the outcomes must be strictly anti-correlated. For measurements along two different directions, quantum mechanics also predicts a correlation, though it is not total:

$$\mathrm{P}(a = \pm 1/2 \;\&\; b = \pm 1/2) = 1/2 \sin^2(\theta/2)$$
$$\mathrm{P}(a = \pm 1/2 \;\&\; b = \pm 1/2) = 1/2 - 1/2 \sin^2(\theta/2)$$

where a represents outcomes of spin measurements on the left-hand particle along a given direction, b are outcomes on the right-hand particle along some possibly different direction, and θ is the angle between the two directions. The famous inequalities of J. S. Bell are commonly taken to rule out the one obvious account of these distant correlations – that they are due to the action of a common cause. The justification for this claim involves Reichenbach's conjunctive fork condition. Bell shows that – consistent with the predictions of quantum mechanics, which have been confirmed in experimental tests – it is not possible to posit a "hidden variable," λ, which produces a factorization between the two detection events:

$$\mathrm{P}(a = \Sigma_a \;\&\; b = \Sigma_b/\lambda) = \mathrm{P}(a = \Sigma_a/\lambda) \times \mathrm{P}(b = \Sigma_b/\lambda)$$

It is questionable whether Reichenbach's criterion is appropriately applied in this case (Cartwright (1989), Cartwright and Chang, forthcoming). Nevertheless, doubts about the possibility of a common cause explanation have led to a serious consideration of the possibility that

Erkenntnis **35**: 205–231, 1991.
© 1991 *Kluwer Academic Publishers. Printed in the Netherlands.*

the correlations are due to some direct causal action between the two separated detection events, and this despite the fact that the two measurements can be simultaneous (i.e., space-like separated) and also that there are apparently no appropriate forces exerted between the two, no propagating mass, no transfer of energy – in short, no known way in which one could influence the other.

What kind of evidence could help us decide whether there is some peculiar kind of causal interaction between the outcome events in an E.P.R. setup? This is the topic we want to explore in this paper. Again the work of Reichenbach immediately comes to mind – both his probabilistic criteria for determining causal connections and the closely-related mark method. But we do not propose to take on the extremely ambitious project of investigating how Reichenbach's methods could in general be put to use to solve the E.P.R. causality paradox. Rather, we will look in detail at one specific proposal with which Reichenbach's ideas have been associated. The proposal – called the robustness test – was put forward by Michael Redhead (1987). We are interested in it for two reasons. First because the robustness criterion attacks the problem at the level we feel is essential at this stage: it provides a direct test for causality between the outcome events, in contrast to the more usual round-about reasoning that there must be such a connection because there can be no common cause, or alternatively, that such a connection is impossible because it would violate relativity. What is more, thinking about how robustness works leads to some important cautionary lessons about causal testing in general, and about the application of Reichenbach's methods in particular.

1. ROBUSTNESS

To begin, let us simply quote Redhead's formulation of the robustness condition. Redhead begins by laying out a dilemma we apparently face when we try to account for the E.P.R. correlations causally; we must seemingly choose between an explanation's involving only a common cause and one involving a direct stochastic causal link between outcomes. However, he interjects,

> this conclusion can be questioned if proper account is taken of the necessary conditions for a direct causal link. By robustness of a causal relation we mean the following: A stochastic causal connection between two physical magnitudes a and b pertaining to two separated systems A and B is said to be *robust* if and only if there exists a class of

sufficiently small disturbances acting on $B(A)$ such that $b(a)$ screens off $a(b)$ from these disturbances.

Denoting the disturbance acting on B by d, then the first part of this condition can be rendered formally as

$$\exists D(\forall d \in D(\text{Prob}(a = \Sigma_a / b = \Sigma_b \ \& \ d) = \text{Prob}(a = \Sigma_a / b = \Sigma_b))).$$

A similar condition can be written down for disturbance[s] acting on A. (1987, pp. 102–3).

There are questions both of interpretation and of justification here, questions which are necessarily intertwined. What are the "disturbances" Redhead has in mind? Why "sufficiently small"? And why should a direct stochastic causal connection satisfy this condition?

Redhead offers a number of clues in different places, and others have offered further suggestions. We shall examine some of these interpretive possibilities with an eye to two questions in particular: *Is* robustness a necessary condition on direct stochastic causal links? And if so, can the robustness test be applied conclusively to the correlations inherent in the quantum-mechanical singlet state?

Let us list the avenues which are open to us. The first clue comes immediately after the passage just quoted. Redhead continues:

The requirement of robustness as a necessary condition for a causal relation means that suitably small disturbances of either relata do not affect the causal relation. This is essentially the basis of the mark method for identifying causal processes. The processes propagate small disturbances (marks) in a local event-structure in accordance with the causal law at issue. (1987, p. 103).

So in the next section we shall look at Reichenbach's mark method and its possible links with robustness.

David Papineau (1989a, 1989b, 1990) has argued that robustness can be understood as a screening-off requirement on links in a causal chain. Redhead's own use of the terminology of screening-of, and his suggestions that robustness involves the notion of independence from the cause event's own causal history[2] both support this reading, so it forms the subject of Section 3.

Finally, Redhead has more recently formulated the robustness condition in terms of the preservation of functional form:

[W]e need to introduce a necessary condition for stochastic causality, that sufficiently small disturbances of the cause do not affect the functional form of the causal connection. We will refer to this as the robustness criterion for a causal connection. (1989, p. 148).[3]

This suggestion is taken up in Section 4. We shall have only limited success with it, but it does suggest a parallel approach in terms of treatment groups and control groups in the experimental search for causal links, and we explore this in Section 5. Before drawing our conclusions we concentrate, in Section 6, on the problems involved in applying even a reasonable version of the robustness condition to the specific case of paired electrons in the singlet state[4].

2. THE MARK METHOD

As we have seen, Redhead initially characterizes robustness as meaning that small disturbances of the cause do not affect the causal relation, and remarks that this is "essentially the basis of the mark method for identifying causal processes". A later discussion of Salmon's 'rotating searchlight' example also suggests links to the mark method (Redhead (1989), p. 150). Can we then use the mark method to justify the claim that robustness is a necessary condition on the existence of a stochastic causal link?

Perhaps the most plausible way involves a simple syllogism. If all causally connected pairs of events were capable of mark transmission (i.e. could pass the mark method test), and all pairs of events capable of mark transmission were correlated in accordance with the robustness condition, then it would follow that all causal connections would satisfy robustness. Simple enough; the problem with this syllogism, however, lies in defending its premises. We shall consider each in turn.

The claim that mark transmission is a necessary condition on causal connectedness is clearly too strong if it is taken to imply that *any* mark made on the cause must show up on the effect (unless 'mark' is understood in a way which makes the claim tautologous). Is the claim, then, that there must always be *some* mark which will be transmitted? No real justification of this is to be found; it would also seem quite difficult to falsify experimentally. Reichenbach says only that the claim is "confirmed by many experiences", but this is inadequate support if we are to apply the condition to quantum-mechanical situations which have broken the pattern of many of our previous experiences. Furthermore, the corresponding mark transmission test will be difficult to apply, partly for the reason that we will always be left wondering if we have just failed to find the right kind of mark. Perhaps so far we have had the misfortune to try repeatedly marks which "rub off" somewhere along the causal chain of events. We also need to know how to recognise the time-evolved version of the mark when it makes its appearance at the effect event, and this will not always be a trivial matter.

Our scepticism about mark transmission as a necessary condition on causal connectedness may be heightened when we note that the typical examples used to illustrate the mark method involve pairs of events which are genidentical. In Salmon's terms,[5] causal processes transmit their own structure, so that a modification of that structure is propagated with the process: billiard balls carry chalk marks and train roofs carry snow – at least for a while (Reichenbach, (1956) p. 201 and (1928) p. 138, respectively). But the situation in EPR does not seem to be of this type. The cause and effect events, if such they are, are usually taken to involve different systems. Thus we should perhaps have even less faith in our ability to find a mark that might be transmitted, and that we might recognise in the effect, for in EPR the causal chain (if even *that* notion is applicable) involves interactions between different systems. The mark has to survive those interaction events, and in a recognisable form.

The defender of robustness can perhaps reply that some of these difficulties in application actually dissolve in the EPR case. Redhead's proof of the non-robustness of the singlet state correlations is not obviously supposed to be an application of the mark method. Nonetheless, if we regard the disturbances, d, as candidate marks, then one might claim that the generality of the proof (involving an "arbitrary perturbation" of the particle involved in the putative cause event (1987, p. 103)) corresponds to trying out all possible marks. And as the probabilities for outcomes on the distant particle are unchanged by any such perturbation (a point to which we will return in Section 5), we can arguably conclude that no mark turns up at the would-be effect, time-evolved or not.

However, there is another difficulty involved in applying the mark method, and it is one which proves far more intractable in the E.P.R. case. We have to be sure that in applying the mark we are not destroying the very causal connection we seek. But any perturbation of the kind Redhead considers destroys the singlet state of the two-particle system, and there is good reason to suppose that that state is somehow involved in any ability the right-hand outcome has to cause the left-hand outcome. The reason is that outside the singlet state we do not observe the strange correlations which set us wondering in the first place. This is a point we shall elaborate on and defend towards the end of our discussion.

A similar consideration raises considerable difficulties for a defence of the second premise of our syllogism. Suppose that we have a mark which, without completely destroying x's ability to cause y, interferes with the causal connection in such a way that marked x's are less successful at producing y's. Now, in the probabilistic case, the claim about mark transmission must be roughly the following: If x and y are cause and effect, then it is possible to mark x in such a way that, *whenever y follows*, y is marked. Given this, it is clear we could have a pair of events which passes the mark method test, and yet which fails to satisfy robustness, since y might turn up less often when x is marked, and yet on its appearance always display a mark. Thus the claim that robustness is a necessary condition on passing the mark transmission test seems open to simple counterexamples. Consider, say, the ringing of migratory birds for identification. We know that the swallows which appear in Africa are the ones which left Europe, because all the swallows we find in Africa are ringed. This is perfectly compatible with the information that fewer swallows than usual are to be found arriving in Africa after a ringing campaign has been waged in Europe. Ringing simply prevents some of the more unfortunate birds from making the journey successfully.[6]

Interestingly, Reichenbach himself is open to exactly this objection. In his later work on the mark method he lays down an assumption which is very like robustness:

> Assumption β: If a mark is made in b, then
> either $p(a'/b') = p(a/b)$
> or $p(a/b') = p(a/b)$
> (1956, p., 201)[7]

Here a and b are events, and primes indicate the marked versions of these events. Reichenbach is assuming that a and b are causally connected, but is not assuming anything about which is cause and which effect. What he says about assumption β is essentially that the second equation holds if a is the cause and b is the effect, or if the roles are reversed but the mark is one that "rubs off", whereas the former equation holds when the mark shows in a. This last claim sounds very like Redhead's robustness thesis. When two events pass the mark method test, the conditional probability of the effect on the cause is unchanged by the marking process. The story of the swallows is just as much a problem for Reichenbach's assumption β as it is for Redhead's robustness condition interpreted in terms of the mark method.

The intuitive connection between robustness (and perhaps assumption β) and the mark method might seem to be this: robustness must be satisfied before the mark method test can even be applied, for it must be possible to find a mark which does not interfere with the putative causal link in question. *A fortiori*, robustness is a necessary condition on passing the mark transmission test. The swallow story would seem to refute this suggestion: provided it only interferes to some (possibly large) extent, a mark which interferes *can* be used to apply the mark test. But suppose the intuitive argument were right. Suppose robustness were a necessary condition on even applying the mark method. We claim that this would only succeed in casting doubt on the first premise of the syllogism, that all causally connected events must be able to pass the mark transmission test. For by the second premise, we will not even be able to apply the test in the case of any non-robust causal connection there may be; we could hardly expect them to pass it. It is no use to protest that there are no non-robust causal connections, for that would only be to beg the question.

Overall, then, our best attempt to link robustness to causal connectedness via the mark method seems fraught with difficulties. There is little reason to think the one premise true, and good reason to think the other false. If the first premise were true, it is not clear that it would be of any use to us in the E.P.R. case. And if the second premise were true, it would seem only to endanger the first.

In passing, we should mention a different way of using the mark method to justify Redhead's claims about robustness. Passing the mark method test is more plausibly a sufficient than a necessary condition on causal connectedness – can we put it to use in that form instead? Unfortunately not. We could lay aside our previous worries and assert once more that robustness is a necessary condition on the mere application of the mark method, but this would only make robustness a necessary condition on a sufficient condition, and such a thing does not amount to a necessary condition. This way of connecting robustness to the mark method would simply mean that in non-robust cases we could not apply a test which, were it applicable, might reveal the existence of a direct stochastic causal link.

We conclude that the mark method cannot be used to justify the claim that robustness is a necessary condition on the existence of a direct stochastic causal link. Perhaps more interestingly, however, we have had our first glimpse of a point that will recur, and prove a considerable obstacle to applying the robustness condition to E.P.R. on any interpretation. This point is that a test for causal connections can be impossible to apply unless we already know something about the causal details of our intervention, and even something about the causal structure of the situation under investigation.

3. SCREENING-OFF ALONG A CAUSAL CHAIN

David Papineau (1989a, 1989b, 1990) connects the robustness condition with a different aspect of Reichenbach's work. Papineau locates its significance in a familiar feature of Markov chains which Reichenbach explained: in a Markov process, intermediate causes screen off earlier causes from their later effects. We take it that the connection with Redhead's proof is made by casting the perturbation on the left-hand system as a (probabilistic) cause, *d*, of the measurement outcome, *c*, on that side, which is under consideration as a possible cause of the correlated measurement outcome, *e*, on the opposite wing. The causal picture looks like this

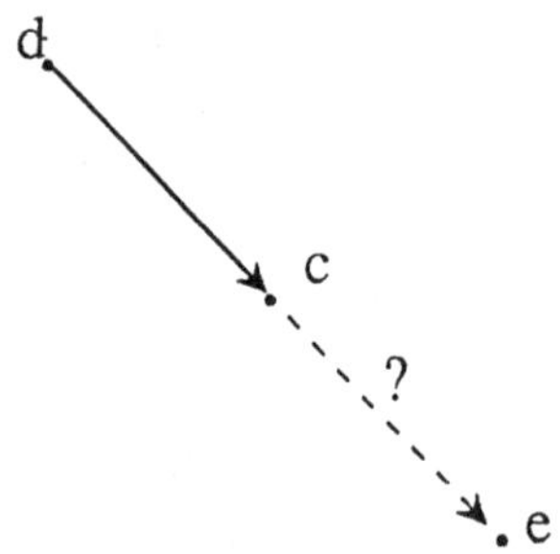

Papineau points out that the Redhead formula

$$R : P(e/c \,\&\, d) = P(e/c)$$

is equivalent to the conventional Markov-inspired formula that requires that information about an initiating cause in a chain be irrelevant to the effect once a later cause in the chain is given.

Papineau's observation is provocative, but we think that it does not help explain why robustness should count as a criterion of causality. It is true that the formula R holds when c is temporally intermediate between d and e in a particular constrained class of Markov models. But this seems to be irrelevant to the question of whether c is a cause of e in models in this class. Assuming that d (precedes and) causes c, and c precedes e, the models for which R holds satisfy two constraints. (1) They are Markov; (2) they contain no unbroken path from e to d *except* those that go through c. But this class contains both those models where there is a path that goes through c (i.e., c causes e) and ones in which there is not (i.e., c does not cause e). Satisfying R is thus irrelevant to whether c causes e.

The simplest structure in this class is probably also the one closest to the intended interpretation.

P_1

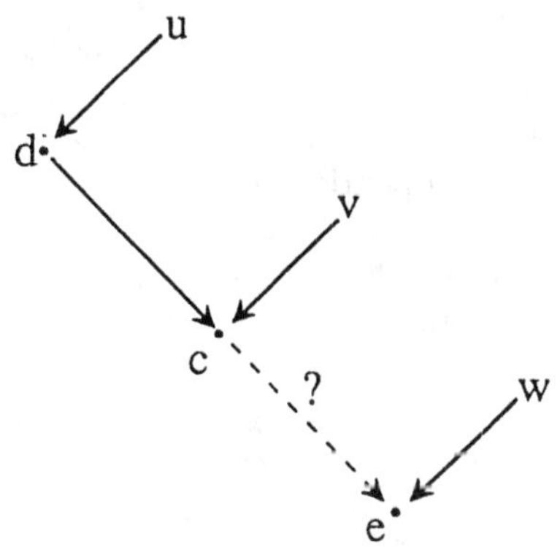

This picture is like the original, with the addition of letters from the end of the alphabet – u, v, and w – one for each of the already included factors, d, c, and e. These terms represent all the otherwise unmentioned causes of the factor in question and they thus provide information about the larger causal situation in which the small picture P is embedded. They are introduced subject to a convention. For any two factors which are unconnected, as u and v in P_1, it is assumed that the entire causal histories of these factors are independent – no unbroken route through the past of the later factor leads to the earlier, even allowing routes that go forward and backward in time.[8] In addition, a further assumption is made which underlies all this work connecting causal claims with probabilities – any factors (in any combination) whose histories do not intersect will be uncorrelated.

The idea behind the Markov assumption is that earlier causes always operate through intermediates, so that if you knew all the influences that bore on a particular effect at some time *t*, additional information about what happened prior to *t* would be probabilistically irrelevant to the occurrence of the effect. In the context of the kind of causal diagrams that we are using here, the assumption can be formulated this way: If some node is held fixed on every causal path leading into *e* (with the possible exception of the totally independent path from *w*, which may or may not have a node held fixed), then any information in the causal past of any of the fixed nodes will be probabilistically irrelevant to *e*.

Return now to diagram P_1. P_1 makes assumptions that are natural to Redhead's treatment of the E.P.R. setup. The perturbation, *d*, is taken as a cause of *c*, but there is no way that *d* can cause *e* except via the possible route from *c* to *e*. In turn, *d* is entirely produced by a "random factor" that operates independently of any other possible influences on *e*. In this case it is true that, given the Markov assumption, *c* screens off *d* from *e*. But that is independent of whether *c* causes *e* or not. Consider the two alternatives:

(i) C does cause *e*. Since, barring *w*, the only causal path into *e* is via *c*, the Markov assumption ensures that *c* screens off *e* from *d*, which is in the causal past of *e*. Hence $P(e/d \,\&\, c) = P(e/c)$.

(ii) C does not cause *e*. Under the rules of the game, *e* is probabilistically independent of *c* since there is no unbroken path from *e* to *c*. So, too, is the conjunct of *c* and *d* since there is no unbroken path from *e* to either of them. Hence the screening-off condition holds, since $P(e/c) = P(e) = P(e/c \,\&\, d)$.

In both cases, then, condition R obtains under the Markov assumption; and in both cases the reason is the same. In structure P_1, there are no causes of *e* other than *c* and *d*. This is true more generally. Whether R obtains in a causal structure that embeds P depends not on whether *c* causes *e* or not, but rather on what other routes are available from *e* to *d*. P_2 is a case in point. It embeds P, but R fails in it.

Before turning to P_2, it is worth looking to see what happens in P_1 when the Markov assumption is not made. Again consider the two alternatives:

(iii) C causes *e*: there is a direct causal path from *d* to *e*; and thus the two will be correlated. If the Markov property is not assumed, there is no guarantee that this correlation will be screened off by *c*. So R may fail.

(iv) C does not cause *e*: R obtains. The argument is the same as with case (ii), in which the Markov assumption played no role.

Surveying the four cases shows that the "causal intermediary" interpretation of robustness is not favorable to Redhead's intuition. For Redhead takes the failure of robustness as an indication that there is no causal connection. But in the situation pictured in P_1, the only possible case where R can fail is the third, and this is a case where the causal connection obtains.

Consider structure P_2 now, under the Markov assumption.

P_2

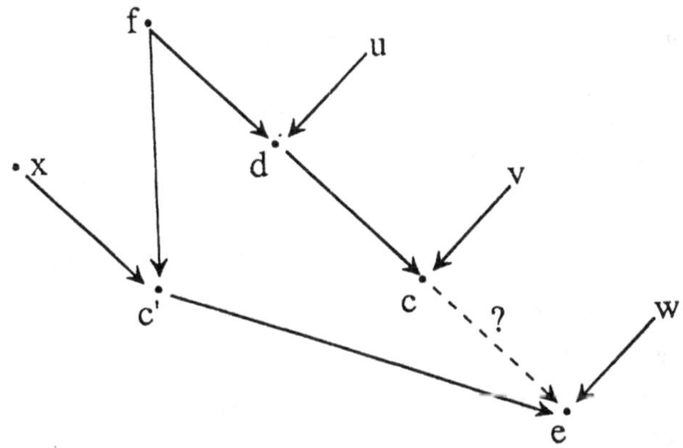

In P_2, both *c* and *d* may be probabilistically relevant to *e*, regardless of whether *c*, and thereby *d*, has a direct causal influence on *e* or not. Moreover, the relevance of *d* to *e* need not be screened off by *c*; this, too, is true regardless of whether *c* causes *e* or not. This is apparent from looking at the diagram. Imagine that *c* is known. Still *d* will be relevant to *e* since *d* is a symptom for the occurrence of *f*, which is itself a cause of *e*. The proof is tedious, but straightforward. Of course the structure P_2 is not a reasonable one to assume for Redhead's perturbation experiment, since, presumably, he would take *d* to be produced at the will of the experimenter, and to have no causes in common with *e*. We discuss it here merely to reinforce the point that condition R is in no way a criterion for the existence of a causal connection between c and e. Instead R holds or fails depending on what other factors cause e and how these relate to d.

4. FUNCTIONAL FORM

As we have argued in Section 2, in order to use the mark method to test for a causal connection between two types of events, one already has to have a fairly detailed hypothesis about what the connection would be like if it did exist, and what kinds of marks it can propagate. The third suggestion for interpreting robustness – maintenance of functional form – requires less information about the putative connecting process, and hence provides a more generally applicable test. In the end we shall have to consider, of course, whether we do have the information we need for applying it to E.P.R. That will be the topic of Section 6.

Let us turn then to the question of functional forms. We begin by exploring the link with robustness in the simple case in which any causal connections present are deterministic. The setting of the account is important: we make sufficient observations to convince ourselves that two variables describing events in separate places are functionally related:

$$z = f(y)$$

We hypothesize that the relation between the two is due (entirely) to a direct causal connection between them.

> Hypothesis: y's taking the value Y causes z to take the value f(Y).

A very simple paradigm for the causal connection is the rigid rod.[10] We can let y represent the location of a red spot painted across the left end; z, the location of a blue spot on the right end. Imagine that a child is pushing the left end around in a circle. We, of course, are supposed to see neither the child nor the rod, but observe merely that the red spot executes the same circular motion as the blue. How do we test for a causal connection?

We follow standard experimental procedures,: *we* move the blue spot to a new position Y in the circle, a position that it would not occupy otherwise at that time due to the joint effects of all other causes operating on it; and then we look to see if the red spot moves in the corresponding way as well. If it does, we are satisfied with our hypothesis; if not, we look for a more complicated causal story.

Three crucial assumptions must be made about our intervention if the procedure is to be a good test. Redhead leaves two unstated; the third, he acknowledges in his formulation of robustness. First, the intervention (call it d) must produce a value for the "cause" variable (y) that it would not otherwise have on that occasion. In the usual case we may not have information about what value y would take otherwise. We try to make up for this by repeating the experiment a number of times, determining the type and timing of d on each occasion in some "random" way. It is important to notice that these procedures do not constitute the test itself but are rather methodological tricks to help us achieve the ideal conditions of the test. To test the causal hypothesis we need to give y a value it would not otherwise be caused to have, and it is always possible we may not obtain this result even though we have followed our instructions exactly. We might, for instance, choose our values for y with some random number generator; nevertheless, by chance, it may pick just the values that y would have had anyway for each run of the experiment.

The assumption that d is "random" relative to y and z had a parallel in the "screening-off" approach to robustness, in that u, v and w were unconnected to one another in P_1. The second assumption we need to make was also broached there; it is simply that d is incapable of affecting z by any route other than via y. The failure of this assumption would be just as inimical to the successful application of this test as in the "screening-off" case.

Finally, the disturbance which we use to set the value of y must not interfere with the (possible) causal process connecting y and z. In our simple paradigm, that means that you have to keep the rigid rod *rigid*. If you move the red spot by bending the rod, you no longer have a test. The functional relation between y and z is not robust, but that does not show that there was no causal connection at work to begin with. Methodologically, we try to prevent destroying the causal connection by making the disturbance *small*, as Redhead indicates. Again, it is important to recall that smallness is not itself the requisite condition; it is just an indicator, and to no extent an altogether reliable one, that a necessary condition for the applicability of the criterion has been achieved.

The requirement for robustness of functional form can be taken as a special case of Mill's methods of concomitant variations: we vary the cause and look to see if the effect varies in the concomitant way. But what counts as concomitant? That depends on the specific nature of the causal hypothesis under test. Our account began with an observed functional relation of the form $z = f(y)$, and proposed the most straightforward and limited explanation: y's taking the value Y causes z to take the value $f(Y)$. Had we instead postulated a more detailed hypothesis of a specific connecting mechanism, like the rigid rod, we could have tested the new hypothesis not just by varying the cause across the range of its already observed value, but by trying out whole patterns of new behavior in the cause. In this case, the passively-observed functional form will be a special case, for a limited range of motions, of the function supposed to be governing the process; if the causal hypothesis is to be supported, we will demand robustness of the more general functional form. Note in particular that a direct causal link between y and z is compatible with the failure of the passively observed functional relation between them in the case in which some additional common cause, x, is operating: $z = g(x, y)$ might be robust whilst the *prima facie* relation $z = f(y)$ fails under experimental test.

What happens when we pass from deterministic causes to causes which are probabilistic? Standard causal modeling theory provides one very general account of how probabilistic causes might operate. The value of the effect variable (call it x_e) is represented as a deterministic function of the causal variable (x_c), but then a random "correction" factor (u) is added on. For example, we might have

$$x_e = mx_c^2 + u.$$

The distribution of the correction factor, u, then determines the distribution of the effect variable for a fixed value of the cause. For computational ease the correction term is usually taken to be normally distributed, with mean zero. In that case the value of the effect set by the deterministic function for a given value of the cause turns out to be the expectation of the effect for that value of the cause in the corresponding probabilistic case. In addition, it is usual to assume that the distribution of the correction factor is independent of the value of the cause. But this does not seem to be necessary to a concept of probabilistic causality. Changing the level of the cause could change not only the expectation of the effect, but the shape of the distribution around the expectation.

With respect to the possibility of a direct link between outcomes in E.P.R., Redhead laconically tells us "In the present setup . . . the functional form of the causal relation is given by the conditional probabilities" (Redhead (1989), p. 148). We have already seen that the appropriate functional form for the application of the robustness criterion depends on the specific details of the causal hypothesis under test. What picture of causality must be assumed to settle on the conditional probabilities, as Redhead does? The standard causal modeling theory we have just been describing provides what might naturally be seen as an analogue of Redhead's criterion. It can be roughly expressed like this: the conditional expectation of x_e given x_c does not depend on the level of x_d, given that x_d has no other route for influencing x_e than via x_c. We must be careful though. Recall the discussion of Papineau's proposal for interpreting robustness using ideas akin to Reichenbach's time-ordering techniques. The condition we just stated holds whether or not x_c causes x_e. The robustness of the conditional expectation of x_e given x_c under variations in x_d shows not whether x_c causes x_e or not, but rather whether x_d causes x_e other than via x_c. When x_d is an independent cause of x_e, robustness fails.

In the next section we will describe a way to think about robustness, via treatment/control tests, that does turn robustness into a necessary condition for a direct causal connection in certain cases, and which yields a closely-related criterion which is more generally applicable. It is based on the idea that, as you shift the probability of the cause, the probability of the effect should follow in train. An analogue of this result is derivable in conventional linear[11] causal models satisfying the conditions described above. Trivially, if

$$x_e = f(x_c) + g(x_0) + u$$

and

$$x_c = h(x_d) + v$$

then

$$\text{Exp}\, x_e = \text{Exp}\, f[h(x_d)] + \text{Exp}\, g(x_0)$$

where x_0 represents other causal factors, and u and v are random correction terms. When no other causal factors are at work, as Redhead supposes for E.P.R., then $\text{Exp}\ x_e = \text{Exp}\ f[h(x_d)]$. This is an exact analogue of robustness as we interpret it in the next section: changes in Exp x_d produce exactly the concomitant change in Exp x_e, so long as $f(x_c)$ appears in the first equation. When it does not, Exp x_d can vary as it will, with no effect on Exp x_e.

The significance of this result is uncertain though. It follows immediately on the decision to model stochastic events, like x_e, in these kinds of functional forms. Once we have done so, it is a trivial consequence that the probabilities for x_e can be affected by interventions that change the probabilities for x_c only so long as x_c somehow gets into the equation for x_e. Thus we must consider two questions: (1) on what ground do we decide whether to admit laws with these functional forms into our theory?; and (2) why should we give them a causal interpretation? What the little result above shows, after all, is that the probabilities are robust if x_e is a function of x_c in our modeling equations. But this, on the surface, does not settle our fundamental question about whether nature has just set the relations which the equations describe between x_e and x_c as a brute fact, as Redhead in the end claims about E.P.R., or whether these relations are maintained by a causal relation between x_c and x_e. To bear on this question, the equations need to be given some causal interpretation, and that is a very involved issue. Rather than detour through a long argument about causal modeling, we propose instead to think about robustness by appeal to more direct and immediate causal intuitions.[12] That is the project we turn to next.

5. TREATMENTS AND CONTROLS

There is one common way of using probabilities to test for causes that makes good sense of the robustness condition, and it is, moreover, probably the surest way to do so – that is the method which compares treatment and control groups. The method aims to solve problems of the type we face in E.P.R. A correlation between two factors is observed in a given population and the generalized version of the Reichenbach assumption is supposed: any true correlation must have a causal explanation. The idea of the treatment/control experiment is to establish the existence of a direct causal link between the two factors by eliminating all other possible causal accounts of their correlation. The strategy is familiar. We describe only the ideal version of it.[13]

In the control group, nature runs its course as usual. In the treatment group, the probability of the putative cause is altered artificially, in a way which is taken to be causally and probabilistically independent of any of the naturally occurring processes that are causally relevant either to the putative cause or to the putative effect. Label the experimentally introduced factor which changes the probability of the putative cause, *d*; the putative cause, *c*; and the putative effect, *e*. In principle, then, *d* is supposed to have no other way of influencing *e* than via *c*; and *d*'s occurrence is assumed to be probabilistically independent of the operation of any possible joint causes for *c* and *e*, any joint preventatives, any preventatives of *e* singly, preventatives of *c*, causes of *c*, etc. In this case, when the number of *c*'s rises, so should the number of *e*'s, if *c* causes *e*; if *c* prevents *e*, the number of *e*'s should drop; and if *c* is causally irrelevant to *e*, the number of *e*'s should stay the same. So we expect

$$P(e) \text{ in treatment group} > P(e) \text{ in control group}$$

if *c* causes *e*.

To make a connection with the robustness condition we must think about the conditional probability, $P(e/c)$, in the two groups. To make any quantitative claims about the conditional probabilities, more assumptions are required. A standard assumption, often made without mention, is that the strength of *c*'s probabilistic propensity to produce *e* is the same whether *c* occurs naturally or is caused by *d*; all other factors, as well, are expected to function in the same way when *d* occurs as when it does not. Even with this condition, the robustness of the correlation between *c* and *e* will provide a criterion for their causal connectedness only in special cases. The special cases are those in which we can assume that the correlation between *c* and *e* is entirely due either to the fact that *c* causes *e*, or to the operation of other factors. The simplest kind of case this rules out is a causal structure like S, in which the correlation between *c* and *e* arises partly from *c*'s direct influence on *e*, and partly from the fact that *c* and *e* are joint effects of a common cause, c'.

S

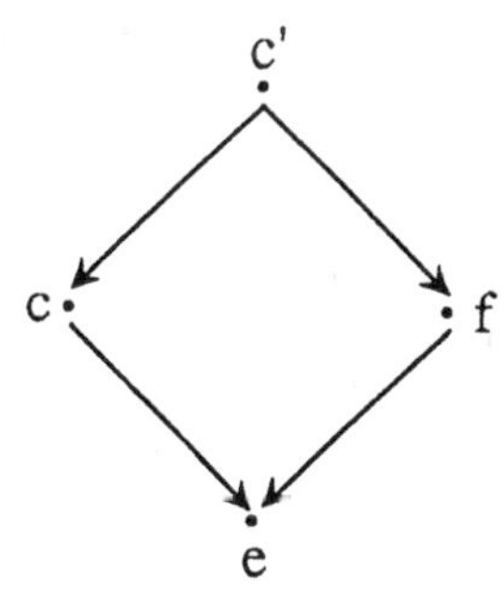

In S, among the class of c's, some of the e's will be caused by c alone, some by c' via f, and some will be overdetermined, caused both by c and by c' via f. When we use d to change the number of c's, say to increase them, then if c is a genuine cause of e, the number of e's should increase as well. But the increase will not be proportional to their original ratio if d and c' are uncorrelated, as supposed. Under d, some of the c's will be caused by c' and these will still generate a component of the conditional probability, $P(e/c)$, due to the joint cause c'. But, some of the c's will not be caused by c', so the component due to the joint cause c' will be missing in that class. All told, although the total number of e's will increase as the number of c's does, the conditional probability in a structure like S will fall. If instead c' had been a cause of c but a preventative of f, the conditional probability would rise. More complicated structures need to be considered, each on their own, but in any case what matters is how the values of $P(e)$ compare with and without d, not the values of $P(e/c)$. So in general, robustness is not a criterion of causality.

Here Reichenbach's thesis that conjunctive forks mark common causes plays a central role in the argument. We have already noted in the introduction that it is often supposed that there can be no common-cause at work in E.P.R. because the conjunctive fork condition fails. But we think this argument is mistaken: E.P.R. does not satisfy the background assumptions that must be met in order for the conjunctive fork to be a necessary condition for a common cause. So the question is left open as to whether a common cause exists, and hence it is an open question whether robustness should be expected even if the outcome in one wing of the E.P.R. setup is causing the outcome in the other wing. Robustness works as a test only under the "all or nothing" assumption; that is, under the assumption that if there is a direct causal connection between the two outcomes, this connection is entirely responsible for the correlation between the two, and no other factors contribute in any way.

Robustness aside, Redhead's proof now seems quite suggestive in itself. The basic idea of the treatment/control method is that changes in the probability of the cause should be associated with appropriate changes in the probability of the effect (given the conditions of an ideal experiment), and Redhead's proof bears as much on changes in the absolute probability of the effect as it does on robustness. It exploits the fact that the two systems in E.P.R. can be represented in different

Hilbert spaces. The fact that the intervention, d, is supposed to act only on the putative cause, c, and not directly on the effect, e, is captured by representing the intervention with an operator which acts on the space of the first system alone. It is a trivial fact built into the Hilbert space notation that operations on the one space have no effect on the other, even in situations where the two systems have previously interacted. In particular, there is no change in the probabilities on the second space.[14] That means that any changes in the probability of the cause will leave the probability of the effect intact. So it may be, after all, that standard treatment/control group methodology can rule out causation between outcomes in E.P.R., using the guiding idea of Redhead's proof. That depends of course on whether the conditions appropriate to the experimental test can be achieved. This is the question we turn to next.

6. CAN CONVENTIONAL CAUSALITY TESTS BE APPLIED IN E.P.R.?

In our discussion of functional form in Section 4, we pointed out three conditions that must be met before robustness could count as a test for causality. First, the cause must be changed so that it takes on a value it otherwise would not. The analogue to this condition in the treatment/control method is the requirement that the disturbance of the cause must be statistically independent of other causes, so that its action is not coincident with theirs. Second, the disturbance must have no way of influencing the putative effect other than via the candidate cause. This condition turned up in essentially the same form in the treatment/control test. Third, the change must be done in a way that does not distort the method by which the cause influences the effect. This is an essential feature, too, that must find its analogue in the conditions for a successful treatment/control test.

Consider a homely example. Sandy walks in the park every day. Whenever she leaves the park, a dog races after her, and leaves the park too. Is there a causal connection? Yes; and there is an enabling condition. Sandy and the dog have interacted in the past – it is her own dog, Kiwi, whom she has trained to respond to a high-frequency whistle that she carries along on her walks. We imagine a rough version of a treatment/control experiment: get Sandy to leave the park more often, and see if the dog does so as well. But we must be a little careful.

One easy way to get Sandy to leave the park an extra time is to get her to forget her whistle so that she has to go home to fetch it. In that case we will have succeeded in increasing the probability of the cause, but at the cost of destroying the mechanism by which it influences the effect.

The warning is equally apt in the quantum-mechanical case. One striking feature of the peculiar E.P.R. causality, if it exists at all, is that it exists only between systems which have previously interacted. It is assuredly not the case in general that getting a $+1/2$ outcome in a spin measurement on a particle in one location will cause a $-1/2$ outcome in a measurement on a particle in a distant location. The causal link seems only to operate between two particles which have interacted in the past, and which are now, as a two-body system, represented by a single quantum state, such as the singlet state of the E.P.R. arrangement. If the two systems can communicate causally, it is because there is something about their past interaction that enables them to do so.

How can we be sure that we are not interfering with any such enabling mechanism when we intervene to change the probability of the outcomes in one wing? Clearly we cannot be sure. We have not even the beginnings of a hypothesis about how the causal influence might be achieved, and the little we do know does not work in our favor. Any feature that enabled the two systems to influence each other would be a consequence of their past interaction. But we have no representation for any such unknown enabling factor. Our entire information about their past interaction is encoded in the quantum state – for E.P.R., the singlet state – and unfortunately, there is no way to change the probability of the outcomes on one system by operations on that system alone without destroying the very quantum state that records their past interaction. Redhead's intervention, d, rotates the spin states on the left and it thereby changes the probability of $+1/2$ in a spin-measurement along a given direction. But it simultaneously takes the pair out of the singlet state. What happens here is true in general, and for trivial reasons: you cannot keep the same state and yet get new probabilities. This is a point we first noted in the discussion of the mark method.

Perhaps this does not matter. Perhaps we can change the state that records the information about the past interaction without in any way perturbing specific features inherited from that interaction that might allow the two systems to influence one other. Perhaps not. We can hope that a "small" intervention will not affect the candidate enabling feature, even though we know that no matter how small, it is bound to affect the quantum state. To tackle the problem we need some idea about what could make the influence possible. At the moment all we have is the quantum state, and it argues against the possibility of constructing a conventional probability test for causality.

Considerations about enabling factors may raise a further concern. The cause in our examples is, in one clear sense, underspecified. It is not just the occurrence of a +1/2 outcome that is supposed to be capable of influencing the outcome in a distant spin measurement. It is rather a +1/2 outcome plus an appropriate enabling feature. If we are serious about studying the possibility of a direct causal relation between the two outcomes, this observation may set us off in a new direction of investigation. But it should not make us any more sanguine about conventional testing for causality in our current state of knowledge. All we can propose now, by way of completeness, is that it is *a +1/2 outcome in a spin measurement of one member of a singlet state pair* that is the cause of a correlated outcome in the other member of the pair. Putting it this way again dashes our hopes for using the conventional test. Any action of the kind envisaged on one of the systems alone will change the quantum state. There is no way to increase the probability of *this* cause, so the test – though a good one when we can use it – cannot be applied.

Redhead, too, considers whether the quantum state should be included as a part of the cause or not, but he rejects the idea. He presents a dilemma: if the quantum state is causally involved in the production of a +1/2 outcome on the right, then either (1) it is a common cause of both the left-hand outcome and the right-hand outcome, which combines with a direct causal link between the two; or (2) it is a common cause of the two outcomes, and no other causes are at work. His argument against the second case relies on Reichenbach: the quantum state cannot be a common cause because it does not produce a conjunctive fork. We have already mentioned that we do not think this is a good argument, but do not want to take up that dispute here. In the end, the concerns we want to explore here bear as much on the first horn of Redhead's dilemma as on the second. So we turn to the first horn.

Redhead rules out this option by invoking the special theory of relativity: ". . . a direct causal link is unacceptable on relativistic grounds" (1989, p. 149). But if the causal scheme represented in Redhead's first horn is to be rejected on grounds of conflict with relativity, then there would seem to be no need to apply the robustness condition in the first place. To the extent that we are concerned with the question of whether there is a direct causal link between the two outcomes, we might have settled the issue immediately by such considerations.

Turning the robustness condition from a necessary condition for causality, the status he usually claims for it, into a sufficient condition, Redhead also says about this horn: "If [the quantum state] is a partial common cause, then it must be overlaid by a direct causal link, since for fixed $|\psi\rangle$, Prob $|\psi\rangle$ $(a = \Sigma_a / b = \Sigma_b)$ has a robust form as a function of the values of Σ_a and Σ_b" (1989, p. 149).[15] Presumably the robustness consists of the fact that for fixed $|\psi\rangle$, the conditional probability is not affected by outside disturbances since it is, after all, completely determined by $|\psi\rangle$ itself. But the same observation shows that robustness cannot be an indicator of causality in this case, since the interpretations that make it a valid test – preservation of functional form and treatment/control group testing – require that the disturbance affect the cause in the appropriate way; *then* we look to see if the connection between cause and effect is robust. But once $|\psi\rangle$ is fixed, we can no more affect either the occurrence of the cause or its probability by d than we can affect the conditional probability.

This is surely a good thing, since, if it were a test, its results would be difficult to interpret. Recall from our discussion of structure S in Section 5, that where a common cause, like $|\psi\rangle$, and a direct cause, like the first outcome, are both at work, robustness is not to be expected. We may write, for this case:

$$\begin{aligned}
&\mathrm{P}(e/c) = \mathrm{P}(e \,\&\, c)/\mathrm{P}(c) = [\mathrm{P}(c \text{ occurs } \&\ e \textit{ is caused by } c) + \\
&P(c \text{ occurs } \&\ e \textit{ is caused by } c') - \\
&P(c \text{ occurs } \&\ e \textit{ is caused by } c \ \&\ e \text{ is caused by } c')]/\mathrm{P}(c)
\end{aligned}$$

If the number of c's is increased, the first term on the right, which is the conditional probability that c causes e, should stay the same.[16] That means that $\mathrm{P}(e/c)$ stays the same only if any changes in the last two terms cancel, which happens only when c's causings of e are totally coincident with those of c'. But that suggests a peculiar kind of collusion between the quantum state and the first outcome in their actions to bring about the second.

Redhead's overall conclusion from this reasoning is that the idea that the quantum state is part of the causal story in the production of the outcomes must be rejected. This frees him to use the lack of robustness of the conditional probability as a sign that the outcomes do not causally influence each other either, for he can now make the "all or nothing" assumption we described earlier. It seems, then, that no causes at all act in E.P.R. He says:

> So we have a dilemma, either horn of which is unacceptable. Our response must be to resist the temptation to restore robustness by regarding $|\psi\rangle$ as contributing a common cause, and accept the dependence on $|\psi\rangle$, not as a causal dependence, but as indicative of the nonrobustness of the link between *a* and *b*, the way of passion rather than of action. (1989, p. 150)

This reasoning, however, relies on a conflation of a simple and well-known distinction. Mill (1872, v. 2, bk. III, ch. x, s. 1) is the classical location for the distinction; it also lies at the heart of J. L. Mackie's work on *INUS* conditions (1980). Mill distinguishes between complete causes, which are separate and independent, and partial causes, which go to make up the different complete causes. Each of the complete causes is separately sufficient and together they are jointly necessary:

$$E \equiv C_1 \vee C_2 \vee \cdots C_n$$

Striking a dry match in the presence of oxygen is one way to get it to burn; lighting it from an already burning match is another; and so forth. Partial causes are the factors that go together to make up each complete cause – the striking, the dryness, and the oxygen, for example. These are Mackie's INUS conditions: *I*nsufficient but *N*on-redundant parts of an *U*nnecessary but *S*ufficient condition. Our complete causes, unlike Mackie's, are not logically sufficient for the effect, since they are supposed to operate purely probabilistically. But we still have the same distinction between complete probabilistic causes and the partial causes that make them up. Probabilistic causes have parts just as much as deterministic ones.

The upshot is that we have not two, but three, options if the quantum state is to play a role:

(1)

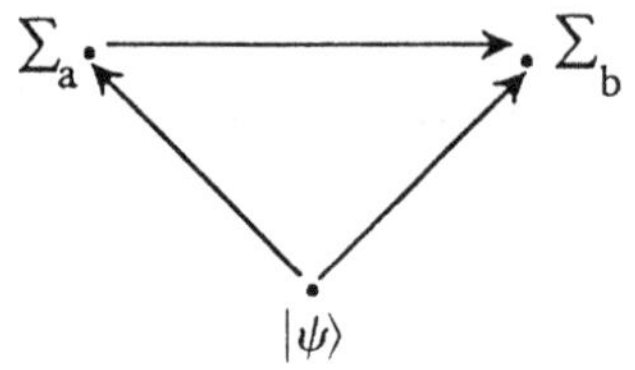

(2)

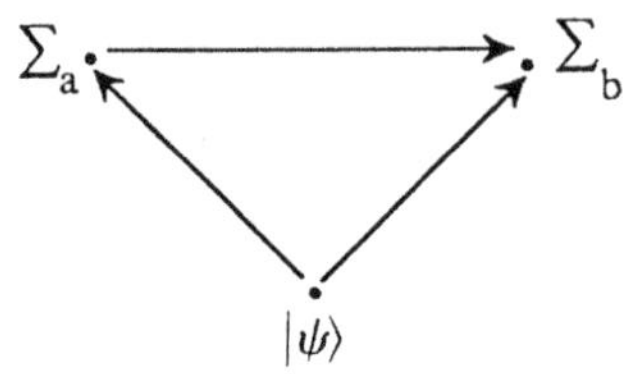

(3) $|\psi\rangle \ \& \ \Sigma_a \cdot \longrightarrow \cdot \Sigma_b$

Diagrams (1) and (2) correspond to Redhead's first and second horns, respectively. But it is diagram (3) that concerns us. We know, after all, that a left-hand spin-up outcome does not by itself affect spin outcomes at distant locations. Something more is needed, something which depends on the past interaction between the systems. Call it λ. So we know that if there is a causal link between the outcomes, a diagram like (3′) is needed:

(3′) $\boldsymbol{\lambda} \cdot \Sigma_a \longrightarrow \Sigma_b$

But λ is intimately connected with the quantum state, since the probabilities for how Σ_a affects Σ_b must be provided by it and not by the outcome Σ_a itself. After all, these probabilities vary with the history of the particles for the same outcome value. In order to apply the robustness-related causality tests, we must be able to vary the probability of Σ_a and λ without destroying the features of λ that make the causal influence possible. So we must ask, can we change $|\psi\rangle$ without changing λ in the wrong way? But that is a question we cannot answer without more information about λ.

7. Conclusion

Reichenbach worked in an era when philosophers were hopeful about the unity of science, and particularly about unity of method. He looked for universal tests of causal connectedness that could be applied across disciplines and independently of specific modeling assumptions. The hunt for quantum causes reminds us that his hopes were too optimistic. The mark method is not even a starter in testing for causal links between outcomes in E.P.R., because our background hypotheses about these links are too thin to supply the kind of information we need to put the method into play. When we turn to conventional statistical methods, we have seen that one test proposed – robustness of the conditional probabilities – can be conclusive only when we know that there are no other causal factors at work. In the particular case of E.P.R., it has often been assumed that this antecedent question can be settled by applying Reichenbach's conjunctive fork condition. But that application is in no way free of further modeling assumptions. Cartwright (1989) has shown that the conjunctive fork is only a necessary condition on a common cause under very limiting restrictions (restrictions that take one far from the case of maximal commonality); and she has argued that these special conditions are not satisfied in E.P.R.

Finally, even given the assumption that there are no other causes at work, the significance of robustness for E.P.R. is unclear. We need a model which tells us how one outcome would influence the other; without that, there is no way of interpreting the results of the robustness test so that it is decisive. In each of the approaches we discussed, Reichenbach provided the crucial guiding ideas that underlay our construction of a causality test; but the articulation of a specific criterion depends on the other details of the model. What is a criterion for a specific kind of link in one model need not be in another. We have illustrated with robustness and E.P.R., but we take the point to be perfectly general: there are no tests of causality outside of models which already have significant causal structure built in.

NOTES

[1] We would like to thank Michael Redhead, Jeremy Butterfield, and J. B. Kennedy for several conversations about robustness, and David Papineau for the use of his manuscript.

[2] In conversation, Cambridge, 1990. See also the preface to the second (1989) impression of his (1987).

[3] This way of putting it is used again in the preface to the second impression of his (1987).

[4] In his (1989), Redhead provides two further clues, referring to David Lewis and Brian Skyrms. (1989, p. 148, n.2.) Space does not permit us to be thorough here; in our view, however, neither of these analogies holds. In the passage Redhead cites, Lewis is concerned with problems about individuating events – if we attribute too rich an essence

to them, certain causal counterfactuals will get the wrong truth value. So here there is just no obvious connection. In the case of Skyrm's notion of "resilience", the situation is arguably worse, for the verdict of that condition actually contradicts that of robustness in many cases.

[5] Salmon (1984), esp. Chapter 5. Redhead cites both Salmon and Reichenbach (1928 and 1956) in connection with the mark method. Redhead (1987), p. 118.

[6] This example has no pretensions to zoological accuracy.

[7] The notation has been changed in line with the rest of our notation.

[8] If their histories are causally linkable, the usual convention is to connect the two with a curved line, to which additional information may be attached. Most commonly this information includes the correlation between them. Without at least this information about the omitted factors, very little headway can be made in calculating what probabilistic relationships correspond to which causal relationships among the factors which are included.

[9] These are just the standard rules of causal modeling, which express just the kind of assumptions that Reichenbach himself made. We should point out that, without assumptions like this connecting causes and probabilities in the premises, it will not be possible to infer any such connections in the conclusions.

[10] This, in fact, is Redhead's own. Conversation, Cambridge, England, 1989.

[11] *Linear* means that the contributions due to each separate cause are additive.

[12] Also, causal modeling theory has the disadvantage that relations between "yes-no" quantities of the kind we see in E.P.R. are awkward to represent functionally.

[13] Real experiments will necessarily depart from the ideal since we lack either the knowledge or the requisite technique for much of what we would like to do in the ideal. In consequence real experiments, when well-designed, will be far more complicated than the ideal one since they need to control and correct for things we either do not know about or cannot manipulate as we wish.

[14] J. B. Kennedy has made essentially this point with regard to Redhead's "no-signalling" proof. Cf. Kennedy (1988) and Redhead (1987), p. 116.

[15] Note that if this is correct, then there can be no dilemma: the robustness Redhead mentions here would rule out the possibility that there is only a common cause, and no additional direct link between outcomes.

[16] As we point out in Section 5, this is an assumption that underlies all the reasoning here. Without it, robustness is not even a good starting idea.

REFERENCES

Cartwright, N.: 1989, 'Quantum Causes: The Lesson of the Bell Inequalities', in *Philosophy of the Natural Sciences: Proceedings of the 13th International Wittgenstein Symposium*, Verlag Hölder–Pichter Tempsky, Vienna, pp. 120–27.

Cartwright, N. and Chang, H.: forthcoming, in a volume on realism edited by J. Margolis.

Kennedy, J. B.: 1988, 'Controllable Quantum Signalling', Lecture at the 13th International Wittgenstein Symposium, Kirchberg, Austria.

Mackie, J. L.: 1980, *Cement of the Universe*, Clarendon Press, Oxford.

Mill, J. S.: 1872, *A System of Logic*, Longmans, Green, Reader and Dyer, London.

Papineau, D., 1989a, 'Pure, Mixed, and Spurious Probabilities and Their Significance for a Reductionist Theory of Causation', in P. Kitcher and W. C. Salmon (eds.), *Minnesota Studies in the Philosophy of Science, v.XIII: Scientific Explanation*, University of Minnesota Press, Minneapolis, pp. 307–48.

Papineau, D.: 1989b, 'Common Causes', M.S., Cambridge University.

Papineau, D.: 1990, 'Causes and Mixed Probabilities', International Studies in the Philosophy of Science, v. 4, no. 1, pp. 79–89.

Reichenbach, H.: 1928, *Philosophie der Raum–Zeit–Lehre*, Walter de Gruyter, Berlin, English translation, 1958, Dover, New York.

Reichenbach, H.: 1956, *The Direction of Time*, University of California Press, Berkeley and Los Angeles.

Redhead, M. L. G.: 1987, *Incompleteness, Nonlocality and Realism: A Prolegomenon to the Philosophy of Quantum Mechanics*, Clarendon Press, Oxford, 2nd impression with new preface, 1989.

Redhead, M. L. G.: 1989, 'Nonfactorizability, Stochastic Causality, and Passion-At-A-Distance', in J. T. Cushing and E. McMullin (eds.), *Philosophical Consequences of Quantum Theory: Reflections on Bell's Theorem*, University of Notre Dame Press, Notre Dame, pp. 145–153.

Salmon, W. C.: 1984, *Scientific Explanation and the Causal Structure of the World*, Princeton University Press, Princeton, NJ.

Department of Philosophy
Stanford University
Stanford, CA 94305
U.S.A.

ADOLF GRÜNBAUM

CREATION AS A PSEUDO-EXPLANATION IN CURRENT PHYSICAL COSMOLOGY*

1. INTRODUCTION

In his posthumously published *The Direction of Time* (1956, p. 133), Hans Reichenbach wrote: "At the present state of cosmology, it is very difficult to come to a conclusion concerning time as a whole". Yet in that work, he did rely on his "hypothesis of the branch structure" (chap. III, sec. 16) to offer a cosmological examination of temporal anisotropy in the context of (classical) statistical mechanics. Elsewhere (Grünbaum, 1967, pp. 168–170), I have offered an appreciative critical appraisal of his proposed extension of his hypothesis of the branch structure to cosmology. But unfortunately, Reichenbach did not live to witness the elaboration of cosmic physical models during the latter half of the twentieth century that are very much concerned with "time as a whole".

Indeed, some of these cosmologies have ushered in various attempts to enlist them as support for theological creationism. For example, in a famous 1951 address to the Pontifical Academy of Sciences, Pope Pius XII saw the big bang cosmology as calling for a necessary creator *ex nihilo* (Isham, 1988, p. 378). And the Benedictine priest Stanley Jaki (1980, pp. 85–86) opines:

> ... on account of the universal relevance of creation, there ought to be an intimate connection between the fate and fortune of science and the Christian dogma of creation. Indeed, such a connection is all too well attested by a history of science free of the shackles of the blind rationality of logical positivism and of the subtle irrationalism of a psychologism and sociologism erected into epistemology and metaphysics.

For historical reasons, the term "creation" is laden with the notion of a creating agency or cause *external* to the created objects. In this important respect, this word differs from the neutral term "origination." Moreover, the terms "nothing" or "from nothing" as used in conjunction with "creation" carry the connotation of the traditional theological notion "*ex nihilo*". Alas, the recent literature on some

Erkenntnis **35**: 233–254, 1991.
© 1991 *Adolf Grünbaum. Printed in the Netherlands.*

versions of quantum cosmology contain inappropriate uses of these locutions which may suggest that this theory abets creationism. For example, such physicists as Hartle and Hawking (1983) and Vilenkin (1983) speak misleadingly of certain primordial physical states as "nothing", even though these states are avowedly only "a realm of unrestrained quantum gravity", which is "a state with no classical space-time" (Vilenkin, 1983). By the same token, in his essay "Creation of the Universe as a Quantum Process", the English physicist Isham (1988, p. 401) characterized Hartle and Hawking's (1983) version of quantum cosmology as featuring "creation from nothing". Indeed, he adds: "The creation from nothing is precisely that".

On the other hand, some opponents of creationism have illicitly rejected particular cosmological models *a priori*, in the mistaken belief that these physical models either lend credence to divine creation *ex nihilo*, or at least fail to answer allegedly legitimate questions posed by creationists. Thus, John Maddox (1989, p. 425), the editor of *Nature*, judged the big bang cosmogony "philosophically unacceptable," claiming that "creationists . . . have ample justification in the doctrine of the Big Bang", because this doctrine is allegedly vitiated by "the philosophical difficulty that an important issue, that of the ultimate origin of our world, cannot be discussed". In due course, I shall challenge Maddox's assertions fundamentally. But, it behooves me to register a two-fold *caveat* at the outset: 1. Suppose that – contrary to actual fact – the best model of recent physical cosmogony *were* evidentially supportive of divine creation *ex nihilo* à la Augustine. In that counterfactual eventuality, it would be an impermissible apriorism to reject the model for that particular reason, as some atheists have done. 2. On the other hand, posit that, in the context of the Big Bang model, Maddox's particular construal of the question of "the ultimate origin of the world" turns out to be a *pseudo-problem*, as indeed it will. Then his question is simply pointless. And, in that case, the import of his question surely does not license his conclusion that "creationists...have ample justification in the doctrine of the Big Bang".

In advance of considering particular cosmologies, let me note that the invocation of a divine creator to provide *causal* explanations in cosmology suffers from a fundamental defect vis-à-vis scientific explanations: As we know from two thousand years of theology, the hypothesis of divine creation does not even envision, let alone specify, an appropriate *intermediate* causal *process* that would *link* the presence of the supposed divine (causal) agency to the effects which are attributed to it. Nor, it seems, is there any prospect at all that the chronic inscrutability of the putative causal linkage will be removed by new theoretical developments. In sharp contrast, the discovery that "an aspirin-a-day" keeps many a heart-attack away has been quickly followed by the quest for a specification of the mode of action that mediates the prophylaxis afforded by this drug against coronary infarcts. Similarly for therapeutic benefits from placebos wrought by the mediation of endorphin-release in the brain and by the secretions of interferon and of steroids. In physics, there is either an actual specification or at least a quest for the *mediating causal dynamics* linking presumed causes to their effects. In the case of laws of coexistence or action-at-a-distance, there is a specification of concomitant variations in the sense of John Stuart Mill. Yet despite the failure of theology to provide just such a dynamical linkage, Newton invoked divine intervention in the belief that it could plug explanatory lacunae which his physics had left unfilled.

In the face of the inherently irremediable dynamical inscrutability of divine causation, the resort to God as creator, ontological conserver of matter, or intervener in the course of nature is precisely a *deus ex machina* that lacks a vital feature of causal explanations in the sciences. The Book of Genesis tells us about the divine word-magic of creating photons by *saying* "Let there be light". But we aren't even told whether God said it in Hebrew or Aramaic. I, for one, draw a complete *explanatory* blank when I am told that God created photons. This purported explanation contrasts sharply with, say, the story of the formation of two photons by conversion of the rest-mass of a colliding electron-positron pair. Thus, so far as divine causation goes, we are being told, to all intents and purposes, that an intrinsically elusive, mysterious agency X inscrutably produces the effect. And the appeal to the supposed divine attributes of omnipotence, omniscience and omnibenevolence merely baptizes this cardinal explanatory lacuna.

Thomas Aquinas recognized, to his credit, that divine causal explanations are problematic by being global in this way, although he thought he could neutralize his own initial objection to them by his famous "Five Ways". As he put the explanatory challenge: "it seems that everything we see in the world can be accounted for by other principles, supposing God did not exist" (*Summa Theologica*, Part I, 1.6. Third Article, Objection 2.)

So much for a general preliminary *caveat* against the tacit misassimilation of purported divine causation in cosmology to causal explanations in the natural sciences.

In the present paper, I aim to show that pseudo-explanations offered in response to pseudo-problems vitiate current attempts to harness the influential cosmological models of recent decades in support of theological creationism. Indeed, it will turn out that none of these models pose any sort of challenge to atheism. As we know, the notion of pseudo-problem figured prominently in the philosophical iconography of logical empiricism. Though much of positivist philosophy of science is deservedly superseded, I shall argue that its notions of pseudo-problem and pseudo-explanation are fundamentally illuminating in the philosophy of cosmology. Currently, the Big Bang theory, in some version of quantum cosmology, is largely in vogue. The original steady-state cosmology of Bondi and Gold (and of Hoyle) has become defunct on empirical grounds. Yet there are dissenting voices: Last year, five astrophysicists (Arp *et al.*, 1990) argued that the Big Bang model is unsatisfactory, and one of them (Narlikar, 1991) dealt with the question "What if the big bang didn't happen?"

Despite the recent modifications of the original rival big bang and steady-state cosmologies, it will be philosophically instructive to examine creationist arguments in the context of these original theories before turning to quantum cosmology. As it will turn out, the philosophical issues have remained essentially the same, although the technical details have, of course, changed considerably.

2. THE PSEUDO PROBLEM OF CREATION IN THE PRE-QUANTUM 20TH CENTURY COSMOLOGIES

A. *The Alleged Philosophical Defects of the Pre-Quantum Big Bang Cosmogony*

According to the physical cosmologists Narlikar, Lovell, and Bondi, a problem of socalled "creation" is posed by a pre-quantum version of the big bang theory. When that theory is being contrasted with its steady-state quondam rival, it is often called "evolutionary". And it tells us that, before the chemical elements were formed, an explosion of primeval matter resulted in the present expansion of the universe. That explosion is called "the Big Bang". It may perhaps still be an open question whether big bang might be somehow accommodated in a mathematically meaningful fashion in an Einsteinian universe such that the big bang is *not* a singular boundary of space-time. In one such sketchily envisioned model, the big bang would have been preceded by an infinite sequence of prior contractions and expansions, like those of a musical accordion. But quite apart from current technical doubts about the eternally oscillating model of the universe, it does not even provide a point of departure for the argument from creation *ex nihilo*. Therefore, I shall now consider just the particular big bang models that, at first glance, seem to warrant the sort of questions asked by Narlikar and Lovell

These models have been claimed to allow two cases, which I shall discuss separately. But I must note at once the caveat issued by Torretti (1979, pp. 328–329; 1983, pp. 210–219; 1984, p. 197) that only the *second* of these cases is a bona fide one of general relativity, whereas the first one is not (see also Tipler, 1987, and Barrow and Tipler, 1986, pp. 442–443). I nonetheless deal with the spurious case as well, because J. Narlikar and others have invoked it to claim that there is a bona fide instant $t = 0$ at which "the primary creation event" actually occurred (Narlikar, 1977, pp. 136–137).

Narlikar is instructively articulate in his *confusion* of the question of the origin of the universe with the alleged problem of its *creation*. And having conflated these two different questions, he feels entitled to complain that "most cosmologists turn a blind eye" to the purportedly most fundamental of all questions:

> The most fundamental question in cosmology is, "Where did the matter we see around us originate in the first place?" This point has never been dealt with in the Big Bang cosmologies in which, at $t = 0$, there occurrs a sudden and fantastic violation of the law of conservation of matter and energy. After $t = 0$ there is no such violation. By ignoring the primary creation event most cosmologists turn a blind eye to the above question. (Narlikar, 1977, pp. 136–137)

Narlikar had set the stage for this formulation of his question as follows:

> So we have the following description of a Big Bang Universe. At an epoch, which we may denote by $t = 0$, the Universe explodes into existence . . . The epoch $t = 0$ is taken as the event of "creation". Prior to this there existed no Universe, no observers, no physical laws. Everything suddenly appeared at $t = 0$. The "age" of the Universe is defined as the cosmic time which has elapsed since this event. . . .
>
> Although scientists are not in the habit of discussing the creation event or the situation prior to it, a lot of research has gone into the discussion of what the Universe was like immediately after its creation. (Narlikar 1977, p. 125)

Now let me be more specific as to the sorts of big bang model that Narlikar and other creationists have invoked. They fall into two classes.

Case (i) features a cosmic time interval that is allegedly *closed* at the big bang instant $t = 0$, and furthermore, *this instant had no temporal predecessor*. In this case, which figures in Narlikar's complaint, $t = 0$ was a singular, temporally first event of the physical space-time to which all of the worldlines of the universe converge. This means, I repeat, *that there simply did not exist any instants of time before* $t = 0$! It would be (potentially) misleading to describe this state of affairs by saying that "time began" at $t = 0$. How so? This description makes it sound as if time began in the same sense in which, say, a musical concert began. And that is misleading, precisely because the concert was actually preceded by actual instants of time, when it had *not yet* begun. But, in the putative big bang model under consideration, there were no such earlier instants before $t = 0$, and hence no instants when the big bang had not yet occurred. Narlikar and Lovell (1961, p. 106) were apparently quite unaware of these facts. Thus, as we saw, Narlikar (1977, p. 125) deplored that "scientists are not in the habit of discussing . . . the situation prior to it [the big bang]". And Lovell assumed that one can meaningfully speak of "the time before the [Big Bang]" (p. 99), such that "one must still inquire. . . how the primeval gas [of the Big Bang] originated". Thereupon he joins Narlikar in a philosophical jeremiad and says: "Science has nothing to say on this issue" (pp. 98–99).

To suggest or to assume tacitly that instants existed after all before the big bang is simply *incompatible* with the physical correctness of the putative big bang model at issue, and thus implicitly denies its soundness. Aristotle believed that a first instant of time is *inconceivable* (*Physics*, Book VIII, 251b). But such a moment is quite conceivable, and the verdict as to its actual existence must be reserved to the mathematics of our best, empirically tested, physical theories. Yet, in effect, Aristotle had implicitly denied even the logical possibility of the putative big bang model, and therefore also its physical possibility. It is now clear that the physical correctness of this model is also implicitly denied by anyone who addresses any of the following questions to it: "What happened *before* $t = 0$?", "What prior events *caused* matter to come *into* existence at $t = 0$?", "What prior events caused the big bang to occur at $t = 0$?" As Barrow and Tipler (1986, p. 442) point out, the question "what happened before $t = 0$?" makes just as little sense as to ask, in the case of a universe featuring an *infinite* past, "what happened before the Universe began?"

Of course, Narlikar and Lovell are indeed entitled to reject the given big bang model by trying to give cogent reasons for postulating a rival model featuring times *before* $t = 0$. But, failing that, it is *altogether wrongheaded* for them to complain that – even when taken to be physically adequate – the putative big bang model *fails to answer questions* based on assumptions which it denies as false.

Maddox (1989, p. 425) contends that the big bang "is an effect whose cause cannot be identified or even discussed". Thence he concludes that the big bang model is beset by "the philosophical difficulty that an important issue, that of the ultimate origin of our world, cannot be discussed". But far from being important, I claim, this issue is a pseudo-problem, which is generated by Maddox's *illicit insistence* on characterizing the putative initial event at $t = 0$ as "*an effect*" of a prior cause. He is presumably *not* invoking the very questionable notion of simultaneous causation of the big bang by another event. Therefore, his designation of the hypothesized initial event as an "effect" requires the existence of an *earlier* cause of this purported effect. And this existential claim, in turn, entails the assumption – within the context of the assumed model – that there is at least one instant *before* $t = 0$ *after all*. Evidently, this presupposition saddles the model with a temporal inconsistency, engendered at the outset by Maddox's question-begging insistence on daubing the cataclysmic event at the putative $t = 0$ as "an effect".

Evidently the elusiveness of the phantom earlier cause is due to its sheer non-existence in the face of the gratuitous demand that it must exist nonetheless at instants *before* $t = 0$. Precisely the hypothesis that $t = 0$ simply had no temporal predecessor obviates the misguided quest for the elusive cause. Hence, if the big bang is taken to have occurred at the putative $t = 0$, that *initial* event is causally *sui generis*: It just cannot have any cause at all in the universe of the given model. After all, events do not qualify *a priori* as caused *simpliciter* independently of the space-time structure to which they belong. Neither can all events be decreed *a priori* to be the effects of earlier causes. Indeed, it is no more legitimate to legislate *a priori* the (temporal) structure of space-time and the existence of causes in it, than to decree by fiat the properties of, say, photons.

Evidently, it is imperative to distinguish the sound question "Does the career of the universe have a temporal beginning?" from Maddox's quite different alleged problem "If the universe did have a bounded past of finite duration, what was the cause of its initial event at $t = 0$? He takes the latter query to be the "important issue. . . of the ultimate origin of our world". But absent the phantom cause or "ultimate origin," the craving for the causal explanation of the classical big bang at the putative instant $t = 0$ is a seductive pseudo-problem, rather than a riddle eluding scientific solution, let alone a mystery calling for theological resolution. Clearly, to obviate an issue of causation as spurious is not tantamont to failing to come to grips with it. After all, a question cannot be regarded as a well-posed challenge to a theory merely because the questioner finds it *psychologically* insistent, and finds the answer to it elusive after introducing a temporal inconsistency into the theory *a priori*. If the presupposition of a philosophical or scientific question is presumably false, then the question is at best misleading, and at least ill-posed or pointless.

Relatedly, the presupposition of instants before $t = 0$ has also served to beg the question of energy conservation in the context of the putative big bang model, which does feature the *conservation* of matter-energy. Such conservation requires that, at all existing instants of time, the total matter-energy content of the universe is the same. But it *allows* a bounded, finite past. To ask how matter or energy came *into* existence in the first place at $t = 0$ is to presuppose not only earlier moments of time, but also the *non*-existence of any matter at those supposed earlier times. *Yet precisely the latter presupposition is denied by the matter-conservation that is asserted by the model* (Barrow and Tipler, 1986, p. 443). Therefore, Narlikar (1977, pp. 136–137) was simply dead wrong when he wrote: "in Big Bang cosmologies . . . at $t = 0$, there occurs a sudden and fantastic violation of the law of conservation of matter and energy". Even the term "sudden" tacitly trades on times prior to $t = 0$. And these illegitimate ways of begging the question generate the socalled "problem of creation"!

More generally, the terms "creation" and "annihilation" can each be especially misleading in descriptions of processes that conform to energy-conservation laws. Take, for example, the phrases "pair creation" and "pair annihilation", which are familiar from the theory of particle reactions. In that theory, these phrases are employed to describe energy-conserving processes featuring the intertransformation between radiation and a particle-pair consisting of one kind of particle and its anti-particle. Thus, when an electron and a positron collide, their rest-mass is converted into two photons of gamma radiation, emitted in two opposite directions. While the rest-mass of these photons may well be zero, this gamma radiation is obviously much more than just "nothing". Nevertheless, even Hans Reichenbach wrote (1956, p. 265) that the particle and its anti-particle disappear "into nothing". Evidently, the phrase "pair annihilation" obscures the fact that the energy of the original positive rest-mass of the particles reappears in the resulting gamma radiation, although the term "annihilation-radiation" is not similarly misleading. Corresponding remarks apply to the transformation of gamma radiation into an electron-positron pair: Such pair-production is certainly not a case of pair-"creation" *out of nothing*.

I should emphasize that if, as in one of the versions of quantum cosmology to be discussed below, the "big bang" is no longer held to comprise *all* of the earliest instants of past time, but to start as a later inflation, then it may well no longer be misguided to ask "what caused the big bang?", as in Paul Davies' book (1984, chap. 12). But, in that quantum version, general relativity turns out to tell us why there is an "inflationary" expansion, thereby obviating any explanatory resort to an external divine creative cause!

Apart from Maddox's philosophical objections to the putative big bang model featuring an initial instant, he expects that scientific evidence will turn out to justify the abandonment of the model. But I claim that, insofar as both its classical and quantum versions become unacceptable, they will do so *only* on scientific, rather than on philosophical grounds. For example, the very recently discovered "great wall" and "great attractor," the socalled "dark matter", the newly observed most distant and oldest quasars (Wilford, 1990), or the role played by plasma in cosmic evolution (Peratt, 1990) pose a theoretical challenge that the big bang framework may, in due course, perhaps be unable to meet.

Yet, in Lovell's case (1961,1986), cosmological questions take on a quite sweeping form. During the past three decades, he has given an explicitly theological twist to the most fundamental cosmological questions by making two major claims: (1) There is an inescapable problem of creation in both the steady-state and big bang cosmologies, but neither of them is capable of offering a scientific solution to it, and (2) a satisfactory explanatory solution "must eventually move over into metaphysics" (1961, p. 125) by postulating divine creation. This brings us to the *second* class of general relativistic big bang models that have been claimed to warrant the sort of questions asked by Narlikar and Lovell.

Case (ii). This relativistically bona fide subclass of pre-quantum big bang models differs from those in Case (i) by excluding the mathematical singularity at $t = 0$ as not being an actual moment of time. Thus, their cosmic time interval is open in the past by lacking the instant $t = 0$, although the duration of that past interval in years is finite, say 12 billion years or so. But just as in Case (i), no instants of time exist prior to that time interval in Case (ii). And despite the equality of finite duration of the time intervals in the two models, the crucial difference between Case (ii) and Case (i) is the following: In Case (ii), *there is no first instant of time at all*, just as there is no leftmost point on an infinite Euclidean line that extends in both directions. Since here as elsewhere, the term "always" refers to all actual past instants of time, the non-existence of time before $t = 0$ in either Case (i) or Case (ii) allows that matter has *always* existed, despite the finitude of the age of the universe in both sets of models.

Nevertheless, even in Case (ii), the finite age of the universe has tempted some people to make the tacit false assumption that there were moments of time after all *before* the big bang, an assumption incompatible with both models. And once this question-begging assumption is made, the door is open for all the same illegitimate, ill-posed creation questions that I undermined à propos of Case (i).

In a very recent paper, Hawking (1987) very briefly expressed the sort of view I advocate here when he wrote:

> In general relativity, time . . . does not have any meaning outside the spacetime manifold. To ask what happened before the universe began is like asking for a point on the Earth at 91 north latitude; it just is not defined. Instead of talking about the universe being created, and maybe coming to an end, one should just say: The universe is. (p. 651)

The French astrophysicist Jean-Marc Levy-Leblond (1989) noted correctly that general relativity theory excludes an initial instant t_0 from the set of bona fide physical instants. And thus he points to the relativistically bona fide status of Case (ii), as against the impermissibility of the initial instant t_0 in Case (i). Levy-Leblond then argues against Maddox that the big bang universe "need not be as 'philosophically unacceptable' as he [Maddox] thinks". Assuming that there is no final future crunch, Levy-Leblond then emphasizes that the cosmic time-interval of the Robertson–Walker spacetime metric is *open* in both directions ($t_0 < t < \infty$) but patently does not extend before t_0. Relying on an *a priori* prejudice, however, Levy-Leblond finds it philosophically discomfiting that even though the past on this open interval is ordinally unbounded, the age of the big bang universe in the given metric is finite, presumably somewhere between 12 and 20 billion years.

Thus, citing Misner (1969), he aims "to send back the birth of the Universe [metrically] to (minus) infinity where, or rather *when* it seems to belong". Hence he was pleased to introduce a new linear time metric, which confers an infinite duration on the ordinally unbounded past of the big bang universe. True, this alternative time-metrization is quite legitimate. And, interestingly, it is physically realized, as Levy-Leblond explains, by a clock geared to the expansion of the universe. But just why must the birth of the universe "belong" into a past of metrically infinite duration? Levy-Leblond reasons that *because* "on the linear scale. . . never did the big bang begin", its "philosophical status does not seem that disquieting". But the philosophic malaise experienced by those who shrink *a priori* from a metrically finite age of the universe is baseless. Therefore the ability to allay this discomfiture does not add merit to the remetrization. *Pace* Maddox and Levy-Leblond, the big bang model featuring the finite age of the universe on the standard cosmic time-scale is not philosophically disquieting at all, and should not be, either causally or temporally, even if its time-interval were to contain an instant t_0 having no temporal predecessor. It is the *a priori* philosophical aversion for a bounded, metrically finite past that tacitly but unwarrantedly plays into the hands of the creationists (Grünbaum, 1990).

False or unwarranted underlying assumptions can vitiate not only questions, but also characterizations of cosmological models that employ at best inappropriate or misleading vocabulary. Thus, when speaking of a pre-quantum big bang model of the expanding universe featuring an initial zero radius, Isham (1988, p. 392) says: "This is essentially the sense in which space and time can be said to 'come into being' at the point of creation". And Vilenkin (1982) spoke of a quantum model featuring an initial minimum radius as having been "created from nothing" at the minimum radius. But Hawking (1987) rightly exposes the dubious underlying assumption:

However, the use of the word "create" would seem to imply that there was some concept of time in which the universe did not exist before a certain instant and then came into being. But time is defined only within the universe, and does not exist outside it. (pp. 650–651)

Surprisingly, Hawking (p. 651) even credits St. Augustine with the recognition of just this restriction by quoting Augustine's assertion that "time itself was made by God". Augustine made this claim to undercut the premise of a challenger who had asked him "What did God do before He made Heaven and Earth?" The frivolous, apocryphal answer to this question reportedly was that God was busy preparing hell for those who would ask such a question. Isham (p. 387) sees Augustine's notion of the divine creation of *both* time *and* matter as a "profound" answer to the challenger's question as to God's activity before He created heaven and earth. But, to my mind, when Augustine tells us that "time itself was made by God", the locution "was made" is subject to precisely the objection that Hawking justly raised against the word "created". I therefore consider this Augustinian assertion to be incoherent, and moreover as unhelpful to Hawking's well-taken *caveat* against Vilenkin. Moreover, I consider the notion of simultaneous causation, as applied to the purported *creation of time*, either unintelligible or, at best, incoherent.

Yet some Catholic theologians, including Aquinas, have interpreted Book XI of Augustine's *Confessions* as enunciating the doctrine of *timeless* causation as follows: At any time whatever, the existence of time itself and of the world are entirely dependent on God for their very being. Let me stress, however, that, since it is not relevant to current physics, I shall not be concerned at all with this *atemporal* metaphysical version of Augustine's creation *ex nihilo*. Suffice it to say, however, that I find this version quite obscure, if not incoherent. And, in any case, I know of no cogent argument for it.

Having reported Pope Pius XIIth creationist gloss on the big bang cosmogony, Isham (1988) elaborates:

Perhaps the best argument in favour of the thesis that the Big Bang supports theism is the obvious unease with which it is greeted by some atheist physicists. At times this has led to scientific ideas, such as continuous creation or an oscillating universe, being advanced with a tenacity which so exceeds their intrinsic worth that one can only suspect the operation of psychological forces lying very much deeper than the usual academic desire of a theorist to support his/her theory. (p. 378)

The advocacy of an oscillating universe by the atheistic British physicist Bonnor (1964) is a case in point, since Bonnor rejected a big bang model featuring a finite past in the belief that it lends support to divine creation. But, as I have argued, Bonnor's belief is fundamentally mistaken.

Recently, plasma cosmology (Peratt, 1990) has posed a major challenge to the gravity-dominated big bang models by assigning a critical cosmic role to hot, electrically charged gases. The plasma model evolves without any beginning, being metrically infinite in both time-directions on the standard cosmic scale. But this feature does not make the plasma universe *philosophically* preferable to any of its big bang rivals, although it does, of course, obviate even the temptation to resort to creationism. The merits of the competing claims of the plasma and big bang models turn instead on their scientific credentials, which include the adequacy with which they fit observational findings. A recent survey of astrophysical opinion (Wilford, 1990) suggests a preference, in some quarters, for exploring the role of plasmas in cosmic evolution, but only within the big bang framework, rather than as an alternative.

Elsewhere (Grünbaum, 1989, Sec. 2, pp. 378–384), I have argued that the *traditional* first cause argument for divine creation – in the versions relevant to the concerns of this paper – is multiply unsound. But here, I shall contend further that atheists have nothing to fear from *any* of the twentieth century cosmologies.

B. *The Alleged Philosophical Defects of the Bondi and Gold Steady State Theory*

In the Bondi and Gold theory, the formation of new hydrogen atoms violates matter-conservation, because they assume that the *density* of matter is constant over time (steady state) even as the universe is *expanding*. Thus, their theory features the conservation of density but *not* of matter. Yet I urge that this violation of matter-energy conservation be described by means of such words as "accession or accretion of matter", rather than by the term "creation". By the same token, I deplore the use of the term "creation" throughout Isham's (1988) paper, which is entitled "Creation of the Universe as a Quantum Process". Unfortunately, Bondi himself (1961, p. 144) uses the term "creation" misleadingly to describe this denial of energy-conservation in his cosmology: "It should be clearly understood that the creation here discussed [in the context of the steady-state theory] is the formation of matter not out of radiation but out of nothing". Alas, the term "creation" suggests misleadingly that Bondi was postulating the operation of a creator or creating *agency*. But, more fortunately, he goes on to use the much better term "formation".

The astronomer Lovell (1961, p. 117) asks, in effect: What is the external cause of the new hydrogen atoms that come into being in the Bondi and Gold universe, in violation of matter-energy conservation? And Lovell complains that the "steady-state theory has no solution to the problem of creation of [new] matter". To gain perspective on this complaint, let us first look at the lesson that can be learned from the history of science in regard to the evidential warrant for postulating *external causes* for the behavior of physical and biological systems (Grünbaum, 1973, pp. 406–407).

According to Aristotle, an external force is needed as the cause of a sublunar body's non-vertical motion. In his physics, the demand for such a disturbing external cause to explain such motion arises from the following assumption: When a sublunar body is not acted on by an external force, its *natural*, spontaneous unperturbed behavior is to be at rest at its "proper place," or – if it is not already there – to move vertically toward it. Yet, as we know, Galileo's analysis of the motions of spheres on inclined planes led him to conclude that the empirical evidence speaks against just this Aristotelian assumption. As Newton's First Law of Motion tells us, uniform motion never requires any external force as its cause; only accelerated motion does. Any of us who sat helplessly in a car while it was gliding along with essentially constant velocity on a wet road while hydroplaning can appreciate that Galileo and Newton were right. But, if so, then the Aristotelian demand for a causal explanation of *any* non-vertical sublunar motion *by reference to an EXTERNAL, perturbing force* is predicated on a false underlying assumption, rather than asks a well-posed legitimate question as to the "why" of uniform non-vertical sublunar motion. By the same token, Galileo and Newton could only shrug their shoulders or throw up their hands in despair, if an Aristotelian told them that he has a solution to the "problem" of the external cause of such uniform motion, whereas they do not. It would, of course, be legitimate for the Aristotelian to *try* to offer empirical evidence that Newton's First Law is false despite Galileo's observations on an inclined plane. But begging the question hardly constitutes such evidence.

I claim that an Aristotelian who would reason like Lovell could just as well say the following: If a sublunar body moves non-vertically in the absence of any external physical force, then we must explain this motion – even if it is uniform – as the result of external supernatural intervention. Let us apply these considerations to Lovell's philosophical complaint against the steady-state theory.

Just as Galileo and Newton rejected, on empirical grounds, the Aristotelian idea of rest or vertical motion as the naturally inevitable, unperturbed state of sublunar bodies, so also Bondi and Gold rejected matter-conservation on the huge cosmological scale as the inevitable natural career of externally undisturbed physical systems. Instead, as we recall, they postulated density-conservation in an expanding universe, which requires non-conservative matter accretion. And just as it is an issue of empirical fact whether uniform motion requires a force as its external cause, so also is the question whether the natural, spontaneous, unperturbed behavior of large-scale physical systems conserves the quantity of matter *or* rather its density in an expanding universe. After all, our scientific conceptions as to which state of affairs is the spontaneous, natural and unperturbed one are no better than the scope of their supporting evidence. And the history of science shows all too clearly that, as our evidence grows, so also these conceptions need to be changed by stretching our intellectual horizons.

If matter-conservation is indeed the natural, unperturbed course of things, even on a cosmological scale, then the steady-state theory is physically false. On the other hand, if large-scale density-conservation in an expanding universe is indeed the spontaneous, unperturbed, natural state, as a matter of empirical fact, then Lovell is not entitled to his stubborn dogmatic insistence that, *in every theory*, matter-conservation *must* be held to be the natural state after all! Yet just that insistence is the basis for his demand for an external supernatural cause to explain the steady-state theory's matter-increase, which is required by the postulated *natural* density-conservation in an expanding universe.

Thus, Lovell begs the question by postulating energy-*conservation*, when he complains (1961, p. 124) that the steady-state theory makes no provision for "the energy *input* which gave rise to the created [hydrogen] atom" (my italics). No wonder, therefore, that, in his view, the non-conservative matter-production postulated by Bondi and Gold poses a "problem of creation" so acute that it "can tear the individual's mind asunder". To prevent such mental disintegration, he urges that we characterize the matter-increase causally as a miracle by saying that "the creation process is a divine act which is proceeding continuously"

(p. 117). Thus, in that sense, Lovell is prepared to accept the steady-state cosmology if observation were to confirm it empirically. Ironically, he seems to have overlooked that Descartes, in Meditation III (1967, p. 168), had claimed that divine intervention explains ordinary matter-*conservation*, upon assuming a state of nothingness to be the unperturbed natural state of the world. In a steady-state world containing humanoids who live long enough to observe its matter-accretion many, many times, it would seem quite natural to them.

We see that the hypothesized matter-increase in a steady-state universe is turned into a divine miracle only by the gratuitous, dogmatic insistence on matter-conservation as *cosmically* the natural state, *no matter what the empirical evidence*. But those who share Lovell's view of miraculousness cannot justify a criterion of "naturalness" that would turn the continual accretion of new matter into something "outside the natural order," instead of just being itself a part of that very order. By the same token, I conclude that Herbert Dingle's rejection of matter accretion as supernaturally miraculous was ill-founded. Thus, Lovell, the theist, and Dingle, the atheist, made identically the same mistake of thinking that the matter-increase would be super-naturally miraculous, although they made opposite uses of that mistake in their attitude toward the steady-state theory. Philosophically, they are brothers under the skin in this context. In sum, both Dingle and Lovell overlook the following key point: *Just as a theory postulating matter-conservation does not require God to prevent the conserved matter from being annihilated – pace Descartes – so also the steady-state theory has no need at all for a divine agency to cause its new hydrogen to come into being*!

The argument that I have developed on the basis of the history of physics from Aristotle to Bondi and Gold could likewise be based on the history of inquiry into the natural possibility of the spontaneous generation of living substances from inorganic materials. After Pasteur's work during a cosmically tiny time period led to the denial of that possibility in an oxidizing atmosphere, Oparin and Urey asserted it for a reducing atmosphere over much longer time periods (Grünbaum, 1973, pp. 571–574).

So much for the steady state theory. We are now ready to see that despite the replacement of the classical big bang theory by quantum cosmology, the philosophical issues with which we have been concerned, as well as their resolution, remain essentially the same.

C. *Quantum Cosmology*

In a very recent paper, Weisskopf (1989) gives an account of quantum cosmogony that links up with the above classical story of the big bang expansion of the universe. Relying on that account, let us note first that there are two sorts of socalled vacuum (p. 36): The 'true' and 'false' ones respectively. The socalled "true" sort is constituted by space that differs from being totally devoid of matter and energy only to the extent of allowing energy fluctuations. The socalled false vacuum, on the other hand, contains energy without matter. Referring to the initial true vacuum state, Weisskopf (p. 36) poetically recalls the biblical statement "The world was without form and void, and darkness was upon the face of the deep". But any affinity between that vague biblical statement and the assertion of an initial true vacuum in the technical sense of particle physics will now turn out to be *altogether unavailing to the proponent of divine creation out of nothing*!

The initial true vacuum state does not last. There is a transition from it to the false vacuum:

> Everything, including the true vacuum, is subject to fluctuations – in particular to energy fluctuations. The field that provides energy to the false vacuum is absent in the true vacuum, but not completely. There must be fluctuations in the field. Thus, at one moment a small region somewhere in space may have fluctuated into a false vacuum. (p. 36)

In a follow-up (*New York Review of Books*, vol. 36, no. 4, March 16, 1989), Weisskopf addresses the following question:

> How can energy fluctuations occur in a true vacuum that is supposed to be free of energy and matter? (p. 43)

And he replies:

> I did not explain this because it would have been difficult to do so in ordinary language. . . .
>
> No doubt the statement I made, if applied to the true vacuum, contradicts the idea of total emptiness. *In this sense the common concept of a vacuum is not valid*. The recognition of fundamental fluctuations in empty space is one of the great achievements of quantum mechanics. In some special cases the existence of such fluctuations has been established by experiment. And that is the basis of the idea that indeed something can come out of nothing. (p. 43; my italics)

More emphatically, Barrow and Tipler (1986, p. 440) issue the following salutary *caveat*: "the modern picture of the quantum vacuum differs radically from the classical and everyday meaning of a vacuum – nothing." And furthermore, they rightly point out:

> It is, of course, somewhat inappropriate to call the origin of a bubble universe in a fluctuation of the vacuum "creation *ex nihilo*", for the quantum mechanical vacuum is not truly 'nothing'; rather, the vacuum state has a rich structure which resides in a previously existing substratum of space-time, either Minkowski or de Sitter space-time. (p. 441)

Thus, according to the pertinent quantum theory, the emergence of energy by fluctuation is *only metaphorically ex nihilo*, and proceeds in accord with pertinent physical principles, rather than as a matter of inscrutable external divine causation.

As Weisskopf points out, it is known from Einstein's general theory of relativity that a false vacuum "is bound to expand suddenly and explosively, filling more and more space with false vacuum". Just this "inflationary" expansion, which is far more rapid than the rates familiar from the classical conceptions of the expanding universe, "is supposed to be the Big Bang!" (Weisskopf, p. 37).

For precisely the reasons I developed a propos of the classical big bang at $t = 0$, there is no warrant at all for invoking an external cause – let alone a divine one – for the initial true vacuum. *A fortiori*, there is no warrant for seeking an external cause of any sort for effecting the various successive transitions from the true vacuum to the false one, then to the "inflationary expansion", and finally to the more familiar slow expansion that features the formation of photons and various particles of matter. After all, all these transitions are matters of natural physical laws. Hawking (1988) reaches the conclusion that there is no problem of creation, because at that stage, the very distinction between space and time becomes mushy, as does the notion of an initial singular instant of time.

In a 1986 paper, Lovell referred to an updated big bang model that features an initial quantum vacuum state, followed by the expansion. And he said in effect: If we call the vacuum state a state of "nothing", then this model provides a scientific justification of Augustine's theory of creation out of nothing. But in the discussion after his oral delivery of the paper at a 1986 Locarno congress, I offered a concise version of some of my arguments above against his reasoning: Why, I asked him, should the transition from the vacuum state to the expansion require any *external cause* at all, let alone a divine one? I was delighted that, in his reply, Lovell then expressed full agreement with me (Lovell, 1986, p. 109).

Let me conclude by taking issue with Isham's gloss on the Hartle and Hawking account of quantum cosmology. Isham (1988, Sec. 5.1 and 5.2, pp. 398–401) considers a space-time different from the pre-quantum conical one of classical general relativity, "because the classical solution to Einstein's equations. . . is itself singular and ill-defined" (p. 398) at the vertex of the cone. And he explains the motivation for the choice of an alternative space-time: "Had this [classical] procedure worked it would have described the creation of the universe from an initial 'point'. However, we are interested in creation from 'nothing', which suggests. . . a spacetime. . . whose boundary is just a *single* three-dimensional space" (p. 398). His accompanying figure representing the latter is a bowl whose rim stands for the single three-dimensional space that is avowedly the *only* boundary of the space-time.

How then does Isham manage to have the bowl space-time originate "from nothing"? It would appear that he does so by sheer verbal fiat (p. 401, item (ii)):

> The initial space from which the universe "emerged" can be defined to be that part of the boundary of the four-dimensional space which is *not* part of the (later) three surface [boundary]. But this is the empty set, which gives a precise mathematical definition of the concept of "nothing"! (p. 401, item (ii))

Then Isham adds pointedly (p. 401, item (iv)): "The creation from nothing is precisely that".

But note that, as Isham himself had told us, the bowl space-time is one "whose boundary is just a single three-dimensional space", i.e. the rim of the bowl. What then is temporally "initial" about an empty set, generated by the following stipulative definition: The "initial" space is that portion, if any, of the space-time boundary which is definitionally *excluded* from the *only* boundary possessed by the space-time? Apparently, the empty set in question is verbally labeled to be "initial" by mere definitional fiat.

But let us suppose, just for the sake of argument, that there is an initial state that qualifies as "nothing" in virtue of being the empty set. In that putative case, the bowl universe described by Isham could in fact be said to have *originated* from nothing. But that is still a very far cry from having been *created* out of nothing, since the purported creation has hardly been shown to be creation by an agency or external cause! Yet Isham insists on saying (p. 401): "The creation from nothing is precisely that", although I gather from him (private communication) that he does not claim to have supported *divine* creation *ex nihilo* in this way. By the same token, I deplore the assertion by Barrow and Tipler (1986, p. 440) that "Clearly, a true 'creation *ex nihilo*' would be the spontaneous generation of everything – space-time, the quantum mechanical vacuum, matter – at some time in the past". Having adopted this misleading usage of the term "creation", Barrow and Tipler claim entitlement to say that if the model of our Case (ii) were correct, "we would truly have a creation *ex nihilo*" (p. 442).

It would appear that, more appropriately, Isham recognizes the slide to a Creator as being just *psychologically* motivated:

> one might consider. . . the eradication of the conical singularity in the [pre-quantum] conventional Big Bang picture. . . . There is no doubt that psychologically speaking, the existence of this initial singular point is prone to generate the idea of a Creator who sets the whole show rolling. The new theories would appear to plug this gap rather neatly. (pp. 404–405)

I must applaud Isham's professed rejection of the philosophical or theological misappropriation or twisting of scientific results when he says (p. 378): "there is a regrettable, but recurrent, tendency for the results of science to be mis-stated and mis-used in the propagation of world views that are not in themselves scientific". Alas, despite his avowed contrary intention (private communication), Isham's own gloss on the Hartle and Hawking space-time as featuring "creation from nothing" may well be read as a case in point. After all is said and done, the notion of temporal creation *ex nihilo* dies hard.

If Hans Reichenbach were with us today, he would, I believe, share my view that creationist interpretations of contemporary physical cosmologies offer *pseudo*-explanations, rather than a philosophical deepening of cosmological understanding.

ACKNOWLEDGMENT

I appreciate the helpful comments on a much earlier version of this paper made by Richard Gale, Allen Janis, John Leslie, and Roberto Torretti.

NOTE

*This paper is based on the author's invited presentation to the Centenary Symposium in Memory of Hans Reichenbach, held on April 2,1991 at Boston University and at Harvard University.

REFERENCE

Arp, H. C., Burbidge, G., Hoyle, F., Narlikar, J., and Wickramasinghe, N. C.: 1990, 'The Extra-Galactic Universe: An Alternative View', *Nature* **346**, 807–812.

Barrow, J. D. and Tipler, F. J.: 1986, *The Anthropic Cosmological Principle* Oxford University Press, New York.

Bondi, H.: 1961, *Cosmology*, 2nd ed., Cambridge University Press, New York.

Bonnor, W.: 1964, *The Mystery of the Expanding Universe*, Macmillan, New York.

Davies, P. C. W.: 1984, *Superforce*, Simon and Schuster, New York.

Descartes, R.: 1967, *Meditation III*, in: E. S. Haldane and G. R. Ross (eds.), *Philosophical Work by Descartes*, Vol. 1, Cambridge University Press, New York.

Grünbaum, A.: 1967, 'The Anisotropy of Time', in: T. Gold (ed.), *The Nature of Time*, Cornell University Press, Ithaca, New York.

Grünbaum, A.: 1973, *Philosophical Problems of Space and Time*, 2nd ed., Reidel, Dordrecht and Boston.

Grünbaum, A.: 1989, 'The Pseudo-Problem of Creation in Physical Cosmology', *Philosophy of Science* **56**, 373–394. Reprinted in Leslie (J.), (ed.), *Physical Cosmology and Philosophy*, Macmillan, New York, 1990, pp. 92–112. A German translation appeared in Bohnen, A. and Musgrave, A. (eds.), *Wege der Vernunft*, J.C.B. Mohr, Tübingen, 1991, pp. 164–191.

Grünbaum, A.: 1990, 'Pseudo-Creation of the Big Bang', *Nature* **344**, 821–822.

Hartle, J. B. and Hawking, S. W.: 1983, 'Wave Function of the Universe', *Physical Review* **D28**, 2960–2975.

Hawking, S. W.: 1987, 'Quantum Cosmology', in: S. W. Hawking and W. Israel (eds.), *Three Hundred Years of Gravitation*, pp. 631–651, Cambridge University Press, Cambridge.

Hawking, S. W.: 1988, *A Brief History of Time*: *From the Big-Bang to Black Holes*, Bantum Books, New York.

Isham, C. J.: 1988, 'Creation of the Universe as a Quantum Process', in: R. J. Russell *et al.* (eds.), *Physics, Philosophy and Theology*: *A Common Quest for Understanding*, Vatican Observatory, Rome.

Jaki, S.: 1980, *Cosmos and Creator*, Scottish Academic Press, Edinburgh.

Levy-Leblond, J.-M.: 1989, 'The Unbegun Big Bang', *Nature* **342**, 23.

Lovell, A. C. B.: 1961, *The Individual and the Universe*, New American Library (Mentor Book MD330), New York.

Lovell, A. C. B.: 1986, 'Reason and Faith in Cosmology'. Italian translation: 'Ragione e Fede in Cosmologia', *Nuova Civilta Delle Macchine* **4**, Nos. 3/4 (15/16), 101–108.

Maddox, J.: 1989, 'Down with the Big Bang', *Nature* **340**, 425.

Misner, C. W.: 1969, 'Absolute Zero of Time', *Physical Review* **186**, 1328–1333.

Narlikar, J.: 1977, *The Structure of the Universe*, Oxford University Press, Oxford.

Narlikar, J.: 1988, *The Primeval Universe*, Oxford University Press, Oxford.
Narlikar, J.: 1991, 'What if the Big Bang Didn't Happen?', *New Scientist*, 2 March, pp. 48–51.
Peratt, A. L.: 1990, 'Not With a Bang', *The Sciences* Jan./Feb., pp.24–32.
Reichenbach, H.: 1956, *The Direction of Time*, University of California Press, Berkeley.
Tipler, F. J.: 1987, 'Achieved Spacetime Infinity', *Nature* **325**, 201–202.
Torretti, R.: 1979, 'Mathematical Theories and Philosophical Insights in Cosmology', in: H. Nelkowski, *et al.* (eds.), *Einstein Symposium Berlin*, pp. 320–335, Springer, New York.
Torretti, R.: 1983, *Relativity and Geometry*, Pergamon Press, New York.
Torretti, R.: 1984, 'Kosmologie als Zweig der Physik', in: B. Kanitscheider (ed.), *Moderne Naturphilosophie*, pp. 183–201, Königshausen and Neumann, Würzburg.
Vilenkin, A.: 1982, 'Creation of Universes from Nothing', *Physics Letters* **117B**, 25–28.
Vilenkin, A.: 1983, 'Birth of Inflationary Universes', *Physical Review* **D27**, 2848–2855.
Weisskopf, V.: 1989, 'The Origin of the Universe', *Bulletin of the American Academy of Arts and Sciences* **42**, 22–39. Reprinted in *The New York Review of Books* **36**, No. 2, 10–14.
Wilford, N. W.: 1990, 'The Big Bang Survives an Onslaught of New Cosmology', *The New York Times*, Jan. 21, Section E, 5.

Dept. of Philosophy
University of Pittsburgh
2510 Cathedral of Learning
Pittsburgh, PA 15260
U.S.A.

RICHARD C. JEFFREY

AFTER CARNAP

It was through his engagement with the program of logical analysis floated by Russell in 1915 that Carnap began to affect the shape of 20th century philosophy. The program aimed at bringing to philosophy a certain method or attitude, resembling that of the sciences in its focus on progress in solving problems rather than on defense of doctrines. Progress brought with it the doctrinal flux that soon saw the phenomenalism of Carnap's *Logische Aufbau der Welt*[1] yield to the physicalism of his *Logische Syntax der Sprache*[2] and saw his early deductivism give way to the probabilism of his last 25 years, during which his work in semantics fostered a flowering of modal logic.[3] He welcomed real progress and its attendant doctrinal flux from whatever source, others no less than himself. The celebrated "Death of Logical Positivism"[4] refers to particular doctrines (e.g. phenomenological reductionism) and methods (e.g., syntax) that Carnap and his friends abandoned for reasons rooted in the program itself. Broadcasting out of Europe those of its participants and associates whom it did not kill, Nazi power propagated the movement, which grew and changed rapidly in response to hard challenges. If what fired the *Wiener Kreis* has either died or grown out of recognition, that's in large part due to the standard of clarity and care set by works like the *Aufbau*, *Logische Syntax der Sprache*, *Meaning and Necessity*,[5] "Empiricism, semantics, and ontology",[6] and *Logical Foundations of Probability*.[7]

Carnap's earliest philosophical work, in the years just after the first world war, treated space from a Kantian perspective modified by Einstein's recently enunciated general theory of relativity and by his own characteristic analysis of the disputes over the nature of space as stemming from conflation of different senses of the term (formal, intuitive, physical). This was his Jena doctoral dissertation, restricting Kant's synthetic apriorism to the local topology of intuitive space (with the rest softened to conventionalism), and viewing physical space as purely empirical.[8]

In Jena he had attended Frege's lectures on logic, but it was after

Erkenntnis **35**: 255–262, 1991.
© 1991 *Kluwer Academic Publishers. Printed in the Netherlands.*

the war, in 1920, that he read Frege's *Grundgesetze der Arithmetik*[9] and was fired by Whitehead and Russell's *Principia Mathematica*.[10] His dissertation had characterized formal space in terms of the logic of relations. Einstein's reduction of the concepts of space and time to concretely conceived local, momentary operations of measurement played a strong rôle with him then as with Russell and with Whitehead, suggesting a general empirical constructivist program in philosophy. In his intellectual autobiography Carnap recalls his excitement in 1921 upon reading Russell's *Our Knowledge of the External World as a Field for Scientific Method in Philosophy*,[11] where "I found formulated clearly and explicitly a view of the aim and method of philosophy which I had implicitly held for some time".[12] According to Russell[13]

> This method, of which the first complete example is to be found in the writings of Frege, has gradually, in the course of actual research, increasingly forced itself upon me as something perfectly definite, capable of embodiment in maxims, and adequate, in all branches of philosophy, to yield whatever objective scientific knowledge it is possible to obtain.

The actual research to which he refers is the construction or reduction or logical reconstruction or analysis in *Principia Mathematica* of the numbers and operations of mathematics in terms of purely logical concepts.

The *Aufbau* was Carnap's serious start on the program of completing that analysis by extending it to the empirical domain. In effect, perhaps, it was a start on the heralded, unforthcoming fourth volume of *Principia*. Russell had described *Scientific Method in Philosophy*[14] as "an attempt to show, by means of examples, the nature, capacity, and limitations of the logico-analytic method in philosophy". He continued:

> The central problem by which I have sought to illustrate method is the problem of the relation between the crude data of sense and the space, time, and matter of mathematical physics. I have been made aware of this problem by my friend and collaborator Dr Whitehead . . . I owe to him . . . the whole conception of the world of physics as a *construction* rather than an *inference*. What is said on these topics here is, in fact, a rough preliminary account of the more precise results which he is giving in the fourth volume of our *Principia Mathematica*.[15]

Volume 3 of *Principia* had laid the foundations for the conceptual apparatus of physics in a theory of measurement (part VI, "Quantity"). As with the characterization of cardinal numbers (e.g., of 2 as a property posessed by the empirical property of being an author of *Principia*

Mathematica, or as a set containing the set {Whitehead, Russell}), so the rationals are characterized in empirically applicable terms, as when 2/5 is defined as a relation between relations.[16] That was appropriate since physical magnitudes were analyzed as relations:

We consider each kind of quantity as what may be called a "vector-family", i.e., a class of one-one relations all having the same converse domain, and all having their domain contained in their converse domain. In such a case as spatial distances, the applicability of this view is obvious; in such a case as masses, the view becomes applicable by considering, e.g., one gramme as + one gramme, i.e., as the relation of a mass *m* to a mass *m'* when *m* exceeds *m'* by one gramme. What is commonly called simply one gramme will then be the mass which has the relation + one gramme to the zero of mass.[17]

The fourth volume was to have treated geometry. Russell makes it sound as though the treatment would spell out something like the fourth chapter of *Scientific Method in Philosophy*, "The World of Physics and the World of Sense". Considering Whitehead's views in 1914 of physics, geometry, and sense, and his exclusive responsibility for volume 4, perhaps what he intended for it was an abstract theory that could be specialized to a construction of geometrical concepts out of perceptual ones somewhat as the theory in volume 3 could be specialized to a *Physikalische Begriffsbildung*.

However that may be, the *Aufbau* was Carnap's start on the project of enlarging the *Principia* construction to include geometry, empirical science, and everyday knowledge. It was to be a collaborative effort, to which Nelson Goodman was the earliest and most productive recruit.[18]

The individual no longer undertakes to erect in one bold stroke an entire system of philosophy. Rather, each works at his special place within the one unified science. . . . If we allot to the individual in philosophical work as in the special sciences only a partial task, then we can look with more confidence into the future: in slow careful construction insight after insight will be won. Each collaborator contributes only what he can endorse and justify before the whole body of his co-workers. Thus stone will be carefully added to stone and a safe building will be erected at which each following generation can continue to work.[19]

He was serious about the importance of rationalization, division of labor, but the suggestion of a centralized allotment of special tasks to individuals is a stylistic artifact; the individual chooses his own special place as Goodman did.

Carnap's 1928 preface was a period piece, with Bridgman's operationalistic call to arms the year before:

We should now make it our business to understand so thoroughly the character of our permanent mental relations to nature that another change in our attitude, such as that due to Einstein, shall be forever impossible. It was perhaps excusable that a revolution in mental attitude should occur once, because after all physics is a young science, and physicists have been very busy, but it would certainly be a reproach if such a revolution should ever prove necessary again.[20]

For Carnap as for Russell, scientific method was a datum, something one had the hang of as a scientifically trained person; its rational reconstruction was not high on the agenda as something to be accomplished before the rational reconstruction of our substantive knowledge could begin. Russell offers general remarks about the education of scientific investigators, and maxims claiming for the scientist such characteristics as honesty and open-mindedness, but neither he nor Carnap then essayed an explicit account of scientific method. Both saw the body of work from Frege to *Principia Mathematica* as a historically given basis and paradigm for scientific work in philosophy analogous to the body of work from Galileo to Einstein in physics. But while these histories included revolutionary change, as in the transition from classical to relativistic physics, and cataclysmic collapse of the sort that Russell's paradox produced in Frege's *Grundgesetze* construction, Carnap's 1928 statement envisaged only slow, irreversible progress. He would soon see his mistake, with Gödel's[21] incompletability proof for the *Principia* project, and Tarski's[22] deflationary rehabilitation of the concept of truth.

In *Logische Syntax der Sprache* Carnap dropped the phenomenalistic reductionism of the *Aufbau* in favor of a version of the physicalism that Neurath had been urging. The project remained that of logical analysis:

That part of the work of philosophers which may be held to be scientific in its nature . . . - consists of logical analysis. The aim of logical syntax is to provide a system of concepts, a language, by the help of which the results of logical analysis will be exactly formulable. *Philosophy is to be replaced by the logic of science*—that is to say, by the logical analysis of the concepts and sentences of the sciences, for *the logic of science is nothing other than the logical syntax of the language of science*.[23]

This was the work Quine read as it issued from Ina Carnap's typewriter in 1932 during his "rebirth in central Europe".[24]

Carnap's last big philosophical project finally addressed the nature of scientific method, in an attempt at rational reconstruction of our way of building scientific and everyday knowledge on experience. This took to a pure extreme the idea, subscribed to by many Bayesians, that it is the difference between your experience and mine that separates your probability function from mine – an idea often characterized by the vaguer saying that there are no unconditional probability judgments, but all are relative to background experience. Characteristically, Carnap took this idea quite seriously, and formulated it simply and clearly: the current probability that any individual i attributes to any hypothesis h in her or his language ought to be $c(h, e_i)$, where c is a "logical" probability function, the same for all rational agents. This constant c is the logical ingredient in logical empiricism, while the variable e_i is the empirical ingredient. Put baldly in Carnap's way the idea is dismissed by Bayesians to whom garbled expressions of it sound like obvious truths. Here as in the *Aufbau*, Carnap was conscious and careful in making moves that others whistle over hastily, eyes averted from the void below.

Like the *Aufbau*, this was the start of a long-range project for which Carnap hoped to recruit collaborators. That was the point of the *Studies in Inductive Logic and Probability*[25] series, to expedite cooperation among scattered collaborators through quick publication of new work on the project. He was optimistic and (Ayer's term) serene, first to last. He died with his logical boots on, at work on the project.

What's wrong with logical empiricism? Quine offered a double answer in "Two dogmas of empiricism": belief in the analytic-synthetic distinction, and reductionism, "the belief that each meaningful statement is equivalent to some logical construction upon terms which refer to immediate experience".[26] For these, Quine substituted the belief that our overall system of (yes/no) judgments is an economizing response to the totality of irritations of our sensitive surfaces. These irritations are not captured by protocol sentences recording sensations, but have their effects here and there in the totality of our assents to and dissents from sentences of various sorts. The account he gives of the economy of thought involves a circle of terms noticed by Charles Chihara:[27] projectibility, similarity, simplicity. Quine sees that as a virtuous circle, unlike the vicious circle so carefully traced in "Two dogmas". But with Chihara, I find the view clearer from a Bayesian, probabilistic perspective – if not quite the one Carnap was mapping in his last 25 years.[28]

But surface irritations aren't enough. We are active animals; we process our inputs in view of what we take ourselves to be doing as we receive them. We are primates who don't swing from trees but do get sensory inputs on the fly, as an integral part of processes like walking, driving cars, conversing, catching balls, writing, etc. There is no hint of that in the common philosophical examples – observing hard brown tables, sensing yellow patches, "here now headache", and the rest. Mach's illustration, the view from his left eye as he lies on a couch, sums it up.[29] Here's where Anscombe and Hampshire on knowledge without observation are right on the money.[30] It's not just surface irritations that provide our sense of what we're doing and trying. That's the big truth in pragmatism as I see it. Rejecting reductionism won't get us out of the way of our own feet until we also reject the view from behind Mach's moustache.

It strikes me that in adopting Russell's program, Carnap adapted it quite characteristically. Just as he advocated artificial languages, consciously constructed by us to serve our purposes, so his philosophical method was synthesis, not analysis – a fact better understood by detractors dismissing him as a mere engineer than by some of his friends. He saw meanings as human artifacts, but had no reverence for traditional modes of conceptual production and their attendant mythology, for the lore of our fathers. He thought it practical, and essential for progress, to select and abide by linguistic rules that fit our purposes. Carnap was an activist, not only in relation to language but in his insistence on human agency as a prime epistemological perspective. This pragmatism or epistemological activism grew during the work on inductive logic to which he devoted much of his last quarter century, in the course of which he came to see rational deliberation as the primary context for his notion of inductive probability.[31]

By continuing in the contentious scientific spirit that Carnap and Russell urged upon us we can get further than they did; that was the idea all along. What we embrace is not a body of philosophical doctrine but a *de facto* method that still wants definition, "explication". Carnap made a good start on that. Where would he have ended? There is no fact of the matter. The next steps are for us, not the "we" of that springtime:

> We cannot close our eyes to the fact that philosophico-metaphysical and religious movements opposed to such a stance have again gained strong influence, especially today. What gives us hope that nonetheless our call for clarity, for a science free of metaphysics, will be heard? It is the insight, or to put it more carefully, the faith, that those opposing powers belong to the past. We feel an inner kinship between the attitude underlying our philosophical work and the intellectual attitude that now makes itself felt in entirely

different walks of life; we feel this attitude in artistic movements, especially in architecture, and in movements striving for meaningful forms of personal and communal life, of education, and of secular organization in general. We feel all around us the same basic attitude, the same style of thought and action. It is the mentality that seeks clarity everywhere while recognizing that the fabric of life cannot be fully seen through. It attends to the design of details and the great lines of the whole, to the bonds between people and the free development of the individual. The faith that the future belongs to this mentality sustains our work. (Vienna, May 1928, Rudolf Carnap[32]).

NOTES

[1] Felix Meiner: Vienna, 1928, Hamburg, 1961. Transl. Rolf George, *The Logical Structure of the World*, Berkeley and Los Angeles: University of California Press, 1967.
[2] Julius Springer, Vienna, 1934. Translation by Amethe Smeaton, *The Logical Syntax of Language*, London: Kegan Paul, Trench, Trubner & Co., 1937.
[3] In *J. Symbolic Logic* **11** (1946) 33–64 Carnap announced soundness proofs for the simplest (S5) system of propositional modal logic and for quantified S5 relative to a semantics in which models are represented by the state descriptions of his *Introduction to Semantics* (Harvard University Press, Cambridge, Mass, 1942). He left the completeness question open, as did Stig Kanger in *Provability in Logic* (Stockholm 1957), the first publication proposing relational model theories. In *J. Symbolic Logic* **24** (1959) Saul Kripke published a completeness proof for quantified S5 (pp. 1–15), and announced results for other systems (pp. 323–324) with proofs appearing in *Z. mathematische Logik und Grundlagen der Mathematik* **9** (1963) 67–96, where footnote 2 gives some early history – as do Hintikka and Kripke in *Acta Philosophica Fennica* **16** (1963) 65–94.
[4] For which many claim reponsibility, starting with Karl Popper. See *The Philosophy of Karl Popper*, La Salle, Illinois: Open Court, 1974, vol. 1, pp. 69–71.
[5] Chicago and London: University of Chicago Press, 1947, 1956.
[6] *Revue International de Philosophie* **4** (1950) 20–40.
[7] University of Chicago Press, Chicago, 1950, 1962.
[8] *Der Raum, ein Beitrag zur Wissenschaftslehre*, Kant-Studien, No. 56, Berlin, 1922.
[9] 2 vols., Jena, 1893, 1903.
[10] 3 vols., Cambridge, England, 1910–1913; 2nd ed., 1925–1927.
[11] Open Court, Chicago and London, 1915.
[12] *The Philosophy of Rudolf Carnap*, P. A. Schilpp (ed.), Open Court, La Salle, Illinois, 1963, p. 13.
[13] *Op. cit.*, p. v.
[14] The title of *Our Knowledge of the External World as a Field for Scientific Method in Philosophy* as abbreviated on the spine and cover of the first edition.
[15] *Scientific Method in Philosophy*, pp. v–vi. Russell's emphases.
[16] An example outside physics: the relation 2/5 holds between the grandparent relation and the great-great-great grandparent relation. See Willard van Orman Quine, "Whitehead and modern logic", *The Philosophy of Alfred North Whitehead*, P. A. Schilpp (ed.), Northwestern University Press, 1941, p. 161.
[17] *Principia Mathematica*, vol. 3, p. 233.
[18] See *The Structure of Appearance*, Cambridge, Mass., 1951: Harvard University Press.

Goodman reports (p. vii) beginning work on the project within a year or so of the Aufbau's publication.

[19] *The Logical Structure of the Word*, pp. xvi–xvii.

[20] Percy Bridgman, *The Logic of Modern Physics*, New York: Macmillan, 1927.

[21] "Über formal unentscheidbare Sätze der *Principia Mathematica* und verwandter Systeme I", *Monatshefte für Mathematik und Physik*, 1931.

[22] Summaries in Polish and in German were published in 1931 and 1932. The full paper appeared in German translation much later: "Der Wahrheitsbegriff in den formalisierten Sprachen", *Studia Philosophica* **1** (1936) 261–405. Carnap would offer this as prime evidence of the need for an international language. (He had in mind something like Esperanto or Ido, not English.)

[23] *The Logical Syntax of Language*, p. xiii, Carnap's emphases.

[24] See *The Philosophy of W. V. Quine* (ed. L. E. Hahn and P. A. Schilpp), Open Court, La Salle, Illinois, 1986, p. 12.

[25] Berkeley, Los Angeles and London: University of California Press, vol. 1 (Rudolf Carnap and Richard Jeffrey, eds.) 1971, vol. 2 (Richard Jeffrey, ed.) 1980.

[26] First paragraph of "Two dogmas of empiricism", W. V. Quine, *From a Logical Point of View*, Cambridge, Mass: Harvard University Press, 1953.

[27] "Quine and the confirmational paradoxes", *Midwest Studies in Philosophy*, vol. 6, ed. P. French, T. Uehling, Jr. and H. Wettstein, University of Minnesota Press, Minneapolis, 1981, pp. 425–452.

[28] I collaborated with Carnap as a fellow-traveller – toward a destination closer to Bruno de Finetti's: see "Reading *Probabilismo*", *Erkenntnis* **31** (1989) 225–37.

[29] See Figure 1 in Ernst Mach, *Beiträge zur Analyse der Empfindungen*, Jena, 1886; translation by C. M. Williams, *Contributions to the Analysis of Sensations*, La Salle, Illinois: Open Court, 1896.

[30] E.g., see sec. 11.9 of G. E. M. Anscombe, *Intention* (Oxford: Basil Blackwell, 1957; 2nd ed., Ithaca, N.Y.: Cornell, 1963).

[31] See "Inductive logic and rational decisions", *Studies in Inductive Logic and Probability*, vol. 1 (fn. 25 above).

[32] *Aufbau*, preface. I thank Frank Döring, Michael Friedman, Saul Kripke, and Michaelis Michael for setting me straight at various points in this paper.

Department of Philosophy
Princeton University
Princeton, NJ 08544
U.S.A.

C. ULISES MOULINES

MAKING SENSE OF CARNAP'S "AUFBAU"

1. INTRODUCTION

Great philosophical works are neither descriptions nor evaluations, but rather *interpretations* of "the world", or, to be more precise, of the objects of a more or less extended parcel of our thought. Hermeneutic products such as philosophical systems are neither true nor false, neither valid nor invalid in a straightforward sense. It would be less misleading to apply to them such categories as "rich" and "profound", or "poor" and "trivial", in a way similar (thought not identical, of course) to the application of these categories to a work of art.

From this truism about philosophical works it follows rather naturally that the metaphilosophical examination of them should be undertaken in quite the same spirit as that of the works themselves, that is, as allowing for open-ended, varying interpretations. We should be allowed to make many different things out of one and the same philosophical work; and these different things may result in as many different lines of further philosophical reflection.

The many existing uses of Frege's and Wittgenstein's philosophical creations may be pointed at as recent paradigmatic examples for this kind of development. The philosophical use of Rudolf Carnap's *Logischer Aufbau der Welt* (in the following abbreviated as "*Aufbau*"),[1] though less well-known than Frege's and Wittgenstein's writings, may be proposed as another example. Today, Carnap's *Aufbau* has become a classic in the philosophy of the 20th century, and in spite of the many bad things that have been said about this work since the very date of its first publication, it continues to attract one generation after another of scholars and students of philosophy. Apparently, they feel attracted by the *Aufbau* for many different, even incompatible reasons. This is precisely the mark of a great philosophical work.

Among the many different "readings" of the *Aufbau*, the following, not necessarily incompatible, ones can be, and have actually been, suggested. (I am not claiming this to be an exhaustive list.)

Erkenntnis **35**: 263–286, 1991.
© 1991 *Kluwer Academic Publishers. Printed in the Netherlands.*

(a) It represents the core or the "essence" of the philosophy of logical positivism or logical empiricism, especially as expressed in the methodological principles of reductionism and verificationism (see e.g. Quine (1961) and Mohn (1978)).

(b) It is the most conspicuous, and failed, attempt at a formal proof of the theory of knowledge of classical British empiricism, especially in its Lockean version (see e.g. Kambartel (1968)).

(c) It is a modernized and formalized version of a Kantian foundation of scientific knowledge (see e.g. Haack (1977) and Sauer (1985)).

(d) It exemplifies a general conventionalistic philosophy (see e.g. Runggaldier (1984)).

(e) Its main gist consists in being the first systematic application of modern logic in the Frege–Russell tradition to a field outside pure mathematics – the world of phenomenal experience (see e.g. Vuillemin (1971)).

(f) It is the first precise formulation of a phenomenalistic system, i.e. a system settling the minimal conceptual basis needed to reconstruct perceptual knowledge (see e.g. Goodman (1963), Moulines (1973)).

(g) It implicitly contains a model *avant la lettre* for a system of artificial intelligence (see e.g. Moulines (1973) and Kese (1988)).

Something can be said in favor of any of the interpretations (a)–(g), though they have quite different degrees of plausibility and interest. At the lowest point of the scale I find (a) and (b). In Moulines (1985), I have argued that, both from a historical and a systematic perspective, the content of Carnap's *Aufbau* has much less to do with a "formalization" of positivism or classical empiricism than with the culmination of the efforts of the "physiologically-minded" German epistemologists of the beginning of the 20th century, which, in turn, go back to the work of Hermann von Helmholtz (see also Moulines (1981)). I will not repeat those arguments here. Friedman (1987) and Caton (1974/75), among others, have provided further evidence against the extremely oversimplified view of the first Carnap as a "formal empiricist" or "logical positivist". On the other hand, according to the historical reconstruction of the background of the *Aufbau* I propose in Moulines (1985), readings (c)–(e) fare slightly better than (a) and (b) but are not particularly profound either.

I find the combination of views (f) and (g) much more appealing. Carnap's "constructor of the world" can plausibly be understood as a model for a computing machine which represents an ideal epistemic subject operating on a minimal conceptual basis for perceptual knowledge. Carnap himself provided the inspiration for this way of looking at his early work. In his "Intellectual Autobiography", he suggests that any "definition" appearing in the systematic portion of the *Aufbau* should be seen as "a rule of operation for a constructive procedure, applicable by anybody, be it Kant's transcendental subject or a computing machine".[2]

2. A THEORY OF AN IDEAL OBSERVER

The present paper does not follow lines (f) or (g) in a straightforward way, but the interpretation proposed here to make sense of Carnap's system is implicitly grounded on a combination of (f) and (g), while at the same time exploring the feasibility of still another reconstruction of the system, which might be characterized as "a theory of the ideal observer". To be more precise, the use of Carnap's *Aufbau* I propose here consists in reinterpreting Carnap's "*Konstitutionstheorie*" as a formal explication of the notion of an *ideal observer*, i.e. an epistemic subject provided with the essential constituents of an ideal "observational language" to check any empirical statement made in theoretical science. The conceptual base of such an epistemic subject should be most simple, so as to make its control as easy as possible. According to this interpretation of the aim of the *Aufbau*, the definitions appearing in the formal part of the book, especially those of chapter IV.A (= the constitution of the "autopsychological" notions – "*das Eigenpsychische*"), containing the only formalized portion of the system, should not be conceived of as "reductive chains" intended to compress all empirical concepts into a minimal phenomenal base, but rather as rules of operation for an ideal observer "programmed" in such a way that it starts with a minimal structure and a sufficiently rich and varied set of elementary experiences (the "raw material") in order to construct the "observational concepts" it needs for checking any scientific statement.

Clearly, this is not a reductionistic endeavour in any plausible sense of "reductionism". This is not to say that Carnap himself, at the time he was writing the *Aufbau*, was not aiming at some sort of reduction of "all of science" to a phenomenalistic system. But one should be careful in analyzing what Carnap might have meant by "reduction" at the time. It is not at all clear that this term meant "conceptual elimination" to him. For one thing, it has been pointed out by many critics of the *Aufbau* that the "definitions" of chapter IV.B, which are introduced to "reduce" (= "*zurückführen*") the physical objects to the autopsychological base, are not definitions in the formal sense – they just don't satisfy the eliminability requirement (see, for example, Quine (1961), p.40, and Parks (1973), p.425). Indeed, under the present interpretation, the most sensible way to understand the "definitions" of chapter IV.B (and generally the "upper" levels of the *Konstitutionstheorie*) is as rules of correspondence which allow the assumed ideal observer to connect any proposed statement of the physical or social sciences with a particular configuration of experiences constructible on her own phenomenal base. Corollaries of the general rules of correspondence proposed in the upper parts of the *Aufbau* would not be eliminative biconditionals, but rather simple conditionals of the sort:

(C) "if physical (or behavioral, or cultural) object a has property F at time t, then ideal observer o_i has experience e_t with quality q at location λ of her visual field" – where some ordering of the experiences of o_i is homomorphic to the ordering of (physical) time intervals.

Clearly, a correspondence statement like (C) may be used not only to check a particular physical statement of the kind expressed in the antecedent of (C) by means of the phenomenal statement appearing as a consequent of (C), but also, more generally, to check any physical (or behavioral, or cultural) theory, from which the antecedent of (C) follows as an instantiation. At the beginning of chapter IV.B (the "construction" of the physical world) of the *Aufbau*, Carnap establishes the general rules statements of the sort (C) have to obey. The details of those rules could certainly be improved or revised, but the idea is clear and plausible enough, and the fact that these rules are not definitions in the formal sense should not bother us once their aim is clear. Carnap might have *thought* that in chapter IV.B, and subsequently, he was "defining" the physical, behavioral, and cultural concepts in terms of his phenomenal base, but what he actually *did* in the text was quite different: He was sketching a plausible way in which statements where those concepts occur can be connected with statements about the phenomenal entities constituting an epistemic subject.

From this vantage point, it follows that two facts that have been regarded as fatal blows for the kind of phenomenalistic system the *Aufbau* is supposed to represent paradigmatically, are quite irrelevant for this endeavour. These two facts are:

(1) "The problem of theoretical terms": Most concepts appearing in scientific theories cannot be defined (= eliminated) by means of reductive chains in terms of purely observational notions.

(2) "The theory-ladenness of observation": Even the most elementary observational notions are semantically determined by scientific theories.

For the non-reductionistically interpreted system of the *Aufbau*, the problem of theoretical terms is irrelevant to the extent that rules of the kind (C) above are not supposed to be semantic determinations of physical concepts of the kind F (much less strict definitions of them) in terms of phenomenal qualities. As for the theory-ladenness of observational terms, we may admit that the choice of the primitives of the basis for an ideal observer is guided by so much theory as we think it convenient. Carnap himself explicitly says that the concepts and construction principles he introduces for the autopsychological base presuppose the adequacy of a good deal of the psychophysiological theories and results of his time.[3] But once the autopsychological base, i.e. the particular constitution of the ideal observer is chosen and fixed, then we have to stick to it and check all our theoretical claims (including those of the psychological and physiological theories that have influenced the specificities of the ideal observer) against the phenomenal output of the latter. There is no vicious circle here. It just means that we have to distinguish neatly between extrasystematic and systematic assumptions in a phenomenalistic system, or, to put it in another way, between the process leading to the construction of the ideal observer (which may be as theory-dependent as we like) and the operating of the ideal observer itself once constituted. Only the second aspect is what really matters for the evaluation of a phenomenalistic system of the Carnapian style.

If this view of the significance of one such system is agreeable, then we may also agree that the crucial issue is to get at a plausible construction of the items referred to in the consequent of a conditional of type (C). This implies that we have to devote our energies to identify the most simple, most general, and most plausible features of the ideal observer, i.e. of an autopsychological base rich and well-articulated enough to cover all concepts we need for *any* consequent of a conditional of type (C). This is exactly the task Carnap set himself in the central part of his book (chapter IV.A). It is no wonder that this is the only portion of the system which Carnap constructed in a detailed and formalized way, since the soundness of the whole enterprise will ultimately depend on an adequate choice of the set of primitives and construction principles ("definitions") which make up the ideal observer. "Adequate" means here at least three different things. First, no *formal* blunders should be made; this goes without saying, but it is not a trivial point here in view of the tremendous complexity of the items Carnap wants to construct step-by-step; for example, we should always be able to distinguish clearly between a given item as an element of a given class and the same item as a class of other given elements. (This is a very important distinction for Carnap's contructive procedure). Second, the resulting properties of the constructed items ought to be adequate in the sense that they should not conflict with the *empirical* (especially: psychophysiological) theories that are presupposed. For example, if the empirical psychology of perception tells us that the visual field is two-dimensional, then the constructed item we call "visual field" within the ideal observer has to come out as two-dimensional as well. Finally, the choice of the basis and its essential properties ought to be *epistemologically* adequate; that is, they should roughly correspond to what we think are the actual epistemic priorities in human knowledge under ideal conditions. If we think that (in human knowledge) item A is epistemologically prior to item B, i.e. that evidence for B is necessarily grounded on evidence for A, then our ideal observer ought to be constituted in such a way that, in its phenomenal hierarchy, A comes first and B later on, or to put it in another way, the operational rules we give her must be such that they allow her to construct first A and then B.

The issue of the epistemological adequacy of a phenomenalistic system *à la* Carnap is a particularly difficult one because questions about epistemic priority always are particularly difficult. The reason they are particularly difficult is, among other things, that the borderline between empirical research and conceptual analysis, and in particular, between the psychology of perception and the general theory of empirical knowledge, is not a clear-cut one. It is not always clear where psychology ends and epistemology starts, or vice versa. Carnap was, of course, quite conscious of this problem. He repeatedly says that his work, though depending on the findings of empirical psychology in some crucial respects, is not an attempt at describing the actual constituency of the human learning and knowing process – it is rather a "rational reconstruction" ("*rationale Nachkonstruktion*") of it.[4] That is why Carnap's "constructor of the world" should be seen as an *ideal* observer, and not as a growing baby, say. On the other hand, this ideal observer has to be recognizable as an *observer* anyway, that is, as something close enough to an actual epistemic subject, not just an epistemologically arbitrary, though formally correct, assembly of interrelated phenomenal concepts – as is the phenomenalistic system in Goodman's *Structure of Appearance*, for example. There is obviously a conceptual and methodological tension here; it comes from the more general tension between epistemology and empirical psychology. The first builds up ideal models for the structure of knowledge whereas the second investigates the details of the knowing process in particular exemplars of the species *Homo sapiens*, and it is not quite clear how the relationship between the two endeavours should be conceived of. A tough positivistic or nominalistic critic may object that there is no interesting relationship here to look after, since the second endeavour makes sense while the first one doesn't. But the author of the *Aufbau* certainly was not a tough positivist or nominalist (whatever he might have become afterwards in his intellectual career) and it is not at all clear why he should have been one. If we allow a place for epistemology as distinct from psychology in the multifarious spectrum of present-day theoretical enterprises, then the task of constructing a more or less adequate model for an ideal observer makes sense, and therefore the central task of the *Aufbau* under the proposed interpretation makes sense, quite independently of the details of empirical psychological research.

Therefore, under this interpretation, the *Aufbau* provides a particular epistemological theory about the essential features an ideal observer must have. This theory is what Carnap calls "a constitution system with autopsychological base" (= "*Konstitutionssystem mit eigenpsychischer Basis*"),[5] and it should be, as we have said, formally, epistemologically and, as far as possible and reasonable, also empirically adequate. To abbreviate, let us call Carnap's theory of constitution with autopsychological base "CAB". CAB is one theory among others that may be proposed, and have been proposed, with similar epistemological goals in mind, viz. the precise formulation of what an ideal observer should look like. For example, Ernst Mach's very sketchy "system of elements" in his *Analyse der Empfindungen*, or Bertrand Russell's just a bit less sketchy chapter III of *Our Knowledge of the External World*, could plausibly be reformulated as phenomenalistic constructions of the notion of an epistemic subject.[6] It is less clear whether the other famous example of a formalized phenomenalistic system, Goodman's *Structure of Appearance*, is amenable to the same kind of epistemological usage. Goodman himself emphatically denies in this work that questions of epistemological priority make sense to him.[7] However, with a little effort, perhaps his system could nonetheless be interpreted as an epistemological proposal. Be that as it may, Carnap, in his characteristic wish to be fair, explicitly recognized that other epistemological theories besides CAB might reasonably be proposed.[8] However, he expresses his dissatisfaction with all the alternatives he knows (or imagines), for formal, epistemological, and psychological reasons: They are not formalized, are too cumbersome and appear even to be inconsistent at some points; they don't really follow the epistemic priority order (for example, one should *really* start with just one epistemic subject and not allow for an ashamed presupposition of "other minds"); and they clash with the fundamental insights of the (then) new *Gestalt* psychology, which disavowed the underlying atomistic psychology of perception of all of Carnap's predecessors. The phenomenalistic systems proposed by Mach and Russell respectively, to mention just the two examples referred to above, are, according to Carnap, guilty of all these faults – though he, of course, praises them for having made the first serious attempts in the right direction. He thinks that CAB fares much better than all other epistemological theories in all these respects. And I think he is essentially right in thinking so. I will not argue for this directly, but I shall try to show in the following how Carnap's CAB may be reformulated, with some relatively minor modifications of the original system, so that it appears, more than any other proposed example, as a conceptually elegant, simple, coherent, and plausible explication of an "ideal observer".

3. THE AXIOMATIC BASIS

If CAB is a theory, then one should be able to axiomatize it, and this means to indicate what its primitive concepts and the principles governing these concepts are. The axiomatic basis should be as simple as possible, but not so simple that it is not able to provide all essential concepts we need to formulate the consequents of conditionals of the (C)-type.

We may restrict our attention to visual observation. This is certainly a simplification of the actual observation procedures of human beings, but it is not a terrible oversimplification. After all, the great majority of empirical checking procedures (= "readings") we employ in a scientific context are purely visual. If needed, one could try to generalize CAB to cover phenomenal items of the non-visual kind, and Carnap certainly thought that the axiomatic basis he proposed was, in principle, apt to allow for such a generalization. But the details of his constructions only referred to visual items, and, for heuristic reasons, I think this was the right strategy. So let us concentrate on the construction of visual observation.

Under this restriction, the kind of concepts we essentially need for the consequents of the (C)-conditionals are those referring to the appearing and disappearing of coloured spots on particular places of the visual field. This means that we need a temporal (qualitative) order, colors and (ordered) visual places. The formal construction of these items out of a simple axiomatic basis is the content of the central chapter IV.A of the *Aufbau*.

If the axiomatic basis of CAB is consistent, then it will have a model. And since there is no reason to suppose that this kind of theory should come out as categorical, it will presumably have many different non-isomorphic models. They will represent as many different ideal observers. Besides satisfying the basic requirements of CAB, each one of these models may have its idiosyncratic properties. Some of them will be irrelevant for the problem of an adequate observation structure, but some others won't. Those which are relevant, may be used to distinguish between different specific kinds of ideal observers, in particular to distinguish better from worse ideal observers, or also "more idealized" from "more realistic" ideal observers. That is, the whole community of ideal observers, i.e. realizations of CAB's axiomatic basis, will be a quite heterogeneous tribe, and we may make a sensible epistemological use of this heterogeneity. In particular, we may put some constraints, i.e. some "second-order" requirements, on those portions of the whole potential community of ideal observers (as different models of the theory) that may function adequately as *ideal communities* of ideal observers. This may appear to be a possibility worthwhile exploring in order to deal with the problem of intersubjectivity. But I won't deal with this point further in this paper.

The first thing we have to try to do at this stage of the development of our epistemological theory is to specify what we think to be the most adequate axiomatic basis for CAB, i.e. the structure and fundamental properties of each ideal observer as a model of CAB. Since what we need for the consequents of the (C)-conditionals are a temporal order, an ordering of places in the visual field, and many different coloured spots on these places, we might be tempted to introduce just these notions as the primitive concepts of CAB and list the axioms they should satisfy. This essentially is the strategy of a sense-data theory of the Mach–Russell type. Strikingly enough, in his "Reply" to Goodman's article on the *Aufbau* (written a quarter of a century after the book), Carnap seems to propose to go back to this strategy.[9] But, in the *Aufbau*, Carnap drastically diverges from this strategy. It seems to him that such an axiomatic basis would be formally too cumbersome (too many primitive concepts, in particular an indefinite number of colours and visual places, should be postulated right at the beginning), and both epistemologically and psychologically inadequate, since it is highly implausible to assume that the epistemic subject is immediately acquainted with such a huge collection of individual sense-data or sensations. They rather come out as a result of patient analysis. Carnap's idea (inspired by the *Gestalt* theory but formally independent of the particular results of this theory) is that the primary basis of knowledge should be conceived of as a total experience (= "*Erlebnis*") or, still better, as an experience *flow* (= "*Erlebnisstrom*"), out of which the particular phenomenal items like coloured spots should be constructed by a step-by-step abstraction procedure. The latter is what he calls "quasi-analysis".

Quasi-analysis is one of the most interesting methodological inventions of the first Carnap. It consists in formally deriving (= constructing) what we intuitively regard as parts of a whole from the wholes themselves taken as prior units. In this sense, the procedure is similar to ordinary conceptual analysis, but it differs from it in that it derives the (intuitive) parts as classes (of classes) of wholes: Formally, the parts are "bigger" than the wholes (the global experiences) we start from when applying this procedure. In this way, Carnap is able to define the "atoms" of experience (sense-data, if you wish) as rather complex structured sets of sets of the "raw material", the primal flow of experience. The procedure is in itself interesting, quite independently of the epistemological use Carnap makes of it. It could be applied to other issues of conceptual analysis as well. Undoubtedly, it is inspired by the Frege–Russell construction of integers as equivalence classes of sets of objects of any kind.[10] Each set of objects corresponds in Carnap's construction to a global experience and an equivalence class of sets defining a particular integer corresponds to a class of experiences defining a particular "quality" – a particular coloured spot, say. And in a way analogous to the construction of further numbers as equivalence classes of integers, Carnap reapplies his procedure to construct visual field places and colours as classes of particular qualities.

There is, however, a significant difference with the Frege–Russell construction of numbers, a difference which makes Carnap's quasi-analysis so original (and so difficult to implement): Whereas Frege and Russell assume an equivalence relation between the objects of "analysis", the phenomenal world to which Carnap's quasi-analysis has to apply does not allow for such a strong kind of relation. It only allows for similarity relations, i.e. something weaker than equivalence relations. (Similarity relations are only reflexive and symmetric, but not transitive: if x is similar to y in some respect, and y similar to z in the same respect, there is no ground to infer in general that x will be similar to z as well.) Actually, Carnap makes his way still more difficult in that he goes one step further back and does not even assume a similarity relation as his starting point: He only takes a relation of "recollection of similarity" (= "*Ähnlichkeitserinnerung*") as a primitive, out of which phenomenal similarity, first, and qualities, visual places and colours afterwards, are to be constructed. This additional severity on the axiomatic basis made the original version of CAB unbearably cumbersome and, what is worse, clearly implausible. But before I argue for this, let me sketch rather roughly the initial steps of Carnap's construction of the phenomenal notions we need.[11] For this purpose, and in view of the use we want to make of Carnap's system, it is convenient to introduce, from the very beginning, the "language of the fictitious subject", as Carnap calls it, that is, a more or less explicit computational interpretation of the ideal observer.

The machine is programmed in such a way that for a long period it gets an enormous flow of experience as input. Carnap says that we could visualize his fictitious subject (our computational ideal observer – call it "IO") in such a way that its "life" consists of two phases: During the first one, it gets the flow of experience and, during the second one, it does not get more experiences but (quasi-)analyzes them in order to obtain the phenomenal items to be constructed out of the input (*Aufbau*, §101). A slightly more realistic assumption would be as follows: The machine runs for a while "experiencing" around; then, it stops experiencing and starts applying the operational construction rules it has been programmed with to derive the phenomenal items it needs; if they are incomplete or incoherent in some way or other – as they probably will be –, it becomes "switched on" again in order to go on experiencing; after a while, it stops again, and so on. The procedure is repeated as many times as necessary to get the qualities we need for the (C)-conditionals. In any case, the construction rules (= the definitions) operate only while the machine "sleeps", i.e. while it is not being provided with new experiences.

The first operation rule says that IO (the ideal observer) should cut the flow of experience in small slices, each one lasting a very short time. If we want to make the model realistic on this point, these slices should represent what Russell in his system described as "non-instantaneous events";[12] they are the minimal temporal units of experience that are phenomenally momentary but have some definite duration from the point of view of a physical time parameter. In principle, they should be (physically) as "thick" as psychologists and physiologists tell us the so-called "specious present" is in a normal human being. But, also, we could make our IO "faster" in its experiential abilities. The slices of different IOs may be of different "thickness". There is no particular difficulty here, as some critics of the *Aufbau* seem to think.[13] The thickness of IO's single experiences will depend on the most suitable conventional decision for our constructive purposes.

The whole set of collected slices of the experience flow is the basic domain of individuals of CAB. Let us call it E (= the set of experiences). If CAB is assumed to be formalized, the individual variables occurring in its formulas may take only elements of E as values. In any somewhat realistic model of CAB, E should obviously be assumed to be finite (though "big enough").[14] In the *Aufbau*, Carnap claims that just one primitive relation on E is needed to perform the whole construction. This unique relation on E Carnap calls "recollection of similarity" (= "*Ähnlichkeitserinnerung*"). Let us symbolize it by "*RS*". "x *RS* y" is to be read: "Experience x is remembered as (partially) similar to (the present) experience y". Formally, RS is just an asymmetric relation on E. It is important to note that it is neither transitive nor connected. Presystematically, RS is supposed implicitly to include the (phenomenal) temporal order of experiences and the relation of qualitative resemblance between experiences. In other words, Carnap assumes that it is materially adequate to define *both* the temporal order and the qualitative resemblance relations by means of RS alone: (1) An experience x temporally precedes another y iff there is an RS-chain of pairwise related experiences from x to y (cf. *Aufbau*, Sec. 120); (2) an experience x is partially similar to another y iff either x RS y, or y RS x, or $x = y$.

This assumption is clearly implausible and should be given up in any adequate reconstruction of CAB. There is neither a psychological nor an epistemological reason to assume the temporal order of the experiences and their pairwise resemblance to be in any close mutual relationship. If in a dark and stormy night, IO suddenly observes an intense lightening, this experience will hardly show any qualitative resemblance to the experiences immediately preceding or following it in time; on the other hand, if, after a long journey through exotic landscapes, IO comes back to her home and nothing has been changed in it, the particular configuration of coloured spots on her visual field will probably be the same or at least very similar to the one it experienced just before the journey.

Therefore, it seems sounder to split up RS in two primitive relations, *temporal precedence* (TP) and *partial similarity* (PS). There is no analytic relationship between TP and PS. The first orders the experiences in time, the second allows for a qualitative comparison between them. TP is a dyadic relation on E which is asymmetric, transitive, and connected, i.e. TP is a strict simple ordering on E. On the other hand, *PS* is a reflexive and symmetric (though not transitive!) relation on E. I don't think it necessary to explain the intuitive idea behind TP. On the other hand, a short comment on the right way to interpret PS according to the original Carnapian intentions may be in order here.

Qualitative resemblance need only be *partial* (= "*teilähnlich*"). Two experiences x and y are partially similar if one of the following four cases occurs:

(a) the same coloured spot (= the same "quality", in Carnap's terminology) appears in x and y;
(b) two coloured spots of the same colour appear on neighbouring places of the visual field,
(c) two coloured spots differing only slightiy in their hue (a "just noticeable difference", in the psychologist's sense) appear on the same place;
(d) two coloured spots differing only slightly in their hue appear on neighbouring places.

Carnap characterizes case (a) as "partial equality" (= "*Teilgleichheit*") of experiences, while he does not formally distinguish between cases (b)–(d) of non-equal partial similarity; however, from the examples he gives, it seems clear that he is thinking of them (cf. e.g. *Aufbau*, Secs. 76, 77). Note also that the extreme (and very unlikely) case of total equality (i.e. of partial equality with respect to all qualitative components of two experiences) does *not* imply the formal identity of the two experiences. No experience may formally be repeated. Things may look exactly the same way they looked some time ago, but the experience in itself will be a new one.

The temporal order of experiences and the qualities appearing in them are the fundamental items for the consequents of the (C)-conditionals. Indeed, the temporal order of experiences is essential to formulate predictions about phenomenal items – statements of the sort: "Whenever experience x contains a red spot in the middle of the visual field, and x precedes another experience y by four intermediate experiences, then y will contain also a red spot on the same location (whatever the intermediate experiences might have shown)". (This would be an example, say, for IO's prediction about the blinking of a particular controlling device in fixed time intervals.)

4. THE CONSTRUCTION OF THE VISUAL FIELD

Qualities (= the coloured spots) are the base for constructing all the rest of phenomenal items, in particular locations and colours, which are equally crucial for phenomenal predictions, as we may gather from the example above. Carnap claimed in the *Aufbau* that one could obtain all of this out of PS. I don't think it is obvious that his claim was wrong. Let us see how far we can go along his lines. Let us briefly consider how the essential part of his construction by means of so-called quasi-analysis proceeds. We shall stop at the construction of visual locations since the construction of colours is comparable to that of locations out of qualities and, for the present purposes, this suffices to grasp the essential features of the procedure.

In the following, the definitions are stated in modern notation and without much explanation. To expound their rationale with detail would bring the length of this article beyond tolerable limits. In the *Aufbau*, Carnap was not always as explicit as one might have wished as far as the motivation for the technical particularities of his constructions is concerned. More detailed intuitive explanations may be found in Goodman (1966), ch. V, Moulines (1973), ch. III. 2, and Eberle (1975), Sec. 1. The formal definitions given here are, besides changes in notation, somewhat improved versions of the original Carnapian formulas. The modifications have been made for the sake of clarity, and in order to avoid some obvious and minor technical flaws that appear in the original version and that might easily be emended. The present reformulations essentially come from Moulines (1973), ch. V. It is assumed that the individual variables "x, y, z", with indices, take only experiences as values; however, the logical calculus presupposed should be strong enough to allow for quantification over classes of experiences, classes of classes of experiences, and so on.

*D*1: *Similarity circles*

c is a similarity circle ($c \in \mathrm{SC}$) iff

(1) $\forall x, y : x \subset c \wedge y \in c \leftrightarrow x \,\mathrm{PS}\, y$

(2) $\forall x : \neg x \in c \rightarrow \neg \forall y \in c \, (x \,\mathrm{PS}\, y)$

That is, a similarity circle is a biggest class of experiences which are pairwise partially similar.

*D*2: *Qualities* (= *coloured spots*)

q is a quality ($q \in \mathrm{Qual}$) iff

(1) $\phi \neq q \subseteq \mathrm{E}$

(2) $\forall x, y : x \in q \wedge y \in q \leftrightarrow x \,\mathrm{PS}\, y$

(3) $\forall c \in \mathrm{SC} : \dfrac{\| \mathrm{q} \cap \mathrm{c} \|}{\| \mathrm{q} \|} > \frac{1}{2} \rightarrow \mathrm{q} \subseteq \mathrm{c}$[15]

(4) $\forall x (x \in q \rightarrow \exists\, c' \in \mathrm{SC}\, (q \subseteq c' \wedge z \in c'))$

(5) For any $q' \subseteq \mathrm{E}$: If q' satisfies (1)–(4) above, then: $\neg\, q \subseteq q'$.

Conditions (3) and (4) of D2 are literal translations into our symbolic notation of Carnapian originals. Conditions (1), (2), and (5) have been added to "round off" the formal notion of a quality following Carnap's spirit, if not the letter. They block a number of counter-examples that have been found in later literature.[16] It is a corollary of this definition that any quality is a subset of at least one similarity circle.[17] Normally, there will be several similarity circles intersecting each other. A quality is then the biggest subset common to a series of intersecting similarity circles which remains uncut by the intersections. In this sense, it is the biggest class of experiences left by the intersections which remains homogeneous in a certain qualitative respect. This qualitative homogeneity is exactly what one should expect from a class of experiences representing a single quality. The factor $\frac{1}{2}$ in condition (3) is intended to exclude the case of "accidental intersections" of qualities, that is, the case where similarity circles that presystematically do not have anything to do with the particular quality we are trying to identify just happen to contain a small number of experiences belonging to that quality. Of course, any other "big fraction", say $\frac{2}{3}$ or $\frac{3}{4}$, could be chosen and, according to the concrete value chosen, we shall obtain different IO's that are more or less strict in their ruling out accidental intersections in their construction of qualities. This is, again, a matter of convenience and represents no serious difficulty for CAB, contrary to what Eberle (1975) and Wedberg (1975) seem to believe.

The intuitive idea behind these definitions may be grasped in the most convenient way if we interpret them as construction rules for our computational IO. To construct qualities, IO first collects a huge number of similarity circles according to D1 by just putting together all experiences that are similar according to her relation PS. Then, she starts taking pairs of similarity circles, c and c', that already have a considerable portion in common (more than one half of one of them according to D2–3):

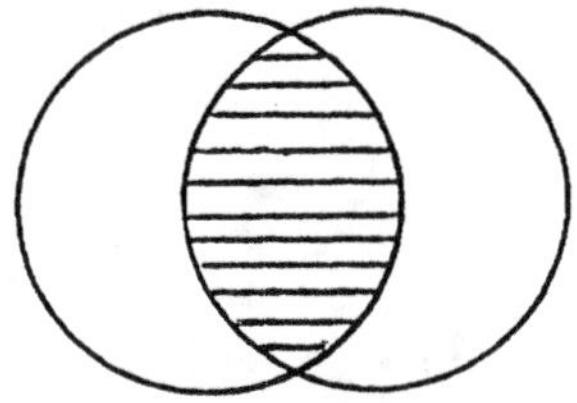

The next step is to look for a third circle c'' having more than one half of the elements of $c \cap c'$:

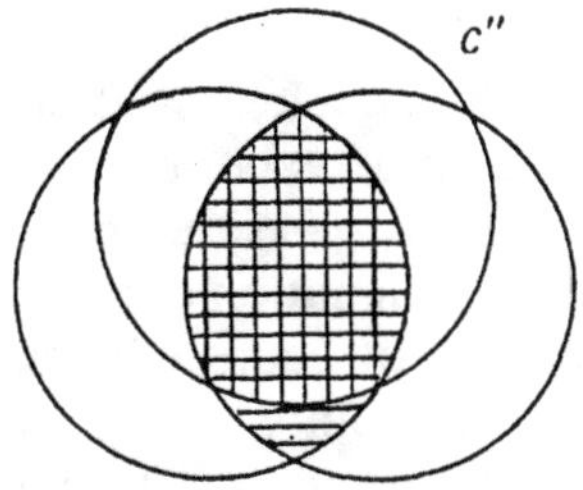

Supposing c'' has actually been found, IO keeps $c \cap c' \cap c''$ and goes on looking for a fourth circle overlapping more than one half of that intersection, and so on until she obtains a final intersection, say $c \cap c' \cap c'' \cap \cdots \cap c^n$, which is not overlapped in more than one half of its elements by an $n + 1$th circle. This rest will be one quality according to D2. This is quasi-analysis understood operationally.

The next level in the construction hierarchy is represented by locations in the visual field. For them, we first need to define when two qualities are "alien" (= Carnap's term is "*fremd*").

D3: *Alien qualities*

Let $q, q' \in$ Qual

q and q' are alien ($q\text{Al}q'$) iff
$\forall x: x \in q \rightarrow \neg\, x \in q'$

D4: *Alienation circles*

a is an alienation circle ($a \in \text{AC}$) iff

(1) $\phi \neq a \subseteq \text{Qual}$
(2) $\forall q, q' \in a: q \text{ Al } q'$

D5: (*Visual*) *Location*

λ is a location ($\lambda \in \text{Loc}$) iff

$$\exists a\colon a \in \text{AC} \wedge \lambda \subseteq a \wedge \\ \forall q, a' \, (q \in \lambda \wedge a' \in \text{AC} \rightarrow \neg\, q \in a')$$

Presystematically, an alienation circle is a set of qualities such that none of them ever appears in the same experience where another quality of the same set appears. Normally, this situation will come out of the fact that two qualities of the same alienation circle occupy the same location in different experiences. But, of course, by this definition alone one cannot rule out the unlike possibility that a given quality occupying a different location from the one we are trying to identify will never appear together in the same experience with *any* of the qualities occupying the location we want to identify. As in the case of similarity circles, one may have, as Carnap calls it, an "accidental intersection". And in a way similar to the construction of qualities in D2 which excludes accidental intersections from sets of experiences, we exclude it from sets of qualities in D5 in order to obtain "real" locations. In the same way qualities come out as particular maximal non-intersected sets of experiences according to D2, locations come out as maximal non- intersected sets of qualities according to D5.

Both the construction of qualities and that of locations are sophisticated examples of the application of Carnap's quasi-analysis and we could easily visualize the intended operational nature of the definition of locations by procedural steps similar to those just indicated for D1–D2. On the other hand, one should not forget that the construction procedures operate in one and the other case on different set-theoretical levels: The construction of qualities starts from experiences as indivisible units and compares them in order to obtain classes corresponding to our intuitive notion of a coloured spot. Then, the procedure is repeated again, but now the indivisible units to be compared are the coloured spots themselves, and the relation of alienation between them leads to locations. Of course, nothing prevents us from applying quasi-analysis to successively higher levels of the hierarchy of constructs of our phenomenal world.

5. EXTRA-AXIOMATIC REQUISITES FOR THE MODELS

There is, however, no formal guarantee that quasi-analysis will provide us *in all* cases with all particular items we wish to obtain. If the raw material IO gets is particularly poor, or awkwardly structured, then the application of quasi-analysis to the set of experiences IO has got as input will not give as output *all* qualities presystematically appearing in those experiences, or will give some pseudo-qualities which are not really such; *mutatis mutandis* the application of quasi-analysis to the set of qualities may not give out all locations we expect. Carnap himself repeatedly emphasized the hypothetical character of his constructive procedures and even identified some of the technical difficulties these procedures get into if E is not rich and "well-behaved" enough. These difficulties were later taken up by some critics of the *Aufbau*, especially by Goodman, who claimed that they represented very serious flaws in Carnap's system.[18] Goodman has made two of them quite well-known in the literature on quasi-analysis by giving them particular labels: "the difficulty of companionship" and "the difficulty of imperfect community". (Both of them were already known to Carnap.[19]) They relate to the construction of qualities out of PS by quasi-analysis. The first consists in the impossibility of identifying a particular quality if the set of experiences has a particularly unfavourable content. The second points to the fact that, under different but equally unhappy circumstances, a similarity circle may formally come out as a quality which presystematically does not correspond to anyone. Two other serious difficulties are the one identified by Eberle as "the difficulty of finite non-cyclic similarity chains" (also relating to the construction of qualities through quasi-analysis) and a difficulty relating to the construction of locations out of qualities which I have labelled "the difficulty of unlocated qualities".[20]

This is not the place to enter into a detailed discussion of these difficulties and the proposals that have been made to overcome them (especially by Goodman himself, Moulines, and Eberle, in the works already mentioned). Suffice to say that they are more likely to appear in Carnap's original version of the definition of qualities and locations than in some more refined version like the one we have considered above. However, their possibility cannot be excluded either from the modifications proposed up to now. This is shown in detail in Kleinknecht (1980). It seems that one can always invent a more or less contrived list of experiences such that either (a) a particular (presystematic) quality cannot be extracted out of the list by quasi-analysis, or (b) a (systematic) quality can be constructed by quasi-analysis that does not correspond to any presystematic quality of the list, or finally (c) a (systematic) quality can be constructed that corresponds to several presystematic qualities.[21] Presumably, the same kind of situations may arise in the construction of locations.

These difficulties, however, should not be overrated. It is important to note that the counter-examples to quasi-analysis do not show that this method is inapplicable, but that, *in some very particular cases*, it won't lead to the results expected. All criticisms of Carnap's definitions, including the most incisive ones due to Kleinknecht, recognize through the consideration of numerous examples that normally the right items can be abstracted from a given list of experiences through quasi-analysis. The more the number and the variety of experiences increases, the less likely the difficulties above-mentioned are to appear. Of course, some "external" assumptions about the content and structure of E have to be made such that they rule out the unwanted circumstances. This may appear as a serious flaw only to those who think that a theory like CAB should *only* provide presystematically acceptable models. But this is something we could never sensibly ask of an empirical theory. Any empirical theory which is intended as an idealized representation of "real" systems, will allow for non-intended, even intuitively inadmissible, models within the class of structures satisfying its requirements. And, generally speaking, there will be no algorithm which formally separates the "good" from the "bad" models. This is a well-known fact about the structure of empirical theories having many different non-isomorphic models which represent, in a more or less idealized way, different real systems.[22] CAB is one such theory, viz. a theory about ideal observers in general. Having settled the axioms and definitions formally belonging to it, all we can do is to explore a number of extrasystematic assumptions which can be made in order to zero-in the intended models of the theory – in this case, "good" ideal observers. These assumptions are, by its very nature, not formalizable within the theory itself – they belong to its "pragmatics". In Balzer/Moulines/Sneed (1987), they have been labelled "plausible interpretations" and have the status of informal criteria determining the domain of intended applications of the theory in question.[23] The difficulties faced by quasi-analysis and other similar considerations suggest at least the following "plausible interpretations" for the intended models of CAB:

- E should have a large number of elements. To be more concrete, if we suppose, to be somewhat closer to actual human experience, that each element of E lasts about 1/10 seconds and that IO should be, say, 3 years "observing" before it starts elaborating the collected material, then $\|E\|$ should be of the order of magnitude of 10 millions ($\approx 10 \times 60 \times 60 \times 24 \times 365 \times 3$). (This is, by the way, quite another order of magnitude than the one considered by Goodman, Eberle, Kleinknecht and other critics in their counter-examples, which never exceed the number of a dozen experiences.)
- *Qual* should also have a large number of elements but considerably less than E, let us say of the order of magnitude of "only" several thousands. This seems to be a plausible assumption from the point of view of psychophysiology. The proportion of $\|E\|$ to $\|\text{Qual}\|$ assumed here implies that Goodman's difficulties will be extremely improbable.[24]
- Any element of *Qual* appears in a considerable number of different experiences. (This assumption would make, among other things, Eberle's difficulty of so-called "finite non-cyclic similarity chains" very unlikely, as he himself admits.)
- The number of locations in the visual field should be rather large but considerably less than $\|\text{Qual}\|$. This makes unlocated qualities very unlikely to appear.
- If x TP y and there is no z such that x TP z and z TP y, then the probability for "$\neg\, x$ PS y". This systematic relationship between TP and PS expresses a sort of minimal amount of regularity in the phenomenal world of an ideal observer; things like a sudden flash of extremely intense light or sudden immersion in darkness are not excluded from her possible experiences but are not supposed to be constantly happening in her life. This requirement seems to be basic for making phenomenal predictions possible to some extent.

Models of CAB to be taken seriously as representations of ideal processes of observation and recognition will have to satisfy these plausibility requirements in addition to CAB's formal axioms and the rules for quasi-analytic construction of phenomenal items. Some other extrasystematic assumptions on E, TP, and/or PS might be found as well that prove to be necessary to determine CAB's intended applications. Finding the right ones will depend on a careful combination of conceptual analysis, empirical research, and appropriate simulation programmes. A wide range of interesting questions for further research of genuinly interdisciplinary character is opened up by the attempt to develop an epistemological theory like CAB. This would be a good example for a "naturalized" *and* "formalized" epistemology. This example we owe to Carnap's *Aufbau*.

NOTES

[1] R. Carnap: *Der logische Aufbau der Welt* (1st edition: Berlin, 1928; 2nd edition: Hamburg, 1961, with a new foreword by the author); there is an English translation due to R. A. George (*The Logical Structure of the World*, Berkeley/Los Angeles, 1967); I also know of an Italian version (by E. Severino) and a Spanish one (by L. Mues). In order to make checking easier for the readers of all these different versions, I give the quotations by indicating the paragraphs as originally numbered by Carnap.
[2] Carnap (1963), p. 18.
[3] See e.g. *Aufbau*, Secs. 26, 53, and 122.
[4] See *Aufbau*, Sec. 54 and, more emphatically, Sec. 100.
[5] *Aufbau*, Sec. 64.
[6] I have provided formalizations of them along this line in Moulines (1973), chs. I and II.
[7] Cf. Goodman (1966), pp. 138ff.
[8] See *Aufbau*, ch.III.C.l., especially Sec. 64.
[9] There he writes: "Today, if I were to construct the schema of a conceptual system on a phenomenalistic basis, I should prefer to use a greater number of primitives . . . I should prefer to take as individuals the concreta themselves (e.g., the occurrence of a red spot at a certain position in the visual field at a certain time) and then to use primitive predicates of the following kind: spatial relations. . . , a temporal relation, qualitative properties (e.g. red) or qualitative relations (e.g., similarity)" (cf. Carnap (1963b), pp. 946–947).
[10] Of course, Carnap himself noted already this analogy (see *Aufbau*, Secs. 69 and 73). For a detailed discussion of it, see Stegmüller (1958).
[11] The sketch presupposes already a little acquaintance with Carnap's original procedure in the *Aufbau*. Those readers who would like to know more details about the actual steps of the original Carnapian construction should consult any of the detailed expositions listed in the "References", particularly Goodman (1966), ch. V, Moulines (1973), ch. III, or Wedberg (1975).
[12] See Russell (1914), ch. IV, especially pp. 121ff.
[13] See e.g. Wedberg (1975), p.18.
[14] Later on, it will be explained what "big enough" means in this context.
[15] For any set a, "$\|a\|$" denotes its cardinality.
[16] See e.g. Moulines (1973), ch. V.4 and Kleinknecht (1980).
[17] The formal proof may be found in Moulines (1973), p. 214.
[18] Cf. Goodman (1966), ch. V and Goodman (1963), p. 557.
[19] Cf. *Aufbau*, Sec. 70 and Sec. 72.

[20] For the first, see Eberle (1975), pp. 62–65, and for the second, see Moulines (1973), pp. 232–233.
[21] Cf. Kleinknecht (1980), p. 27.
[22] See Balzer/Moulines/Sneed (1987), chs. I.4, II.1 and II.6 for a detailed discussion of this issue.
[23] *Op. cit.*, ch. I.4.
[24] All critics of quasi-analysis, including Goodman, have acknowledged that, if the number of experiences is much bigger than the number of qualities, it is very unlikely that the above-mentioned difficulties appear. They say, however, that there is no reason to assume this condition to be fulfilled. I contend, on the contrary, that any realistic model will have to make this assumption.

REFERENCES

Balzer, W., Moulines, C. U., and Sneed, J. D.: 1987, *An Architectonic for Science. The Structuralist Programme*. Dordrecht.

Carnap, R.: 1928, *Der logische Aufbau der Welt*. Berlin, [1]1928/ Hamburg, [2]1961.

Carnap, R.: 1963a, 'Intellectual Autobiography', in: P. A. Schilpp (ed.), *The Philosophy of Rudolf Carnap*, La Salle, Ill.

Carnap, R.: 1963b, 'Replies and Systematic Expositions', in: P. A. Schilpp (ed.), *The Philosophy of Rudolf Carnap*, La Salle, Ill.

Caton, H.: 1974/75, 'Carnap's First Philosophy', *Review of Metaphysics* 28.

Eberle, R. A.: 1975, 'A Construction of Quality Classes Improved upon the *Aufbau*', in: I. Hintikka (ed.), *Rudolf Carnap, Logical Empiricist*, Dordrecht/Boston.

Friedman, M.: 1987, 'Carnap's *Aufbau* Reconsidered', *Noûs* 21.

Goodman, N.: 1963, 'The Significance of '*Der logische Aufbau der Welt*'', in: P. A. Schilpp (ed.), *The Philosophy of Rudolf Carnap*, La Salle, Ill.

Goodman, N.: [2]1966, *The Structure of Appearence* Harvard, [1]1951.

Haack, S.: 1977, 'Carnaps *Aufbau*: Einige kantische Reflexionen', *Ratio* 19.

Kambartel, F.: 1968, *Erfahrung und Struktur-Bausteine zu einer Kritik des Empirismus und Formalismus*. Frankfurt a.M.

Kese, R.: 1988, 'Wissensrepräsentation, Bedeutung und Reduktionismus. Einige neopositivistische Wurzeln der KI', in: G. Heyer, J. Krems, and G. Gorz (eds.), *Wissensarten und ihre Darstellung*, Berlin/Heidelberg.

Kleinknecht, R.: 1980, 'Quasianalyse und Qualitätsklassen', *Grazer Philosophische Studien* **11**.

Mach, E.: [1]1886, *Die Analyse der Empfindungen*, Jena, [5]1906.

Mohn, E.: 1978, *Der logische Positivismus*. Frankfurt a.M.

Moulines, C. U.: 1973, *La estructura del mundo sensible. Sistemas fenomenalistas*. Barcelona.

Moulines, C. U.: 1981, 'Hermann von Helmholtz: A Physiological Approach to the Theory of Knowledge', in: H. Jahnke and M. Otte (eds.), *Epistemological and Social Problems of the Sciences in the Early Nineteenth Century*, Dordrecht/Boston.

Moulines, C. U.: 1985, 'Hintergründe der Erkenntnistheorie des frühen Carnap', *Grazer Philosophische Studien* **23**.

Parks, Z.: 1973, 'On the Construction of the Physical World in the *Aufbau*', *Philosophical Studies* **24**.

Quine, W. V. O.: ²1961, 'Two Dogmas of Empiricism', in: *From a Logical Point of View*. Cambridge, Mass., ¹1953.

Runggaldier, E.: 1984, *Carnap's Early Conventionalism*, Amsterdam.

Russell, B.: 1914, *Our Knowledge of the External World*, Cambridge.

Sauer, W.: 1985, 'Carnaps *Aufbau* in kantianischer Sicht', *Grazer Philosophische Studien* **23**.

Stegmüller, W.: 1958, *Der Phänomenalismus und seine Schwierigkeiten*, München.

Vuillemin, J.: 1971, *Logique et monde sensible*, Paris.

Wedberg, A.: 1975, 'How Carnap Built the World in 1928', in: J. Hintikka (ed.), *Rudolf Carnap, Logical Empiricist*, Dordrecht/Boston.

Institut für Philosophie
FU Berlin
Habelschwerdter Allee 30
1000 Berlin 33
Germany

VERENA E. MAYER

DIE KONSTRUKTION DER ERFAHRUNGSWELT: CARNAP UND HUSSERL*

Carnaps *Logischer Aufbau der Welt*[1] wird oft als Versuch aufgefaßt, das erkenntnistheoretische Programm des Empirismus zu verwirklichen, indem die Gesamterfahrung auf elementar gegebene Einzelwahrnehmungen zurückgeführt wird.[2] Erkenntnistheoretische Modelle, bei denen Wahrnehmungen die Basis bilden, also phänomenalistische Modelle, zeichnen sich nach Stegmüller durch die These (P) aus:

(P) Alle realen Dinge und Prozesse sind logische Konstruktionen aus Sinnesdaten.[3]

Carnaps *Logischer Aufbau* galt häufig als Paradebeispiel eines solchen Modells.

Dieser empiristischen Deutung des Konstitutionssystems ist vor allem in letzter Zeit widersprochen worden. So wurde gezeigt, daß sich in den frühen Schriften Carnaps und vor allem im *Logischen Aufbau* kantianische,[4] konventionalistische[5] und rationalistische[6] Elemente und Strukturen finden. Die inhärente Mehrdeutigkeit insbesondere des Carnapschen Konstitutionssystems ist dabei kein Zufall. Der *Logische Aufbau* soll nicht ein neues erkenntnistheoretisches System darstellen, das etwa gewisse Schwächen der klassischen Systeme vermeiden würde; Carnap will hier vielmehr einen theoretischen Rahmen entwickeln, der klassische philosophische Systeme und moderne naturwissenschaftliche Theorien der Erkenntnis umfaßt und kompatibel macht.

Formal besteht Carnaps Grundidee darin, die Russellsche Typentheorie auf die Erkenntnistheorie zu übertragen. Aus der Basis des Gegebenen werden Gegenstandsarten als unterschiedliche Typen konstruiert. Die Gegenstandsbereiche verschiedener Wissenschaften sollen sich dann als verschiedene 'Konstitutionsstufen' auf einer einheitlichen Basis erweisen. Philosophische Streitigkeiten, etwa die Kontroversen zwischen Realismus, Idealismus und Phänomenalismus, sollen sich dabei auflösen; da in diesen drei Richtungen jeweils verschiedene Typen von Gegenständen als wirklich vorausgesetzt werden, ist ein gemeinsamer Rahmen zur Darstellung ihrer Thesen in der Konstitutionstheorie gegeben.[7] Innerhalb des Konstitutionssystems sind philosophische und

Erkenntnis **35**: 287–303, 1991.
© 1991 *Kluwer Academic Publishers. Printed in the Netherlands.*

wissenschaftliche Theorien nur relativ zu bestimmten Stufen der Begriffsentwicklung sinnvoll, bzw. wahr. Der *Logische Aufbau* verfolgt ein transzendentales Ziel, wenn er diese im Hintergrund stehenden Konstitutionsstufen explizit macht.

Ein ganz ähnliches Programm stellte Husserl in seinen *Ideen zu einer reinen Phänomenologie und phänomenologischen Philosophie*[8] vor: auch hier wird die These ausgeführt, daß die Welt prinzipiell auf der Basis des Erlebnisstroms eines möglichen Subjekts konstituiert werden kann.[9] Husserl betrachtete die Ausführung dieses Projekts als eine außerordentlich schwierige und umfangreiche Aufgabe, zu der die *Ideen* die theoretische Fundierung, die begriffliche Vorarbeit und einige Skizzen von möglichen Konstitutionsschritten liefern sollten. Demgegenüber stellt der *Logische Aufbau* einen Versuch dar, die einzelnen Konstitutionsschritte von der Basis aus systematisch darzustellen. Zwischen den Entwürfen Husserls und Carnaps bestehen nun zahlreiche systematische und terminologische Parallelen, u.a. die folgenden:[10]

(I) Ausgangspunkt der Konstruktion beider Systeme ist die phänomenologische Urteilsenthaltung (die Husserlsche *epoché*);

(II) Basis bilden dabei nicht Sinnesdaten, sondern der Erlebnisstrom eines Subjekts; dieser ist in beiden Fällen nicht empiristisch oder sensualistisch zu verstehen;

(III) der Begriff der Konstitution und die Idee eines Konstitutionssystems mit einer Basis im Erlebnisstrom wird bei Husserl und Carnap im selben Sinn verwendet;

(IV) Der Aufbau der Systeme verläuft weitgehend analog. Dabei wird auf der Basis (I) die Sinnenwelt konstituiert, aus der – über den Zwischenschritt der Konstitution des eigenen Leibes – die materielle Außenwelt, die Welt des Freundpsychischen und die geistige und kulturelle Welt entstehen.

Ähnlich weitgehende Übereinstimmung des *Logischen Aufbaus* mit anderen zeitgenössischen Systemen findet sich sonst nicht. Da Carnap bei Husserl studiert hat und die *Ideen* im *Logischen Aufbau* mehrmals erwähnt, ist die Ähnlichkeit der Systeme und Terminologien gewiß nicht zufällig. Ob Carnap in seinem Konstitutionssystem eine Rekonstruktion der Husserlschen Phänomenologie versucht oder nur einfach großzügige und weitgehend stillschweigende Anleihen vornimmt, sei vorläufig dahingestellt.[11]

2.

(ad I) Als Basis des *Logischen Aufbaus* dient Carnap das sog. 'Eigenpsychische'. Carnap meint damit das Bewußtsein in einem sehr weiten Sinn; zu ihm sollen alle Erlebnisse gehören, unabhängig davon, ob gleichzeitig oder nachträglich auf sie reflektiert wird oder nicht.[12] Der Ausdruck 'Erlebnis' kennzeichnet dabei nicht Vorkommnisse von einzelnen Daten, sondern ganzheitliche Erfahrungsabschnitte, die nicht analysiert sind.

Denselben Ausgangspunkt wählt auch Husserl in seinen *Ideen*. Hier bildet die Grundlage der Konstitution die 'natürliche Einstellung', nach der die Welt der inneren und äußeren Wahrnehmung samt den Bewußtseinsakten und anderen psychischen Erlebnissen als vorhanden gilt. Bewußtsein im weitesten Sinn umfaßt damit alle Erlebnisse des Subjekts; auch hier wird Reflexion ausdrücklich nicht vorausgesetzt.[13]

Bei Carnap hat die Grundlegung des Systems in den Erlebnissen eines Subjekts keine ontologische, sondern nur methodische Bedeutung: der Ausdruck 'Eigenpsychisches' ist ebenso wie 'Gegebenes' oder 'Erlebnis' irreführend, da er ein Subjekt vorauszusetzen scheint, dieses soll jedoch erst im Verlauf des rekonstruierten Erkenntnisprozesses konstituiert werden.

Bei der Begründung dieses 'methodischen Solipsismus' beruft sich Carnap auf Husserls Begriff der phänomenologischen Urteilsenthaltung oder epoché.[14] In der epoché, wie sie Husserl in den *Ideen* einführt, wird die natürliche Einstellung des Subjekts außer Kraft gesetzt; alle Existenzannahmen werden 'eingeklammert', sodaß der reine Strom von Erlebnissen (die reine Bewußtseinssphäre als Gegenstandsgebiet der Phänomenologie) übrig bleibt.[15] Die epoché soll den gegenüber den üblichen philosophischen Systemen strikt neutralen Charakter des Husserlschen Systems garantieren. Der Kunstgriff Husserls bewirkt, daß das Postulat hypothetischer Entitäten überflüssig wird: die zugrundegelegte natürliche Einstellung ist unbezweifelbar vorhanden, während die phänomenologische Einklammerung der mit ihr verbundenen Existenzannahmen, wie Husserl betont, Sache unserer vollkommenen Freiheit ist und nur eine Umwertung, nicht eine Preisgabe der natürlichen Überzeugungen darstellt.[16]

Übertragen wir diese Auffassung auf den *Logischen Aufbau*, so steht am Beginn des Konstitutionssystems nicht ein Bereich von Entitäten, der als existierend vorausgesetzt wird (etwa die Sinnesdaten), sondern der natürliche Erlebnisstrom, der durch die ausdrückliche *Enthaltung* von allen Existenzannahmen ausgezeichnet ist (und der in der formalen Rekonstruktion durch die Relation **Er** der Ähnlichkeitserinnerung vertreten wird). Die Aufgabe des Konstitutionssystems besteht dann nach Carnap in dem (wohl nur hypothetisch durchführbaren) Aufweisen sämtlicher Gegenstände, die auf dieser Basis mit mengentheoretischen Mitteln konstruierbar sind. Auch auf den höchsten Konstitutionsstufen ist damit noch keine Aussage über die *Existenz* dieser Gegenstände getroffen. Dies stimmt mit den Ausführungen Carnaps über das konstitutionale und das metaphysische Wirklichkeitsproblem am Ende des *Logischen Aufbaus* überein.[17]

Die Ichlosigkeit der Basis gilt für Husserl jedoch nur in einem eingeschränkten Sinne, weshalb Carnap hier auch ausdrücklich einen Unterschied zwischen seinem System und den *Ideen* konstatiert:[18] In der epoché wird die ganze Welt der natürlichen Einstellung, und ebenso 'Ich, der Mensch', ausgeschaltet, nur das reine Akterlebnis bleibt zurück. Das psychologische Ich wird ebenso wie bei Carnap erst auf einer höheren Stufe konstituiert. Auf der anderen Seite kann die Ausschaltung nicht das reine Subjekt des Aktes herausstreichen, das einfach in der Einheit des Erlebnisstroms besteht; dieses transzendentale Ich ist aber für sich genommen (abzüglich seiner Erlebnisse) völlig leer an Wesenskomponenten.[19] Ein solches sozusagen formales Subjekt gibt es jedoch implizit auch im *Logischen Aufbau*: hier dient als Basis des Systems eine extensional gegebene Relation der Ähnlichkeitserinnerung, d.h. eine Liste von Elementarerlebnissen, die natürlich Erlebnisse *eines* Subjekts sein müssen. Die bloße Tatsache der 'Einheit' der Elementarerlebnisse in der Relation **Er** entspricht also dem inhaltlich leeren und für die Konstitution nicht verwendbaren transzendentalen Subjekt Husserls.

3.

(ad II) Der Erlebnisstrom, der das Ergebnis der phänomenologischen Reduktion bildet, darf nicht phänomenalistisch, als Folge von Sinnesdaten, aufgefaßt werden. In Carnaps Konstitutionssystem findet sich eine der These (P) entsprechende Formulierung nicht.[20] Im Gegenteil:

die Konstitutionsrichtung des *Logischen Aufbaus* verläuft zunächst gerade umgekehrt als in (P). Nicht reale Dinge und Prozesse werden aus Sinnesdaten logisch konstruiert, sondern die Sinnesdaten selbst werden aus dem Erlebnisstrom mit Hilfe der formalen Logik und Mengentheorie konstituiert. Dem entspricht auf der formalen Ebene die Tatsache, daß Carnap Gegenstände (welcher Art auch immer) als sekundär gegenüber den Relationen betrachtet, deren Glieder sie sind.[21]

Auch für Husserl ist der ganzheitliche Erlebnisstrom Grundlage der Bildung von bereits abstrakteren Bestimmtheiten wie Farbe und Gestalt. Daß dieser Strom in einem bestimmten Sinne unmittelbar gegeben ist, kann nicht bezweifelt werden, während die Behauptung, daß nicht räumliche Gegenstände, sondern etwa Farbflecken elementar (unmittelbar gegeben) seien, sicherlich bestreitbar ist. Wenn wir etwa an einem Gegenstand 'dieselbe Farbe' wahrzunehmen glauben, so durchlaufen wir in Wirklichkeit einen Wahrnehmungsabschnitt, in dem diese Farbe in kontinuierlichen Veränderungen von 'Farbabschattungen' (je nach Lichteinfall, Standpunkt, Umgebung etc.) erscheint.[22] Einer in einem solchen Abschnitt als identisch wahrgenommenen Farbe entspricht dabei ein vielfältiges System von kontinuierlichen Erscheinungs- und Abschattungsmannigfaltigkeiten. Das erkenntnistheoretische Grundproblem besteht u.a. darin, zu erklären, auf welche Weise und weshalb aus den ständig wechselnden, in der Zeit fließenden sinnlichen Eindrücken, die etwa nach Farbe und Gestalt keine Konstanz aufweisen, spontan die Wahrnehmung von einzelnen (im Erlebnisstrom identischen) Gegenständen entsteht.

Husserl insistiert darauf, daß die phänomenalistische These (P) für eine solche Erklärung nicht ausreicht, da sie auf einer groben Mißachtung und Vereinfachung von Bewußtseinstatsachen beruht. Betrachten wir nämlich den (durch phänomenologische Reduktion gereinigten) Erlebnisstrom, so finden wir weitaus mehr als nur eine lose Folge von einzelnen 'impressions'. Die Erlebnisse, auf die sich der reflektierende Blick richtet, sind vielmehr von ganz verschiedener, phänomenologisch erst noch zu analysierender Struktur. So gehört es zum Wesen einer großen Klasse von Erlebnissen, daß sie intentionalen Charakter besitzen, d.h. 'Bewußtsein von etwas' sind. Damit ist bereits die wichtige Unterscheidung zwischen den Erlebnissen und ihren intentionalen Objekten getroffen, die etwa der klassische Phänomenalismus Humes ignoriert.[23] Für Husserls Ansatz ist dabei wesentlich, daß die Unterscheidung zwischen 'Immanenz' und 'Transzendenz' nicht etwa eine

Zweiteilung der Welt in eine 'Eigenwesenheit der Erlebnisse' und eine prinzipiell anders geartete und dem Bewußtsein nicht zugängliche materielle Welt bedeutet.[24] Die materielle Welt ist vielmehr als natürliches Erleben selbstverständlich gegeben und die Aufgabe der Phänomenologie besteht gerade in der Beschreibung der Bewußtseinsvorgänge, die zur Konstitution dieses Bereichs auf der Basis des Erlebnisstroms führen.

Das physikalische Ding, das mit gewissen Bewußtseinsvorgängen gemeint ist, stellt daher für Husserl nicht ein grundsätzlich unerreichbares 'Ding an sich' dar, sondern ist 'leibhaftig da'; es ist aber kein Teil des Erlebnisstroms, sondern gehört zu einer Region intentionaler Gegenstände, die über verschiedene noch näher zu beschreibende Stufen konstituiert ist. Der Begriff des physikalischen Dinges dient umgekehrt als Leitfaden zur Organisation des Erlebnisstroms. Ähnliches gilt für alle intentionalen Objekte und ihre Regionen.

Es ist nun leicht zu sehen, daß dieselbe Idee auch dem *Logischen Aufbau* zugrundeliegt. Auch hier wird etwa das physikalische Ding auf der Basis des Erlebnisstroms schrittweise konstituiert, d.h. es gibt keinen 'Abgrund' zwischen dem Ich und der Außenwelt oder zwischen Immanenz und Transzendenz im Sinne Husserls. Auch für Carnap ist die Frage nicht, wie das solipsistische Subjekt den Sprung in die intersubjektive Welt zustandebringt. Die intersubjektive Welt wird vielmehr als der natürlichen Einstellung gegeben vorausgesetzt und die Aufgabe des Konstitutionssystems besteht darin, diese Gegebenheitsweise zu rekonstruieren. Dabei ist ein Gegenstand, z.B. ein physikalisches Ding, nach Carnap das, was durch ein bestimmtes Erlebnis 'gemeint' ist, entsprechend Husserls intentionalem Objekt.[25] Das Gemeinte ist dabei selbst eine komplizierte Ordnung von Erlebnissen (ein 'System von Abschattungsmannigfaltigkeiten' bei Husserl), sodaß zwischen beiden Bereichen keine Wesensunterschiede, sondern Strukturverschiedenheiten bestehen. Die Unterscheidung zwischen Erscheinung und Ding an sich wird so bei Carnap wie bei Husserl überflüssig.[26]

4.

(ad III) Eine wesentliche Gemeinsamkeit zwischen Carnap und Husserl besteht im Begriff der Konstitution, bzw. des Konstitutionssystems. Ein Konstitutionssystem ist nach Carnap eine stufenweise Ordnung der Gegenstände derart, daß die Gegenstände einer jeden Stufe aus denen der niederen Stufe konstituiert werden. Wegen der Transitivität der Zurückführbarkeit werden dadurch indirekt alle Gegenstände des Konstitutionssystems aus den Gegenständen der ersten Stufe konstituiert; diese 'Grundgegenstände' bilden die 'Basis' des Systems.[27]

Auf ähnliche Weise verwendet Husserl den Begriff der Konstitution in den *Ideen*. Die Phänomenologie soll eine Logik der Phänomene sein, d.h. die Art und Weise beschreiben, in der die Gegenstände des Wahrnehmens und Denkens mit dem Erlebnisstrom zusammenhängen. Husserl geht es dabei um 'Wesenszusammenhänge', wobei der Ausdruck 'Wesen' nicht metaphysische Entitäten kennzeichnet, sondern die Gegenstände, die auf der Basis des Erlebnisstroms konstituiert werden.[28] Das System besteht dabei aus verschiedenen Stufen und Schichten, die durch eigene Strukturzusammenhänge gekennzeichnet sind, wobei ähnlich wie bei Carnap gilt:

Jede Stufe und jede Schicht in der Stufe ist dadurch charakterisiert, daß sie eine eigene Einheit konstituiert, die ihrerseits notwendiges Mittelglied ist für die volle Konstitution des Dinges.[29]

Da die Basis beider Systeme ein ganzheitlicher Strom von Erlebnissen bildet, können nun die Gegenstände höherer Stufe nicht durch Summation oder Assoziation einzelner Daten (die typische phänomenalistische Form der Begriffsbildung) gebildet werden. Die Aneinanderreihung verschiedener Ansichten eines Gegenstandes kann nicht als Erklärung der Tatsache dienen, daß der Gegenstand als derselbe mit zum Teil identischen Eigenschaften erscheint. Vielmehr scheint dazu ein Abstraktionsverfahren notwendig zu sein, das auf andere Mechanismen zurückgreift als auf die bloße Assoziation.

Carnap verwendet, wie eingangs dargestellt, in seiner formalen Rekonstruktion die Russellsche Typentheorie. Husserls Stellung zu einer solchen 'mathesis der Erlebnisse' ist nicht eindeutig. In einer Beilage zu den *Ideen* über die Konstitution der Seele verwendet er selbst zumindest symbolische Darstellungsformen[30] und beschreibt verschiedentlich die Aufgabe der Phänomenologie als Bestimmung und Aufklärung von Sinn[31] durch Vergleich, Unterscheidung, Verknüpfung, Relationsbildung und Abscheidung von Momenten. Gegenüber der mathematischen oder auch geometrischen Methode betont Husserl jedoch das Fließende und die prinzipielle Vagheit psychischer Phänomene; diese sind nicht in Komponenten auflösbar und lassen sich nicht in mathematische Mannigfaltigkeiten einordnen. Dies bedeutet jedoch keineswegs, daß die phänomenologische Forschung 'in einem Fluß versinkt': trotz der fließenden Kontinuitäten der Basis bilden sich im Bewußtsein zunächst höhere Allgemeinheiten (etwa die Unterscheidung zwischen Sinnesklassen) und in der Folge immer diffizilere Klassifikationen und Deskriptionen.[32] Die Konstitution ist dabei ein reziproker Prozeß, bei dem konstituierte Einheiten auf darunterliegende, vage oder lückenhaft gebliebene Stufen zurückwirken und diese ergänzen.

Jedoch bedeutet auch Carnaps Versuch einer formalen Rekonstruktion der Konstitution nicht, daß der *Logische Aufbau* ein starres 'geometrisches' System im Sinne Husserls darstelle. So kann Carnaps Prozeß der Quasianalyse als Versuch eines formalen Analogons zu Husserls Konstitutionsprozeß betrachtet werden. Die Quasianalyse konstituiert Gegenstände als Klassen von (in einer oder mehreren Beziehungen) ähnlichen Elementarerlebnissen. Husserl deutet ein ähnliches Prinzip z.B so an:

> Die identische Eigenschaft ist aber das Identische, das als 'Eigenschaft' durch *alle* Umstände hindurchgeht. D.h. eine Schicht der Dingeinheit geht durch mannigfaltige Darstellungen hindurch.[33]

Carnap spricht auch analog zu Husserl von einer 'Umordnung' des Konstitutionssystems aufgrund von Konstitutionen höherer Stufe.[34] Gegenstandssphären werden durch Analogiebildung ergänzt und aufgefüllt, Kontinuitäten als Gesetze der Konstitution verwendet. Auch der *Logische Aufbau* hat daher einen, in Husserls Redeweise, kinetischen Charakter.

Dies widerspricht nicht einem weiteren gemeinsamen Merkmal beider Konstitutionssysteme. Carnap unterscheidet zwischen Ganzem und logischem Komplex: während das erstere aus Teilen besteht und in diese zerlegbar ist, ist der logische Komplex dadurch gekennzeichnet, daß Aussagen über ihn in Aussagen über seine Elemente umgeformt werden können. Damit ist ausgedrückt, daß logische Komplexe nicht auf ihre Elemente reduzierbar sind, da sie wesentlich durch ihre Struktur, nicht durch ihre 'Materie' individuiert sind. So ist etwa das Geistige im Psychischen und dieses in der Wahrnehmung von physischen Körpern fundiert, aber es ist nicht eine bloße Summe solcher Wahrnehmungen,[35] sondern besitzt eine eigene, nicht reduzierbare Struktur. Es kann also nicht die Rede davon sein, daß etwa das Geistige im System Carnaps (entsprechend der These (P)) nur eine logische Konstruktion aus Sinnesdaten sei: nicht nur wird die Basis nicht aus Sinnesdaten gebildet, die gegenüber der Konstruktion den Vorteil der Existenz hätten; sondern der erfahrungsmäßige Anteil der Erlebnisse am Wesen des Geistigen ist gering: das Wesen besteht eben in der 'genetischen' Struktur der Erlebnisse und nicht in ihrem Inhalt. Carnap befindet sich hier wieder durchaus in Übereinstimmung mit Husserl, der an entsprechender Stelle schreibt:

> ... vorurteilsfrei angesehen und phänomenologisch auf seine (sic !) Quellen zurückgeführt, sind die fundierten Einheiten eben fundierte und neuartige; das Neue, das sich mit ihnen konstituiert, kann, wie die Wesensintuition lehrt, nie und nimmer auf bloße Summen von anderen Realitäten reduziert werden.[36]

Dieses ganz wesentliche Merkmal des Konstitutionssystems berechtigt Carnap auch zu der – formal allerdings bedenklichen[37] – Elimination der Grundrelation der Ähnlichkeitserinnerung nach Abschluß der Konstitution. Diese Elimination ist als Widerspruch zum angeblich phänomenalistischen Charakter des Systems empfunden worden;[38] sie steht aber durchaus in Einklang mit dem phänomenologischen Programm einer Wesensanalyse, d.h. der Strukturzusammenhänge im Bewußtsein.

5.

(ad IV) Die auffallendste Gemeinsamkeit zwischen dem *Logischen Aufbau* und den *Ideen* besteht in der Parallelität der Konstitutionsschritte. Husserl hat die Stufenfolge seine Systems nicht systematisch dargestellt; diese Aufgabe übertrug er der in zukünftigen phänomenologischen Teilgebieten zu leistenden umfangreichen Forschungsarbeit. In den unteren Bereichen der Konstitution, denen Carnap besondere Aufmerksamkeit gewidmet hat, sind die *Ideen* daher – was die Reihenfolge von Konstitutionsschritten angeht – vergleichsweise vage. Carnap stellt zunächst mit der Einführung der Begriffe der Teilgleichheit, Teilähnlichkeit, der Ähnlichkeitskreise und der Qualitätsklassen die formalen Mittel zur Organisation des Erlebnisstroms bereit; Husserl untersucht mehr die allgemeinen Strukturen des reinen Bewußtseins, als die konkreten Schritte, die die Gegenstandskonstitution ermöglichen. Auf den höheren Stufen kehrt sich das Verhältnis um: hier finden sich bei Carnap nur noch Skizzen, die weitgehend den Vorschlägen Husserls entsprechen, während Husserl sich vor allem im zweiten Band der *Ideen* ausführlich etwa mit der Konstitution der materiellen Natur, der animalischen Natur (dazu gehört die seelische Realität) und der geistigen Welt befaßt.[39]

Betrachtet man den Konstitutionsprozeß etwa als Modell für die Vorgänge bei der Entstehung des Bewußtseins im Kind,[40] so stimmen beide Konstitutionssysteme in der Beschreibung folgender Entwicklungsschritte überein:[41] das Kind hat etwa als Neugeborenes einen in sich ungeordneten Strom von sinnlichen Eindrücken, aus dem sich allmählich aus Klassen von ähnlichen Wahrnehmungen Sinnesgebiete herauskristallisieren. Durch Zuordnung von einzelnen Erlebnissen zu solchen Sinnesgebieten entstehen Empfindungen. Ähnliche Empfindungen bilden wieder die Grundlage für die Konstitution von Farben und Gestalten.

Auf dieser Basis wird nun die Wahrnehmung sinnlicher Gegenstände von der unreflektiert subjektiven Perspektive aus möglich. Eines dieser Sehdinge ist der eigene Leib. Er spielt in beiden Konstitutionssystemen eine wesentliche Rolle, da er sozusagen die Schnittstelle darstellt, an der sich das Ich im Unterschied zur Umwelt konstituiert. Der Leib hebt sich durch typische Eigenschaften aus den anderen Gegenständen konstitutiv heraus, bei Carnap u.a. durch die folgende:

> Den Stellen der Oberfläche meines Leibes entsprechen die Qualitäten (oder Lokalzeichen) des Drucksinnes derart, daß eine Druckempfindung von bestimmter Qualität erlebt wird, wenn die Hautstelle durch einen anderen Körper oder durch einen anderen Teil meines Leibes berührt wird.[42]

Ganz analog kennzeichnet Husserl den Leib dadurch, daß er Träger gewisser lokalisierter Empfindungen (Husserl nennt sie 'Empfindnisse'[43]) ist, die typischerweise gleichzeitig stattfinden können: eine Berührung meines Armes kann ich gleichzeitig sehen und spüren. Husserl und Carnap konstituieren den Leib außerdem dadurch, daß von ihm bestimmte kinästhetische Empfindungen abhängen, so etwa der Perspektivenwechsel bei seiner Bewegung.

Während es vor der Konstitution des Leibes subjektiv wahrgenommene, ständig ineinander übergehende raum-zeitliche Gegenstände gibt, die untereinander in Verbindung und Wechselwirkung stehen, zeigt sich mit der Konstitution des Leibes, daß die Gegenstände objektive Eigenschaften besitzen, d.h. solche, die von gewissen mit dem Leib zusammenhängenden Modifikationen unabhängig bleiben: die objektiven Eigenschaften gehen wieder – mit Husserl gesprochen – durch die verschiedenen Darstellungen hindurch. Damit konstituiert sich die Welt des Eigenpsychischen auf der einen und die objektiv materielle Welt (bei Carnap: Wahrnehmungswelt) auf der anderen Seite,

Bei Carnap folgt an dieser Stelle die Konstitution der physikalischen Gegenstände. Die physikalische Welt ist durch eine Zuordnung physikalischer Zustandsgrößen zu den Punkten des vierdimensionalen Zahlenraumes definiert und wesentlich bestimmt durch die 'physikalisch-qualitative Zuordnung' von Qualitäten der Wahrnehmungswelt zu solchen Zustandsgrößen.[44] Carnap hält die Konstitution der physikalischen Welt für notwendig zur Konstitution der intersubjektiven Welt. Husserl bestimmt die physikalischen Gegenstände im wesentlichen analog, setzt jedoch die Intersubjektivität der zugeschriebenen Qualitäten – d.h. die Konstitution der intersubjektiven Welt – voraus.[45]

Die intersubjektive Welt wird in beiden Systemen dadurch konstituiert, daß andere Menschen als ähnlich mit dem eigenen Leib erkannt werden. Durch intuitives und rationales Verständnis ihrer leiblichen Äußerungen (bei Husserl: Einfühlung), werden ihnen ebensolche Wahrnehmungen, jedoch in anderen Perspektiven zugeschrieben, wie dem Subjekt. Dadurch werden Vergleiche möglich, die der Ergänzung des Bereichs des Eigenpsychischen dienen: mit der vollständigen Konstitution des Ich entsteht auch der Begriff des Fremdpsychischen, bei Husserl der Begriff der seelischen Realität.

Auch die weiteren Konstitutionsschritte verlaufen parallel. Ist einmal der Begriff des Fremdpsychischen gewonnen, so werden andere Menschen als Personen konstituiert, die miteinander in verschiedene Arten von Beziehungen treten können. Aus diesen konstituieren sich – auf der Basis der Wahrnehmungen und der Verständigung – geistige Gegenstände (z.B. Sitten), kulturelle Gebilde, (z.B. Staaten) und moralische Begriffe (Werte).

Die Konstitutionsstufen sind natürlich entsprechend dem Begriff des Konstitutionssystems immer als aufeinander aufbauend zu verstehen, d.h. in beiden Systemen ist etwa das Geistige im Fremdpsychischen und dieses in der materiellen Natur und schließlich im Erlebnisstrom fundiert.[46] Betont sei noch einmal, daß kein Gegenstandsgebiet auf seine Elemente reduzierbar ist, da es strukturell individuiert ist und das 'beliebige Gemenge' von Elementarerlebnissen eben keinen Sinn, d.h. keinen intentionalen Gegenstand ergibt.

6.

Der Vergleich der erkenntnistheoretischen Systeme von Husserl und Carnap zeigt also zum Teil detaillierte Parallelen in Terminologie und Struktur. Ähnlich weitgehende Übereinstimmung des *Logischen Aufbaus* zu anderen, etwa neukantianischen Systemen der Erkenntnistheorie, findet sich sonst nicht. Carnap stellt zwar ein Zitat aus Russells *Our Knowledge of the External World* an den Anfang des *Logischen Aufbaus*, die Ähnlichkeiten zu dem dort vor allem im dritten Kapitel skizzierten System sind jedoch eher oberflächlich. So ist Russell eindeutig an ontologischen Fragen interessiert,[47] hält die Konstitution des Physischen auf einer eigenpsychischen Basis, wie Carnap selbst schreibt, für praktisch nicht durchführbar und betrachtet Sinnesdaten als Kombination diskreter Elemente.[48] Der *Logische Aufbau* ließe sich daher eher als Versuch einer Ausführung des phänomenologischen Programms auffassen (als 'mathesis der Erlebnisse'), das Husserl in den *Ideen* vorbereitet und skizziert hatte.

Es dürfte schwierig sein, diese These historisch zu belegen, ihr systematischer Wert für das Verständnis des *Logischen Aufbaus* zeigt sich jedoch daran, daß sie manche Kritik am *Logischen Aufbau* zu entkräften vermag.

So rechnet Quine den *Logischen Aufbau* zum Programm des 'radikalen Reduktionismus', wie er etwa von Hume und Locke vertreten wurde[49] und schreibt ihm die These (P) zu. Demnach sei es Ziel des Konstitutionssystems, alle Aussagen über die physikalische Welt auf Aussagen über direkte Erfahrung zu reduzieren. Diese Reduktion sei Carnap an einem entscheidenden Punkt, nämlich bei der Zuschreibung von Qualitäten zu Raum Zeit–Punkten, nicht gelungen, da er die Zuordnung selbst nicht eliminiert (nicht in Sätze über unmittelbare Erfahrung übersetzt) hatte.

Quines Kritik liegen eine ganze Reihe von Mißverständnissen zugrunde. Zunächst befaßt sich der *Logische Aufbau* nur in einem sehr kleinen Teil mit Aussagen über die physikalische Welt. Die physikalische Welt gehört als Gegenstand der Naturwissenschaft zum Bewußtsein, dessen Struktur das Konstitutionssystem zu rekonstruieren versucht. Dieser Bereich ist aber weder der wichtigste innerhalb des Systems, noch bildet die Zuordnung von Qualitäten zu Raum-Zeit-Punkten einen entscheidenden Schritt. Ziel des Konstitutionssystems ist es eben gerade nicht, unser gesamtes Wissen über die Welt auf sinnliche Erfahrung zu *reduzieren*, sondern die zusammenhängenden

Strukturen dieses Wissens auf der Basis des Gegebenen zu explizieren.[50] Nur aus diesem Grund können Carnap und Husserl für ihre Konstitutionen auch zahlreiche Mittel verwenden, die nicht in 'unmittelbare Erfahrung' übersetzbar sind, etwa Konstitution durch Analogie, rückwirkende Konstitution durch höhere Stufen etc. Auch die Zuordnung von konstituierten Einheiten zu anderen ist dabei nicht selbst etwas, das 'in Erfahrungsbegriffe aufgelöst' werden müßte oder könnte, sondern sie ist eine wesentliche, irreduzible und an vielen Stellen verwendete Methode der Konstitution. Eben deshalb, weil es um die Strukturen der konstituierten Gegenstände, nicht um ihren erfahrungsmäßigen Gehalt geht, kann Carnap schließlich die Elimination des einzigen empirischen Bestandteils des Systems, nämlich der Grundrelation **Er**, fordern. Das Konstitutionssystem ist also kein Reduktionssystem.

Quine scheint die Zuschreibung von Qualitäten zu Raum–Zeitpunkten deshalb für wesentlich zu halten, weil er implizit von der Annahme ausgeht, daß an dieser Stelle der Übergang von der subjektiven zur objektiven Welt stattfinden müsse. Mit anderen Worten: als 'radikaler Reduktionist' stünde Carnap vor dem typischen phänomenalistischen Problem, wie der Solipsismus 'sich selbst aus dem Sumpf ziehen' kann. Aber auch diese Auffassung beruht auf dem empiristischen Mißverständnis. Wie bei Husserl gibt es für Carnap keinen Abgrund zwischen Ich und Außenwelt, da die Außenwelt dem natürlichen Bewußtsein gegeben ist und die Frage nur lautet, wie sie sich im Bewußtsein konstituiert. Diese Frage beantwortet das Konstitutionssystem dadurch, daß es den schrittweisen Aufbau von Begriffen und Gegenständen bis zur Konstitution der materiellen Außenwelt (und weit darüber hinaus) rekonstruiert. Eigenpsychisches und Außenwelt sind zwar voneinander getrennt, da sie verschiedene Strukturmerkmale haben, vom einen zum anderen findet aber ein gradueller und rational nachvollziehbarer Übergang statt. Nur die Behauptung, daß jenseits dieser konstituierten Regionen noch eine von uns unabhängige Außenwelt existiert, ist auch in Husserls Terminologie sinnlos: hätte sie nämlich einen Sinn, so müßte diese Außenwelt ein in unserem Bewußtsein konstituierter Gegenstandsbereich sein, was die Behauptung ja gerade negiert.

Husserl kritisiert am Empirismus die willkürliche und dogmatische Beschränkung der Basis auf passiv rezipierte und assoziierte Sinnesdaten. Der vorurteilsfreie Blick des Bewußtseins auf sich selbst unter Ausschluß aller Existenzbehauptungen läßt erkennen, daß das dem

Bewußtsein Gegebene sehr viel weiter reicht: das Bewußtsein 'sieht' eben nicht nur einzelne Daten, sondern auch Strukturen. Sämtliche Gegebenheiten, die nicht im bloßen Erlebnisstrom bestehen, sind strukturell gegeben, es sind, in Carnaps Terminologie, logische Komplexe. Das Wesen eines solchen Komplexes erkennen, heißt, seine konstitutionale Genesis aus dem Erlebnisstrom nachzuvollziehen. Husserls Begriff der Wesenserschauung läßt sich so in Carnaps Begriff der rationalen Nachkonstruktion übersetzen. Husserls Kritik an den Empiristen gilt also nicht für Carnap:

> Während sie (die Empiristen, V.M.) als echte Standpunktsphilosophen und, in offenbarem Widerspruch mit ihrem Prinzip der Vorurteilsfreiheit, von ungeklärten und unbegründeten Vormeinungen ausgehen, nehmen wir unseren Ausgang von dem, was *vor* allen Standpunkten liegt: von dem Gesamtbereich des anschaulich und noch vor allem theoretisierenden Denken selbst Gegebenen, von alledem, was man unmittelbar sehen und erfassen kann – wenn man sich eben nicht durch Vorurteile blenden und davon abhalten läßt, ganze Klassen von echten Gegebenheiten in Betracht zu ziehen. Sagt 'Positivismus' soviel wie absolut vorurteilsfreie Gründung aller Wissenschaften auf das 'Positive', d.i. originär zu Erfassende, dann sind wir die echten Positivisten.[51]

War Carnap auch kein Phänomenologe, so doch ein echter Positivist.

ANMERKUNGEN

* Diese Untersuchung entstand im Rahmen eines Forschungsprojektes über die Geschichte der Analytischen Philosophie im Wiener Kreis, für deren Unterstützung ich der Fritz-Thyssen-Stiftung danke.

[1] Rudolf Carnap: *Der logische Aufbau der Welt*, Berlin 1928.

[2] So etwa C. Ortner im *Lexikon der Philosophischen Werke*, Hrsg. Franco Volpi und Julian Nida-Rümelin, Stuttgart 1988, S. 422.

[3] Stegmüller (1969), S. 13.

[4] Vgl. Sauer (1987) und (1985). Andere kantianische Aspekte in Carnaps Frühschriften heben hervor: Proust (1987) und Haack (1977).

[5] Runggaldier (1984).

[6] Vgl. die Rezensionen des *Logischen Aufbaus* von Moritz Schlick in *Die Naturwissenschaften* Bd. 17 (1929), S. 550 f und von Heinrich Scholz in *Deutsche Literaturzeitung* (1930), S. 586–592.

[7] Carnap, op. cit., S. 245 ff.

[8] Edmund Husserl: *Ideen zu einer reinen Phänomenologie und phänomenologischen Philosophie* (im folgenden kurz *Ideen*) (1950a).

[9] Auch Husserl will dabei strikte Neutralität gegenüber den klassischen philosophischen Standpunkten (eine philosophische epoché) wahren; vgl. *Ideen I*, S. 33.

[10] Darüberhinaus hatte Husserl schon in der frühen Philosophie der Arithmetik bei der Erklärung der abstrakten Mengenvorstellungen die Idee der Quasiqualitäten eingeführt, die im formalen Aufbau von Carnaps System eine wesentliche Rolle spielt. Allerdings

erwähnt Carnap die *Philosophie der Arithmetik* in seinem Literaturverzeichnis nicht. Auf diese Parallelen kann hier nicht eingegangen werden.

[11] Die Anleihen bei Husserl werden von Carnap nicht immer ausdrücklich als solche gekennzeichnet. Dies mag mit der Tatsache zu tun haben, daß der *Logische Aufbau* in seiner veröffentlichten Form eine Überarbeitung des ursprünglichen Manuskripts darstellt, die aus Diskussionen in Schlicks Privatseminar hervorgegangen ist. Ob und inwieweit Schlicks bekannte Opposition gegen Husserl die phänomenologischen Aspekte im *Logischen Aufbau* zurückgedrängt und eine mehr empiristische Lesart ermöglicht hat, ist ungeklärt.

[12] Carnap, op. cit., S. 86.

[13] Husserl findet den Ausdruck 'Bewußtsein' daher für diesen Bereich auch nicht ganz passend; op. cit. I, S. 58.

[14] Op. cit., S. 86.

[15] Husserl, op. cit. I, §§ 31, 32.

[16] Op. cit. I, S. 55.

[17] Op. cit., S. 237 ff.

[18] Carnap, op. cit., S. 90.

[19] Husserl, op. cit. I, S. 160.

[20] Es sei denn in jenem Teil des Konstitutionssystems, der die physischen Gegenstände auf der Basis der (bereits vorher konstituierten) eigenpsychischen Gegenstände konstruiert; dies geschieht aber bereits in den höheren Stufen des Systems, nicht in der Basis. Carnap stellte übrigens schon in einem frühen Aufsatz fest, 'daß der reine Empirismus seine Herrschaft verloren hat' und daß in der Erkenntnistheorie zunehmend die konstituierende Funktion des menschlichen Verstandes berücksichtigt werde; vgl. Carnap (1923). Wie Moulines (1985) hervorgehoben hat, werden die klassischen englischen Empiristen im *Logischen Aufbau* kaum erwähnt. Nach Hiram Caton (1974/75) sind die frühen Schriften Carnaps explizit aus einer Kritik am Empirismus Machscher Prägung entstanden.

[21] Op. cit., S. 83.

[22] Husserl, op. cit. I, S. 74 f.

[23] So etwa Husserls Kritik an Hume in *Erste Philosophie*, (1956), S. 157 ff.

[24] Natürlich sind intentionale Objekte ohnehin nicht mit materiellen Gegenständen gleichzusetzen.

[25] Carnap, op. cit., S. 226 ff.

[26] Vgl. dazu vor allem *Ideen I*, S. 52; das physikalische Ding ist für Husserl einfach ein 'intentionales Korrelat höherer Stufe' und es ist klar, 'daß auch die höhere Transzendenz des physikalischen Dinges kein Hinausreichen über die Welt für das Bewußtsein ... bedeutet' (ebd., S. 100).

[27] Op. cit., S. 2.

[28] Vgl. dazu *Die Idee der Phänomenologie* (1950b), S. 12. Carnap verwendet den Begriff 'Wesen' oft im selben Sinn; vgl. op. cit., S. 222.

[29] *Ideen I*, S. 316.

[30] Op. cit. III, S. 109 ff.

[31] Carnap definiert den Begriff 'Sinn' ähnlich wie Husserl, obwohl er behauptet, ihn von Frege übernommen zu haben. Carnap schreibt:

> Unter dem Sinn eines Zeichens verstehen wir das Übereinstimmende an den inten-

> tionalen Gegenständen derjenigen Vorstellungen, Gedanken oder dgl., die hervorzurufen der Zweck des Zeichens ist . . . (op.cit., S. 61)

Bekanntlich ist bei Frege von einer intentionalen Kennzeichnung des Sinnes nicht die Rede.

[32] Vgl. op. cit. III, S. 128 ff.

[33] Op. cit. III, S. 127.

[34] Op. cit., S. 193.

[35] Diese könnten, wie Husserl schreibt,

> auch in beliebigem Gemenge keinen Sinn ergeben.

[36] Op. cit. I, S. 319.

[37] Vgl. dazu Friedman (1987).

[38] Vgl. dazu etwa Runggaldier (1984), S. 61 ff.

[39] Die einzelnen Konstitutionsstufen sind bei Husserl etwa skizziert in *Ideen I*, 73 ff, 316 ff und zusammenfassend in *Ideen* II, 305 ff (= Beilage I); Husserl betrachtet die Stufenfolgen überdies ebenso wie Carnap nicht als 'ideale Notwendigkeiten, sondern nur als ideale Möglichkeiten' (*Ideen* II, 305).

[40] Zu der Möglichkeit dieser psychologischen Betrachtungsweise vgl. Husserl, *Ideen* III, S. 125.

[41] Die folgende Skizze kann nur den groben Umriß der Systeme aufzeigen; im Detail bestehen zahlreiche weitere Gemeinsamkeiten und auch Unterschiede, deren Stellenwert wegen des verschiedenen Stils beider Autoren schwer einzuschätzen ist.

[42] Op. cit., S. 171.

[43] *Ideen* III, S. 120 ff und *Ideen* II, S. 55 ff (§ 18).

[44] Carnap op. cit., S. 180 ff.

[45] "Objektiv bestimmt sich das Ding in der Physik als bloßer Naturlehre des intersubjektiv-objektiven, 'an sich' seienden Dinges als ein leeres Etwas, bestimmt durch die intersubjektiv konstituierten Formen Raum und Zeit und durch die auf Raum und Zeit bezogenen 'primären Qualitäten'". (*Ideen* II, S. 88).

[46] Carnaps Begriff der Fundierung entspricht hier übrigens ebenfalls demjenigen Husserls.

[47] Russell betrachtet es als wesentliche Frage, "ob wir wissen können, daß Gegenstände der sinnlichen Wahrnehmung oder irgendwelche anderen Gegenstände, die nicht unsere eigenen Gedanken und Gefühle sind, auch zu Zeiten existieren, wo wir sie nicht wahrnehmen" (in Russell (1926), S. 97).

[48] Op. cit., S. 195.

[49] W. V. O. Quine (1973^3), S. 37 ff.

[50] Quine schreibt, er halte Carnaps Vorgehen für "eine gute schematische Darstellung dessen, was in der Wissenschaft tatsächlich geschieht", und dies trifft Carnaps Intention tatsächlich recht genau.

[51] Husserl, *Ideen* I, S. 38.

LITERATUR

Carnap, R.: 1928, *Der logische Aufbau der Welt*, Im Weltkreis-Verlag, Berlin-Schlachtensee.

Carnap, R.: 1923, 'Über die Aufgabe der Physik und die Anwendung des Grundsatzes der Einfachstheit', *Kantstudien* **28**, 90–107.

Caton, H.: 1974/75, 'Carnap's First Philosophy', *Review of Metaphysics* **28**, 623–649.

Friedman, M.: 1987, 'Carnaps Aufbau Reconsidered', *Noûs* **21**, 521–545.

Haack, S.: 1977, 'Carnaps Aufbau: Einige Kantische Reflexionen', *Ratio* **19**, 158–163.

Husserl, E.: 1950a, *Ideen zu einer reinen Phänomenologie und phänomenologischen Philosophie* (= Husserliana Bd. III, IV und V), Martinus Nijhoff, Den Haag.

Husserl, E.: 1950b, *Die Idee der Phänomenologie. Fünf Vorlesungen*, (= Husserliana Bd. II), Martinus Nijhoff, Den Haag.

Husserl, E.: 1956, *Erste Philosophie*, Erster Teil (=Husserliana Bd. VII), Martinus Nijhoff, Den Haag.

Moulines, C. U.: 1985, 'Hintergründe der Erkennntnistheorie des frühen Carnap', in *Grazer Philosophische Studien* **23**, 1–18.

Proust, J.: 1987, 'Formal Logic as Transcendental in Wittgenstein and Carnap', *Nous* **21**, 501–520.

Quine, W. V. O.: 1973[3], 'Two Dogmas of Empiricism', in *From a Logical Point of View*, 20–46.

Runggaldier, E.: 1984, *Carnaps Early Conventionalism*, Rodopi, Amsterdam.

Russell B.: 1926, *Unser Wissen von der Außenwelt*, Felix Meiner, Leipzig (engl. *Our Knowledge of the External World*, London 1914).

Sauer, W.: 1987, 'Neukantianische Aspekte in Carnaps Konstitutionstheorie', *Acta Analytica*, (Philosophy and Psychology), Ljubljana, pp. 109–124.

Sauer, W.: 1985, 'Carnaps *Aufbau* in Kantianischer Sicht', *Grazer Philosophische Studien* **23**, 13–37.

Schlick, M.: 1929, 'Rezension des *Logischen Aufbaus*', in *Die Naturwissenschaften* Bd. **17**, 550 f.

Scholz, H.: 1930, 'Rezension des *Logischen Aufbaus*, in *Deutsche Literaturzeitung*, 586–592.

Stegmüller, W.: 1969, *Der Phänomenalismus und seine Schwierigkeiten*, Wissenschaftliche Buchgesellschaft, Darmstadt.

Institut für Philosophie,
Wissenschaftstheorie und Statistik
Universität München
Ludwigstr. 31/I
8000 München 22
Germany

FRANZ VON KUTSCHERA

CARNAP UND DER PHYSIKALISMUS

Man kann zwar nicht sagen, der Physikalismus stelle eines der großen Themen der philosophischen Arbeit von Carnap dar, aber Carnap war doch von etwa 1930 bis 1960 einer seiner prominentesten Vertreter im Raum der analytischen Philosophie, in seinen Arbeiten spiegelt sich die Entwicklung des Physikalismus bis zu dieser Zeit wider, und er hat vor allem mit seiner pragmatisch-linguistischen Formulierung auch einen spezifischen systematischen Beitrag dazu geleistet. Ich möchte im folgenden zuerst auf die Entwicklung des Physikalismus bei Carnap eingehen, wobei es mir vor allem auf seine Grundgedanken und Intentionen ankommt. Danach will ich kurz auf die weitere Entwicklung hinweisen und den gegenwärtigen Stand der Diskussion charakterisieren. Der Akzent dieser Arbeit liegt nicht auf exegetischen, sondern auf systematischen Fragen, wie das auch der Intention der philosophischen Arbeit Carnaps entspricht.

1. KONSTANZ UND WANDEL IN DEN PHYSIKALISTISCHEN KONZEPTIONEN CARNAPS

Von den ersten Äußerungen Carnaps zum Physikalismus bis hin zu seiner letzten ausführlichen Stellungnahme im Schilpp-Band über ihn, sind vor allem zwei seiner Konzeptionen *konstant* geblieben:[1] 1) Beim Physikalismus geht es für Carnap nicht um eine ontologische, sondern um eine pragmatische Frage. Ob es nur Physisches gibt oder daneben z.B. auch Psychisches als eine Realität eigener Art, hält er schon 1928 für ein Scheinproblem, für eine empirisch prinzipiell nicht entscheidbare und daher sinnlose Frage. Es geht ihm allein darum, welche Sprache für wissenschaftliche Zwecke am geeignetsten ist.[2] Die pragmatische Haltung zu ontologischen Fragen wird in (1950) noch einmal ausführlich begründet: Die Frage nach der richtigen Ontologie wird dort reduziert auf die Frage einer für gewisse Zwecke passenden Sprache. Existenzfragen sind in einer Sprache zu formulieren, die selbst schon bestimmte Entitäten voraussetzt, so daß eine Antwort sich immer

Erkenntnis **35**: 305–323, 1991.
© 1991 *Kluwer Academic Publishers. Printed in the Netherlands.*

nur relativ zu diesen ontologischen Voraussetzungen geben läßt. Absolute, oder wie Carnap sagt: externe Existenzfragen, sind also sinnlos. Ontologische Voraussetzungen sind sinnvoll immer für gewisse Zwecke, und sie sind sinnvoll, wenn es eine für diese Zwecke brauchbare Sprache gibt, die sie macht, und zu der es keine ebenso brauchbare (z.B. ebenso einfache) Sprache gibt, die ohne sie auskommt. Entsprechend diskutiert Carnap den Physikalismus als These einer Übersetzbarkeit aller anderen Sprachen in die physikalische oder als These, daß man für alle wissenschaftlichen Zwecke mit der physikalischen Sprache auskommt.

Das kann man als eine *linguistisch-pragmatische Wende* des Materialismus bezeichnen. Sie ist von Carnap initiiert worden. Er hat dabei aber weder die Frage diskutiert, ob die Brauchbarkeit einer Sprache über gewisse Phänomene nicht ein Indiz für die Richtigkeit ihrer ontologischen Voraussetzungen ist – eine Sprache bewährt sich ja wohl nur bei der Beschreibung von Phänomenen, wenn sie diese jedenfalls teilweise richtig darstellt –, noch die Frage, was primär ist: die Sprache oder die Wirklichkeit. Im Sinn einer realistischen Semantik müssen uns Dinge gegeben sein, damit wir einer Sprache über sie durch Zuordnungen Bedeutung verleihen können, während im Sinn einer linguistischen Relativitätsthese die Realität nur eine Projektion der Sprache ist. Semantische Fragen waren für Carnap freilich 1928 noch nicht akut, weil die Rehabilitierung der Semantik im Rahmen der modernen Logik erst 1935 endgültig von A. Tarski vollzogen wurde. Später hat Carnap aber eine realistische Semantik vertreten, zu der die linguistische Wende ontologischer Probleme schlecht paßt.

(2) In (1928) hatte sich Carnap aus erkenntnistheoretischen Gründen für eine phänomenalistische Sprache als Grundsprache der Wissenschaften entschieden. Er meinte, nur das "unmittelbar Gegebene", also Sinnesdaten, wie man heute meist sagt, oder Empfindungen seien absolut sicher und damit die geeignete Basis unter erkenntnistheoretischem Aspekt.[3] Im gleichen Buch betont er aber schon, daß auch eine Übersetzung der Wissenschaftssprache in eine physikalische möglich sei, daß man also auch diese als Grundsprache ansehen könne[4], und er deutet dort auch die beiden Möglichkeiten einer Reduktion von psychischen Phänomenen auf Physisches an: auf Verhaltensphänomene (unter Einschluß verbalen Verhaltens) und auf Gehirnzustände oder -prozesse. Unter dem Einfluß von O. Neurath wandte sich Carnap dann Anfang der 30er Jahre dem Physikalismus zu. Ein entscheidender

Grund dafür war und blieb der, daß wissenschaftliche Aussagen intersubjektiv – genauer: für jedermann prinzipiell gleich gut und in der gleichen Weise – überprüfbar sein müßten, und daß das nur für die Sätze der physikalischen Sprache gelte.[5] Der intersubjektiv-wissenschaftliche Aspekt wurde für Carnap wichtiger als der subjektiv-erkenntnistheoretische. Das entspricht dem Wandel des Übergangs von der Erkenntnistheorie zur Wissenschaftstheorie, die sich in dieser Zeit – vor allem auch unter dem Einfluß Carnaps – vollzog.

Was nun den *Wandel* der Auffassungen Carnaps angeht, so kann man drei Stufen ihrer Entwicklung unterscheiden:

(1) Die erste Stufe wird vor allem durch die beiden Aufsätze (1931) und (1932) repräsentiert. In ihnen behauptet Carnap eine *explizite Definierbarkeit* psychologischer durch physikalische Terme. Bei diesen Definitionen handelt es sich nicht um Nominaldefinitionen, bei denen das Definiendum ein neuer Ausdruck ist, dem erst durch die Definition eine Bedeutung zugeordnet wird, denn psychologische Ausdrücke haben ja bereits eine Bedeutung. Definitionen im hier gemeinten Sinn sind also im Gegensatz zu Nominaldefinitionen keine Festsetzungen, sondern sie sind richtig oder falsch. Man kann nun drei Formen expliziter Definitionen unterscheiden: *Extensionale*, mit denen behauptet wird, daß Definiens und Definiendum dieselbe Extension haben, *analytische* bei denen sie dieselbe Bedeutung haben müssen, und *nomologische*, bei denen ihre Extensionsgleichheit naturgesetzlich gilt (also in allen naturgesetzlich möglichen Welten). Bedeutungen und Intensionen wurden für Carnap erst in (1949) zu einem Thema. In (1928) vertritt er eine Extensionalitätsthese und fordert im Effekt nur eine extensionale Definierbarkeit.[6] Im Vorwort zur 2. Auflage des "Logischen Aufbaus" kritisiert Carnap diese Auffassung und betont, daß die Definitionen für Reduktionszwecke analytisch oder nomologisch sein müssen.[7] Tatsächlich laufen aber Carnaps Überlegungen in den beiden Aufsätzen (1931) und (1932) auf eine analytische bzw. nomologische Definierbarkeit psychologischer Terme durch physikalische hinaus:[8] Er sagt, psychologische Aussagen seien nur soweit (empirisch) sinnvoll, als es intersubjektiv beobachtbare Verhaltenskriterien für sie gebe, so daß sich also ihr kognitiver Sinn durch Verhaltensaussagen wiedergeben läßt. Das entspricht späteren Gedanken Wittgensteins.[9] In diesem Sinn wäre also eine analytische Definition psychologischer Terme durch Verhaltensterme möglich, jedenfalls im Bereich empirischer, und das heißt hier: kognitiv relevanter Bedeutungen. Das ergibt dann einen "logischen

Physikalismus", genauer: einen "logischen Behaviorismus", wie Hempel ihn bezeichnet hat. Die Auffassung, die von Behavioristen wie z.B. B. F. Skinner vertreten wurde, schließt hingegen enger an den Gedanken Carnaps von der wissenschaftstheoretischen Priorität der physikalischen Sprache an: Psychologie ist als Wissenschaft nur möglich, wenn man systematisch von intersubjektiv Beobachtbarem ausgeht. Das sind aber nicht mentale Phänomene, sondern körperliche, speziell Verhaltensphänomene. Also müssen mentale Terme für einen wissenschaftlichen Gebrauch durch Verhaltensterme definiert werden. Hier wird also keine Bedeutungsgleichheit von Definiens und Definiendum gefordert, sondern nur notwendige und hinreichende physikalische Kriterien für die Geltung psychologischer Aussagen.[10]

Zur Kritik dieser beiden Auffassungen werden heute vor allem folgende Argumente angeführt: Es kann erstens perfekte Schauspieler geben, also Leute, die sich genau so verhalten können, als hätten sie bestimmte Überzeugungen, Gefühle oder Absichten, ohne sie zu haben. Daher ist es nicht möglich, zuverlässige generelle Verhaltenskriterien für psychologische Zustände anzugeben. Zweitens versagt die Darstellung von mentalen Zuständen als Verhaltensdispositionen, d.h. als Dispositionen, auf gewisse äußere Reize mit einem bestimmten Verhalten zu reagieren, weil die Reaktionen auf bestimmte Reize in der Regel auch von anderen mentalen Zuständen abhängen. Ob und wie sich z.B. Ärger in meinem Verhalten darstellt, hängt stark von meinen Überzeugungen über die Konsequenzen meines Tuns ab. Bei Carnap spielt auch sprachliches Verhalten eine wichtige Rolle.[11] Jemand ist z.B. ärgerlich, wenn er auf die Frage "Bist du ärgerlich?" mit "Ja" antwortet. Die Relevanz dieser Antwort hängt jedoch offenbar davon ab, ob er die Frage versteht und aufrichtig ist. "Verstehen" und "Aufrichtigsein" sind aber typisch mentale Terme. Sie müßten also erst in Verhaltensterme übersetzt werden, und dabei kann man nicht wieder auf Kriterien des sprachlichen Verhaltens rekurrieren, wenn man nicht in einen unendlichen Regreß geraten will. Alle diese Einwände sind so bekannt, daß hier nicht genauer auf sie eingegangen werden braucht, und sie haben dazu geführt, daß die These einer expliziten Definierbarkeit mentaler durch physikalische Terme heute kaum mehr vertreten wird.

(2) Die zweite Version des Physikalismus bei Carnap wird durch (1936) und (1938) markiert. Er gibt nun die Annahme einer expliziten Definierbarkeit psychologischer durch physikalistische Terme auf und

nimmt statt dessen nur eine implizite Definierbarkeit an. Er war zu der Einsicht gekommen, daß sich auch physikalische Dispositionsprädikate nicht durch manifeste definieren lassen, d.h. durch Prädikate, die für direkt beobachtbare Eigenschaften oder Beziehungen stehen. Da Dispositionsprädikate aber zweifellos sinnvoll sind, mußte Carnap auch bei psychologischen Prädikaten die Grenzen des (empirisch) Sinnvollen weiter ziehen. In (1936) betrachtet Carnap zunächst nur spezielle implizite Definitionen, sog. Reduktionssätze. Ein Prädikat Fx wird also z.B. durch ein System von Bedingungen wie $\Lambda x(T_i x \supset (Fx \equiv R_i x))$, $\Lambda x(T_i x \wedge Fx \supset R_i x)$ etc. eingeführt, wobei T_i und R_i Beobachtungsprädikate sind, die als Grundprädikate der physikalischen Sprache fungieren. Carnap hat diesen Gedanken aber bald erweitert zu seiner Zwei-Schichten-Theorie empirischer Sprachen, nach der theoretische Terme durch beliebige implizite Definitionen erklärt werden können. Die Einsicht, daß sich manche empirisch sinnvollen Prädikate nur implizit durch Beobachtungsprädikate definieren lassen, führte ihn zu einer Erweiterung des empiristischen Sinnkriteriums. Es besagt nun, daß ein Satz empirisch sinnvoll ist, wenn er sich durch Beobachtungsaussagen bestätigen läßt.[12] In (1936) wird Bestätigungsfähigkeit mit deduktiven Relationen erklärt. Dieser Begriff erwies sich aber bald als zu weit. Im heutigen Sinn wie in dem von Carnap später vertretenen ist Bestätigungsfähigkeit jedoch nicht an die Existenz impliziter Definitionen gebunden, und umgekehrt ergibt auch nicht jede implizite Definition eine Bestätigungsfähigkeit.

Gegen diese Version des Physikalismus sind vor allem zwei Einwände erhoben worden: Erstens legt eine implizite Definition die Extension theoretischer Terme nur dann eindeutig fest, wenn aus ihr explizite Definitionsformeln für diese Terme folgen. Ist das der Fall, so sind sie aber durch Beobachtungsterme definierbar, also keine theoretischen Terme. Echte theoretische Terme sind also in ihrer Extension nicht vollständig bestimmt, psychologische Terme sind es aber. Man erfaßt so durch implizite Definitionen nicht die Extension psychologischer Terme. Im übrigen wäre auch der Satz "Fritz ist traurig und Hans nicht" oder "Alle dicken Leute sind traurig" eine implizite Definition von "traurig", aber sicher keine Grundlage für Reduzierbarkeitsbehauptungen. Wie stark müssen also implizite Definitionen sein, damit man sie noch als zureichende Erklärungen psychologischer Terme gelten lassen kann? Wie wir sahen: Sicher nicht stark genug. Der zweite Einwand geht von der Theoriebeladenheit der Beobachtungssätze aus und stellt damit den ganzen Ansatz des Zwei-Schichten-Modells infrage. Es gibt keine direkten, durch vorgängige Annahmen nicht beeinflußten Feststellungen, es gibt nur einen graduellen Unterschied zwischen mehr oder minder direkt Beobachtetem. Damit wird nun auch der Gedanke von der wissenschaftstheoretischen Priorität der physikalischen Sprache grundsätzlich problematisiert: Intersubjektive Übereinstimmung in Beobachtungsaussagen setzt gemeinsame Überzeugungen voraus. Aufgrund gemeinsamer Deutungen von Gesten, Mienen und Haltungen kann man dann aber auch intersubjektiv direkt feststellen, daß jemand traurig ist. Die physikalische Sprache ist also wissenschaftstheoretisch nicht vor der psychologischen ausgezeichnet.

(3) Die dritte Stufe der Haltung Carnaps zum Physikalismus endlich wird durch (1963a) charakterisiert.[13] Hier erweitert Carnap sein empirisches Sinnkriterium nun insofern wesentlich, als er auch Aussagen als empirisch sinnvoll anerkennt, die subjektiv überprüfbar sind. "Ich habe Kopfweh" ist also ein sinnvoller Satz, unabhängig von seiner Reduzierbarkeit auf Aussagen über Physisches. Carnap vertritt aber die These, daß alles, was subjektiv beobachtbar ist, auch intersubjektiv feststellbar ist, sei es aufgrund sprachlicher Mitteilungen, sei es aufgrund des Verhaltens. Daher sei es möglich und unter der Zielsetzung einer einheitlichen Wissenschaftssprache empfehlenswert, von einer physikalischen Sprache auszugehen. Er charakterisiert die erste These des Physikalismus nun so (a): "Alles, was subjektiv bestätigungsfähig ist, ist auch intersubjektiv bestätigungsfähig". Damit sei im wesentlichen äquivalent (b) der Vorschlag, eine Sprache zu verwenden, deren sämtliche Aussagen intersubjektiv bestätigungsfähig sind, zusammen mit der Behauptung, daß eine solche Sprache hinreicht, all das auszudrücken, was subjektiv bedeutungsvoll ist. Die zweite These des Physikalismus lautet: Alle Naturgesetze, einschließlich psychologischer und soziologischer, sind logische Folgen physikalischer Gesetze. Carnap betont, daß beide Thesen weit über die gegenwärtigen wissenschaftlichen Resultate hinausgehen, sieht sie aber aufgrund der Fortschritte der Wissenschaften als plausibel an. Auch hier unterstreicht Carnap gegenüber H. Feigls Identitätsthese – auf sie gehe ich gleich noch ein –, daß es ihm nicht um eine ontologische, sondern eine pragmatische Frage geht: um die Brauchbarkeit der physikalischen Sprache als Universalsprache der Wissenschaften.

Das Problem ist jedoch, daß ein wesentlicher Unterschied besteht zwischen der Bestätigungsfähigkeit von psychologischen Aussagen durch physikalische, die keiner bestreiten wird, und einer Definierbarkeit psychologischer Terme durch physikalische, die erst die Einführung von Aussagen über Mentales in die physikalische Sprache ermöglichen würde. Carnap spricht recht vage von einer "derivativen" Einführung,[14] darunter hat man aber wohl doch wieder eine implizite oder explizite Definierbarkeit zu verstehen. Die erste These des Physikalismus in der Version (a) ist also keine physikalistische These – ein Dualist kann sie ebenso akzeptieren. Das gilt auch für die Version (b), solange nicht gesagt wird, daß die dort genannte Sprache eine physikalische ist. Das ist aber gerade im Blick auf die intersubjektive Bestätigungsfähigkeit psychologischer Aussagen nicht anzunehmen. Die zweite These des Physikalismus setzt hingegen eine Definierbarkeit der psychologischen durch physikalische Terme voraus: Ohne sie kann man aus physikalischen Gesetzen keine psychologischen ableiten.

Carnaps Position zum Physikalismus ist hier also etwas vage geworden: Soll es sich noch um einen Physikalismus handeln, so bleibt es bei der Konzeption einer zumindest impliziten Definierbarkeit psychologischer Terme, die wir schon unter (2) kritisiert hatten.

2. DIE ENTWICKLUNG DES PHYSIKALISMUS NACH CARNAP

Im Rahmen dieses Aufsatzes ist es unmöglich, eine detailliertere Übersicht über die Entwicklung des Physikalismus nach Carnap zu geben. Ich kann nur kurz auf die wichtigsten Thesen hinweisen und will mich dabei auf jene beschränken, die Licht auf seine Konzeptionen werfen.

(1) *Generische Identität*

H. Feigl hat in seinem Aufsatz für den Schilpp-Band über Carnap – dieser Aufsatz stammt von 1954 – und ausführlicher in (1958) eine Identitätsthese zum Leib-Seele-Problem entwickelt. Danach lassen sich mentale Terme nomologisch (explizit) durch physikalische, nämlich neurologische Terme definieren. Es besteht also eine naturgesetzliche Korrelation zwischen mentalen Zuständen und Gehirnzuständen, genauer gesagt: zwischen Typen von mentalen und Typen von Gehirnzuständen. In diesem Sinn sprechen wir von einer generischen Korrelation. Das hatte auch Carnap früher behauptet. Der Witz der Identitätsthese besteht aber darin, daß nun gesagt wird, aus diesen nomologischen Korrelationen ergebe sich eine Identität mentaler und neurologischer Zustände.

Diese (generische) Identitätsthese ist in unserem Zusammenhang auch deshalb von Interesse, weil die Auffassungen Feigls aus Diskussionen mit Carnap entstanden sind und Carnap sie – in gewissem Umfang – als repräsentativ auch für seine eigenen Konzeptionen erklärt hat.[15] Er übt aber, wie schon gesagt wurde, doch an einem Punkt Kritik. Sie bezieht sich darauf, daß nun mit Feigl eine Umkehr der linguistisch-pragmatischen Wende der Fragestellung erfolgt. Es geht nicht mehr darum, wie wir über Psychisches reden können, sondern was es ist. Damit wird der Physikalismus wieder zu einer genuin ontologischen These, mit der nicht bloß behauptet wird, man könne physikalisch über psychologische Phänomene sprechen, sondern diese Phänomene seien nichts anderes als spezielle physikalische Phänomene, die bei Lebewesen mit hinreichend entwickeltem Zentralnervensystem auftreten. Dagegen wendet sich Carnap in seiner Erwiderung auf Feigl, und sagt: Auch eine dualistische Sprache ist im Einklang mit logischen Gesetzen wie den akzeptierten Fakten möglich; in ihr ist aber die Identitätsbehauptung falsch. Daher will er die Gründe Feigls für seine Identitätsthese lieber als Gründe für die Verwendung einer physikalischen Sprache ansehen.[16] Damit übersieht er aber, daß es Feigl gerade auf die ontologische These, auf die reale Identität von Psychischem und Physischem ankommt. Die ganze Pointe der Identitätsthese liegt darin, daß man von einer nomologischen Extensionsgleichheit zu einer Identitätsbehauptung übergehen kann.

Das Argument ist folgendes: Von einer analytischen Definierbarkeit von "Junggeselle" durch "unverheirateter Mann" kann man direkt zur Behauptung übergehen, Junggesellen seien nichts anderes als unverheiratete Männer. Nun ist aber klar, daß eine Aussage "*x* empfindet in *t* Schmerzen genau dann, wenn sich das Gehirn von *x* in *t* im Zustand XYZ befindet" nicht analytisch gilt. Gilt sie nur nomologisch, so kann man nach Feigl aber ebenfalls von einer Identität reden, die dann freilich nicht analytisch, sondern nur naturgesetzlich gilt und insofern kontingent ist. Genau derselbe Fall liegt nach Feigl ja vor, wenn wir sagen, Wasser sei H_2O, Licht sei elektromagnetische Strahlung in einem bestimmten Frequenzbereich oder Wärme sei hohe mittlere kinetische Energie der Moleküle. Die These einer nomologischen expliziten Definierbarkeit ist also nicht das Neue an der Identitätsthese, sondern der Gedanke – von dem Carnap wie gesagt wenig hielt –, daß man von einer generellen naturgesetzlichen Äquivalenz zu einer Identitätsbehauptung übergehen könne.

Die These einer generischen Identität mentaler mit Gehirnzuständen ist vor allem von S. Kripke in (1971) und (1972) kritisiert worden. Der entscheidende Punkt seines Arguments läßt sich so formulieren: Genau genommen kann man aufgrund der nomologischen Äquivalenzen nur sagen, Wasser sei *chemisch betrachtet* nichts anderes als H_2O, Licht sei *physikalisch betrachtet* nichts anderes als elektromagnetische Strahlung usf. Ebenso kann man aufgrund einer nomologischen Äquivalenz eines mentalen Zustandstyps M mit einem neurologischen Zustandstyp N sagen, M sei *neurologisch betrachtet* nichts anderes als N. Den Zusatz kann man weglassen, wenn das definierte Prädikat eine Kernbedeutung hat, die auf der Bedeutungsebene des definierenden liegt, wenn man also in Absehung der Konnotationen des Alltags und der Dichter Wasser als Stoff versteht, Licht als physikalisches Phänomen etc. Man kann ihn aber nicht weglassen, wenn die Kernbedeutung des definierten Prädikats auf einer anderen Bedeutungsebene liegt. Nun haben mentale Terme eine primär phänomenale Bedeutung: Sie charakterisieren Zustände nach der Art wie sie empfunden oder erlebt werden. Für mentale Zustände der Person x gilt: Sie bestehen (analytisch) genau dann, wenn sie x bewußt sind (wenn x glaubt, daß sie bestehen). Da das für Gehirnzustände nicht gilt, kann man hier nicht von einer Identität reden. Identisch ist nun einmal nur das, was sich in allen Kontexten *salva veritate* durcheinander ersetzen läßt. Im Sinn der Kritik von Carnap an Feigl kann man nur sagen: Mentale Zustände lassen sich durch Gehirnzustände repräsentieren. Man kann eine Reduktion der psychologischen Sprache Ψ auf die physikalische (bzw. neurologische) Sprache Φ in dem Sinn vornehmen, daß man explizite Definitionen der mentalen Terme durch physikalische angibt (die keine Synonymität von Definiendum und Definiens verlangen, also keine Bedeutungsanalysen darstellen), so daß bei einer entsprechenden Übersetzung φ von Ψ in Φ für alle Sätze A von Ψ die Äquivalenz von A und φA naturgesetzlich gilt. Dann gibt es für jede Aussage A, die sich in Ψ erklären läßt, auch eine Erklärung von φA in Φ.[17] Die "Identität" ist also nur eine Darstellbarkeit durch etwas anderes in gewissen Kontexten.

Von Interesse ist in diesem Zusammenhang auch der Gedanke, den D. Lewis in (1966) und (1972) entwickelt hat. Er geht dort von dem Gedanken des psychologischen Funktionalismus aus, daß sich alle mentalen Zustände und Prozesse vollständig durch ihre kausale Rolle charakterisieren lassen, die sie in der Vermittlung zwischen Reizen und Reaktionen spielen. Man weiß also z.B., was Schmerz ist, wenn man weiß, welche äußeren Einwirkungen auf den Körper eines Menschen und welche Vorgänge im Körper des Menschen im Verein mit welchen anderen mentalen Faktoren Schmerz bewirken, und welches Verhalten er in Verbindung mit anderen mentalen Faktoren und körperlichen Einflüssen bewirkt. Der Funktionalismus unterscheidet sich vom Behaviorismus dadurch, daß er keine monokausale Rolle mentaler Zustände annimmt und nicht versucht, einzelne solche Zustände als Dispositionen zu kennzeichnen, auf gewisse Reize mit gewissen Reaktionen zu antworten. Es ist nun *prima facie* plausibel, daß jedem Unterschied im mentalen Bereich ein Unterschied im Verhalten oder den Verhaltensdispositionen entspricht. Das spricht zunächst aber nur für eine Supervenienz mentaler bzgl. physikalischer Eigenschaften. In diesem Sinn wollen wir von einem *schwachen Funktionalismus* reden. Viele Funktionalisten gehen aber – ohne nähere Begründung – zu der stärkeren These über – der These, wie wir sagen wollen, des *starken Funktionalismus* –, daß, sich in der physikalischen Sprache eine vollständige Theorie $T = T[m_1, \ldots, m_n]$ angeben läßt, in der die mentalistischen Terme $m_1, \ldots, m_n$ als theoretische Terme auftreten, und die diese Terme vollständig charakterisiert. Mentale Zustände sind allein durch ihre kausalen Rollen charakterisiert, und die sind in T angegeben. Sind sie aber durch T vollständig bestimmt, so entfällt der Einwand, den wir oben gegen Carnaps Vorschlag einer impliziten Definierbarkeit mentaler durch physikalische Terme erhoben haben: Das Wort "Schmerz" hat keine genauere Bedeutung als die in T angegebene. Bei D. Lewis erhält dieser Gedanke nun folgende Wendung: T besteht für ihn aus den "Platitüden" der Alltagspsychologie, durch die unser Verständnis der psychologischen Terme bestimmt wird. Das ist offenbar nur eine Formulierung, mit der der Gebrauch des Wortes "analytisch" vermieden werden soll, denn legt T den Sinn der psychologischen Terme fest, so ist T nicht nur nomologisch wahr. Für unsere Zwecke können wir daher einfach sagen: T gilt analytisch. Da T die psychologischen Terme m_i vollständig charakterisiert, muß für alle i $(1 \leq i \leq m)$ gelten $V!x_i Vx_1 \ldots x_{i-1}x_{i+1} \ldots x_n\, T[x_1, \ldots, x_n]$, wo die x_i passende Variablen für die m_i sind. Auch das gilt für Lewis analytisch. Dann kann man aber definieren: $m_i = \iota x_i Vx_1 \ldots x_{i-1}x_{i+1} \ldots x_n T[x_1, \ldots, x_n]$, so daß man explizite Definitionen der mentalen Terme durch physikalische erhält.

Zur Kritik ist zu sagen: Erstens fehlen für den Übergang vom schwachen zum starken Funktionalismus die Argumente. Würden zweitens die Definitionen analytisch gelten, so wären mentale Terme in allen Kontexten, auch intensionalen, durch ihre physikalischen Definientia ersetzbar. Wäre m_i mit dem physikalischen Zustand t_i identisch, so würde wieder gelten: "Ich glaube genau dann, mich im Zustand t_i zu befinden, wenn ich mich tatsächlich im Zustand t_i befinde", weil gilt "Ich glaube genau dann, mich im Zustand m_i zu befinden, wenn ich mich tatsächlich im Zustand m_i befinde". Die Untrüglichkeit eigener (gegenwärtiger) mentaler Zustände würde sich also auf die Untrüglichkeit bestimmter eigener (gegenwärtiger) körperlicher Zustände übertragen. Physikalische Zustände sind aber objektiv und daher nie untrüglich; bzgl. ihrer können wir uns immer irren. Ferner sind Schmerzen z.B. störend oder unerträglich, aber solche Prädikate sind nicht für physikalische Zustände erklärt. Lewis vertritt im Effekt doch wieder einen logischen Behaviorismus und ist damit den Einwänden ausgesetzt, die man dagegen angemeldet hat. Plausibler ist da noch Carnaps Idee einer nichteindeutigen nomologischen impliziten Definierbarkeit mentaler durch physikalische Terme, aber diese These hat, wie wir gesehen haben, wiederum ihre Schwierigkeiten, die Lewis gerade vermeiden wollte.

(2) *Singuläre Identität*

Wir haben gesehen, daß der plausiblere schwache Funktionalismus nur zur These einer Supervenienz mentaler bzgl. physikalischer Eigenschaften führt. Zudem hat sich in der Kritik der generischen Identitätsthese gezeigt, daß eine Abschwächung erforderlich ist: Es ist unplausibel anzunehmen, daß etwa Schmerzzustände immer Gehirnzuständen desselben Typs entsprechen, da wir auch höheren Tieren Schmerzempfindungen zuschreiben, obwohl ihre Gehirne anders beschaffen sind als menschliche. Schmerzen werden ferner durch andere mentale Zustände beeinflußt, so daß es angemessener erscheint, nicht einzelne Typen mentaler Zustände bestimmten Typen von Gehirnzuständen zuzuordnen, sondern mentale Gesamtzustände neurologischen Gesamtzuständen. Solche Überlegungen haben dazu geführt, daß man anstelle einer generischen nur eine singuläre (token-token-) Identität mentaler mit Gehirnzuständen behauptet. Danach können also den einzelnen Vorkommnissen des Typs "Schmerzen haben" (bei verschiedenen Personen oder zu verschiedenen Zeiten) Vorkommnisse unterschiedlicher neurologischer Zustandstypen entsprechen. Diese These ist von D. Davidson in (1970) vertreten worden. Dort behauptet er auch (ohne Begründung), daß die Annahme solcher singulären Identitäten mit der Annahme einer Supervenienz mentaler bzgl. neurologischer Eigenschaften äquivalent sei.

Eine Eigenschaft f ist *supervenient* bzgl. der Eigenschaft g, wenn sich zwei Objekte, die sich bzgl. g nicht unterscheiden, auch bzgl. f nicht unterscheiden. Eine Menge F von Eigenschaften ist entsprechend supervenient bzgl. der Menge G von Eigenschaften, wenn sich zwei Objekte, die sich bzgl. ihrer G-Eigenschaften nicht unterscheiden, auch bzgl. ihrer F-Eigenschaften nicht unterscheiden. Setzen wir $x \overset{=}{}_f y := fx \equiv fy$ und $x \overset{=}{}_F y := \Lambda f(f \in F \supset x \overset{=}{}_f y)$, so gilt also: F ist supervenient bzgl. G gdw. $\Lambda xy(x \overset{=}{}_G y \supset x \overset{=}{}_F y)$. Dabei ist vorausgesetzt, daß alle G- und alle F-Eigenschaften auf demselben Objektbereich U definiert sind.

Oft wird Supervenienz nicht in dieser Form definiert, sondern im Sinn einer *Inferentialität*. Für Inferentialität gibt es verschiedene Definitionen, am brauchbarsten ist aber folgende: F ist inferentiell bzgl. G gdw. $\Lambda fx(f \in F \wedge fx \supset Vg(g \in G \wedge gx \wedge \Lambda y(gy \supset fy)))$. Die Idee ist: Eine Eigenschaft f ist inferentiell bzgl. einer Menge G von Eigenschaften, wenn es für jede Zusprechung von f zu einem Objekt x einen Grund gibt, der darin besteht, daß x eine Eigenschaft g aus G hat. Da Gründe generell sind, muß dann auch gelten, daß alle g's f's sind.

Ist G^+ die kleinste vollständige Boolesche Algebra, die G enthält, so gilt: F ist supervenient bzgl. G gdw. F inferentiell bzgl. G^+ ist.[18] In diesem Sinn fallen Inferentialität und Supervenienz zusammen. Wir haben hier zunächst nur von einer extensionalen Supervenienz und Inferentialität gesprochen, die Begriffe lassen sich aber verschärfen zu einer nomologischen bzw. analytischen Supervenienz und Inferentialität, wenn man die nomologische bzw. analytische Notwendigkeit des Definiens fordert.

Es gibt triviale Fälle der Supervenienz, z.B. wenn F in G enthalten ist, oder – dieser Fall ist interessanter – wenn gilt $\Lambda xy(x \overset{=}{}_G y \supset x = y)$. Dann gilt die Supervenienz jeder Menge von Eigenschaften (über U) bzgl. G einfach wegen des logischen Prinzips der Substituierbarkeit des Identischen. In diesem Sinn ist z.B. die Supervenienz moralischer bzgl. natürlicher Eigenschaften trivial, denn natürliche Objekte (Zustände oder Vorgänge) sind solche, die sich mit natürlichen Eigenschaften eindeutig charakterisieren lassen. Ebenso gilt trivialerweise, daß mentale Eigenschaften supervenient sind bzgl. physikalischer, denn es geht beidesmal um Eigenschaften von Personen, und die lassen sich durch ihre Weltlinien physikalisch eindeutig kennzeichnen. Nichttrivial ist hingegen die Supervenienz mentaler bzgl. neurologischer Eigenschaften, denn zu denen wird man nicht jene rechnen, die die Weltlinie eines Gehirns beschreiben. Die Supervenienz von F bzgl. G kann also trivial sein, ist sie aber nichttrivial, so ist sie eine durchaus starke Beziehung zwischen F und G, denn aus ihr folgt: $\Lambda f(f \in F \supset Vg(g \in G^{+} \wedge \Lambda x(gx \equiv fx)))$.

Was hat nun singuläre Identität mit Supervenienz zu tun? Ist F bzgl. G supervenient, so gibt es, wie wir sahen, für alle $f \in F$ und alle x ein $g \in G^{+}$ mit $fx \equiv gx$. Selbst wenn diese Äquivalenz nomologisch gilt, folgt aus ihr nicht die Indentität der beiden Zustände von x. Zustände sind Eigenschaften, und die werden in der intensionalen Logik, die den Rahmen der Supervenienztheorien bildet, als Funktionen aufgefaßt, die jeder Welt w die Menge von Objekten zuordnet, die diese Eigenschaft in w haben. Es macht also keinen Sinn zu sagen, zwei Eigenschaften seien in einer Welt identisch, und daher ist auch die Rede von einer kontingenten Identität von Zuständen sinnlos. Das gilt ebenso für Zustände, die "abstrakt" durch Prädikate beschrieben werden, z.B. "freudig gestimmt sein", wie für solche, die "konkret" durch Nominalisierungen bezeichnet werden, z.B. "Die freudige Stimmung von Fritz". Der letztere Zustand ist zwar spezieller als der erstere, denn in ihm befindet sich eine Person nur in jenen Welten, in denen ihre freudige Stimmung von der gleichen Art ist wie die von Fritz in der realen Welt, aber das ändert nichts an seinem Status als Eigenschaft. (Der Ausdruck "von gleicher Art" ist dabei so zu verstehen, daß durch den Kontext mehr oder minder eindeutig gewisse Eigenschaften zweiter Stufe ausgezeichnet sind, die beide Zustände teilen.)

Aus einer Supervenienz mentaler bzgl. neurologischer Eigenschaften ergibt sich auch kein Materialismus. Erstens ergibt sich aus einer Supervenienz der mentalen bzgl. der neurologischen Eigenschaften nicht, daß diese kausal von jenen abhängen. Die Supervenienzrelation bezieht sich ja auf gleichzeitige Zustände und schließt auch nicht aus, daß ein mentaler und der ihm entsprechende neurologische Zustand eine gemeinsame Ursache haben. Zweitens folgt aus ihr keine nomologische Definierbarkeit mentaler durch neurologische Prädikate. Kim hat zwar wiederholt behauptet, z.B. in (1978), sie käme "nahe an Definierbarkeit heran", aber ein Blick auf die Konstruktion der physikalischen Eigenschaft g, die mit der mentalen f nomologisch extensionsgleich ist, zeigt, daß sie sich in der Objektsprache nicht formulieren läßt.[19]

Wir sehen aufgrund der Tatsache, daß es prinzipiell möglich ist, die Entstehung und die Evolution des Lebens physikalisch zu erklären, biologische Begriffe als supervenient bzgl. physikalischer an. Eine Ersetzbarkeit der biologischen Sprache durch die physikalische würde aber die Definierbarkeit biologischer Begriffe durch physikalische erfordern, und die ist mindestens praktisch unmöglich, da biologische Unterscheidungen nach ganz anderen Gesichtspunkten vorgenommen werden als physikalische, so daß den natürlichen biologischen Eigenschaften keine natürlichen physikalischen entsprechen. Die natürlichen Unterscheidungen laufen also bildlich gesprochen nicht parallel, sondern überkreuzen sich in höchst komplexer Weise. 'Herz' ist z.B. ein biologischer Begriff, und wir unterscheiden Herzen von anderen Organen nach ihrer Funktion für den Blutkreislauf. Da sich die Herzen verschiedener Tierarten nach Größe, Gewicht, Gestalt und chemischer Zusammensetzung z.T. erheblich unterscheiden, ist es praktisch unmöglich, eine physikalische Definition von 'Herz' anzugeben, und selbst wenn das gelänge, wäre sie viel zu kompliziert, als daß man sie in der Biologie verwenden könnte; sie würde unzählige völlig unwesentliche Fallunterscheidungen enthalten. Wir werden also weiter in biologischen Kontexten Biologisch und nicht Physikalisch sprechen, und ebenso werden wir selbst bei einer Supervenienz mentaler bzgl. neurologischer Eigenschaften über mentale Phänomene zweckmäßiger Weise Psychologisch und nicht Neurologisch reden. Und das heißt auch: Wir werden speziell psychologische Gesetze und Erklärungen verwenden.[20]

(3) *Der Eliminative Materialismus*

Der letzte Einwand betrifft auch den Eliminativen Materialismus, wie er z.B. von P. Feyerabend, R. Rorty und Paul Churchland vertreten worden ist – die letzte Version des Physikalismus, von der hier die Rede sein soll.[21] Er behauptet keine explizite Definierbarkeit mentaler durch neurologische oder Verhaltensterme, sondern besagt, daß die Neurologie und Verhaltensforschung die traditionelle Psychologie ablösen werden, weil sie viel erfolgreicher sind als diese und zudem besser in den Rahmen der übrigen Naturwissenschaften passen. Der Tag wird also kommen, wo wir aufhören werden, Psychologisch zu sprechen, ebenso wie wir nicht mehr von Geistern und Dämonen sprechen, ohne uns um die Reduzierbarkeit einer solchen Sprache auf unsere gegenwärtige zu kümmern. Hier zeigt sich nun erneut eine pragmatische Wende des Problems, wie sie Carnap empfohlen hatte: Ontologische Fragen erledigen sich praktisch dadurch, daß sich gewisse Sprachen als nützlich, ihre Konkurrenten als weniger brauchbar erweisen. Dennoch besteht ein wichtiger Unterschied zwischen Carnaps Position und der des Eliminativen Materialismus: Anders als Feyerabend betätigte sich Carnap nicht als Prophet und wollte nicht der Geschichte die Entscheidung zwischen Dualismus und Physikalismus überlassen. Ihm ging es darum, die Möglichkeit einer Ersetzung der psychologischen durch die physikalische Sprache zu begründen, und diese Ersetzung damit sachlich zu rechtfertigen.

Der Eliminative Materialismus geht von der Überzeugung aus, daß eine explizite oder implizite Definition psychologischer Terme durch physikalische nicht möglich, aber auch nicht notwendig ist. Er muß dann aber zumindest von einer Supervenienz psychologischer Begriffe bzw. physikalischen ausgehen, denn gibt es psychologische Unterschiede, denen keine physikalischen entsprechen, so kann es zwar sein, daß die physikalische Sprache die psychologische verdrängt – wie es ja schließlich auch sein könnte, daß man die moderne Physik aufgibt und zur aristotelischen zurückkehrt –, aber das wäre dann mit einem Verlust an Differenzierungsmöglichkeiten verbunden. Wir haben aber gesehen, daß eine Supervenienz der Begriffe einer Sprache bzgl. jener einer anderen nicht bedeutet, daß sich jene durch diese ersetzen läßt. Psychologische Unterscheidungen mögen supervenient bzgl. neurologischer sein, solange man sich aber für mentale Phänomene interessiert, wird man vermutlich an diesen Interessen orientierte Unterscheidungen und Sprachen verwenden, und sie nicht durch andere ersetzen, die für diese Zwecke nicht passen. Im übrigen hinkt der Vergleich mit den Dämonen: An psychologischen Phänomenen werden wir wohl das Interesse so schnell nicht verlieren.

Der Vorschlag Carnaps zur pragmatischen Behandlung ontologischer Fragen spricht so letztlich gegen den Physikalismus, denn es ist bislang kein Weg in Sicht, für psychologische Zwecke mit einer physikalischen Sprache auszukommen.

ANMERKUNGEN

[1] Zur Entwicklung seiner Ideen zum Physikalismus hat sich Carnap in seiner *Intellektuellen Autobiographie* in Schilpp (1963) auf S. 50–53 geäußert. Weitere Hinweise dazu finden sich in Feigl (1963) und (1958), wobei der erstere Aufsatz eine Vorform des

letzteren ist. – Die Bezeichnung "Physikalismus" statt "Materialismus" hat Carnap von O. Neurath übernommen, vgl. (1931), S. 462.

[2] Vgl. dazu (1963), S. 50f., (1928a), S. 324, (1931), S. 461, (1936), S. 428 ff. und (1938), S. 49.

[3] Vgl. dazu auch (1963), S. 50.

[4] (1928), S. 80f und 83f.

[5] Vgl. dazu (1963), S. 51f. In (1928) ist nur davon die Rede, daß eine physikalische sprachliche Basis eher den Realwissenschaften entspricht (vgl. S. 81).

[6] Vgl. (1928), §43–45.

[7] Vgl. (1928), S. XIII.

[8] Carnap bezeichnet in (1932a), S. 185 seinen Physikalismus als "logische These": "Er gibt durch logische Analyse eine Deutung der psychologischen Sätze" (ebenda, S. 186). Vgl. dazu auch die inhaltlich eng entsprechenden Aussagen Hempels in (1935).

[9] Vgl. z.B. Carnaps Aussagen in (1932), S. 141f. über das Erfassen des Gebrauchs psychologischer Prädikate mit Wittgenstein (1953), §244.

[10] In (1931) geht Carnap im Sinn eines methodischen Solipsismus von einer phänomenalistischen Protokollsprache Ψ_i des Subjekts i aus. Er sagt, die Sätze der physikalischen Sprache Φ hätten Sinn für i, weil aus ihnen Sätze von Ψ_i folgen. Umgekehrt sollen aber aus den Sätzen von Ψ_i keine Sätze von Φ folgen; über sie kann man nur Wahrscheinlichkeitsaussagen aufgrund von Erlebnissen machen. Dann wird aber plötzlich behauptet, Ψ_i lasse sich in Φ übersetzen, wobei das Kriterium für Übersetzbarkeit ist, daß der übersetzte Satz aus der Übersetzung ableitbar ist und umgekehrt. Nur die Sprache Φ ist intersubjektiv in dem Sinn, daß sich die verschiedenen Subjekte über ihre Geltung einigen können. – All das paßt schlecht zusammen: Besteht eine Übersetzbarkeit von Ψ_i in Φ, so im Gegensatz zur früheren These auch eine Ableitbarkeit der Sätze von Φ aus jenen von Ψ_i. Ist Φ intersubjektiv, so aufgrund der Übersetzbarkeit auch Ψ_i. Die Behauptung der Übersetzbarkeit wird nur durch den Hinweis gerechtfertigt, man könne die Erlebnisse anderer aus ihrem Verhalten, insbesondere aus ihrem sprachlichen Verhalten erschließen. "Erschließen" heißt hier aber nur: Wir können Wahrscheinlichkeitsaussagen darüber machen, und aus denen ergibt sich noch keine Definierbarkeit.

Überzeugender ist (1932): Hier wird der Physikalismus als These interpretiert, daß sich alle sinnvollen Sätze in die physikalische Sprache übersetzen lassen (daß sie in diesem Sinn universal ist) und daß nur sie intersubjektiv ist (S. 108). Die Übersetzbarkeit der psychologischen Sprache – hier geht es im Gegensatz zu (1931) nicht um Ψ_i sondern um die Sprache der wissenschaftlichen Psychologie – in die physikalische wird so begründet: (1) Der Sinn eines Satzes A ist determiniert durch den Sinn seiner überprüfbaren Konsequenzen (im nomologischen Sinn). (2) (Direkt) überprüfbar sind nur physikalische Tatsachen. (3) Also ist jeder Satz A (soweit er sinnvoll ist) übersetzbar in einen physikalischen Satz. Jede dieser drei Thesen ist natürlich fragwürdig: Wenn ich den Sinn eines Wortes wie "Schmerzen haben" erst aufgrund eines Naturgesetzes ermitteln kann, das z.B. besagt, daß Leute, die Schmerzen haben, sich so und so verhalten, so wäre diese Gesetzesaussage ja sinnlos, da der Ausdruck "Schmerzen haben" erst mit ihrer Hilfe eine Bedeutung erhält. Wieso ist ferner nur Physisches beobachtbar? Endlich ergibt sich (3) nicht aus (1) und (2); das gilt nur, wenn es endlich viele physikalische Sätze gibt, die aus *A* nomologisch folgen und aus denen zusammen A folgt.

[11] Vgl. z.B. (1931), S. 457, und (1938), S. 58.

[12] In (1936), S. 467 formuliert Carnap die These des Physikalismus so: "Jeder Ausdruck der Sprache der Wissenschaften ist reduzierbar auf Ausdrücke der physikalischen Spra-

che". Das wird damit begründet, daß jedes deskriptive Prädikat der wissenschaftlichen Sprache auf der Basis von beobachtbaren Ding-Prädikaten bestätigungsfähig sei (S. 468). Vgl. dazu auch (1942).

[13] Vgl. (1963a), S. 882–86.

[14] A.a.O. S. 882.

[15] Vgl. (1963a), S. 882 und das Vorwort zur 2. Auflage von (1928), S. XIII.

[16] Vgl. (1963a), S. 885f. In (1955), S. 1f., wendet sich Carnap gegen die Identitätsthese, weil sie zu wenig klar sei. – Es wäre zu fragen, ob Carnaps sonstige Zustimmung zu Feigls Gedanken bedeutet, daß er vom Gedanken einer bloß impliziten Definierbarkeit psychologischer durch physikalische Terme wieder abgerückt ist, aber das muß man – nach den Bemerkungen in (1963), S. 52f. und im Vorwort zur 2. Auflage von (1928), S. XIIf. – wohl verneinen.

[17] Man kann aber nicht behaupten, mentale Phänomene ließen sich physikalisch erklären, denn zu den mentalen Erscheinungen gehört ihr phänomenaler Charakter, und der läßt sich im Rahmen des Physikalismus gerade nicht erklären.

[18] J. Kim hat in (1978) bewiesen, daß Supervenienz Inferentialität impliziert.

[19] Vgl. dazu den Aufsatz "Supervenience and reductionism", der in dieser Zeitschrift erscheint.

[20] Kim bezeichnet in (1984) die nomologische Supervenienz als *schwache* Supervenienz. Er stellt ihr eine *starke* Supervenienz gegenüber, die sich aus der nomologischen Inferentialität dadurch ergibt, daß man im Definiens die nomologische Notwendigkeit von $\Lambda y(gy \supset fy)$ fordert. Diese Verstärkung benötigt man, um die Beziehung zwischen g und f als gesetzmäßig ansehen und aus ihr auf Aussagen der Form "Hätte y die Eigenschaft g, so hätte y auch die Eigenschaft f" schließen zu können. Heute wird von Materialisten vielfach auch eine globale Supervenienz behauptet. F ist *global supervenient* bzgl. G, wenn für alle nomologisch möglichen Welten w und w' gilt: Haben alle Objekte in w und w' dieselben G-Eigenschaften, so haben sie in w und w' auch dieselben F-Eigenschaften. Die globale Supervenienz ist äquivalent mit der Behauptung, jeder F-Sachverhalt (daß gewisse Objekte bestimmte F-Eigenschaften haben) sei nomologisch äquivalent mit einem G-Sachverhalt. Sie folgt aus der starken Supervenienz, während die Umkehrung nicht gilt, und sie impliziert weder die schwache Supervenienz, noch wird sie von ihr impliziert. Die Annahme der globalen Supervenienz mentaler – ja aller Eigenschaften – bzgl. der physikalischen ist deswegen so plausibel, weil wir physikalische Identitätskriterien für Welten annehmen, d.h. Welten, in denen alle Objekte dieselben physikalischen Eigenschaften haben, als identisch ansehen. Dann ist aber die globale Supervenienz ebenso trivial wie die schwache. Im übrigen ist sie aber von vornherein keine Grundlage für eine materialistische Reduktionsthese. Sie schließt ja nicht aus, daß sich die mentalen Zustände einer Person drastisch ändern, ohne daß sich in ihrem Gehirn oder ihrem Verhalten etwas ändert – es genügt z.B. daß sich der Impuls eines Moleküls in einem fernen Sternsystem ändert. Da sich physikalisch ständig etwas verändert, ist es nicht erstaunlich, wenn sich physikalisch immer dann etwas ändert, wenn sich psychologisch etwas ändert.

[21] Vgl. z.B. Feyerabend (1963), Rorty (1965) und (1972), sowie Churchland (1981).

LITERATUR

Carnap, R.: 1928, 'Der logische Aufbau der Welt', Berlin, 2. Aufl. Hamburg 1961.

Carnap, R.: 1928a, 'Scheinprobleme in der Philosophie', Berlin abgedr. in der 2. Auflage von Carnap (1928).

Carnap, R.: 1931, 'Die physikalische Sprache als Universalsprache der Wissenschaft', *Erkenntnis* **2**, 432–65.

Carnap, R.: 1932, 'Psychologie in physikalischer Sprache', *Erkenntnis* **3**, 107–42.

Carnap, R.: 1932a, 'Erwiderung auf die vorstehenden Aufsätze von E. Zilsel und K. Duncker', ebenda 177–88.

Carnap, R.: 1950, 'Testability and Meaning', *Philosophy of Science* **3**, (1936), 419–71 und **4**, (1937), 1–40, Neudruck New Haven/Conn.

Carnap, R.: 1938, 'Logical Foundations of the Unity of Science', in O. Neurath, R. Carnap, Ch. Morris (Hg.): *International Encyclopedia of Unified Science*, Bd. I, No. 1, Chicago, pp. 42–62.

Carnap, R.: 1942, 'Physicalism', in D. D. Runes (Hg.), *The Dictionary of Philosophy*, New York, pp. 235.

Carnap, R.: 1949, *Meaning and Necessity*, Chicago, 2 Aufl. 1956.

Carnap, R.: 1950, 'Empiricism, Semantics, and Ontology', *Revue Internationale de Philosophie* **4**, 20–40; abgedr. in der 2. Auflage von Carnap (1949).

Carnap, R.: 1955, 'Remarks on Physicalism and Related Topics: Discussions with W. Sellars', December 1954, Minneapolis (Minnesota Center for Philosophy of Science), mimeographed.

Carnap, R.: 1963, 'Intellectual Autobiography', in Schilpp (1963), pp. 3–84.

Carnap, R.: 1963a, 'Replies and Systematic Expositions', ebenda 859–1013.

Churchland, Paul: 1981, 'Eliminative Materialism and Propositional Attitudes', *The Journal of Philosophy* **78**, 67–90.

Davidson, D.: 1970, 'Mental Events', in L. Foster, J. W. Swanson (Hg.): *Experience and Theory*, Amherst 1970, abgedr. in Davidson: *Essays on Action and Events*, Oxford 1980, pp. 207–27.

Feigl, H.: 1958, 'The 'Mental' and the "Physical"', in H. Feigl, M. Scriven, and G. Maxwell (Hg.), *Minnesota Studies in the Philosophy of Science*, Bd. 2, Minneapolis, pp. 370–497.

Feigl, H.: 1963, 'Physicalism, Unity of Science and the Foundations of Psychology', in Schilpp (1963), pp. 227–67.

Feyerabend, P.: 1963, 'Materialism and the Mind-Body Problem', *Review of Metaphysics* **17**, 49–66.

Hempel, G. G.: 1935, 'Analyse Logique de la Psychologie', *Revue de Synthèse* **10**, Engl. in H. Feigl, W. Sellars (Hg.): *Readings in Philosophical Analysis*, New York 1949, pp. 373–84.

Kim, J.: 1978, 'Supervenience and Nomological Incommensurables', *American Philosophical Quarterly* **15**, 149–56.

Kim, J.: 1984, 'Concepts of Supervenience', *Philosophy and Phenomenological Research* **45**, 153–76.

Kripke, S.: 1971, 'Identity and Necessity', in M. K. Munitz (Hg.), *Identity and Individuality*, New York pp. 135–64.

Kripke, S.: 1972, 'Naming and Necessity', in G. Harman and D. Davidson (Hg.), *Semantics for Natural Language*, Dordrecht pp. 253–355, addenda 763–69.

Lewis, D.: 1966, 'An Argument for the Identity Theory', *The Journal of Philosophy* **63**, 17–25.

Lewis, D.: 1972, 'Psychophysical and Theoretical Identification', *Australasian Journal of Philosophy* **50**, 249–58.

Rorty, R.: 1965, 'Mind-Body Identity, Privacy and Categories', *Review of Metaphysics* **19**, 24–54.

Rorty, R.: 1972, 'Functionalism, Machines and Incorrigibility', *The Journal of Philosophy* **69**, 203–20.

Schilpp, P. A. (Hg.): 1963, *The Philosophy of Rudolf Carnap*, La Salle, Ill.

Wittgenstein, L.: 1953, *Philosophische Untersuchungen*, R. Rhees und G. E. M. Anscombe (Hg.), Oxford.

Institut für Philosophie
Universität Regensburg
8400 Regensburg
Germany

JAAKKO HINTIKKA

CARNAP, THE UNIVERSALITY OF LANGUAGE AND EXTREMALITY AXIOMS

By far the most important, albeit largely unrecognized, background factor in twentieth-century philosophy of language – and to a considerable extent in philosophy in general – is a contrast between two ways of looking at language and at our relation to it. I have called them the assumption of the *universality of language* (or of language as the universal medium) and the conception of *language as calculus*. I have studied their role in a number of publications. (See Hintikka 1988, with further references.) Roughly, on the view of language as the universal medium we are stuck with our actual language. We cannot step outside it and study its relation to the world – or, at least, cannot express in language such an enterprise or its results. Hence all systematic, large-scale semantics (model theory) is impossible – or at least inexpressible – according to this view. In contrast, on the view of language as calculus we can systematically vary the interpretation of our actual language, just as we can vary the interpretation of a formal calculus. In other words, we can develop a viable model theory (model-theoretical semantics) for our actual everyday language and/or the language of science. The development of logical theory in the twentieth century has been characterized by a gradual emergence of the calculus conception (model-theoretical viewpoint) from the shadow of the (largely tacit) universality assumption. For this assumption was held, in slightly different forms, by the founding fathers of contemporary logic and analytic philosophy, including Frege, early Russell, Wittgenstein, the Vienna Circle around 1930, Quine, and Church.

Even though the overall role of the grand contrast is in my view unmistakable, its actual manifestations in the thought of particular philosophers are often a subtle and sometimes unpredictable matter. Often, the philosopher in question is himself not aware of the assumptions he is in effect making. For instance, Quine's overall approach to logic and philosophy of language clearly belongs to the universalist tradition, but the way in which this assumption actually manifests itself in Quine's specific pronouncements is not easy at all to diagnose.

In this paper, I shall discuss the role of the universality assumption in Rudolf Carnap's thought. This role is instructive in that it shows how subtle the manifestations of the contrast can be and yet how

Erkenntnis **35**: 325–336, 1991.
© 1991 *Kluwer Academic Publishers. Printed in the Netherlands.*

consequential they frequently are. Such a case study thus illustrates indirectly the nature of the universalist assumption in general.

The overall story of Carnap's relation to the universality assumption in general and to the thesis of the ineffability of semantics in particular seems to be quite simple. In the heyday of the Vienna Circle, he was the chief defender of the exclusive reliance on the "formal mode of speech" as contrasted to the "material mode of speech". This contrast is little more than the contrast between the ineffability of semantics and its expressibility. The additional twist is that even though the universality thesis implies that the representative relations between our language and reality cannot be expressed in language, the purely formal (syntactical) properties of language can be discussed in language and theorized about. Thus the best hope that a universalist has of developing a satisfactory language theory is to develop a "logical syntax of language", that is, a theory which approaches the crucial logical and semantical aspects of language through their syntactical manifestations.

Later, however, Carnap came to realize the possibility of formal semantics, and in fact became its most systematic champion. What is especially significant, Carnap assumed during this period that such a formal semantics is applicable not only to formal languages, but to natural languages as well.

> We shall take as object languages mostly symbolic languages . . . and occasionally also the English word language (Carnap, 1947, p. 3).

In this respect, Carnap was much more optimistic concerning the applicability of explicit formal semantics to "the English word language", that is to say, to what others called the colloquial language, than, e.g., the main architect of contemporary model theory, Alfred Tarski.

In this perspective, there seems to be but a very short step to the possible-worlds conception of meaning, which is an especially clear-cut manifestation of the calculus (model-theoretic) conception, subject to the qualifications to registered below.

However, this simple picture does not exhaust the role of the universality idea and its consequences in Carnap. One major fact about his relation to the universality idea is that Carnap was far less deeply committed to the ineffability of semantics (and to the rest of the universality syndrome) than its classical protagonists in the stamp of Frege or Wittgenstein. For Frege, a relation between language and the world, such as truth, is literally inexpressible in language. Wittgenstein dramatizes throughout his career the same point by speaking of the limits of language.

In contrast, according to the Carnap of *The Logical Syntax of Language* (1937, p. 312),

> *The material mode of speech is not in itself erroneous*; it only readily lends itself to wrong use. [Emphasis by Carnap.]

In this important regard, Carnap never was a true believer in the impossibility of semantics. Indeed, Carnap criticizes in so many words the "mythology of the inexpressible" (op. cit., p. 314) and speaks freely of translations between the material mode of speech and the formal mode of speech.

Carnap's idea of the primacy of the formal mode of speech is closely related to Wittgenstein's ideas in the *Tractatus*. Carnap acknowledges this debt as follows (1937, p. 282):

> It was Wittgenstein who first exhibited the close connection between the logic of science (or "philosophy", as he calls it). In particular, he makes clear the formal nature of logic and emphasized the fact that the rules and proofs of syntax should have no reference to the meaning of symbols.

Conversely, Wittgenstein was fully aware of the connection himself. At one time, when he was criticizing Carnap of helping himself to the ideas from the *Tractatus* without proper acknowledgement, Wittgenstein rudely wrote to Schlick that

> You know yourself that Carnap is not taking a single step beyond me when he favors the formal mode of speech and opposes the "material mode"; I cannot imagine that Carnap should have misunderstood the last few propositions of the *Tractatus* – and hence the fundamental ideas of the entire book [so as not to see this, too]. (Letter to Schlick, dated Aug. 8, 1932, published in Nedo & Ranchetti, 1983, pp. 254–5.)

Of course, things are not quite as simple as Wittgenstein thought. In particular, Wittgenstein's intentions in the *Tractatus* are not as plain as its author assumed. Furthermore, as we have seen, Carnap's universalist views were less extreme than Wittgenstein's. Yet it is interesting to see that both Wittgenstein and Carnap were fully aware not only of the kinship of their views but of the historical connection between the two. Their relationship is described somewhat more fully in Hintikka (1989).

There is one particular facet of the universality conception that is especially relevant to a discussion of Carnap's philosophy and to twentieth-century philosophy of language more generally. In order to see what it is, let us note certain consequences – or at least strong suggestions – of the universality position. If we cannot in our theorizing assume a different set of language-world relations in general, we cannot assume a different set of name-object relations, either. What this means is that a specification of the domain of individuals is part and parcel of the interpretation of any one language. If the domain of individuals is changed, we are dealing with different language. Moreover, the interpretation of proper names (names of individuals) has to be fixed. I shall call this complex of assumptions the *one-domain thesis*.

This view is less extreme than Frege's idea that in our language we can speak of only one world, viz., the actual one. On the one-domain thesis, we can deal by means of our language with other possible worlds as well, as long as they have the same domain of individuals. This is in fact very close to what Wittgenstein does in the *Tractatus*, with the proviso that the "objects" he was there postulating as the substance of the world could be of any logical type, not just individuals. Yet the one-domain assumption is, as was indicated, a genuine part of the universality syndrome.

The interesting fact about Carnap is that he apparently assumed the one-domain thesis throughout his career, also during his semantical period. Thus we read, e.g., in *Meaning and Necessity* that

> A complex construction of the semantical system S_1 . . . would consist in laying down the following kinds of rules: (1) rules of formation . . .; (2) rules of designation (e.g., 1-1 and 1-2); . . . (1947, p. 5).

On p. 4 we read

> 1-1 *Rules of designation for individual constants*
> '*s*' is a symbolic translation of 'Walter Scott'
> '*w*' – '(the book) Waverley'

There is no trace here of the full-fledged possible-worlds view according to which an individual is defined by a function defining a "world line", that is, a function from possible worlds to the members of their respective domains of individuals. (The manifestation of an individual i in a world W is the value $f(\mathrm{W}) \in do(\mathrm{W})$ of this function. It is always a member of the domain of individuals $do(\mathrm{W})$ of W.)

Thus we have reached an important insight. Even though Carnap gave up his onetime exclusive reliance on "the formal mode of speech", he stayed in another, smaller but important, respect within the universalist paradigm. Moreover, this choice – undoubtedly an unwitting one – has had its consequences. A slightly modified form of the one-domain thesis was later adopted by Carnap's sometime junior colleague Richard Montague, as is seen from Montague (1974). The only difference is that in Montague semantics not every member of the given fixed domain need exist in each possible world.

The hold of the one-domain thesis of philosophers like Montague and Kripke is a vivid example of the role of this thesis, and indeed of the entire universality assumption, in twentieth-century philosophy.

The one-domain thesis leads to difficulties in several different directions. It restricts severely the applicability of Montague semantics, as I have shown in Hintikka (1974) and (1982). More generally, it is doubtful that one can give a satisfactory model-theoretical analysis of the concepts of logical possibility and logical necessity as long as one abides by the one-domain thesis. The latter point is especially easy to appreciate. Suppose that the domain of one's language is countable. Then according to Carnap a sentence S of that language is logically possible (not L-false) only if it is satisfiable in a countable model. But what if it is only satisfiable in an uncountable model? This possibility is in the special case of first-order languages ruled out by the Löwenheim–Skolem theorem. But there are plenty of reasons to believe that the logic of natural languages is not a first-order logic. Hence it is highly unlikely that the one-domain thesis allows us to deal satisfactorily with the notion of logical truth (logical necessity).

There is nevertheless another test case which possesses a great deal of intrinsic interest and which Carnap himself discussed in some detail. This discussion is presented in what seems to be one of Carnap's least well known papers, his 1936 joint article with Friedrich Bachmann entitled "Über Extremalaxiome". This paper is so little known that there is not a single reference to it in the Library of Living Philosophers volume on Carnap (apart from the bibliography, of course). (See Schilpp (1963).) Yet it deals with important matters which were intensively discussed in their own right in the early decades of this century.

Extremality axioms are what the name says. They are assumptions to the effect that the models of an axiom system are as large as possible (maximality axioms) or as small as possible (minimality axioms). In principle, once can also combine the two kinds of assumptions. The basic idea is very tempting. For instance, in some sense the intended model of elementary number theory is the smallest one. Again, in geometry the Archimedean axiom restricts in one particular direction the models of an axiomatic system in which it occurs to the smallest possible one.

Extremality axioms were thrust to the center stage of mathematicians' and (to a lesser extent) philosophers' attention by David Hilbert's classical exercise in the axiomatic method, his work *Foundation of Geometry*. It originally appeared in 1899. However, Hilbert almost immediately realized that he had not accomplished what he had intended. For one thing, his axiom system was not categorical, that is, did not have only one model (*modulo* isomorphism). When Hilbert formulated a similar axiom system for real numbers in 1900, he therefore introduced a new kind of axiom which he called the *axiom of completeness* (*Axiom der Vollständigkeit*; axiom IV2). In the French edition the *Foundations of Geometry* (1900), Hilbert added a synonymous (and parallel) axiom or pseudo-axiom to his system of geometry.

What this axiom of completeness says is, to paraphrase Hilbert slightly, that the system (model) of geometrical objects of which the axioms speak cannot be extended, or, more explicitly, that it is impossible to add new objects (individuals) to a model of the axiom system without violating the other axioms.

In the sense in which Hilbert intended it, this extremality (maximality) axiom does its job. It is essentially a continuity assumption guaranteeing for instance that the two-dimensional Euclidean space is isomorphic to the usual two-dimensional continuum of real numbers.

Hilbert's completeness axiom attracted a fair amount of attention. To give but one example, when Hilbert expounded his ideas in a lecture delivered on November 5, 1901, at the Mathematische Gesellschaft, no lesser a philosopher than Edmund Husserl was in the audience, and was immediately captivated by Hilbert's idea. (See Husserl 1970b, pp. 444–5.) Indeed, Husserl repeatedly sought to develop the idea further for his own purposes, as witnessed, e.g., by Husserl (1970, pp. 452–69, 495); (1974, pp. 100–1); (1976, secs. 69–70, 72), and *Logical Investigations*, Prolegomena, secs. 69–70.

For a contemporary reader Hilbert's axiom is nevertheless a mare's nest of problems. For one confusing thing, this so-called axiom of completeness has next to nothing to do with the completeness of an axiom system in any of the usual senses of this Protean term "completeness", either with descriptive completeness (ability of the system to capture precisely the intended model or models) or deductive completeness (any potential theorem or its negation is logically derivable from the axioms), or still less with the completeness of an axiomatization of some part of logic. As Baldus showed in 1928, an axiom system of geometry can satisfy Hilbert's axiom and yet be incomplete in the sense of not being categorical, for instance, in admitting of both Euclidean and non-Euclidean models. Yet some confusion on this score apparently persists to this very day.

There are other iffy things about Hilbert's completeness axiom. It is in effect relative to the other axioms of the system (in that it says that the intended models of those other axioms must be maximal). Hence, as Baldus also pointed out, we cannot study in the usual way the independence of those other axioms of the so-called completeness axiom. Carnap's and Bachmann's paper tries (among other goals) to straighten out this confusing state of affairs. However, they succeeded (as we shall see) only at the cost of tacitly reformulating the real problem and also at the cost of launching a controversy with Baldus.

The source of these problems is the fact that Hilbert's completeness (continuity) assumption simply is not an axiom in the sense in which we have been accustomed to use the term. Most of Hilbert's axioms, though not formulated by means of logical symbolism, are readily spelled out as first-order statements. The only two exceptions are the Archimedean axiom, which relies on the notion of natural number, and the so-called axiom of completeness. The latter is for our contemporary logical consciousness and logical conscience a monster. It is really a meta-axiom. It does not speak merely of geometrical objects, such as points, lines, circles or planes. It also speaks of all the models of the totality of the other axioms. There is no trivial way in which it can be rewritten as a statement in a first-order object language – or even as a statement of a higher-order object language.

This state of affairs is of course highly unsatisfactory. As Hans Freudenthal puts it in his survey of the history of the foundations of geometry (1957, p. 117), speaking of Hilbert's assumption:

> Dies unglückselige Axiom . . . ist trotz wiederholten (auch sachlichen) Änderungen immer wieder logisch defekt formuliert worden.

Thus the logicians and foundationalists of the early twentieth century were faced by a major question: Can one formulate extremality assumptions like Hilbert's maximality assumption in a satisfactory way in a suitable logical language? The paper by Carnap and Bachmann I mentioned is an attempt to provide a positive answer to this question. In view of the great *prima facie* interest of extremality assumptions in general and of Hilbert's axiom in particular, Carnap and Bachmann were engaged in an important enterprise. As late as in 1955 Paul Bernays accepted Carnap's and Bachmann's putative answer at its face value (1955, p. 219).

Yet in reality the task Carnap and his collaborator set to themselves is hopeless. Because of the upwards Löwenheim–Skolem theorem, maximality assumptions just cannot be successfully formulated in first-order languages. Of course, Carnap and Bachmann do not try to do so; they are using higher-order languages for the attempt. But even so, from a strict model-theoretic standpoint no direct formulation can succeed, either. For from such vantage point quantification over individuals means quantification over the individuals in some one model. Baldus (1928, p. 331) expresses this in picturesque pre-theoretical terms by speaking of statements about all objects thought of in the axioms, not about all thinkable objects. But this is not enough to formulate a maximality assumption like Hilbert's completeness axiom. For that purpose, we have to compare in an explicitly formulated language a given model of the (other) axioms with other structures (potential models) with larger domains of individuals. Such comparisons just cannot be made in explicit fashion.

So how can Carnap and Bachmann think they have a chance of formulating extremality assumptions in an explicit logical language? It is here that the theme of this paper makes its appearance again. It is axiomatic for Carnap that the interpretation of any one language must fix the domain of individuals. Because of his belief in this one-domain thesis, Carnap could not even conceive the real problem with extremality assumptions in his conceptual framework. Instead of asking whether a given model can be extended by introducing new individuals while the axioms stay satisfied, Carnap and Bachmann are asking whether a given model can be extended by assuming the relations involved in the axiom system to hold between more individuals among the members of the given fixed domain. This latter construal of the problem situation gives also rise to notions of maximality and minimality, and *a fortiori* to the problem of formulating maximality and minimality axioms. This is in fact that problem which Carnap and Bachmann address and which they solve by means of higher-order of logical languages. It is not the problem which Hilbert had posed, and it turns out to be a much shallower problem than Hilbert's.

I shall not discuss the way Carnap and Bachmann solve their version of the problem of extremality axioms. There are no major objections to what they are doing. What is remarkable is that they obviously think that they are dealing with the same problem as Hilbert and such members of the Hilbertian tradition as Baldus. This they do even though Hilbert makes it perfectly clear that he is dealing with maximality with respect to the introduction of new geometrical objects (logicians' "individuals") into a model, whereas Carnap and Bachmann are equally explicit about what they are dealing with,viz. maximality with respect to relations obtaining between given fixed individuals.

That they none the less assimilate the two kinds is among other things shown by their explicit claim (op. cit., p. 179) of having captured Hilbert's "Vollständigkeitsaxiom". This is of course not the case. There are models of Hilbert's other axioms which satisfy the intended Carnap-Bachmann type "Maximalmodellaxiom" but not Hilbert's axiom, as he clearly intended it. For instance, the structure of the algebraic numbers in three dimensions is an example of such a model.

The confusion of Carnap and Bachmann is so striking that it cannot be understood as a mere mistake. It is here that the insight into the connection between what Carnap and Bachmann were assuming and the idea of the universality of language, the connection mediated by the one-domain thesis, enables us to see the situation in the right light. Far from being a mere mistake or lapse, Carnap's and Bachmann's way of thinking is due to one of the deepest presuppositions found anywhere in twentieth-century philosophy.

Since the bone of contention was thus a profound difference in the conceptual assumptions of the two parties, it is perhaps not surprising that it was never consciously acknowledged by the disputants, either by Baldus or by Carnap. Admittedly, Carnap and Bachmann do note on one occasion that their conception is different from Baldus, and express their observation by saying that

> Baldus' formulations of the axiom of completeness give the impression that this axiom is not a propositional function but a (closed) statement about all the models of an axiom system.

Yes, the impression is correct, but the problem is precisely how the

Hilbert–Baldus version can be converted from a metalogical statement about all the models of a system into an ordinary axiom.

Somewhat puzzlingly, the authors continue.

> But then the axiom would be a decidable and even . . . a contradictory proposition.

Of course the Hilbert–Baldus construal of the completeness axiom, however it is that we might best formulate it, is a consistent assumption, not a contradictory one. Indeed, Hilbert had provided its consistency relative to the consistency of a suitable theory of real numbers. (Cf. Torrelli, 1978, pp. 236–7.) By calling the Baldus formulation inconsistent, Carnap and Bachmann are in effect saying that it is for them incomprehensible.

That Carnap and Bachmann never reached a satisfactory diagnosis of the conceptual situation is perhaps also shown by the subsequent deterioration of the discussion into a dispute about the notions of independence and dispensability in axiomatic systems. (Bachmann 1936; Baldus 1938). The gist of the problem was never located by either side.

Even though the Carnap–Bachmann paper is not very successful as it stands, it is interesting as an illustration of the important, albeit usually tacit, role of the universality assumptions in twentieth-century philosophy. It is especially instructive to see that, far from merely being a vague general background factor, the universality vs. calculus contrast can have clear-cut consequences for specific foundational and logical issues.

Carnap's and Bachmann's paper has another kind of interest, too. Carnap and Bachmann were not entirely successful in trying to show how extremality assumptions can be handled in explicit logical languages, but others have not said the last word on the subject, either. It seems to me that Carnap and Bachmann deserve credit for acknowledging a problem (and for trying to solve it) which is very much with us.

NOTE

In working on this paper, I have greatly profited from information gathered by Professor Judson Webb, and by Dr. Claire Hill.

REFERENCES

Bachmann, Friedrich: 1936, 'Die Begriffe der Abhängigkeit und Entbehrlichkeit von Axiomen in Axiomsystemen, in denen ein Extremalaxiom auftritt', *Actes du Congrès International de Philosophie Scientifique, Paris*, 1935, vol. 7 (Logique), Hermann & Cie, Paris, pp. 39–52.

Baldus, Richard: 1928, 'Zur Axiomatik der Geometrie 1: Über Hilberts Vollständigkeitsaxiom', *Mathematische Annalen* **100**, 321–33.

Baldus, Richard: 1938, 'Über nicht beweisbare und doch entbehrliche Axiome', *Mathematische Zeitschrift* **44**, 321–9.

Bernays, Paul: 1955, 'Betrachtungen über das Vollständigkeitsaxiom und verwandte Axiome', *Mathematische Zeitschrift* **63**, 219–29.

Carnap, Rudolf: 1937, *Logische Syntax der Sprache*, Julius Springer, Wien, 1934; English translation *The Logical Syntax of Language*, Kegan Paul, Trench, Trubner & Co., London.

Carnap, Rudolf: 1947, *Meaning and Necessity*, University of Chicago Press, Chicago (Enlarged ed., 1956.)

Carnap, Rudolf and Bachmann, Friedrich: 1936, 'Über Extremalaxiome', *Erkenntnis* **6**, 166–88.

Freudenthal, Hans: 1957, 'Zur Geschichte der Grundlagen der Geometrie', *Nieuw Archief voor Wiskunde* **5**, 105–42.

Hilbert, David: 1900, 'Grundlagen der Geometrie', in B. G. Teubner (ed.), *Festschrift zur Feier der Enthüllung des Gauss–Weber–Denkmals*, Leipzig, 1899, pp. 3–92; many subsequent editions as an independent volume, including *Grundlagen der Geometrie*, 10. Auflage, mit Supplementen von Dr. Paul Bernays, B.G. Teubner, Stuttgart, 1968. First French edition in *Ann. scient. de l'École normale supérieure* **17**(3).

Hilbert, David: 1900, 'Über den Zahlbegriff', *Jahresbericht der deutschen Mathematiker-Vereinigung* **8**, 180–4.

Hintikka, Jaakko: 1974, 'On the Proper Treatment of Quantifiers in Montague Semantics', in Sören Stenlund (ed.), *Logical Theory and Scientific Analysis*, D. Reidel, Dordrecht, pp. 45–60, reprinted in Jaakko Hintikka and Merrill B. Hintikka: 1989, *The Logic of Epistemology and the Epistemology of Logic*, Kluwer Academic, Dordrecht, pp. 97–112.

Hintikka, Jaakko: 1982, 'Is Alethic Modal Logic Possible?', in Ilkka Niiniluoto and Esa Saarinen (eds.), *Intensional Logic: Theory and Applications*, *Acta Philosophica Fennica*, vol. 35, Societas Philosophica Fennica, Helsinki, pp. 89–105.

Hintikka, Jaakko: 1988, 'On the Development of the Model-Theoretic Viewpoint in Logical Theory', *Synthese* **77**, 1–36.

Hintikka, Jaakko: 1989, 'Ludwig's Apple Tree: Evidence Concerning the Philosophical Relations between Wittgenstein and the Vienna Circle', in W. L. Gombocz *et al.* (eds.), *Traditionen und Perspektiven der analytischen Philosophie: Festschrift für Rudolf Haller*, Hölder–Pichler–Tempsky, Wien, pp. 187–201.

Hintikka, Jaakko: 1990, 'Quine as a Member of the Tradition of the Universality of Language', in Robert B. Barrett and Roger Gibson (eds.), *Perspectives on Quine*, Basil Blackwell, Oxford, 1990, pp. 159–75.

Husserl, Edmund: 1970a, *Logical Investigations* 1–2, tr. by J. N. Findlay, Routledge & Kegan Paul, London.

Husserl, Edmund: 1970b, *Philosophie der Arithmetik*, mit ergänzenden Texten (1890–1901) *Husserliana* vol. 12, Martinus Nijhoff, The Hague.

Husserl, Edmund: 1974, *Formale und transzendentale Logik*, mit ergänzenden Texten, *Husserliana* vol. 17, Martinus Nijhoff, The Hague.

Husserl, Edmund: 1976, *Ideen zu einer reinen Phänomenologie und phänomenologischen Philosophie*, Erstes Buch, neu hrsg. von Karl Schuhmann, *Husserliana* vol. 3, Martinus Nijhoff, The Hague.

Montague, Richard: 1974, *Formal Philosophy*, edited by Richmond H. Thomason, Yale University Press, New Haven.

Nedo, Michael, and Ranchetti, Michele, (eds.): 1983, *Wittgenstein: Sein Leben in Bildern und Texten*, Suhrkamp, Frankfurt am Main.

Schilpp, P. A. (ed.): 1963, *The Philosophy of Rudolf Carnap* (The Library of Living Philosophers, vol. 11), Open Court, La Salle, Illinois.

Torrelli, Roberto: 1978, *Philosophy of Geometry from Riemann to Poincaré*, D. Reidel, Dordrecht.

38 Flint Drive
Marlboro, MA 01752
U.S.A.

KAREL LAMBERT

A THEORY ABOUT LOGICAL THEORIES OF "EXPRESSIONS OF THE FORM 'THE SO AND SO', WHERE 'THE' IS IN THE SINGULAR"[1]

1. INTRODUCTION

In *Meaning and Necessity*, Carnap briefly and critically assessed the approaches to definite descriptions associated with the names of Frege, Russell and Hilbert and Bernays.[2] Ultimately he adopted a version of the Frege approach, now widely known as the chosen object method, in the development of his influential doctrine of meaning and modality. Since Carnap's discussion, however, another approach to definite descriptions, called free description theory, has emerged. Moreover, Carnap did not concern himself with the question whether there exists a way of understanding the various approaches to definite descriptions such that they can be construed as different options to a common technical problem. Such a way exists in set theory where various approaches can be construed as different options to the paradoxical axiom of set abstraction in naive set theory. That is the task of this essay; to provide a way of understanding both the traditional and free logic approaches to the treatment of definite descriptions such that they all can be seen as different ways out of a common technical problem, a problem manifested in what will be called *The Naive Theory of Definite Descriptions*.

2. THE NAIVE THEORY OF DEFINITE DESCRIPTIONS

The naive theory of definite descriptions is formulated in a standard first order logic with identity. The development here relies heavily on a version of standard first order logic proposed by Leblanc and Meyer.[3]

The primitive signs of the underlying quantifier logic are a set of *variables*, among them 'x' and 'y'; a set of (*simple*) *singular terms*, among them 'a' and 'b'; a set of *predicates*, among them the one-place predicate 'P'; the *identity* symbol '=' (read: 'is the same as'); the

Erkenntnis **35**: 337–346, 1991.
© 1991 *Kluwer Academic Publishers. Printed in the Netherlands.*

connectives '~' (read: 'it is not the case') and '→' (read: 'if____ then . . .'), and the *universal quantifier* '∀' (read; 'every'); the comma ','; and the parentheses '(' and ')'. A *formula* is any finite sequence of signs, and the set of them is assumed to be arranged in a definite order called the *alphabetical order*. A sign is *foreign to a formula* if it does not occur in the formula, and to a set of formulas if foreign to every member of the set. The variables, singular terms and predicates are used autologically, but 't' and 's' are reserved as metavariables for either variables or singular terms, and 'A', 'B', and 'C' are reserved as metavariables for formulas (for the time being). $A(t/s)$ is the result of replacing s everywhere in A by t, and $A(t//s)$ is the result of replacing one or more occurrences (and perhaps none) of s in A by t.

A *statement* is defined as follows:

(1a) An n-place predicate followed by n singular terms (enclosed in parentheses) is a statement.

(1b) $t = s$ is a statement, where t and s are singular terms.

(2a) If A and B are statements, so are $\sim A$ and $(A \rightarrow B)$.

(2b) If A is a statement, x is a variable foreign to A, and t is a singular term, which may, but need not, occur in A, then $(\forall x)A(x/t)$ is statement.

(3) Nothing else is a statement.

A *quasi-statement* is any statement, and any formula of the form $A(x/t)$ where A is a quasi-statement and x is any variable foreign to A.

Henceforth, 'A', 'B', and 'C' are used to refer only to quasi-statements. The definitions of the other truthfunctional connectives and the *existential quantifier*, '∃' (read: 'There exists') are the usual ones given the current primitive signs. Various parentheses will be dropped when no ambiguity threatens.

The *axioms* are all tautologies and any statement of the following forms:

$A1$ $A \rightarrow (\forall x)A$

$A2$ $(\forall x)A \rightarrow A(a/x)$

$A3$ $(\forall x)(A \rightarrow B) \rightarrow ((\forall x)A \rightarrow (\forall x)B)$

$A4$ $a = a$

$A5$ $a = b \rightarrow (A \rightarrow A(b//a))$,

or of the form $(\forall x)A(x/t)$, where A is an axiom. The definitions of *derivation*, *proof*, and *theorem* are the conventional ones. The sole rule of inference is

D From *A* and $(A \rightarrow B)$, infer *B*.

An important derived rule of inference is *universal generalization*:

UG From *A* is a theorem, infer $(\forall x)A(x/t)$ is a theorem.

A *model* consists of a nonempty domain *D* and a function *f* (the interpretation function) defined as follows:

(a) $f(a)$ is a member of *D*;
(b) $f(P)$ is a set of *n*-tuples of members of *D*, where '*P*' is an *n*-place predicate.

It is a condition on models that all of the members of *D* are assigned as referents to some singular terms.

A statement is *true*(*false*) in a model under, and only under, the following conditions:

(1a) If *A* has the form $a = b$, then *A* is true (in the given model) just in case $f(a)$ is the same as $f(b)$; otherwise it is false;
(1b) If *A* has the form of an *n*-place predicate *P* followed by *n* singular terms, then *A* is true just in case the *n*-tuple of members of *D* assigned by *f* to the singular terms in question is a member of $f(P)$; otherwise it is false;
(2a) If *A* has the form $\sim B$, then *A* is true just in case *B* is false; otherwise it is false;
(2b) If *A* has the form $A \rightarrow B$, then *A* is true just in case *A* is false or *B* is true; otherwise it is false;
(2c) If *A* has the form $(\forall x)B$, then *A* is true just in case $B(a/x)$ is true for all singular terms *a*; otherwise it is false.

The notions of *logical truth*(*falsity*), *implication* and *satisfiability* are defined as usual.

Into this version of standard first order predicate logic with identity, let us introduce the symbol '*i*' among the primitive signs. Prefixing it to a variable – '(ix)' (read: 'The object *x*') – yields a singular term forming operator generating a singular term from a quasi-statement as in '$(ix)Px$'. The generated expression is called a *definite description*.

The introduction of definite descriptions induces various changes in the syntax described above. The important ones are these: (1) The definition of 'statement' must be replaced with a definition by simultaneous recursion of '(singular) term' and 'statement'. This is assumed to be done in the conventional way. (2) The statement of the axioms must be amended replacing '*a*' and '*b*' everywhere, respectively, by '*s*' and '*t*' and adding the proviso: 'where *s* and *t* are singular terms'.

Against this background, consider the important question; What does '$(ix)Px$' refer to? A very natural answer is that it refers to whatever is such that it and it only is *P*. By semantic descent this yields the object language counterpart: Any object is $(ix)Px$ if and only if it and it only is *P*. This, in turn, is a very natural answer to the question; What object is $(ix)Px$? This dialectic suggests the following axiom for definite descriptions:

$$A6 \qquad (\forall x)(x = (iy)A \equiv (A(x/y) \;\&\; (\forall y)(A \rightarrow y = x)))$$

The naive theory of definite descriptions (NTDD) is simply the proof theory for a standard first order predicate logic with identity, such as that outlined above, *and A6*.

An important consequence of NTDD is:

$$T1 \qquad A((iy)A(y/a)/a)$$

T1 follows from *A6* with the help of *A2* and *A4*.

Assuming that among the predicates of NTDD is the relational predicate 'ϵ', let us add the following very natural definition of class abstracts;

$$DCA \qquad \hat{y}A =_{\text{df}} (iy)((\forall x)(x \epsilon y \equiv A))$$

Then another important consequence of NTDD is:

$$T2 \qquad (\forall x)(x \epsilon \hat{y} A \equiv A)$$

T2 follows from *A6* with the help of *A2* and *DCA*.

These two theorems of NTDD reveal the ruinous nature of that theory. From *T1* there follows immediately a version of the paradoxical principle Russell exploited in his famous "demolition" of Meinong's theory of objects, namely,

$$PRS \qquad P(iy)(Py \;\&\; {\sim}Py) \;\&\; {\sim}P(iy)(Py \;\&\; {\sim}Py);$$

in short, where '*P*' is 'round', the round nonround thing (square) is both round and nonround (square).[4] And from *T2*, which is a version of the principle of set abstraction in naive set theory, the paradoxical statement

$$RP \qquad \hat{y}(y \notin y) \in y(y \notin y) \equiv \hat{y}(y \notin y) \notin \hat{y}(y \notin y)$$

is derivable, as Russell first showed.

Russell, apparently, did not think that the two principles *T1* and *T2* were related, but in fact they are; for, as just demonstrated, they have *A6* of NTDD as a common source. The point is historically important *vis a vis* the worth of NTDD because Russell's attitude toward *T2* and its host theory (naive set theory) was much milder than his attitude toward *T1* and its host theory (Meinong's theory of objects). In the latter case he thought the odious consequence, *PRS*, "demolished" the theory of objects, but he did not think that RP demolished set theory.

More interesting, however, is the value of NTDD, despite its unsoundness, for understanding the traditional formal treatments of definite descriptions. So let us fix attention on *T2*, the principle of set abstraction in naive set theory. It is often depicted as the natural but defective principle to which various contemporary approaches to sets are reactions.

One such approach *amends T2*. For instance, Quine, in the initial presentation of his system *ML*, following the spirit if not the letter of Zermelo, replaced *T2* by the principle that

$$(\forall x)(x \in \hat{y}A = (x \in V \,\&\, A)).^{5}$$

(Zermelo did not recognize the universal set *V*). This principle does not yield *RP*, but only the conclusion that the Russell set – that is, the set $\hat{y}(y \notin y)$ – is not a member of the universal set *V*.

A second approach to the problems generated by *T2* retains that principle but *restricts the formation rules of naive set theory*. Russell is the outstanding exponent of this approach, an approach embodied in his version of the theories of types. The offensive expression – '$(y \notin y)$' – is no longer regarded as a logically grammatical expression, and, hence, *RP* is not even a candidate for inference from *T2*.

A third approach restricts the substitution rules but not the formation rules of naive set theory. This is the approach embodied, for example, in Quines's *New Foundations*.[6] Though grammatical, '$(y \notin y)$' cannot be substituted into *A* in *T2* because *A* can only be replaced by "stratified" quasi-statements, a property that the expression in question lacks.

A fourth and last approach leaves *T2*, the syntax of naive set theory, and its substitution rules alone. Instead, it *rejects the underlying logic*. This approach is embodied in different ways in intuitionistic set theory and in free set theory. The former blocks the inference from the Russell sentence, *RP*, to contradiction by rejecting the law of excluded middle; the latter blocks the inference from *T2* to *RP* by disallowing use of the law of universal specification *except* when the specified object exists. In free set theory, *T2* yields only the conclusion that there is no set such as the Russell set, the set specified by the expression '$\hat{y}(y \notin y)$'.

Let us now return to *A6*. It is the distinctive axiom-scheme of the naive theory of definite descriptions. Just as various approaches in set theory can be seen as reactions to the naive principle of set abstraction, so the various approaches in definite description theory can be understood as reactions to *A6*.

Consider, first, Frege's approach to definite descriptions. Theories in this tradition are obtained by replacing *A6* with the following axiom-scheme:

$$A6' \quad (\forall x)(x = (iy)A \equiv ((A(x/y) \;\&\; (\forall y)(A \rightarrow y = x)) \vee (\sim(\exists z)((\forall y)(A \equiv y = z)) \;\&\; x = *))),$$

where * either is an arbitrary chosen object, in one version of the theory, or $\hat{y}A$, in the other version of the theory. Whichever formulation is used, it is clear, however, that Frege's approach is an example of the amendment approach. This reaction to NTDD allows inference to *T1* and *T2* only under the special conditions, respectively, that $(iy)A \neq *$ and $(iy)((\forall z)(z \in y \equiv A)) \neq *$.[7]

Consider next the Hilbert-Bernays theory of definite descriptions. It restricts the formation rules of NTDD. An expression of the form '$(iy)A$' is grammatical only on the condition that the uniqueness of 'A' is provable. Hence, neither *RP* nor *PRS* are derivable, but instead are banished to the realm of logically ungrammatical expressions.[8]

Turning to Russell's formal theory of definite descriptions, the theory expressed in *Principia Mathematica* and in the *Introduction to Mathematical Philosophy*, evidently expressions of the form '$(iy)A$' are not regarded as ungrammatical, even when 'A' is not unique.[9] Rather they are excluded from the class of singular terms, and, therefore, cannot be substituted for expressions occupying the positions of 's' and 't' in theorems. Because expressions of the form '$(iy)A$' are not genuine singular terms, the instances of *A2*, the principle of universal specification, and *A4* needed to derive *T1* and *T2* from *A6* are not available.

As mentioned earlier *T2* is asserted independently and contradiction avoided by restricting the syntax of naive set theory. One sees, therefore, an important difference between Russell's treatment of definite descriptions, which are not ungrammatical short of set theory, and his treatment of sets, or, in Russell's language, "classes".[10] Of course, Russell also provides well known elimination rules for contexts of the form $B((iy)A)$ and $E!((iy)A)$ in the early definitions of chapter *14 of *Principia* from which a theorem typographically similar to A6 is derived. But these elimination rules are not central to the theory being developed here about how to understand the origin of Russell's theory.

The last and most recent treatment of definite descriptions is the free description theory approach. It originated with the writer, and other versions by Rolf Schock, David Kaplan and Dana Scott, among others, soon followed.[11] Like intuitionistic and free set theory, the free description theory approach rejects the underlying predicate logic in which NTDD is couched. For instance, in free predicate logic, the principle of universal specification, A2, is rejected and replaced by

$$FA2 \qquad (\forall x)A \rightarrow (E!t \rightarrow A(t/x)).$$

FA2 permits inference from a statement of universal form to statements containing definite descriptions only on the condition that the described object exists.[12] So *A6* is retainable in its original form, but *T1* and *T2* are derivable only on the condition that a statement of the form '$(\exists x)(x = (iy)A)$' is true. Of note in this latter connection is the fact that, in a free set theory in which set abstracts are treated as in *DCA*, *T2* is independently assertable, but compatible with the underlying free description theory.

This completes the presentation of the promised theory about approaches to the treatment of definite description from Frege through modern free description theory. It is a theory about how to understand the various traditions in the treatment of phrases of the form 'The so and so', where 'the' is used in the singular, or stylistic variants thereof. Its main tenet is that just as various developments of set theory can be understood as reactions to (a form of) the allegedly paradoxical naive principle of set abstraction, so the various approaches to the treatment of definite descriptions can be understood as reactions to *A6*, the allegedly paradoxical principle in the naive theory of definite descriptions.

The question arises whether there are any implications of the theory in question deserving special note. This essay ends on two such notes.

First, because a certain basic principle in the naive theory of sets is derivable from NTDD, given the natural definition of set abstracts, *DCA*, the theory of definite descriptions has obvious foundational interest vis a vis mathematics. Second, given *DCA*, the set theoretical implications of *A6* may be useful in deciding between the various approaches to free logic.

Approaches to free logic vary according to the position one adopts on the truth value of simple statements containing at least one irreferential singular term. A *negative* free logic is one which counts all such statements false; otherwise it is a *positive* free logic.[13] The negative free logician agrees with Russell's intuitions about the truth value of simple statements containing unfulfilled (improper) definite descriptions, but disagrees with him on the logical form of such statements. Accordingly, in a negative free logic,

$$Pt \rightarrow (\exists x)Px$$

is logically true, but not in most versions of positive free logic. Consider now the statement

$$\hat{y}(y \notin y) = \hat{y}(y \notin y).$$

In any set theory counting set abstracts as genuine singular terms, this statement is true (in virtue of the axiom of extensionality). But in negative free logics, the identity involving the appropriate definite descriptions (via *DCA*) corresponding to the identity just mentioned will be false. Hence, so long as *DCA* is accepted, the underlying free logic must be positive if set theory is regarded as a relevant desideratum in determining what the basic nature of free logic should be.

NOTES

[1] The quoted expression in the title of this essay is the way Russell defined *definite descriptions* in *Principia Mathematica*. Thanks are due to Ermanno Bencivenga for his helpful comments.

[2] Rudolf Carnap, *Meaning and Necessity*, University of Chicago Press, Chicago, Illinois, (1950), pp. 32–39.

[3] H. Leblanc and R. K. Meyer, 'On Prefacing $(\forall X)A \rightarrow A(Y/X)$ with $(\forall Y)$ – A Free Quantification Theory Without Identity', *Zeitschr. f. math. Logik und Grundlagen d. Math.*, 16, (1970), pp. 447–462. Typing limitations require a departure from some of their symbols, but the conventions and definitions of the proof theory remain the same.

[4] See Bertrand Russell, 'On Denoting', *Mind*, **XIV**, (1905), pp. 479–493.

[5] This principle was modified by Wang in later treatments to avoid the Burali-Forti paradox by restricting the bound variables to sets as opposed to classes.
[6] W. V. Quine, 'New Foundations for Mathematical Logic', *American Mathematical Monthly* **44**, 1937, pp. 70–80.
[7] Because in the classical logic underlying Fregean definite description theory, it is a theorem that

$$Pt \equiv (\forall x)(x = t \rightarrow Px),$$

for any singular term t, $A6'$ enables the elimination of a definite description from any (extensional) context expressible in such a theory. In particular,

$$B((iy)A/t) = ((\exists x)((\forall y)(A \equiv y = x) \;\&\; B(x)) \;v \\ (\sim(\exists z)(\forall y)(A \equiv y = z) \;\&\; B(*/t))),$$

is straightforwardly derivable in the current version of the Fregean theory.
[8] In a suitably formalized version of the Hilbert-Bernays theory, it can be demonstrated that $A6$ is the only required axiom-scheme involving definite descriptions. This is shown in my forthcoming book *THE: An Introduction to the Philosophical Foundations of the Theory of Definite Descriptions*.
[9] The theory of definite descriptions, or at least the version of that theory, contained in Russell's famous essay *On Denoting* is very different from that in *Principia*. Were the theory in Russell's essay formalized, there would be no definite descriptions occurring in the language because Russell's goal in *On Denoting* was to ascertain the logical form of a certain kind of statement in natural language. The theory in *On Denoting* is really a theory about how to paraphrase statements in natural language containing the word 'the' (in the singular) into something like first order predicate logic.
[10] In *Principia*, Russell had a deceptive version of universal specification vis a vis definite descriptions: $B((iy)A)$ can be inferred from $(\forall x)A$ only on the condition that $E!((iy)A)$. (The principle in question is deceptive because definite descriptions are not really singular terms.) But this condition is satisfied by the descriptional counterparts of all class abstracts, given *DCA*. Hence, type theory is needed to prevent the inference to *RP*, which means, in turn, that certain definite descriptions involving membership must be ruled ungrammatical.
[11] See Karel Lambert, 'A Theory of Definite Descriptions' in *Philosophical Applications of Free Logic* (Ed. K. Lambert), Oxford, London, 1990. This essay is a fusion of two papers published in 1962 and 1964. See, also, Rolf Schock, *Logics Without Existence Assumptions*, Almqvist & Wiksells, Uppsala, 1968; David Kaplan, 'What is Russell's Theory of Descriptions?' in *Physics, Logic and History* (Eds. W. Yourgrau et. al.), Plenum, New York, 1970; and Dana Scott, 'Existence and Description in Formal Logic', in *Bertrand Russell: Philosopher of the Century* (Ed. R. Schoenman), Allen & Unwin, London, 1967.
[12] Such a change in the proof theory of the underlying predicate logic requires concommitant changes in the model theory. There are many well known ways to develop the semantics for free logic. These include the inner domain-outer domain approach developed initially and independently by Lambert, Belnap and Leblanc and Thomason, and the supervaluational approach invented by van Fraassen and refined by Bencivenga. There are also several different semantical treatments in the literature of free description

theory, all of them including at least *A6*, the fundamental principle of any free theory of definite descriptions.

[13] This way of demarcating approaches to free logic differs slightly from past definitions because the current definition of a positive free logic entertains the possibility that all simple statements containing at least one singular term can be truthvalueless, a position adopted only by Skyrms and Smiley, to my knowledge.

Department of Philosophy
University of California at Irvine
Irvine, CA 92717
U.S.A.

RICHARD CREATH

EVERY DOGMA HAS ITS DAY

ABSTRACT. This paper is a reexamination of "Two Dogmas . . ." in the light of Quine's ongoing debate with Carnap over analyticity. It shows, first, that 'analytic' is a technical term within Carnap's epistemology. As such it is intelligible, and Carnap's position can meet Quine's objections. Second, it shows that the core of Quine's objection is that he (Quine) has an alternative epistemology to advance, one which *appears* to make no room for analyticity. Finally, the paper shows that Quine's alternative epistemology is itself open to very serious objections. Quine is not thereby refuted, but neither can Carnap's analyticity be dismissed as dogma.

The storm hit more fiercely than had been predicted. In fact, the train on which W. V. Quine rode stopped unexpectedly for more than five hours. It was December 1950, and Quine was on his way to Toronto to give a paper before the A.P.A.[1] The storm that delayed the train was indeed severe but nothing like the storm that Quine's own paper was to cause over the next decade.

In a sense Quine had been preparing this paper for over ten years. At first he had been merely uneasy about a contrast, known as the analytic-synthetic distinction. Philosophers had been drawing this contrast for centuries, and it had become the cornerstone of the work of his friend and teacher Rudolf Carnap. It would be effrontery to reject such a venerable tradition, and yet his doubts had grown even as Carnap argued tirelessly that there was no need for doubt. In 1947 Quine concluded that no answer to his worries would be forthcoming, but still he hesitated to publish. By 1950 the issue was being widely and increasingly publicly discussed. Quine had started the controversy, and it was time for him to speak for the record. His remarks that December day were entitled "Two Dogmas of Empiricism".[2] When his last syllables had faded, the gauntlet was down, and analytic philosophy had taken a decisive turn.

The present paper is chiefly a reexamination of "Two Dogmas . . ." and of the issues surrounding it in the context of Quine's ongoing debate with Carnap over analyticity.[3] I shall argue for three chief theses: The first of these is that analyticity is a technical notion within

Erkenntnis **35**: 347–389, 1991.
© 1991 *Kluwer Academic Publishers. Printed in the Netherlands.*

Carnap's epistemology. It cannot be understood without understanding that theory of knowledge, and given the viability of that epistemology, the intelligibility of analyticity is not seriously in question. It is not so much that Quine's arguments against analyticity per se can be dismissed – not at all; rather it is that his objections can be met. My second thesis is that this does not leave "Two Dogmas . . ." without interest. What makes it extremely interesting (and what forms the real core of Quine's most powerful objection to Carnap's notion of analyticity) is that the second half of "Two Dogmas . . ." sketches an epistemology which is a rival to Carnap's and which apparently involves no such notion as analyticity. Thus, in its strongest form Quine's argument against Carnap is a dispensability argument. My third and final thesis is that Quine's alternative epistemology is itself open to serious objections. These objections if sustained undermine both the general viability of Quine's epistemology and its ability wholly to avoid analyticity and related notions. I shall not claim to have refuted Quine, but I will have shown why it is perhaps unwise to believe that by January 1951 the Carnap–Quine debate was all over but the shouting. Indeed, it is highly unlikely that the fundamental issues have been resolved even forty years later. Before we look at "Two Dogmas . . ." directly, however, we must reflect on a simple epistemic problem that underlies Carnap's talk of analyticity.

1. CARNAP'S EPISTEMIC VIEW

Usually when we are asked to justify our beliefs we give our reasons. These reasons, which of course are other beliefs of ours, must themselves be justified, and they must stand in the right sort of relation to the belief for which justification was sought. Of these two conditions the former is the relevant one here; if our reasons are themselves unjustified they can offer no support for anything else. But if each reason must have further reasons behind it, we have an infinite regress. Thus, if any beliefs are to be justified, there must be some means of doing so in addition to the having or giving of reasons.

Traditionally, one such means is observation. Philosophers disagree over whether the objects of observation are physical or mental or whatever, but they agree almost unanimously that observation provides some level of support independent of inference or reason giving. But there is also the widespread conviction that observation (even in concert with inference) is not enough. For some beliefs, such as those of arithmetic or logic, the evidence of our senses seems largely irrelevant. For some epistemic beliefs, e.g., the belief that observation is to be trusted, an observational justification smacks of circularity. Finally, there are still other beliefs for which observational justification seems possible but insufficient. Thus, for example, a belief that nothing is both red and green all over at the same time may be partially justified by observing many things none of which is simultaneously red and green all over. But generally we suppose ourselves to be far more justified in this belief than such observational instances can account for.

If we are not to give up our pretensions to have reasonable beliefs, something must be added to observation and inference which provides the requisite justification. But what? A classical answer to this goes back to Kant and Descartes and beyond them to the Greeks and has dominated serious philosophers down to and including Frege and (sometimes) Russell. That answer can be given in a single word: 'intuition'. On this view we have direct metaphysical insight into a domain of truths independent of ourselves. This is how we know the axioms of arithmetic, geometry, logic, and so on as well as how we know the true essences of things and any other necessary truth that we think we know. This doctrine of intuition, however, is a scandal. Intuitions notoriously differ, and there is no plausible way of resolving these differences. For that matter there is no plausible account of why intuitions should be right even where intuitions agree. For a long time Euclidian geometry was routinely justified on the basis of universally accepted intuition, until in the nineteenth century it was revealed that this universality resulted from no more than a failure of imagination. I can well appreciate that this, in the absence of an alternative, would drive someone to appeal to intuition. That, however, must not hide the fact that such an appeal is an act of desperation.

Against this background, Carnap's epistemological suggestions are particularly welcome. Carnap pointed out that the supposed deliverances of intuition could be construed instead as implicit definitions of the terms they contained. They are thus truths of our own making. As definitions, these basic claims are matters of convention which is to say that we could have chosen other claims as basic and that there is no epistemic reason for making one choice rather than another. (Indeed, since for Carnap the choices at issue implicitly define the terms of epistemic appraisal, it is hard to see how there could be non-question begging epistemic reasons for one choice over another.) It is true, however, that some choices are simpler or more convenient or more useful than others. These are questions of pragmatic utility, not of truth, and in order to proceed, one need not establish in advance that one's choice of a basis has any specific level of pragmatic utility.

Given an epistemology of the above sort, i.e., given a specific conventional selection of basic assumptions and principles of inference, the truth of a great many other claims is thereby decided. These are the analytic claims. Another way of putting this would be to say that these are the claims which are conclusively confirmed, via the principles of inference, from the basic assumptions alone. 'Analytic' is therefore a term within Carnap's epistemic theory, and definitions could likewise be provided within this epistemology for each term from the so-called theory of meaning.

There are a great many questions one can raise against Carnap's general epistemology, and investigating the extent to which they can be answered would be instructive. For our purposes, however, that need not detain us. Whatever the fate of Carnap's program, I am inclined to think that it is clearly superior to the classical strategy of taking intuition as epistemically fundamental. Again, I need not make that argument here. The doctrine that some claims are analytic forms an integral part of Carnap's epistemology, indeed 'analytic' is a technical term within that epistemology. That epistemology seems completely intelligible and it is certainly a not implausible response to a very real difficulty of the classical strategy. The upshot of this is that anyone who proposes to abandon the notion of analyticity must likewise find some alternative solution to the epistemic problems posed by intuition.

Later on I shall argue that what makes "Two Dogmas . . ." command our attention is precisely that it does suggest an alternative solution of these very epistemic problems. That claim, however, will appear as the outcome of a thorough investigation of "Two Dogmas . . ." and of the arguments in and around it. As is well known, Quine finds the very notion of analyticity unintelligible. In "Two Dogmas . . ." Quine sets out the reasons why he finds it so and how he proposes to replace it. For our purposes Quine's paper may be divided into four segments. The first of these (comprising Quine's Sections I–III) is an inductive argument for the claim that analyticity is unclear and no clarifying analysis is available for analyticity which does not, in the course of that analysis, appeal to notions at least as problematic as analyticity itself.

In the second segment (Quine's Section IV) Quine argues that an appeal to artificial languages à la Carnap is of no avail in providing any understanding of analyticity. In the third segment (Section V) Quine examines and rejects a verificationist theory of meaning. The fourth and final segment ("Empiricism Without the Dogmas") contains Quine's positive alternative to the epistemology that he rejects. We shall focus on each of these segments in turn, touching somewhat on the secondary literature as we go.

2. "TWO DOGMAS . . .": SEGMENT ONE

In the first segment of "Two Dogmas . . ." Quine repeats an argument that he had made many years before.[4] According to this argument, while 'analytic' can be satisfactorily defined with the help of any one of a family of other terms taken from what Quine calls the theory of meaning, none of these terms is sufficiently clear to be included in the language of science. These other terms include 'meaning', 'synonymy', 'self-contradictory', 'semantical rule', and 'is defined as'. Nor does Quine rely here on a merely intuitive criterion of intelligibility, one which would allow him to reject any term as senseless insofar as it could be used to define 'analytic'. Ironically, Quine is using, though he does not say so explicitly, the same standard that Carnap was employing for descriptive terms in empirical science. That is to say that he demands that a sufficient criterion of the term's use be given in observational terms (and for Quine this means physical or behavioral terms) as would allow a field linguist not only to describe some natural language under study but also to confirm hypotheses containing the term. Whether or not this standard of intelligibility is appropriate, Carnap is hardly in a position to object to it.

Now Quine's argument is plainly inductive in form, i.e., he considers a number of candidate definitions of 'analytic', discovers that each makes use of terms equally problematic, and concludes that probably every definition of 'analytic' will prove to be unacceptable. The strength of such an argument depends on whether Quine has tested all or at least the most likely definitions that were available to him, and in fairness it must be admitted that he has. Even if someone should later devise acceptable definitions for terms in the theory of meaning, Quine's argument is reasonable as of the date of "Two Dogmas . . ." and squarely puts the burden of proof on his opponents. It should also be noted that Quine had for ten years been challenging Carnap privately to define 'analytic' behavioristically, and for ten years Carnap had not done so. The evidence now suggests that either Carnap had not understood the challenge or he had denied that meeting it was appropriate. Not unreasonably, Quine supposed that Carnap was not able to satisfy him. In any case Quine does explicitly treat Carnap's most recently published explanations of analyticity in terms of state descriptions. These are found to presuppose analyticity, but Quine is happy to concede that the notion of state descriptions was not even intended to illuminate analyticity but rather to clarify probability and induction instead.

While there is nothing wrong in principle with the sort of inductive argument Quine makes, it does need to be examined quite carefully. Before we do that, however, we need to note a few related remarks that Quine makes in passing. First, Quine distinguishes between logical truths, exemplified by 'No unmarried man is married' and a second class of analytic truths, exemplified by 'No bachelor is married'. Quine's objections are directed only to this second class. If this suggests that Quine accepts Carnap's story about the nature of logical truth, then this is misleading. But Quine does think that in contradistinction to the second class of analytic truths, the class of logical truths can be delimited satisfactorily and that the phrase 'logical truth' is intelligible. Quine's claim here remains somewhat problematic, however. This is because Quine's way of delimiting the logical truths is by providing a list of logical particles and letting a logical truth be "... a statement which is true and remains true under all reinterpretations of its components other than the logical particles".[5] Unfortunately, this is vulnerable to the same argument that Quine would use a few pages later against the notion of semantical rules, viz. that they are distinguishable apparently only by the fact that they appear on a page under the heading 'Logical Particles'. Correspondingly, Carnap's definition[6] of 'logical expression' does not fare any better. It presupposes other notions more or less equivalent to analyticity (Carnap is under no illusions here either), but the definition fails for (probably irremediable) technical reasons. The obvious fallback position for both Carnap and Quine is to drop the distinction between the first and second classes of analytic claims and concentrate instead on whether analyticity in the broader sense itself can be clarified.

As a final step before assessing Quine's argument in the first segment of "Two Dogmas . . .", we may make a few remarks about Quine's discussion of definition. Some find in definition the key to synonymy and would cite as their evidence the existence of dictionaries. There must be synonymies: lexicographers have found them. This, as Quine correctly points out, presupposes synonymy without explaining it. Even so, would not the fact that lexicography thrives as an empirical science show that there are synonymies and that at least someone knows how to discover them? Quine has an answer for this, though he does not pause in "Two Dogmas . . ." to give it. The mistake is to think that the only task of the lexicographer is to report synonymies. In fact a dictionary entry may contain any bit of news that its writer reasonably thinks will instruct the uninitiated into the linguistic ways of the community. That might include a recondite fact, a bit of theory, an extentional equivalent, or a motley collection of all three. An appeal to dictionaries proves little.

There is another form of definition of which Quine does approve. That is ". . . the explicitly conventional introduction of novel notation for the purposes of sheer abbreviation".[7] Here Quine concedes that the abbreviation really is synonymous with what it abbreviates. This has led some, most notably Grice and Strawson, to think that Quine is being incoherent. They say:

> Now if we are to take these words of Quine seriously, then his position *as a whole* is incoherent. It is like the position of a man to whom we are trying to explain, say, the idea of one thing fitting into another thing, or two things fitting together, and who says: "I can understand what it means to say that one thing fits into another, or that two things fit together, in the case where one was specially made to fit the other, but I cannot understand what it means to say this in any other case".[8]

Perhaps Quine's words on this point are infelicitous, but his intent is clear enough. What Quine finds acceptable is the claim that because there is in this case an explicit act of defining which begins with an expression not previously used, the resulting equivalence between definiens and definiendum is true by definition. The result is not a special kind of truth, to be called truth by definition. Rather the expression 'true by definition' records merely a passing historical fact about how that sentence, the equivalence, became true. But for terms naturally occurring in ordinary languages there are no explicit acts of definition, and the terms in question are confined by prior usage. The very features which allow us to say of the results of explicitly conventional introduction of novel notations that they are true by definition are unavailable in the standard cases in natural languages.

One other part of Quine's discussion of definitions concerns explication. Here, Quine holds, synonymy is still presupposed between the object of and the result of explication, at least on a context by context basis. Quine's treatment of explication is sufficiently different from Carnap's, however, that we shall postpone any further discussion of explication to Section IV.

Having defended Quine against a number of common objections, we may now turn to what is perhaps the most powerful criticism of segment one in all the published literature. That is contained in "In Defense of a Dogma" by H. P. Grice and P. F. Strawson. We cannot do better than to quote their succinct rebuttal:

> . . . those who use the terms "analytic" and "synthetic" do to a very considerable extent agree in the applications they make of them. They apply the term "analytic" to more or less the same cases, withhold it from more or less the same cases, and hesitate over more or less the same cases. This agreement extends not only to cases which they have been *taught* so to characterize, but to new cases. In short, "analytic" and "synthetic" have a more or less established philosophical *use*; and this seems to suggest that it is absurd, even senseless, to say that there is no such distinction. For, in general, if a pair of contrasting expressions are habitually and generally used in application to the same cases, *where these cases do not form a closed list*, this is a sufficient condition for saying that there are *kinds* of cases to which the expressions apply; and nothing more is needed for them to mark a distinction.[9]

Not only does 'analytic' have an established philosophic use, but other terms interdefinable with it have an established ordinary use. That, in the opinion of Grice and Strawson settles the matter: there *is* an analytic-synthetic distinction. They recognize, of course, that this does not preclude the possibility that philosophers have misunderstood what that distinction is; their claim is only that there is some such distinction.

This is a very powerful argument. If Quine denied that there is any distinction between black and white because we have, or at least had, no further account of it this would be no worse than denying the analytic-synthetic distinction. The argument would have been a lot more powerful, however, if Grice and Strawson could actually have supplied the demanded analysis rather than arguing merely that there must be a distinction.

Even granting that 'analytic' has a recognized use, Quine would still have a certain amount of maneuvering room. 'Absolute motion' has a recognized use too. But if, with Leibniz, we decide that what prompts individual attributions of 'is really moving' are merely things in relative motion, then we should hardly conclude that there really is absolute motion but it turns out to be relative. Or to vary the figure, the expression 'pursued by demons' might have a recognized use even if the story of demons in which it was embedded were utterly incoherent. Must we therefore say that some things are indeed pursued by demons? I think not.

Though the Grice–Strawson argument is obviously not conclusive, what that argument does do is to put the burden of proof onto Quine. Quine must do more than argue that the analytic-synthetic distinction has been drawn only inadequately. He must also account for usage in a way that makes no appeal to the existing analytic-synthetic distinction or to anything sufficiently analogous to it that Carnap could say that that is what he had in mind.

Quine thinks he *can* account for familiar uses of the word 'analytic'. For him the sentences picked out by philosophers as analytic are simply those which are more deeply entrenched, more likely to be retained in the face of recalcitrant evidence. This makes the distinction a matter of degree, and there are no sentences which are utterly immune to revision. Even more crucial, given a fully interpreted language, it is still rather arbitrary which sentences of that language are retained when it comes time to revise. This account needs to be fleshed out, of course, and we will examine it in more detail when we look at the final segment of "Two Dogmas . . .". But it would seem that Quine would be right in thinking that neither Carnap nor anyone else in the tradition would recognize anything in this account as their analytic-synthetic distinction. Whether Quine's story provides a satisfactory account of the relevant linguistic behavior and hence a sufficient answer to Grice and Strawson remains to be seen.

We should also note in passing that Grice and Strawson also have a (weaker) subsidiary argument to the effect that Quine's standards of clarification are inappropriate. I touched on the issue earlier in arguing that Quine's standards can be interpreted as Carnap's own standards for the descriptive terms of science. Thus, even if Quine's demands are illegitimate, Carnap is in no position to say so. The topic will, however, return for closer discussion in our Section 4.

Before we abandon the first segment of Quine's argument, however, we need to ask ourselves: when Quine was looking for a clarification of analyticity, was he looking in the right place? I suspect not. The first thing that Quine notices about those analytic claims which are not logical truths is that they become logical truths by substituting synonyms for synonyms.[10] He then proceeds to scout synonymy to see whether it can itself be clarified. Specifically, he asks whether synonymy might not be defined as interchangeability *salva veritate*. This does not work if we consider occurrences of expressions within quotations or within single words. Such worries, however, Quine promptly and correctly dismisses. By way of clearing away further underbrush, Quine points out that we are after a notion of cognitive synonymy, not with synonymy in the sense of complete identity of psychological associations. Moreover, we need synonymy only in a broad sense, because a narrower sense can be derived from that via Carnap's notion of intensional isomorphism.[11] Whether interchangeability *salva veritate* will work for the purpose at hand depends on what resources the rest of the language contains. If the language contains a necessity operator, then interchangeability *salva veritate* provides a satisfactory criterion for the broad sense of synonymy and ultimately of analyticity. On the other hand, Quine finds necessity operators unacceptable because they are at least as unclear and in precisely the same ways as analyticity. Furthermore, in languages which lack intensional operators, such as the standard first order predicate calculus, interchangeability *salva veritate* is no guarantee of cognitive synonymy.

Earlier, however, we saw that Carnap's 'analytic' was a technical term in his epistemology. Surely, therefore, if we are to find any satisfactory clarification of analyticity and synonymy, then that must come within the context of an epistemic discussion. For an analysis of synonymy, then, why not look to interchangeability *salva confirmatione* rather than *veritate*? For Carnap, sentences, i.e., beliefs of that sentential form, may be confirmed in two ways: observationally and inferentially. Observational beliefs are justified by the extra-linguistic circumstances which properly provoke them. In his later writings Quine was prepared to concede that some notion of stimulus meaning was not only intelligible but also plausibly captured the desired sense of cognitive meaning for observation sentences. But Carnap does not stop there. For him any satisfactory theory of confirmation also concerns inference. This part of the story would be an inductive logic, that is a theory that says which non-deductive arguments do indeed support their conclusions and to what degree. Thus, interchangeability *salva confirmatione* concerns substitutions not only among extra-linguistic contexts but also among argumentative contexts. For example, 'griffin' and 'unicorn' are generally thought to be coextensive but to have different intensions. Even if we concede what is doubtful, that 'There is a griffin before me' and 'There is a unicorn before me' are confirmed by the same observations (because neither is in fact confirmed by any experience), they are not confirmed or infirmed by the same inductive arguments. The statement 'There is before me a creature which is white, equine, and attracts virgins' supports, however modestly, the statement 'There is a unicorn before me'. If we replace 'unicorn' with 'griffin', the inductive support vanishes. Plainly, this strategy allows us at least to make finer discriminations among expressions than would be allowed by comparisons among extensions alone.

Other terms from the theory of meaning also lend themselves to epistemic analyses. Entailment as a relation between sentences might, as a first approximation, be rendered as follows:

> A *entails* B $=_{\text{df}}$ nothing confirms A save what confirms B at least as much.

There is a great deal more to be said on this topic, and, of course, even the broad outlines of Carnap's theory of confirmation can be challenged. Nonetheless, it provides a promising line of inquiry on analyticity.

Importantly, the strategy also suggests how to tie the theory of meaning back to behavioral criteria. We can watch how people argue; we can see what they take to be arguments and how strong they take those arguments to be. The linguists' task here will be to produce what is, of course, a reconstruction just as it is the grammarians' task to reconstruct sentencehood or the linguists' task to reconstruct assertion. In such a reconstruction one can even distinguish behaviorally between a direct consequence relation and a more general consequence relation on the basis of how complicated or obvious a given inference is taken to be. Indeed, there might even be hope for distinguishing between 'All As are Bs' invoked as a meaning postulate and the same words invoked as empirical doctrine by tracing back how the claim is typically justified. Of course, in the case of 'All unicorns are equine' inductive support is unlikely.

It would be ludicrous to suppose that these sketches are the final word on analyzing analyticity, much less on general epistemology. But they do point to a strategy that there is reason to suppose that Carnap might have favored and which Quine might have addressed. Moreover, it would be well to keep this strategy in mind as we turn our attention to the second, third and fourth segments of "Two Dogmas . . .".

In the present section, however, we have examined Quine's initial challenge to the intelligibility of Carnap's notion of analyticity. While the result is generally a defense of Carnap, there is much to be said for Quine. I conceded that the boundary between logical truths and analytic truths more generally probably cannot be drawn in any philosophically interesting way. Furthermore, the form of Quine's argument is a perfectly legitimate induction from the failure of known analyses of 'analytic'. He has examined most of the available analyses, certainly all that he can reasonably be expected to have done. The idea that inductive arguments are never conclusive is no objection at all. In addition, facile attempts to defeat Quine by appeals to lexicography or ordinary usage simply fail. Finally, and perhaps most importantly, while the legitimacy of Quine's demands on analyticity can themselves be challenged (and were, as we shall see, by Carnap among many others), we concluded that those demands were reasonable. They could be translated into Carnap's own terms in such a way that he would have, or at least should have, accepted them as both reasonable and important. Even conceding all of this to Quine, however, when we looked at the epistemic construal of analyticity, we saw that Quine's demands could, indeed, be met. One can break into the family of terms from the theory of meaning in two ways: A broad notion of synonymy can be defined via interchangeable *salva confirmatione*, and sentential entailment can be defined via confirmation.

3. "TWO DOGMAS . . .": SEGMENT TWO

Quine inserts near the beginning of his Section 4 a one paragraph argument that I shall quote in full:

> I do not know whether the statement 'Everything green is extended' is analytic. Now does my indecision over this example really betray an incomplete understanding, an incomplete grasp of the "meanings", of 'green' and 'extended'? I think not. The trouble is not with 'green' or 'extended', but with 'analytic'.[12]

This is not Quine's finest argument, but it is separate from the main body of Quine's discussion here. We shall return to it in our next section.

The above argument aside, what Quine is trying to show in segment two is that the difficulties in drawing the analytic-synthetic distinction outlined in segment one apply equally against the kind of artificial languages that Carnap was constructing. The difficulties do not arise from the vagueness of ordinary language and they are not removed when we have a precise artificial language with explicit semantical rules. Quine is quite clear about what it is he wants: he wants an analysis of 'statement S is analytic for language L' where 'S' and 'L' are variables. Why it is so important for him to have 'L' as a variable in the analysis will emerge in a moment. In any case Quine is reasonably candid in suggesting that the only way to satisfy his demand is by sketching the mental or behavioral or cultural features relevant to analyticity.

Quine then turns to Carnap to see whether he can provide any understanding of artificial languages or of semantical rules. Carnap's semantical rules take many forms; Quine considers four. First, the semantical rules might be a specification, recursive or otherwise, of which sentences in some artificial language L_0 are analytic. Here the rules contain the word 'analytic' which we do not understand. We can grasp with complete clarity which sentences of this language are being called analytic while being none the wiser about what is being attributed to them. Second, the semantical rules might be a wholly "...conventional definition of a new simple symbol 'analytic-for-L_0', which might better be written untendentiously as 'K' so as not to seem to throw light on the interesting word 'analytic'".[13] Indeed, this ploy throws no more light on 'analytic' than a definition of 'concatenation' provides information on cats. Even when our attention is restricted to artificial languages we are no nearer an analysis of 'S is analytic in L' for variables 'S' and 'L'. On a third interpretation of semantical rules they simply specify some class of sentences of the language as true. Here, of course, it is 'semantical rule' which remains unexplained instead of 'analytic', and the semantical rules are distinguishable only by the fact that they appear on a page under the heading 'Semantical Rules'. Fourth and finally, we might think of the semantical rules as rules of translation from the artificial language into an ordinary language. Here the analytic sentences of the artificial language would be those whose translations are analytic sentences in the ordinary language. Obviously this gets us nowhere.

In order to see both why Quine insists on an analysis of 'analytic for L' for variable 'L' and why Carnap ultimately resists this, an analogy with geometry is apt. The analogy will allow us to put Quine's demand into Carnap's vocabulary. Carnap distinguished between pure and descriptive geometry. This is the analog, not of the distinction between artificial and natural languages, but of the distinction between an artificial language and an empirical theory of a natural language. For Carnap a pure geometry is not a theory of the space around us but a conventional construction. Its claims are analytic, even true by convention, for its axioms amount to an implicit definition of the terms they contain. Thus, apparently conflicting pure geometries do not really conflict; they simply use terms differently. In order to turn a pure geometry into a descriptive geometry the implicit (partial) definition provided by the axioms must be supplemented or replaced by correspondence rules. These rules might provide empirically specifiable conditions under which certain metrical claims hold true or perhaps equivalently specify that certain empirically identifiable structures such as light rays are among the referents of certain geometrical terms such as 'line segment'. When this empirical interpretation is provided the geometries are genuinely about the space around us, and at most one of a pair of conflicting geometries is true. For Carnap a term is empirically meaningless unless there are sufficient correspondence rules for the language so that sentences containing that term can be empirically confirmed. This renders the expressions of a pure geometry as empirically meaningless, but this result is acceptable to Carnap because the sentences of a pure geometry are analytic and hence need no empirical confirmation. Though empirically meaningless, those terms are still cognitively significant since they have a place in the overall epistemic structure.

Quine, on the other hand, denies of those geometries called pure that they are true by convention. Rather, when empirical considerations are not at issue the geometries are conventionally considered as true by non-convention. If even pure geometries are to be geometries at all there must be at least waiting in the wings what Carnap called correspondence rules. Without them we would be left with pure mathematical structures but not with geometries. In the analogous case of constructing artificial languages, an enterprise that Carnap appropriately calls pure semantics, if there is no possibility of correspondence rules that tie the terms (such as 'analytic') to actual practice then we would again be dealing with pure mathematical structures and not with languages at all. Carnap would still insist that the terms of a pure mathematical structure are completely intelligible, and that may be. But even Carnap would have to admit that if there were no possibility for correspondence rules to be added to pure geometries then those geometries would lose their point. Similarly, if there were no possibility for correspondence rules to be added to a pure semantics then that semantics would lose its point. Without implicit correspondence rules anything could count as a semantical rule. Surely Carnap would have been underwhelmed if a logically minded Heidegger had announced that henceforth he planned to take 'Anxiety reveals the nothing' and 'Nothing noths' as semantical rules. If I am correct in this assessment, then Quine's demands on artificial languages are utterly intelligible and legitimate even within Carnap's own framework. Whatever the final outcome, as we found in the previous section, Quine's demands are worth defending.

When Quine reprinted "Two Dogmas . . ." in *From a Logical Point of View* he added a paragraph[14] to this segment of the paper. He notes there that the paragraph was prompted by a paper[15] by R. M. Martin, but it is hard to see how or in what sense the paragraph is a response to Martin. The paragraph treats of postulates and semantical rules; Martin considers only the latter. Moreover, what Quine says there about semantical rules is not obviously a reply to what Martin says about them. Martin claims that semantical rules are either definitions or semantical axioms in the metalanguage. If in Quine's judgement he had already discussed definitions sufficiently, and if the notions of axiom and postulate were for present purposes interchangeable, then Quine's new paragraph would be plausible as a response to Martin.

In any case what Quine says is that postulates and semantical rules are analogous. Given any notation, mathematical or otherwise and understood as well as you like, who can say which of its true sentences rank as postulates; you might as well ask which points in Ohio are starting points. Any might be. The word 'postulate' is significant only with respect to an act of inquiry; the expression 'semantical rule' is significant only with respect to an ". . . enterprise of schooling unconversant persons in sufficient conditions for truth of statements of some natural or artificial language L".[16] No class of truths is intrinsically more a postulate or semantical rule than any other.

Assessing what Quine says here really depends on what one takes epistemology to be. If it is concerned solely with the historical question of what generated our various beliefs, then it suggests no enduring mark upon the beliefs thus initiated. If, however, its focus lies on the relations of justification which *sustain* reasonable belief, then perhaps we may speak of something enduring beyond the original act of inquiry. Within a given language community the standards of justification are presumably publicly promulgated, and there is presumably some general agreement as to what constitutes an argument and how strong it is. Given those standards of argument there may be a matter of fact about what sustains a given belief of a given person. Not all axiomatizations of a given body of doctrine and not all derivations of that doctrine from a given set of axioms are equally good at representing these facts about the epistemic interrelation of beliefs.

Historically, there are two reactions to the second segment of Quine's paper that must be discussed here. One is the paper "On 'Analytic'" by R. M. Martin mentioned above, and the other is a response by Carnap that he never published. Martin gives a number of arguments against Quine, one of which will be considered here and one (concerning explication) which will be treated when we look at the Carnap piece because the argument is developed more fully there. The one argument of Martin's that we will examine here is a very powerful one, and it can be stated very briefly. Martin does so. After quoting Quine's remark that the problem of defining 'analytic for L' for variable 'L' retains its stubbornness even where 'L' is restricted to artificial languages, Martin says:

> Indeed, one agrees with this statement. But the problem of making sense of the idiom 'S is *true* in L', for variable 'S' and for 'L' ranging over all formalized languages, also retains its stubbornness, and in fact is unsolved. Tarski's method of truth definition, in *Der Wahrheitsbegriff*, for example, is inapplicable to systems based upon simplified type theory or upon the Zermelo set theory (unless transfinite types are allowed in the metalanguage). And when the truth definitions for such languages are given, the methods are sufficiently different from those used for defining 'truth' as applied to weaker language systems that it is by no means clear that both kinds of definition are mere instances of a general definition of 'S is true in L', for variable 'S' and variable 'L'.[17]

The form of Martin's argument is clear: Quine objects to 'analytic' on grounds that are equally applicable if at all to 'true'. But Quine recognizes that such demands are unreasonable in the case of truth, so they are equally unreasonable in the case of analyticity. It is a *tu quoque* argument.

And there is evidence that Quine was stung by it. Martin was teaching at the time at the University of Pennsylvania, as was Quine's good friend Nelson Goodman. Martin's paper was raising considerable doubts in the minds of their colleagues at Pennsylvania. While he was both familiar with and sympathetic to Quine's views, Goodman was sufficiently unsure of exactly what to say in response that he asked for Quine's help. Quine, in turn, sent copies for distribution of a two page memo which began:

Professor Goodman has asked me to make available such views as I may have concerning Professor Martin's defense (*Philosophical Studies*, 1952, pp. 42ff) of the notion of analyticity. Here, in partial fulfillment of that request, are two relevant excerpts from a volume of essays now in preparation.[18]

The volume of essays was *From a Logical Point of View*, and the first of the two excerpts was the paragraph added to "Two Dogmas . . ." and discussed above. The second excerpt was aimed directly at Martin's *tu quoque* argument. The text appeared in slightly modified form in the final printing so I will quote this part of the memo in full:

Tarski's well-known paradigm:

(5) '----' is true if and only if ----

is not a definition, but it serves to endow 'true-in L' with every bit as much clarity, in any particular application, as is enjoyed by the particular statement of L to which we apply it. Attribution of truth in particular to 'Snow is white,' e.g., is every bit as clear to us as attribution of whiteness to snow. In Tarski's technical construction, moreover, we have an explicit general routine for defining truth-in-L for individual languages L which conform to a certain standard pattern and are well specified in point of vocabulary. We have indeed no similar single definition of 'true-in-L' for variable 'L'; but what we do have suffices to endow 'true-in-L', even for variable 'L', with a high enough degree of intelligibility so that we are not likely to be averse to using the idiom. No term, of course, is definable except in other terms; and the urgency of the demand for definition is proportional to the obscurity of the term.

See how miserably the notion of analyticity-in-L, characteristic of the theory of meaning, compares with that of truth-in-L. For the former we have no clue comparable in value to (5). Nor have we any systematic routine for constructing definitions of 'analytic-in-L', even for various individual choices of L; definition of 'analytic-in-L' for each L has seemed rather to be a project unto itself. To date the most evident principle of unification, linking analyticity-in-L for one choice of L with analyticity-in-L for another choice of L, is the joint use of the syllables 'analytic'.[19]

The published paper in which a weaker version of the above excerpt appeared, makes plain, however, that the metalanguage containing the truth predicate must contain a name (usually through a device of quotation) of each individual symbol of the object language for which truth is defined. Tarski's own constructions appeal to a notion of satisfaction, while other writers have used a notion of reference. But 'names', 'satisfies', 'refers to', and 'quotation' are terms from or devices of the theory of reference along with 'true'. The fact that a strategy can illuminate the notion of truth by exploiting the resources of the theory of reference is no more surprising or convincing than the fact that the notion of analyticity can be clarified using devices of the theory of meaning. It would seem that Quine is illustrating rather that refuting the parallel that Martin sought to establish between analyticity and truth. Unless reference or satisfaction can be clarified in behavioral or mental or cultural terms, then Quine ought to hesitate over truth as well. Thus, despite the legitimacy of Quine's original demands for clarification of analyticity, Quine is himself open to an objection which he does not satisfactorily resolve.[20]

Does this then vindicate analyticity? I doubt it. Martin's is after all a *tu quoque* argument; it shows only that if Quine's objections to analyticity are taken seriously, then truth is in an equally precarious position. One could easily conclude that both truth and analyticity need further clarification. The various remarks about the epistemic character of analyticity elsewhere in this paper suggest a strategy with respect to that notion. Similarly, those who favor a causal theory of reference, or a correspondence theory of truth (though, of course, correspondence needs clarification too), or even a theory of truth in terms of warranted assertability in the long run can all be seen as addressing this kind of demand for clarification in the case of truth.

5. CARNAP'S REPLY

Carnap would have made no such further demands for truth (and hence not for analyticity either). His inclinations, rather, were much the same as Martin's noted above. In any case, we can find out what Carnap's views were more generally by turning to an unpublished manuscript, "Quine on Analyticity",[21] that he wrote in 1953. Carnap had not gone to that A.P.A. meeting in Toronto in December 1950. In February of 1951, however, Quine gave a paper at a department seminar at Carnap's home institution, the University of Chicago. The paper was entitled "Ontology and Analyticity",[22] and as that title suggests it came in two parts. The first of these was later published as "On Carnap's Views on

Ontology".[23] The second part, as Quine candidly admitted, was cribbed from "Two Dogmas . . .". Indeed, virtually all of the argument of "Two Dogmas . . ." is in that second part. Apparently Carnap responded vigorously in the seminar (and we have both Carnap's marginal notes on "Ontology and Analyticity" as well as Carnap's "Quine on Analyticity" to corroborate this) for when Quine returned to Harvard he wrote to Carnap conceding some of the central arguments that Carnap had made and urging Carnap to publish a reply.[24] No such reply was published, but presumably it was for that purpose that Carnap drafted "Quine on Analyticity". I shall spend here a substantial amount of time looking at this paper, in part because it has never been published, and also because a fair number of philosophers assume that Carnap published no reply to "Two Dogmas . . ." for the simple reason that he had nothing to say in response to Quine's criticisms. Such philosophers are, of course, mistaken.

In a way, Carnap's whole answer can be summarized in a single word: 'explication'. Quine, he thinks, has misunderstood what explication is and what it does and what demands can reasonably be placed upon it. In brief, Carnap's argument is as follows: Quine has underestimated the vagueness of ordinary language. Consequently he has misunderstood the character of semantical rules, the very devices which are designed to remedy that vagueness. Semantical rules are neither assertions nor the introduction of novel terminology; instead, they are explications. Two kinds of worries about explication are legitimate in principle. One can challenge the product of explication or its object, i.e., the ordinary concept to be explicated. Whichever Quine is doing, his worries are unfounded, inappropriate, or resolvable. Finally, Quine has misunderstood the tie between analyticity and the supposed unrevisability of belief.

Ordinary language, i.e., a historically given natural language, is vague, not just about meaning, synonymy, analyticity, and the like, but in almost every way.[25] Faced with such vagueness, we may wish to clarify matters in one or more respects. This process of clarification Carnap calls explication. As Carnap practices it, explication is not undertaken for the theoretical convenience of empirical linguists. The project is aimed, not at allowing linguists to describe their subject matter more compactly, but rather at aiding the ordinary speakers of ordinary language to replace the inefficient vague notions at their disposal with more useful precise notions. Explications are, therefore, proposals for the refinement of language, not mirrors of the way it currently is. As Carnap put it at the very beginning of his reply:

> It must be emphasized that the concept of analyticity has an exact definition only in the case of a language system, namely a system of semantical rules, not in the case of an ordinary language, because in the latter the words have no clearly defined meaning.[26]

The vagueness of ordinary language is quite pervasive. Should we, for example, call something a mouse if it were just like the mice with which we are familiar but is as large as a cat? Because there are in fact no such animals, the question does not ordinarily arise. Frequently, in ordinary language there is no answer for questions that do not arise or that do so only rarely. One can refine ordinary language in any of several mutually incompatible ways, but in ordinary language itself there is no answer. Similarly in the case of color words; there is no answer to the question of whether 'green' can be applied to a single space-time point. In the seminar paper Quine claimed to know that 'Everything green is extended' is true (He had not made this claim in "Two Dogmas . . ."), but there are no doubt other competent speakers of English who would deny that the claim is true with equal justification. In ordinary life we seldom speak of space-time points. There is, hence, no need for there to be any established practice on the matter. But we may clarify things in any number of alternative ways. Each way of clarifying matters involves laying down appropriate semantical rules and thereby settles the question of whether 'Everything green is extended' is analytic. Speaking of the result of one such clarification Carnap says:

> That is the sentence discussed by Quine, or rather the sentence of the language system which is one of the ordinary translations of the sentence that Quine is talking about from ordinary language. Because of the ambiguity of this latter sentence, one cannot even raise the question of whether it is analytic.[27]

Analyticity is thus relative to a language system (system of semantical rules) and is not well defined for ordinary languages. The clarity required for analyticity to be well defined is an artifact of the explication itself and is not being attributed to the ordinary language.

But as noted above, Quine objects to any appeal to semantical rules. Either, he says, they are assertions that such and such sentences are analytic or they are explicitly conventional definitions of the novel expression 'analytic-for-L_0'. The former uses the expression we do not understand, and the latter throws no light on the familiar and similarly shaped expression. To this Carnap replies:

> Our rules are meant neither in the first nor in the second sense, neither as an assertion nor as a mere nominal definition, which serves as an abbreviation. Their purpose is, rather, the explication of an inexact concept already in current use. The rules denote a certain class (or, as I would prefer to say, a property) of sentences in L_0. This definition, however, is not arbitrary; we advance the claim that the defined concept embraces what philosophers have meant, intuitively but not exactly, when they speak of "analytic sentences" or, more specifically, of "sentences whose truth depends on their meanings alone and is thus independent of the contingency of facts".[28]

Carnap finds Quine's comments frankly obscure on the grounds that it is unclear whether Quine is asking about the elucidation of the ordinary vague concept "analytic" or about the result of explicating it. If Quine means the latter, Carnap just does not understand why Quine finds it unclear. An explication by giving precise semantical rules is the very paradigm of clarity. How much clearer can one get than clarity itself? But

> In case Quine's remarks are meant as a demand to be given one definition applicable to all systems, then such a demand is manifestly unreasonable; it is certainly neither fulfilled nor fulfillable for syntactic and semantic concepts, as Quine knows.[29]

One can almost hear Carnap's exasperation. Here he cites and approves Martin's *tu quoque* argument discussed above.

Hence, he concludes that Quine must be asking about the elucidation of the ordinary inexact concept "analytic". "Naturally", Carnap says, "such an elucidation can be rendered only in terms that are themselves not yet exact".[30] In practice our ordinary concept of analyticity is clear enough for application in many cases but not clear enough for other cases. We accept the exact concept that the semantical rules give us as an explication if we find by comparing it with the ordinary concept that it is sufficiently in accord with this. On this ground Carnap finds that the explications for both logical truth and analyticity are adequate.

These remarks of Carnap's are, of course, a bit sketchy, but he does cite a fuller discussion in *Logical Foundations of Probability* to which we shall return in a moment. In the meantime let us review what Carnap's answer thus far does and does not resolve. For one thing Carnap does have something of an answer to the end of Quine's memo, discussed above, where it is claimed that the only feature that 'analytic-in-L_1', 'analytic-in-L_2', etc. have in common is the joint use of the syllables 'analytic'. What they have in common for Carnap is that they are all explications of the (admittedly vague) ordinary concept "analytic". This answer has bite, of course, only to the extent that the notion of explication does, viz. to the extent that Carnap can spell out what features of ordinary speech an explication is designed to capture and what criteria of adequacy there may be in order for a proposed explication to have succeeded in capturing those features. Carnap has concluded, correctly I think, that this lies at the bottom of Quine's worries. It is unfortunate, therefore, that Carnap's reply itself leaves these matters still much too vague. These questions are treated much more fully in *Logical Foundations of Probability*,[31] and since Carnap specifically cites this work, we must take a bit of a detour to look at it.

Carnap recognizes that the problem of explication is unlike most ordinary scientific problems because in the latter both the datum and the solution are, ideally, formulated in exact terms. In explication, the datum cannot be so formulated; if it were, explication would be superfluous. It follows that there is no clear-cut answer to whether a proposed explication is right or wrong. This does not mean that anything goes. We must still try to formulate the problem to be explicated as clearly as possible. There are all kinds of informal ways of going about this, but we must get clear about the ordinary concept, by whatever informal means, if the enterprise of explication is not to be futile. What we are aiming at in our desire to get practically clear about what a certain person means by a certain term in specified contexts is to be able to predict correctly that person's interpretation for most of the simple, ordinary cases of the use of the term in those contexts. This criterion is rather rough and insufficiently informative, but Carnap does better later on. He gives detailed examples of getting clear about the ordinary meaning of 'salt' and of 'true'.

There may be no exact criteria of adequacy for explications, but Carnap does set down four desiderata for them: similarity to the ordinary concept, exactness, fruitfulness, and simplicity. In general these are context sensitive and interest relative. Of the four desiderata the first is most problematic. Carnap had had troubles with similarity before, so one might have expected him to indicate the respect in which the result of explication is supposed to be similar to the ordinary concept. He does not do that here, but later on he gives some important hints when he says:

Consequently, in order to find out which sense a certain term has for the author, it is often not sufficient to look at his explicit explanations. We should also examine how he uses the term and, especially, how he argues pro or con statements in which the term occurs. And if these two tests are not in good agreement, the latter is more reliable than the first; it gives a better indication of the actual sense of the term for the author, that is, his general habit of using it.[32]

Thus the relevant feature of a term in ordinary language is how it figures in arguments. We might even say that two ordinary expressions have the same meaning if they are intersubstitutable in all contexts *salva confirmatione* where a context is either an argument or an observation with its circumstances.

A very few pages later[33] Carnap distinguishes his own objectivist conception of logic from psychologism. In the process he discusses a view according to which logic is concerned with correct or rational or justified thinking. This view, he says, is really equivalent to his own, and hence he dismisses it. As every elementary logic student knows, however, equivalence is a symmetrical relation. It licenses, not dismissing one side of the equivalence, but using either. And the fact that the view that Carnap would set aside is explicitly normative and epistemic should suggest that Carnap's own (equivalent) conception of logic is likewise normative and epistemic. Remember that for Carnap the word 'logic' is often used so broadly that everything that a philosopher properly does is logic; specifically, a philosopher presents the "logic of science". The logic of science will tell us not only what inferences are acceptable but what statements are observational. This begins to look very much like a sketch of the epistemology with which we began this paper.

Combine all of this with the widely recognized fact that Carnap is a verificationist both in his theory of meaningfulness and in his theory of meaning. (I mean 'verificationism' here in a broad sense, not in the stupidly narrow sense that is sometimes attributed to him.) This puts us in a position to say something more explicit about explication, in particular about the desired similarity between the input and output of the process of explication. The exact concept should be similar to the ordinary concept in the way that the two are used in observation and in inference. This would, in general, have as a byproduct what Goodman calls extensional isomorphism, i.e., broad overlap of extension especially with regard to central cases. Of course, what ordinarily counts as an observational justification and what ordinarily counts as an argument and how strong that argument is taken to be remain vague. This vagueness is no worse in principle than the lexical or grammatical vagueness of ordinary language. And from all these varieties of vagueness we can be rescued by explication. An explication is a proposal, in this form an explicit set of syntactic rules, for making precise what Carnap calls a logical structure but which we have just seen he could equally have called an epistemic structure. It is only with respect to a proffered explication that questions of analyticity have for Carnap any definite meaning. I argued in the previous section that the crux of Quine's argument in his second segment was a demand that there be correspondence rules for central terms of the theory of meaning. While Carnap's argument from explication does not explicitly provide such correspondence rules, his remarks go a long way toward showing where they are to be found.

Carnap's reply to Quine contains one final argument, this one directed at Quine's treatment of analytic sentences as those "Which hold come what may" in the way of experience. Quine urges instead that no statement is immune to revision. But, of course, Carnap agrees:

> In my view it is not a feature of the explicandum [ordinary concept] "analyticity" that these statements are sacrosanct, that they never should nor can be revoked in the revision of science . . . . Since in changing the logical structure of a language everything can be changed, even the meaning assigned to the '·' sign, naturally the same sentence (i.e., the same sequence of words or symbols) can be analytic in one system and synthetic in another, which replaces the first at some time.[34]

In short, any statement can be revised, but some of those revisions will count, for Carnap, as changes of meaning. This argument is not intended by Carnap to defeat any of Quine's substantive doctrines but only to warn against the easy but improper slide from 'All statements are revisable' to 'No statements are analytic'.

All in all, Carnap's reply provides an argument against Quine which at first seems distinct from the epistemic construal of analyticity that we have been investigating. This alternative argument is centered on the notion of explication. Even though Carnap's discussion is not sufficiently clear and explicit, a completely defensible view can be extracted from it. Once it is made clear what explication is and what relation it bears to both artificial and natural languages, Carnap's reply is not only compatible with the epistemic construal of analyticity; it coincides with it.

Let us review, then, Quine's argument so far against analyticity and review also the replies to that argument. Quine can be seen as committing himself to three claims. (1) Certain specific standards of adequacy must be met by any legitimate scientific concepts including analyticity. (2) All of the known attempts to show that analyticity meets these demands are unsatisfactory. (3) Therefore, probably, analyticity cannot meet these demands and must be abandoned. Grice and Strawson as well as Martin deny the first of these claims, i.e., they deny that those specific standards are appropriate. Carnap also denies Quine's first claim, but his view is more complicated. Carnap believes that what we have called the first segment of Quine's argument concerns only natural languages and is hence not relevant to his own work on artificial languages. With regard to the second segment of Quine's argument, Carnap seems to think that any demands beyond what his artificial languages obviously meet are unreasonable. In effect, Carnap also denies Quine's first claim (1).

I am inclined, however, to find Quine's first claim acceptable when it is properly understood. So construed it is a demand for sufficient correspondence rules to make theoretical claims involving 'analytic' properly confirmable or disconfirmable. Even for artificial languages there must be the possibility of such correspondence rules.

Regarding Quine's second claim (2), it must be confessed that Carnap did not go far enough in fashioning a convincing answer to Quine. Of course, if Carnap et al. are right in denying (1) then there would be no need to do this. In either case, the pieces of an answer are there in Carnap's work. When we assemble these pieces into the epistemic construal of analyticity, we are in a good position to deny Quine's third claim. A satisfactory general account of analyticity can be given as would unify the term's employment in various artificial languages and would permit the testing of claims concerning natural languages. Thus, as of this point in "Two Dogmas . . .", Quine's arguments against analyticity are less than compelling.

As we shall see, however, Quine goes on to give what he thinks is an argument against a verification theory of meaning as well as an alternative epistemic theory which apparently avoids analyticity. It is the availability and attractiveness of this alternative epistemology which forms Quine's really substantial argument against analyticity.

5. "TWO DOGMAS . . .": SEGMENT THREE

Quine spoke of *two* dogmas, but the second gets rather short shrift. In fact Quine spends over three times as much space on the first (that there is an analytic-synthetic distinction) as he does on the second (the verification theory of meaning, though Quine first calls it reductionism). In general, the secondary literature has followed suit. In any case I believe Quine is now of the opinion that the second dogma is, if anything, the more important. I am inclined to agree, though the reasons will emerge fully only in the sixth section of this discussion.

In any case, Quine begins this segment of his paper by conceding that if the so-called verification theory of meaning can be sustained then analyticity can be saved after all. Given a criterion of statement synonymy, synonymy for linguistic forms more generally can be defined. As noted above, this leads to a definition for 'analytic'. The theory in question is fundamentally a theory of statement synonymy according to which two statements are synonymous just in case they are alike in method of empirical confirmation or infirmation. What this does not say, however, is what those methods of empirical confirmation or infirmation are. This is the real crux of whether the verification theory of meaning is defensible.

"What," Quine asks ". . . is the nature of the relation between a statement and the experiences which contribute to or detract from its confirmation?"[35] Of course, putting the matter in this way, as a relation between statements and experience, is tendentious, for a theory of confirmation, even an empirical one, can involve much more than a relation between statements and experience. That may not matter for the present, however, for what Quine apparently does in this segment is to consider some answers to his question, none of which is Carnap's, and then reject them, not because he has shown them faulty but because he has an alternative of his own to offer.

The first answer that Quine considers is radical reductionism, the view that every meaningful statement is translatable into a statement about immediate experience. One form of this attempts term by term translations as found in the concept empiricism of Locke and Hume. This view holds that all significant terms are names of sense data, compounds of such names or abbreviations thereof. This is

> . . . ambiguous as between sense data as sensory events and sense data as sensory qualities; and it remains vague as to the admissible ways of compounding.[36]

The demand for term-by-term translation can be replaced, more generously, by a demand for translation of statements as wholes into the sense-datum language.

This is essentially the project of Carnap's *Aufbau*. In fact the *Aufbau* attempts term-by-term evaluations more often than sentence by sentence ones. In any case, Carnap begins with an extremely narrow sensory basis but progresses remarkably far. The construction of statements about the physical world is, however, very sketchy. As Quine says

> He explained spatio-temporal point-instants as quadruples of real numbers and envisaged assignment of sense qualities to point-instants according to certain canons. Roughly summarized, the plan was that qualities should be assigned to point-instants in such a way as to achieve the laziest world compatible with our experience. The principle of least action was to be our guide in constructing a world from experience.[37]

The scheme at this point is holistic. It maximizes or minimizes certain global features but provides no indication of how a statement such as, 'Quality q is at point instant x, y, z, t' could ever be translated. Carnap's original narrow sensory language, 'is at' remains an additional primitive notion.

This is certainly an insightful remark on Quine's part, but we need not worry here about how much damage it does, if any, to the *Aufbau*. Rather the question is, assuming that Quine's criticism of the *Aufbau* is sound, what's the point? There are two interpretations, one far more charitable than the other.

The uncharitable interpretation is that Quine's criticism of the *Aufbau*, however perceptive, is simply irrelevant. Carnap, after all, had abandoned the project of the *Aufbau* more than twenty years before "Two Dogmas . . .". Perhaps Quine was simply trying to associate analyticity with a phenomenalism that by 1950 was worse than refuted; it was out of fashion. This possibility is strengthened by Quine's remark[38] shortly after "Two Dogmas . . ." that the analytic-synthetic distinction was just a holdover from phenomenalistic reductionism. Quine does not argue for the association in this latter place either, and even Goodman complained[39] of Quine's guilt by association tactics.

The difficulty with this interpretation is not merely that it is uncharitable; it doesn't ring true either. Quine's words of praise for Carnap and for the *Aufbau* are neither ironic nor insincere. Fortunately, a second, more charitable interpretation is available. Quine's apparent irrelevancy can also be seen as an argument to the effect that even when gifted philosophers set out on a program of term-by-term or even sentence-by-sentence reductions they are forced on occasion to a standard of holistic simplicity. This allows Quine to suggest that holism is the correct response to the failure of reductionism and then to claim Carnap as a precedent into the bargain.

Having thus dispensed with (but hardly argued against) radical reductionism, Quine goes on to suggest that there is another subtle form of reductionism, namely that to each synthetic statement there is associated a unique range of confirmatory sensory events and also a unique range of disconfirming sensory events. Quine does say

> I am impressed also, apart from prefabricated examples of black and white balls in an urn, with how baffling the problem has always been of arriving at any explicit theory of the empirical confirmation of a synthetic statement.[40]

Other than this bit of pessimistic autobiography, Quine gives no hint of an argument against the subtler form of reductionism.[41] Nor does he scout more widely for an answer to his question, "What is the relation between statement and sense experience?" Instead, he presents a very brief sketch of his counter-suggestion that our statements about the external world face the tribunal of experience only collectively. This is presented here so briefly that it must be intended merely as an introduction to the fourth and final segment of "Two Dogmas . . .".

Quine tells us that the two dogmas are at root identical – he is right of course. I have urged all along that Carnap's 'analytic' is a technical term in his epistemology. That epistemology may be ultimately indefensible, but it is at least clear and intelligible enough to be assessed. It is that same epistemology that is or should be at stake in a discussion of the verification theory of meaning. But here Quine offers no argument against (or even discussion of) that epistemology. Instead, the only argument he offers is against a view that Carnap had rejected long before. Quine does introduce an alternative epistemology, but that merely substitutes one dogma for another. That is simply not enough!

6. ON "EMPIRICISM WITHOUT THE DOGMAS"

It is said that life's last great illusion is that we finally have no illusions. Perhaps a philosophy's greatest dogma is to claim it has at last avoided dogma altogether. Even so it is the final segment of "Two Dogmas . . ." which changes the paper from a rhetorically brilliant but ultimately unsound argument against the intelligibility of Carnap's notion of analyticity into what is deservedly one of the landmarks of twentieth century philosophy.

In what follows I shall summarize Quine's doctrine, before getting down to the more serious business of analysis and criticism. In a way the need to summarize is unfortunate, for Quine's prose style here is at its most sparkling. Any condensation loses that charm, but perhaps that is just as well for the purpose of careful analysis.

The totality of our belief, we are told, is a man-made fabric that impinges on experience only along the edges. "Reevaluation of some statements entails reevaluation of others, because of their logical interconnection – the logical laws being in turn simply certain further statements of the system, certain further elements of the field".[42] The total field is so underdetermined by its boundary conditions (experience) that there is much latitude in where to revise. No particular experiences are linked with particular statements in the interior, except through considerations of equilibrium.

From this it is to follow that we cannot speak of the empirical content of any individual statement. It also follows, Quine says, that there is no analytic-synthetic distinction because any statement can be held true come what may if we make drastic enough adjustments elsewhere in the system: we can plead hallucination or amend the logical laws. Likewise, no statement is immune to revision. Nonetheless, some statements about physical objects seem selectively "germane" to certain experiences. This germaneness, however, reflects only the relative likelihood of our choosing one statement rather than another for revision. In those cases where we would reevaluate just the claim that there are brick houses on Elm Street, it is our natural tendency to disturb the total system as little as possible (i.e., our conservatism) that leads us to focus our revisions on just those statements. The statements of physics, logic, or ontology are central in the sense that they have little preferential connection with any particular sense data.

Science is a tool for predicting future experiences on the basis of past ones. All its ontological commitments are posits to further and simplify that end. This is true equally of physical objects, Homer's gods, microscopic objects, forces, classes, and the real numbers. Even so, Quine believes in physical objects and not in Homer's gods and says, ". . . I consider it a scientific error to believe otherwise".[43]

Carnap claims that ontological issues are matters of convenience rather than of fact. Quine agrees but urges the same for all scientific hypotheses. While the question of there being classes seems more a matter of convenience and the question of whether there are brick houses on Elm Street seems more a matter of fact, the difference is one only of degree, degree presumably of centrality, of resistance to change and also of lack of empirical focus. (These co-vary Quine thinks.) The motive forces at work in scientific change are (1) a drive for simplicity and (2) a desire to change as little as possible. This latter principle of conservativism Quine elsewhere calls a "maxim of minimum mutilation." All in all, Carnap's pragmatism is fine; it just doesn't go far enough.

This, then, is the outline of Quine's empiricism, and the contrast with Carnap's empiricism is clear. Quine's alternative gives, not so much a different answer to Carnap's question, but an attractive answer to a *transformed* question. Carnap had asked: what is the source of justification other than observation? He was driven to embrace convention and its byproduct analyticity as a means of avoiding intuition as an answer. Quine, on the other hand, seeks to avoid both intuition and (overt appeals to) convention by dropping the question of the sources of justification and concentrating instead on the question: why do we change our beliefs, and what (global) principles are involved therein? Because Quine's answers to these questions provide an intrinsically attractive rival to Carnap's epistemology, and because Quine's answers apparently involve no appeal to analyticity, Quine's epistemology is the core of his real argument against analyticity. That real argument is a dispensability argument, and it is powerful indeed.

But it does depend on the viability of Quine's alternative epistemology. With that in mind, we now turn our attention to an analysis of and commentary on it. But let me say at the outset that while the commentary will in some cases be vigorous, there is no attempt here to refute Quine's views. I do find some of Quine's views problematic, but I have no doubt that some of those worries can be resolved consistently with Quine's statements and others can be resolved by minor modifications. Instead of refuting Quine, what I hope to do is to illustrate the thesis that the debate over analyticity presents us with a clash of rival epistemologies, each of which is problematic. Whether, in the modification of those epistemologies, there will survive or appear anything that can be called analytic remains to be seen.

There are three themes worth highlighting in Quine's discussion: pragmatism, holism, and naturalism. Of these Quine here embraces only the first by name. Our comments on it can be brief because Quine does not specify what he means by 'pragmatism' and because most of its effects on his system are felt through holism or naturalism. Initially one might think that Quine simply means to extend Carnap's attitude toward conceptual schemes to all the statements of science. This cannot be. Insofar as Carnap's attitude toward conceptual schemes is pragmatic, and it is so from what he calls the external perspective, no questions of truth arise. But Quine has no intention of giving up the notion of truth or of adopting a so-called pragmatic theory of truth. All of this leaves obscure what connection, if any, Quine takes there to be between convenience, on which scientific systems are to be judged, and truth.

The thrust, I take it, of Quine's pragmatism is to alter the style of justification away from the traditional one. On the older model, belief is justified if it is sustained by a chain of reasons back to observation and intuition, or in Carnap's case back to observation and linguistic conventions. In place of this Quine pictures us as beginning in the middle of things with the beliefs we have and then modifying them so as to improve their usefulness. This strategy derives from broadly coherence accounts of justification. The view is rather like subjectivist theories of probability which slide over questions of initial probability values and concentrate instead on how such values are to be rationally modified in the light of the incoming data. That our scientific beliefs are the products of such a system of modification is the only justification that they need or can have. This raises a host of as yet unanswered questions such as whether, with a bizarre enough choice of initial positions, virtually any belief might be justified. (Would not religious belief be useful, e.g., comforting, as well? As Peirce discovered, not every human aim is relevant in assessing science.) Also, in order to prevent superstitions from being justified, as (non-functioning) parts of an overall useful system, demands for economy and simplicity become very important.

That the criterion of alteration is utility dictates that we consider chiefly predictive power and simplicity. These of course are criteria that Carnap accepts, and even on pragmatic grounds. (Is Carnap a rule pragmatist?) This raises the question of how different in practice Quine's system would be from Carnap's if Quine's were spelled out in detail. Even conservatism has its origins in the utility of not having to learn to operate new (conceptual) tools. Note also that the considerations at hand are global. That is, they indicate[44] what features the system as a whole is to have, but do not necessarily indicate any feature for the individual statements of the system taken severally. This then is the pragmatic basis of holism.

The holism that Quine seems to embrace in "Two Dogmas . . ." might be called *radical holism*. On this view it is the totality of our beliefs which meets experience or not at all. Duhem is cited in defense of such a doctrine, but Duhem's arguments support no such extreme view. Duhem showed that generally the scientific views in which we are interested cannot be tested alone, not that there is never any statement that is individually confirmable. Moreover, even if no statement is individually confirmable, radical holism is not thereby secured, for the chunks of theory large enough to be confirmed need not be the totality of our belief.

Setting all that aside, it is difficult to assess simplicity and conservatism as epistemic principles. This is due in part to the fact that simplicity and conservatism are themselves extraordinarily vague notions, at least as vague as analyticity and synonymy. Is Copernicus' curious blend of Aristotelianism and sun worship simpler than the Ptolemaic astronomy it challenged? I don't know and I don't think that the notion of simplicity is clear enough for anyone to know. There have, of course, been attempts, by Goodman and by Sober for example, to clarify the notion, but Quine has yet to embrace any of those clarifications. Worse, it may well turn out that in clarifying those notions we are forced ultimately to appeal to such notions as analyticity and synonymy. Conservatism is no better off. How is conservatism to be measured? I am aware of no plausible answer. Shall we count the claims preserved? Obviously not.

Radical holism, however, suffers from a defect far more serious than the vagueness of its central notions. If it really is only the totality of our belief which meets experience, then all of our beliefs are equally well confirmed by experience. I do not say that they are equally entrenched, that is, that we are equally disposed to give up one as another. I speak only of degree of confirmation or rational degree of belief. Let me illustrate the difference. Suppose I believe that there is intelligent (though as yet undetected) life on Mars just because I have been assured of this by a mesmerizing astronomer who could sell me the Brooklyn Bridge. I might be highly or wholly resistant to giving up this belief, however scantily confirmed by the evidence. Conversely, I may believe that there is a piece of paper before me. It would seem that here I am highly justified in this belief, its degree of confirmation is high, even though the belief might simultaneously be so little entrenched that I am willing to abandon it at the drop of a recalcitrant datum. Once the distinction between confirmation and entrenchment is drawn, however, it seems that Quine has no resources within radical holism for distinguishing those of our beliefs which are well confirmed from those which are badly confirmed. This is calamitous! Of course, some of our beliefs really are better justified than others, and any epistemic theory such as radical holism which precludes giving an account of this fact is seriously defective.

Fortunately for Quine, there is a weaker form of holism, call it *modest holism*, which is ready to hand, and which avoids some of the difficulties of radical holism. It may even be that Quine intended to embrace such a modest holism in "Two Dogmas . . .", for certainly his writing since that paper has tended in that direction. Modest holism holds that it is suitably large chunks rather than the totality of our belief which meet experience. How large are the chunks? Presumably just large enough to entail observationally decidable sentences. In general such chunks will be larger than individual sentences and often larger than individual theories, at least as such things are customarily individuated. The doctrine thus counts as a holism. The doctrine's "modesty" arises because the chunks are smaller than the totality of our belief.

It is true that insofar as modest holism relies on simplicity and conservatism as criteria of theory choice or revision, it is still infected with the vagueness of those notions discussed above. But it is also true that this modest holism avoids some of the difficulties of radical holism. For example, one chunk of belief can be confirmed while another chunk is not, thus breeding differential degrees of confirmation. In addition, chunks can overlap. This allows differential degrees of confirmation even within an individual chunk, for the overlap is confirmed by the evidence for both chunks.

Modest holism also squares better with the arguments of Duhem to which Quine alludes. Duhem shows only that individual hypotheses or even theories generally must be conjoined with auxiliary hypotheses in order to be tested. Modest holism seems custom made for Duhem, but curiously, it also undermines the moral that Quine would draw from Duhem. Quine wants to say, in fact Quine needs to say, that when a composite of a hypothesis H, together with auxiliary hypotheses, conflicts with experience we are equally free to make a revision anywhere we want within the composite. Indeed, he claims that we can protect any part of the composite from revision by making drastic enough revisions elsewhere in the composite. This might be so if deductive consistency with the accepted observational evidence were the only criterion of theory choice. But this is not the only criterion even on Quine's view. If the auxiliary hypotheses are very highly confirmed independently of H (as indeed they can be under modest holism) and H has not been confirmed as yet, then we cannot be *equally* free to make the revision anywhere within the composite. Even conservatism should dictate that within this composite, negative evidence selectively disconfirms H. At this point Quine's whole strategy of insisting that 'analytic' marks no distinction because any statement can be held true come what may begins to unravel. Never mind that the sense given to 'analytic' is not Carnap's; Quine's argument against it is unsuccessful. If we can confirm some claims on the basis of observation and then confirm other claims relative to claims antecedently confirmed, then we can talk of tracing back reasons. Morever, if we can talk of confirmation at all (even relative to a body of accepted doctrine), we can define synonymy and entailment in the way previously described.

In addition, the vagueness of simplicity and conservatism becomes crucial again. That vagueness can shield even modest holism, at least a little. As long as we cannot say which theories are simpler than which others and cannot say which revisions are more conservative than which others the argument above is blunted, for we would have no idea which revisions are favored in a given situation. If they are so vague that they favor no revisions over others, then they are utterly vacuous and Quine's theory degenerates to the claim that our beliefs must be deductively consistent with the accepted observational evidence. Once simplicity and conservatism begin to have bite, however, the idea that we can hold on to any claim come what may becomes increasingly implausible.

There is one final point to be raised here against the idea that when we revise our beliefs the so-called analytic beliefs have no privileged position across such revisions. This point was raised by Nelson Goodman in correspondence with Quine shortly after Quine delivered "Two Dogmas . . ." as an address to the A.P.A. Goodman wrote:

I have always been in agreement with your point (and Poincare's) that logical principles are like physical ones in that they are subject to revision if a disturbance in theory occasioned by a new observation is best accommodated by such a revision. But what constitutes a disturbance or lack of coherence in our theory will be determined by what logical principles we are applying. In other words we are using some principles of coherence when we decide that a lack of coherence demands a change somewhere in our system; and these principles of coherence thus have a different status than the statements among which we demand coherence. It seems that we can no more put them all on one level than we can, analogously, reduce all the rules of logic to formulae. This reflection troubles me a little, and I do not know just where it leads.[45] [unpublished letter Jan. 2, 1951]

There is no evidence in their correspondence that Quine replied to Goodman, though, of course, he may have done so verbally. In any case, Goodman's reflections deserve a reply. Goodman is saying that whatever epistemic principles we hold, those principles must be in a privileged position as doctrine changes. He does not say that such epistemic principles are immune to revision, but only that their revision is not on a par with revisions of doctrine elsewhere in the system. This observation by Goodman is particularly pointed in view of the interpretation I gave earlier of Carnap. For Carnap, the semantic structure of a language *is* at bottom *an epistemic structure*. One can offer alternative epistemic principles; one could offer just simplicity and conservatism as epistemic principles. Thus a Carnapian could cheerfully construe Quine simply as offering his (Quine's) own favored epistemic structure while leaving intact the gulf between that structure and the remainder of the body of beliefs which it governs. However sympathetic to Quine, Goodman's reflections acknowledge the core of a distinction which is central to Carnap's doctrine of analyticity.[46]

For precisely that reason Quine must deny Goodman's claim that principles of coherence have a unique status because they are presupposed in deciding that a lack of coherence demands a change somewhere in the system. Though I do not know that Quine specifically addresses the issue, he must say that simplicity and conservatism are just doctrines on a par with other doctrines and that they too may be given up when it is appropriate to do so. So far so good, but simplicity and conservatism are the only glosses that Quine ever offers on the appropriateness of doctrinal change. It must be admitted that it is difficult to devise a plausible Quinean scenario that would motivate abandoning either a preference (*ceterus paribus*) for simple theories or the maxim of minimum mutilation.

Let us review the main points of this discussion of holism. While the radical holism with which we began was unsupported by the Duhemian arguments that Quine cites, that doctrine failed most conspicuously because it was unable to draw the requisite distinction between those of our beliefs which are highly justified and those which are only weakly justified or even wholly unjustified. A more modest holism is available, but this undermines the very consequences that Quine wants to draw from the Duhemian arguments. At least if empirical confrontation is not to be identified with mere deductive consistency with the accepted observational evidence, that evidence really does sometimes selectively confirm some hypotheses over others. Finally, holism of whichever type is unacceptably vague because we lack sufficiently clear notions of simplicity and of conservatism.

To a large extent, however, these criticisms involve treating holism as though it were intended as a normative doctrine. I think it was so intended, at least in part. But it is also possible to treat it purely naturalistically, i.e., purely as a description of the conditions under which beliefs arise and change rather than as a prescription as to when one ought to do so. There can be no doubt that Quine's view is strongly naturalistic. In this Quine can point to frequent precedents (if not always unequivocal ones) from the pragmatic tradition. Even though it is unclear whether Quine is rejecting the normative enterprise, he would at least have a powerful motive for doing so. If normative considerations can be dispensed with, then the central objection above to radical holism collapses. If no sense is to be made of justification or confirmation as distinct from entrenchment, then Quine can hardly be faulted for failing to distinguish any differences in degree of justification among our beliefs. Nor can modest holism be faulted for denying that experience selectively justifies or confirms some hypotheses over others. Quine could happily say that of course some hypotheses are more likely to be given up, but that would end the matter. Even the charge of vagueness would be blunted if it could be argued that the vagueness corresponded to some fuzziness in the phenomena of belief change itself.

Of course, we need not rely on claims about what Quine would have a motive for. There is ample evidence from "Two Dogmas . . ." itself that Quine embraced naturalism. His discussions of germaneness (evidential relevance) and even of conservatism are set very much in sociological terms. In later papers, especially "Epistemology Naturalized",[47]

Quine was to speak of treating epistemology simply as a branch of empirical psychology.

Whether such a naturalism is acceptable or not remains to be seen, but there can be no doubt that a branch of empirical psychology which describes the conditions under which beliefs arise and change would be entirely welcome. Certainly Carnap had no objection to such descriptive psychological work, but he would have denied that it finished the philosophic (normative) task. Indeed, one serious objection that can be raised against Quine's holism/naturalism is that, construed as a theory about logic or arithmetic, it is *incomplete*. As we shall see in a bit, the other chief objection against Quine's holism, naturalistically construed as an empirical doctrine, is that it is *false*.

For the moment, however, let us make the simplifying assumption that in the whole history of mankind there has been only one pattern of belief revision and that we have a correct description of that pattern. Now it would still not follow from this alone that we ought to follow that pattern. There might be a presumption in favor of the claim that we shall follow it. And there might be evolutionary evidence that such a pattern has provided a competitive advantage in the past. But the normative claim still would not follow. I am making no sweeping claims about a "naturalistic fallacy" or general assertions of the underivability of 'ought' from 'is', though Quine, himself, might very well accept such assertions. My remarks here are restricted to this case.

Though missing from the naturalistic account, an epistemic theory ought to have normative force. Consider the case of logic. Carnap certainly took deductive (and inductive) logic to be a branch of epistemology. If, in turn, we construe epistemology as a branch of descriptive psychology then logic is likewise a branch (or twig) thereof. But anyone who thinks that the lower predicate calculus correctly *describes* how people actually draw inferences has not taught freshman logic students in a very long time. No, at best logic describes the way they *ought* to draw those inferences. Logic is, hence, normative in character. If so, Quine's account of logic is incomplete.[48]

Now it is just barely possible that Quine is prepared to assert that any claim about what we ought to do is incoherent, perhaps on the ground that it tacitly involves deontic modalities. If this is Quine's strategy then he could defend the completeness of his view by arguing that the (normative) claims supposedly omitted were without content in any case. On the other hand, if this is Quine's strategy then his attack on analyticity would turn out to be far more sweeping than is generally acknowledged for it would be only a fragment of a complete rejection of any normative claim whatsoever.

The fact that beginning logic students do not obey the canons of the lower predicate calculus suggests the second chief difficulty of Quine's holism naturalistically conceived. As a purely descriptive theory it is probably false. Remember that his holism claims that changes in belief are governed by the joint operation of principles of simplicity and conservatism. In the first place, a taste for simple things is by no means universal. Administrators and lawyers are notorious for preferring the Byzantine to the elegantly simple. Academics, as a class, are not far behind. If Quine himself achieves economical theories economically expressed, his achievement is praiseworthy (a normative remark) in large part because it is rare.

Conservatism fares no better than simplicity. While there is always resistance to change, there is also often a countervailing desire for novelty, often for its own sake. 'New' is one of the most overworked words in advertising, and it is meant as praise not only when soap manufacturers extol their wares but also when academics do.

What if we look behind simplicity and conservatism to the pragmatism which generates them? If pragmatism's concern with the useful is treated as the merely descriptive claim that people always do what is useful to them or what is in their own interest, then pragmatism is no doubt a gross exaggeration.

Thus, Quine's holism construed naturalistically is both seriously incomplete and literally false. The hope was, of course, that the naturalistic construal would avoid the problems of a normative interpretation of holism, but this hope proves to be forlorn. It would seem that Quine's "Empiricism Without Dogmas" provides a dogma of its own, namely the dogma that a theory which appeals only to global features such as simplicity and conservatism can provide either an adequate normative epistemology or a descriptive theory which is neither incomplete nor false.

7. SUMMARY

For all the difficulties we have noted, "Two Dogmas . . ." is by no means a failure. Instead, it is one of the landmark philosophic achievements of the twentieth century. This is not just because it has been historically influential. Its importance is much deeper than that.

To be sure, I have argued that "Two Dogmas . . ."'s attack on Carnap's doctrine of analyticity is not compelling, at least when analyticity is construed epistemically. I have also argued that Carnap's doctrine was an intellectually responsible reaction to a longstanding scandal in philosophy, viz., the idea that our knowledge of logic, mathematics and many other matters rests on intuition of a sort championed by Descartes and Russell. I certainly did not argue, and there was no need to argue, that Carnap's doctrine was flawless. I showed only that it was well motivated and that when epistemically construed Carnap's doctrine of analyticity could provide sufficiently general accounts as to meet Quine's demands both for natural and artificial languages. What Quine has done that makes his work so important is to offer a second response to the original epistemic problem. He gives us not so much a different answer to the same question about the source of justification, but a transformation of the question itself. This opens up more and interesting possibilities for addressing and dissolving that original epistemic problem. Carnap's question presupposed that justification was usually via reasons and reasons for reasons, etc. Thus, he could ask what in addition to observation is sufficient as a *source* of justification. Carnap's achievement was to give an answer (concerning convention, implicit definition, and meaning) which was a better answer than intuition. Quine's enterprise was to offer instead a conception of justification which is not a matter of giving reasons and reasons for reasons, etc. Rather, on Quine's conception our beliefs are justified by fitting into whole belief systems which are justified on global considerations. This avoids intuition just as completely as Carnap had, and what is more, it undermines the argument which leads some to suppose that intuition even might be a source of justification.

Quine's strategy has enormous initial plausibility and attractiveness. It is these features that underpin Quine's *real* argument against analyticity. Insofar as we buy in on Quine's research program in epistemology, analyticity is dispensable. While I have in this paper explored several non-trivial difficulties with Quine's version of that research program, his strategy as a whole has by no means been refuted. It is doubtful, moreover that it is even possible to refute a strategy.

In any case, Quine's program is not utterly without antecedents and these would include coherence epistemologies generally and in different respects the work of Hume and J. S. Mill. Quine makes sufficient improvement on those antecedents that, as long as we consider "Two Dogmas . . ." as program rather than as doctrine, we can hope that some way can be found for it to triumph over the difficulties we have noted.

In the meantime we have two programs of epistemological research: Carnap's exploration of the role of conventions of language, and Quine's investigation of global justification. As programs of research perhaps neither should be reviled as dogma.

NOTES

* I would like to thank Professors Burton Dreben, Theodore Guleserian, Jane Maienschein, and Steven Reynolds for comments on an earlier draft of this paper. A version of this paper was read at Stanford and Indiana Universities. I would like to thank colleagues there for their comments. Funds to support research leaves during which this was completed came from several sources: the NEH (#FB-24865-87), the NSF (#SES 19308), and Arizona State University. All these are gratefully acknowledged.

[1] This was the Eastern Division Meeting of the American Philosophical Association, held in Toronto December 27–29, 1950. Quine's paper was the second in the opening session, a plenary session on 'Recent Trends in Philosophy'. The session, chaired by Arthur E. Murphy, also included papers by Grace A. deLaguna and by William Frankena.

[2] W. V. Quine, 'Two Dogmas of Empiricism', *Philosophical Review* **LX** (1951), pp. 20–43. Reprinted in Willard Van Orman Quine, *From a Logical Point of View* (Cambridge, MA: Harvard Univ. Pr., 1953) pp. 20–46. For the convenience of the reader further references to this article will include page numbers for both printings, e.g., p. (39/42) where the page number(s) before the slash are those of *Phil. Rev.* There are three editions of *From a Logical Point of View*, but the page numbers remained the same.

[3] There is some reason to suppose that Quine meant to include C. I. Lewis along with Carnap as a target of "Two Dogmas . . .". Differences between Quine and Lewis, however, are beyond the scope of this paper.

[4] W. V. Quine, 'Notes on Existence and Necessity', *The Journal of Philosophy* **40** (1943), pp. 113–27. This is largely a translation of part of his *O sentido da nova l gica* (Sao Paulo, Brazil: Martins, 1944).

[5] 'Two Dogmas . . .', p. (23/22–3).

[6] Rudolf Carnap, *The Logical Syntax of Langage*, Amethe Smeaton, (trans.), (London: Routledge and Kegan Paul, 1937), p. 177f.

[7] 'Two Dogmas . . .', p. (26/26).

[8] H. P. Grice and P. F. Strawson, 'In Defense of a Dogma', *The Philosophical Review* **65** (1956), pp. 152–3.

[9] In Defense of a Dogma", pp. 142–3.

[10] Such a definition would not render arithmetic truths as analytic unless it were agreed that arithmetic truths are logical truths.

[11] Rudolf Carnap, *Meaning and Necessity* (Chicago: University of Chicago Press, 1947), pp. 56–9.
[12] 'Two Dogmas . . .', p. (31/32).
[13] 'Two Dogmas . . .', p. (32/33).
[14] 'Two Dogmas . . .', p. (–/35).
[15] R. M. Martin, 'On 'Analytic'', *Philosophical Studies* **III** (1952), pp. 42–47.
[16] 'Two Dogmas . . .' p. (–/35).
[17] Martin, p. 44.
[18] Quine, 'Concerning R. M. Martin on 'Analytic'', unpublished memorandum, p. 1.
[19] Quine, 'Concerning R. M. Martin on 'Analytic'', pp. 1–2.
[20] Quine could, of course, counter by saying (as the memo cited above suggests) that one needs to know nothing more about truth. Given this Tarski paradigm, attributions of truth are as clear as the sentences to which they are applied. Thus, given the paradigm, if one understands a sentence, one understands the attribution of truth to it. This counter, too, has its parallel from Carnap's perspective. His epistemological approach to meaning guarantees for him that one understands a sentence only to the extent that one likewise grasps the observation and inference rules relevant to justifying a belief in that sentence. These epistemic rules *are* the semantical rules, and they determine whether the sentence is analytic. Thus, just as Quine can tie the understanding of truth to the understanding of its objects, Carnap can tie the (resources for) understanding analyticity to the understanding of its objects, and the parallel between truth and analyticity is restored.
[21] Rudolf Carnap, 'Quine on Analyticity'. This is manuscript [102-62-04] from the Rudolf Carnap Collection, Special Collections Department, University of Pittsburgh Libraries. The original, in a German shorthand, has been transcribed by Mr. Richard Nollan. The quotations which follow refer to the page numbers of the shorthand original and are translations by me from Mr. Nollan's transcriptions. This paper is forthcoming in *Dear Carnap, Dear Van. The Quine–Carnap Correspondence and Related Work*, Richard Creath, editor, (Berkeley, CA: University of California Press, 1990).
[22] W. V. Quine, 'Ontology and Analyticity', unpublished. This is manuscript [102-62-09] in the Rudolf Carnap Collection, University of Pittsburgh.
[23] W. V. Quine, 'On Carnap's Views on Ontology', *Philosophical Studies* **II** (1951), pp. 65–72.
[24] Quine's letter to Carnap is instructive. The relevant paragraphs read as follows:

> The main illumination for me, in our joint performance at Chicago, was that your "analytic-in-L_0", "analytic-in-L_1" etc., which I have represented as mutually irrelevant and irrelevant to "analytic-in-L" (for variable 'L'), do have some principle of unification precisely in the sameness of the explicandum. The issue therefore becomes: is it a reasonable explicandum?
>
> The reason I haven't revised my paper ["On Carnap's Views on Ontology"] to cover the above important point is that this point comes in answer precisely to the part of my talk which duplicated "Two dogmas of empiricism" and is hence deleted. My proposal is that in your paper, conceived as an answer both to my enclosed *and* to "Two dogmas," *you* impart the context of the preceding paragraph above.
>
> Another point I learned in the seminar at Chicago was your attitude toward the difficulties I represent in your notion of "internal" vs. "external." But I think this matter can be covered equally effectively in your printed reply, and that it will be

useful for the public for you to present it in that manner, without my withdrawing any of my remarks in advance.

[Letter to Carnap, March 29, 1951, forthcoming in *Dear Carnap, Dear Van*. Quoted by permission.]

[25] It should be emphasized that ordinary language is *syntactically* vague as well as semantically so. The vagueness extends to the underlying syntactic phenomena such as frequency of use and the kinds and sharpness of approval or correction of that use. Moreover that vagueness can be repaired or clarified in various ways. This is to say that 'is well formed' makes definite sense only with respect to a clarification. Since the clarity that results from one of these repairs is not really there in the ordinary language, the repairs are normative in character. Once a clarification has been offered and accepted it has the character of a convention (i.e., it could have been otherwise and there is no right or wrong way of going beyond the underlying phenomena, only convenient or inconvenient ways).

Furthermore, grammar changes, sometimes "in the light of the evidence". Except within tiny religious subgroups, the words 'Thee', 'Thy', etc. are now used (acceptably) only in addressing (or being addressed by) a supreme being. These words, of course, were merely the familiar form of the second person pronouns. Except for this one specialized use, a grammatical distinction between familiar and formal pronouns is now obsolete. But the use of such a grammatical form now obviously involves ontological commitment. If in the light of the evidence we abandon those ontological commitments, we would most probably likewise abandon the grammatical form (as well as the lexical items). Does this mean that grammar (or vocabulary) is refutable? I doubt it. But it should suggest that if grammar can be conventional and change under the pressure of evidence, then so might logic and arithmetic.

[26] 'Quine on Analyticity', p. 1.

[27] 'Quine on Analyticity', p. 4.

[28] 'Quine on Analyticity', p. 5.

[29] 'Quine on Analyticity', p. 6.

[30] 'Quine on Analyticity', p. 6.

[31] Rudolf Carnap, *Logical Foundations of Probability* (Chicago, Univ. of Chicago Press, 1950), especially pp. 3–8, 37–42.

[32] Logical Foundations of Probability, p. 37.

[33] Logical Foundations of Probability, pp. 38–42.

[34] 'Quine on Analyticity', p. 8.

[35] 'Two Dogmas . . .', pp. (35–6/38).

[36] 'Two Dogmas . . .', p. (36/38).

[37] 'Two Dogmas . . .', p. (37/40).

[38] Quine, 'Mr. Strawson on Logical Theory', *Mind* **LXII** (1953), p. 434.

[39] Letter from Nelson Goodman to W. V. Quine, December 9, 1953, unpublished. This letter is in Quine's private files and was examined by his permission.

[40] 'Two Dogmas . . .', p. (39/41–2).

[41] Quine does say that it is natural to think that the truth of a statement is analyzable into a linguistic component and a factual component. He says "The factual component must, if we are empiricists, boil down to a range of confirmatory experiences". This is what Quine would later call stimulus meaning. In any case, Quine's claim is misleading.

Though Carnap sometimes speaks as Quine suggests, Carnap is aware that in some sense his conventions may have "empirical content" and that the observation language is to a noticeable extent conventional as well. The idea that what we say might be analyzed into a wholly fact free conventional part and a wholly convention free factual part comes more nearly from a suggestion of Quine's own in "Is Logic a Matter of Words?" (1938, unpublished) There, Quine claims to follow Wittgenstein's lead rather than Carnap's.

[42] 'Two Dogmas . . .', p. (39/42).

[43] 'Two Dogmas . . .', p. (41/44).

[44] But also see the discussion of naturalism below.

[45] Letter from Nelson Goodman to W. V. Quine, January 2, 1951, unpublished. This letter is in Quine's private files and was examined by his permission.

[46] I am not, of course, identifying the analytic-synthetic distinction with a distinction between principles of inference and formulae.

[47] W. V. Quine, 'Epistemology Naturalized', in *Ontological Relativity and Other Essays* (New York: Columbia Univ. Press, 1969), pp. 69–90.

[48] There is a way of getting a kind of normative force out of psychology, and in recent years Quine has increasingly availed himself of it. When pushed by Morton White in Quine's Schilpp volume (Morton White, "Normative Ethics, Normative Epistemology, and Quine's Holism', in L. E. Hahn and P. A. Schilpp, (eds.), *The Philosophy of W. V. Quine* (La Salle, IL: Open Court, 1986), pp. (648–662) Quine replied:

> For me normative epistemology is a branch of engineering. It is the technology of truth-seeking, or, in a more cautiously epistemological term, prediction . . . There is no question here of ultimate value, as in morals; it is a matter of efficacy for an ulterior end, truth or prediction. The normative here, as elsewhere in engineering, becomes descriptive when the terminal parameter is expressed. (Quine, *The Philosophy of W. V. Quine*, pp. 644–665)

Arguably, this represents a *development* of Quine's view beyond that of "Two Dogmas . . .". If so, it coheres with other evidence that the differences between Quine and Carnap diminished in recent years.

Department of Philosophy
Arizona State University
Tempe, AZ 85287
U.S.A.

GERHARD SCHURZ

RELEVANT DEDUCTION

From Solving Paradoxes Towards a General Theory[1]

ABSTRACT. This paper presents an outline of a new theory of relevant deduction which arose from the purpose of solving paradoxes in various fields of analytic philosophy. In distinction to relevance logics, this approach does not replace classical logic by a new one, but distinguishes between relevance and validity. It is argued that irrelevant arguments are, although formally valid, nonsensical and even harmful in practical applications. The basic idea is this: a valid deduction is relevant iff no subformula of the conclusion is replaceable on some of its occurrences by any other formula salva validitate of the deduction. The paper first motivates the approach by showing that four paradoxes seemingly very distant from each other have a common source. Then the exact definition of relevant deduction is given and its logical properties are investigated. An extension to relevance of premises is discussed. Finally the paper presents an overview of its applications in philosophy of science, ethics, cognitive psychology and artificial intelligence.

1. FOUR PARADOXES AND THEIR COMMON SOURCE

1.1. *The General Problem of Paradoxes in Analytical Philosophy*

Rudolf Carnap and Hans Reichenbach, to whom this volume is dedicated, belong to the most famous founders of modern Analytic Philosophy and Philosophy of Science. It was the program of this philosophical enterprise to base philosophy on systems of exact *logical reasoning*. This enterprise has developed in (at least) two branches, that of *deductive* and that of *inductive* (and/or *statistical*) reasoning. The following investigations focus on the first branch, deductive reasoning. However, there are good reasons to believe that the basic idea of this paper can also be applied to inductive reasoning.[2]

Although there has been considerable progress in realizing the program of Analytic Philosophy since the time of its founders, the enterprise of reconstructing philosophical concepts and principles within a system of exact symbolic logic has always been confronted with the obstinate and sometimes seemingly invincible phenomenon of *paradoxes*. These paradoxes typically emerge in the following succession of steps. One starts with a concept or principle put forward in natural

Erkenntnis **35**: 391–437, 1991.
© 1991 *Kluwer Academic Publishers. Printed in the Netherlands.*

language which is intuitively well-founded. Next, this concept or principle is formalized within the language of symbolic logic in a seemingly flawless way. From the formalized concept or principle logical consequences are then derived and retranslated into the natural language which are expected to give additional philosophical insights – until one suddenly recognizes that a conclusion is derivable which is intuitively nonsensical in a degree one never would have expected. Although the logical reconstruction has been undertaken in a seemingly perfect way, it has some completely unintuitive implications. This is the typical situation of paradoxes in Analytic Philosophy.

A clarification of the notion of "paradox". This notion is not used here in the 'strict' sense of a (prima facie well-founded) formal principle implying a contradiction, but in the 'loose' sense of a (prima facie well-founded) formal principle implying a consequence which contradicts an intuitive assumption. Of course, by formalizing this intuitive assumption the 'loose' paradox would be turned into a 'strict' paradox. So this distinction is not very deep. I don't think there exists a sharp or deep distinction between 'strict' and 'loose' paradoxes. It rather seems to me a matter of the degree of evidence of those intuitions which turn out to be inconsistent after formalization.

The paradoxes mentioned have been disappointing and sometimes even shocking for analytic philosophers. Some of them even have concluded that the entire program of basing philosophy on exact logical grounds must be given up. In the following we take a look at four typical paradoxes. Thereby we make use of the standard logical terminology: $\neg$ (negation), $\vee$ (disjunction), $\wedge$ (conjunction), $\rightarrow$ (*material* implication), $\leftrightarrow$ (*material* equivalence), $\forall$ (universal quantifier), $\exists$ (existential quantifier); $x, y \ldots$ (individual variables); $a, b \ldots$ (individual constants); F, G, R . . . (n-ary predicate letters); $p, q, \ldots$ (propositional variables); $\Box$ (alethic necessity), $\Diamond$ (alethic possibility), O (deontic obligation), P (deontic permissibility). $\mathscr{L}$ denotes the formal language, which is identified with the set of its well formed formulas. If $\mathscr{L}$ is not explicitly specified, it always means the language of classical first-order logic. Capital Roman letters A, B, . . . denote sentences and capital Greek letters denote sets of sentences in $\mathscr{L}$. $L \subseteq \mathscr{L}$ denotes a logic. $\vdash \in \mathrm{Pow}(\mathscr{L}) \times \mathscr{L}$ denotes a deduction relation ["Pow" for "power set"], i.e. "$\Gamma \vdash_{L} A$" reads "sentence A is derivable from premise set Γ". $\vdash_{L}$ denotes the deduction relation belonging to logic L defined by $\Gamma \vdash_{L} A$ iff $\vdash_{L} \wedge \Gamma_f \rightarrow A$ for a finite subset $\Gamma_f \subseteq \Gamma$.[3] We assume L is complete, so the syntactic concept $\Gamma \vdash_{L} A$ is equivalent to the semantical notion of a logically valid inference. If L is not explicitly specified it always means classical first-order predicate logic, thus $\vdash_{L}$ always means the deduction relation of classical logic. Further logical notations and concepts are explained later.

1.2. *The Ross Paradox of Deontic Logic*

Beginning with Ernst Mally, analytic ethicists started to develop the logic of norms. If one formalizes a norm as a sentence of the form OA, expressing "it is obligatory that A", then the expression "it is forbidden that A", FA, is definitionally equivalent to $O \neg A$, and the expression "it is permitted that A", PA, is definitionally equivalent to $\neg O \neg A$. What are the logical rules these normative sentences must obey? It seems obvious that every reasonable deontic logic must have the following rule:

(1) If A is obligatory, and B is a logical consequence of A, then B is also obligatory.

For otherwise it would be possible that an ethical system permits something, namely $\neg B$, which logically implies something which the system forbids, namely $\neg A$. For example, it would be possible that a system of law forbids the prevention of free speech, but simultaneously permits pasting up the mouth of another person. This is completely unreasonable, and thus condition (1) is intuitively well-founded. The translation of this rule into formal language leads to the so-called law of monotonicity

(1*) $\vdash_{L} A \rightarrow B \Rightarrow \vdash_{L} OA \rightarrow OB$ – or written as logical rule:
$A \rightarrow B / OA \rightarrow OB$

There seems to be no objection to all that. But see what happens. A little logical reflection proves that the rule (1*) yields the following argument as a valid inference of 'every reasonable deontic logic':

(2) You should post the letter.
Therefore: You should post the letter or burn it.

Ross (1941) first recognized that the reasonable rule (1*) leads to this completely counterintuitive argument. He and other deontic logicians were so impressed, if not to say shocked, that they concluded there can't be something like a logic of norms.

1.3. *The Hesse Paradox of Confirmation*

According to a well-known idea of confirmation put forward by Popper[4] and others, a scientific theory is confirmed by its true deductive consequences. This idea fits very well with real science, because the latter confirms its theories by successful predictions and explanations of empirical facts or laws which follow deductively from the theory plus initial and boundary conditions. In this way, Newton's theory was confirmed by its success in predicting the planetary orbits, Einstein's theory of special relativity was confirmed by its successful explanation of the Michelson–Morely experiment, etc.[5]

So the concept of deductive theory confirmation seems perfectly intuitive. Representing a theory T as a set of sentences (in a given language $\mathscr{L}$), an obvious way to explicate the notion of deductive theory confirmation is the following (suggested e.g. by Hesse 1970, p. 50):

(3) A sentence S confirms a theory T *if* (i) S is contentful ($\nvdash_{L}$ S)), (ii) T is consistent (T $\nvdash_{L} p \wedge \neg p$), (iii) S is true [or 'rationally acceptable'], and (iv) T $\vdash_{L}$ S.

Conditions (i) and (ii) are prerequisites for a non-trivial notion of theory confirmation. Depending on whether truth or rational acceptability of S is required in (iii), on gets the semantic versus the pragmatic version of (3).

Furthermore, the following condition of *strengthening the confirmans* is a reasonable principle of every 'logic of confirmation':

(4) If S confirms T, and S* logically implies S and is consistent with T, then S* confirms T also.

For example, if certain astronomical data D confirm T, then of course every more comprehensive observational report which entails D and is consistent with T confirms T, too.

All this seems to be fine. But look what happens. Some easy steps of propositional logic show that (3) together with (4) imply the following result:

(5) Every consistent theory T is confirmed by every contentful

> and true [rationally acceptable] sentence S, provided only that S is consistent with T and ¬S with ¬T.

The proviso is very weak – e.g., it is satisfied if T and S have no predicate in common and contain no identity sign.[6] For instance, "Peter is silly" confirms 'the theory of quarks'. This result is completely nonsensical. In (1970) Hesse showed in a similar manner that conditions (3) and (4) yield this paradoxical consequence, whence we call it the Hesse paradox.[7] Several philosophers of science, e.g. Glymour 1980, have drawn the conclusion that deductive logic is unable to reconstruct the process of confirmation in science.

1.4. *The Tichý–Miller Paradox of Verisimilitude*

An imporant idea in philosophy of science, deriving from Popper, is that of the verisimilitude of theories. Although the ultimate aim of science is to give *true* theories, most of them are true only in an 'approximative' sense, but strictly speaking false. For example, Newton's theory, although successful in explaining the physical laws in the 'middle' dimensions of space and velocity, turned out to be false for dimensions of very high speed and of very small space. In the same way, modern elementary particle physics has shown that a lot of symmetry principles assumed in quantum mechanics can be broken. Since most scientific theories are strictly speaking false, the idea of "truth" as a criterion for progress in science does not seem to work. Nevertheless, as Popper argued, there *is* progress in science, consisting of gaining theories which are better and better *approximations* to the truth, coming closer and closer to the truth. So the closeness to the truth, or *verisimilitude*, turns out to be the central concept in philosophy of science in order to explicate the notion of scientific progress. Popper's definition of verisimilitude is intuitively very convincing: a theory is the closer to the truth, the more true and the less false consequences it has. Here, 'more' and 'less' must not be understood in the sense of 'counting' – it would be unreasonable to compare Einstein's relativity theory and Freud's psychoanalysis by counting consequences. Rather, the verisimilitude of theories is only *comparable* if they speak about the same domain of objects and properties, and the 'more' and 'less' has to be understood in the sense of the set-theoretical inclusion relation. This leads to the following definition of versimilitude, suggested by Popper (1963, p. 233):

(6) *Notation:* TR denotes the set of all true and FA the set of all false sentences. T, T' . . . denote theories (set of sentences). $\mathrm{Cn}(T) ::= \{A \mid T \vdash_{L} A\}$ is the set of T's deductive consequences, $(T)_t := \mathrm{Cn}(T) \cap \mathrm{TR}$ is the set of T's true consequences, and $(T)_f := \mathrm{Cn}(T) \cap \mathrm{FA}$ the set of T's false consequences. "$T_1 >_t T_2$" expresses that T_1 is closer to the truth, i.e. has more verisimilitude, than T_2. $\subset$ stands for proper and $\subseteq$ for improper set inclusion. Then the definition runs:

$T_1 >_t T_2$ iff: [case 1:] $(T_2)_t \subset (T_1)_t$ and $(T_1)_f \subseteq (T_2)_f$, or
[case 2:] $(T_2)_t \subseteq (T_1)_t$ and $(T_1)_f \subset (T_2)_f$.

Definition (6) seems to be really intelligible. But look what happens. It follows by simple logical means that this definition has the follwoing result:

(7) No false theory can be closer to the truth than any other theory.

The result was proved by Tichý (1974) and Miller (1974) independently of each other, whence we call it the Tichý–Miller paradox. Of course this means a breakdown of Popper's whole idea, since the entire purpose of the notion of versimilitude was to explicate the fact that scientific theories, although being false, can be closer to the truth that other ones. A lot of philosophers have drawn the radical conclusion that Popper's idea of verisimilitude is unrealizable and must be explicated in a completely different manner,[8] or even that one should avoid exact logical definitions of 'deep' philosophical concepts like verisimilitude.[9]

1.5. *The Prior Paradox of Is-Ought Inferences*

As is well-known, Hume (1739/40, p. 469) put forward a basic argument against the argumentative practice of many moralists of his (and our) time. He said that nothing about what ought (or ought not) to be the case can be deduced from what *is* (or is not). Hume's famous 'is-ought thesis' was very influential in modern Analytic Philosophy. Popper even claimed that it might be the most important point about ethics (1948, p. 154). Nevertheless, Hume's thesis was always controversial and still is in our time. Modern analytic ethicists have tried to demonstrate the truth of this thesis by more profound logical means, and the first step towards this end was of course to explicate Hume's thesis within a logical language. What is meant by a statement about 'is' and one about 'ought'? The prima facie most plausible explication of Hume's thesis was first suggested by Prior (1960). He introduced a dichotomic division of the set of all sentences into *non-normative* ones and *normative* ones.[10] He characterized a normative sentence informally as a sentence which has a non-trivial normative content (gives non-trivial ethical information), whereas a non-normative one has not. But where exactly should this distinction be drawn? Three things are easy: (1) So-called *purely descriptive* sentences – i.e. those which contain no occurence of the obligation operator O – are non-normative. (2) All sentences which are *logically true* have no content at all and hence are non-normative. (3) So-called *purely normative* sentences – those which are built up from prime norms of the form OA with the help of logical symbols – are normative, provided they are not logically true. The problem arises with *mixed* sentences which have both descriptive and normative components. As Prior says, some mixed sentences, e.g. conditional obligations of the form $\Box\forall x(Fx \rightarrow OGx)$, must be counted as normative, whereas others, e.g. trivial disjunctions like $p \vee Oq$, should be counted as non-normative. To give an appropriate logical distinction between non-normative and normative sentences is certainly no easy task. However, one may assume that with the help of careful considerations such a – more or less appropriate – distinction can certainly be found. Thus Hume's thesis can be explicated as follows:

(8) Given an appropriate distinction between nonnormative and normative sentences, the is-ought thesis claims: *No normative sentence is deducible from any consistent set of non-normative sentences.*

Nothing seems to be objectionable about this explication of Hume's thesis. But now look at the following result, provable by propositional logic:

(9) Wherever the distinction between non-normative and normative sentences is drawn: (a) Hume's is-ought thesis is violated, i.e. there exist is-ought inferences; moreover (b) for every contingent non-normative sentence D the following

> holds: Either from D alone, or from $\neg$D together with another contingent non-normative sentence D′, infinitely many normative sentences are deducible.

This result was first demonstrated by Prior (1960), whence we call it the Prior paradox. Several analytic ethicists, in particular Prior himself, have concluded that Hume's thesis must be abandoned. Other philosophers have concluded that *mixed* sentences must be excluded from the range of Hume's thesis.[11] But recall that conditional obligations, which are the most important kind of ethical sentences, are mixed. So Prior's paradox has led analytic ethicists either to abandon or to greatly restrict Hume's thesis.

1.6. *Three Kinds of Strategies Against the Paradoxes*

There have been (at least) three kinds of *strategies* against paradoxes of this kind in Analytic Philosophy.[12] The first strategy is that of *refusing formal logic*. It is sceptical and claims that the paradoxes are unsolvable. They show that formal logic is simply an inadequate means of philosophical reasoning. One should reason solely within natural language. This position, which is held e.g. by the so-called natural language philosophy, is not satisfying from the perspective of the original program of Analytic Philosophy. It would mean a relapse into the doubtful methods of traditional philosophy, which the founders of Analytic Philosophy have tried to overcome. Moreover, if Analytic Philosophy wants to do philosophy in a scientific manner, the position of the first strategy is not coherent, because scientific reasoning is in its most advanced parts based on mathematics, which itself is based on classical logic. So why should this logic, being so powerful in science, be avoided when one raises the issue of the foundation of science?

The other two strategies are optimistic. They believe that the paradoxes are solvable, but in different ways. According to the second strategy, the paradoxes show that classical logic is not correct. So one must change logics. This is the strategy of *constructing a new (non-classical) logic*. It is in particular the position of *relevance logic* initiated by Ackermann (1956), Anderson and Belnap (1975), which has become a well-established part of philosophical logic at the present time. Its strategy is to replace classical propositional logic by a weaker logic which avoids certain paradoxes of implication but nevertheless has the usual properties mathematicians expect from a logic. But apart from some simple paradoxical implications like ex falso quodlibet, the paradoxes mentioned above are *not* solved by these relevance logics. As will be shown later, it is just the fact that relevance logic keeps certain logical standard properties which prevents it from solving the above paradoxes.

The third strategy is that of *restricting the given (classical) logic* by additional *relevance criteria*. The theory of relevant deduction developed in what follows belongs to this strategy. It argues that one should distinguish between *validity* in the sense of mathematical logic and *appropriateness* with respect to *applied arguments*. The paradoxes rest on certain *irrelevant* deductions, which are, although mathematically valid, nonsensical and often enough harmful in applied arguments. Moreover the reason *why* these deductions are inappropriate as applied arguments is *itself* a logical one and can be defined within the framework of the underlying logic (which is usually – but not necessarily – the classical one). So the paradoxes have to be avoided by defining appropriate relevance criteria, singling out the relevant from the irrelevant deductions among all valid deductions. Such relevance criteria have often been considered to be ad hoc. However, what we will try to do here is to develop a concept of relevant deduction based on a single and well-defined criterion which covers all the paradoxes and moreover can be developed into a logical theory of relevant deduction which, in spite of its unusual mathematical properties, can be applied not only to the classical but to any kind of deductive system.

The deeper philosophical difference between the three strategies mentioned lies in their view about the relation between logic and reasoning. The first strategy claims an *independence*: reasoning is independent from logic (it even does not contain logic as a part). The second strategy, on the contrary, *identifies* both of them: logic = reasoning. The third strategy can be summarized in the slogan "*reasoning = logic + relevance*". It is a 'refined' strategy in the sense that logic is viewed as a necessary but not sufficient part of reasoning – applied reasoning is based not only on criteria of logical correctness, but also on criteria of relevance.

We want to emphasize that if our view is the correct one, its consequences are far-reaching. As seen above, many philosophers have drawn radical conclusions from the paradoxes. In our time one very often hears the slogan that the original program of Analytic Philosophy which bases philosophy on systems of exact logic has failed because of these paradoxes. It has to be replaced by fundamentally different programs, like that of the structuralist philosophy of the Sneed–Stegmüller school, which replaces logical reconstructions by set theoretical ones, or by the programs of 'soft' philosophy which generally refuse formal logics. If our view is the right one, then all these conclusions are ill-founded. The entire mistake of Vienna Circle philosophers was that they did not apply logics in the proper way. Imitating logicians like Tarski, Frege and Russell they tried to transfer classical logic in a direct way to natural language, not being aware of the need of restrictive relevance criteria. If the method of logical reconstruction is supplemented with a theory of relevant deduction, or of relevance in general, the paradoxes do not arise and the program works successfully.

2. IRRELEVANT DEDUCTIONS – THE COMMON SOURCE OF THE PARADOXES

Having spoken so much about the general features of relevant deduction without having explained in what it really consists, the reader may have become impatient. Maybe this was intended. Let us now reveal the 'secret' by identifying the common source of the four paradoxes.

2.1. *The Ross Paradox*

With p for "the letter is posted" and q for "the letter is burned", the deductive inference underlying the Ross' paradox is

(9) $\mathrm{O}p \vdash_{L} \mathrm{O}(p \vee q)$ [L = any monotonic deontic logic][13]

Intuitively, the particular oddity of this inference lies in the fact that the disjunctive component "q", i.e. "it is burned", has nothing to do with what the premises say, namely that the letter should be posted. The irrelevance of this disjunctive component manifests itself in the fact that instead of "it is burned" any sentence *whatsoever* may be disjunctively attached to the "the letter is posted". More precisely, the conclusion $\mathrm{O}(p \vee q)$ contains the component q which can be replaced by *any* other formula A *salva validitate* of the deduction $\mathrm{O}p \vdash_{L} \mathrm{O}(p \vee q)$ – i.e. $\mathrm{O}p \vdash_{L} \mathrm{O}(p \vee \mathrm{A})$ is valid for every $A \in \mathcal{L}$, e.g. A maybe the sentence "Suzy has a baby", in particular also $\neg p$ = "the letter is not posted". So this is our main idea: the conclusion of a given deduction is *irrelevant* iff the conclusion contains a component which may be replaced by any other formula, salva validitate of the deduction. Calling such a 'salva-validitate-replaceable component' an *inessential* one, we may say briefly: a conclusion is irrelevant iff it contains inessential components. In what follows we call a deduction with an irrelevant conclusion *conclusion-irrelevant* (as distinct from premise-irrelevant deductions introduced later).

Ross' inference is derived from the well-known inference of *addition*

(10) $p \vdash_{L} p \vee q$

by applying the principle (1*). The inference of addition is obviously itself irrelevant, since the subformula q of $p \vee q$ is replaceable by any other formula salva validitate of the deduction, i.e. $p \vdash_{L} p \vee A$ is valid for any A. As we will see, addition is the main culprit of irrelevant deductions, but not the only one.

2.2. *Why Irrelevant Deductions are not only Useful but Harmful in Applied Contexts*

Look at the following example. A satellite is going to crash onto the earth, and a journalist asks a scientist where the point of impact will be. The scientist answers "in the Atlantic Ocean", and the journalist, applying the inference of addition, writes next day in big letters in his newspaper "It follows from scientific calculations that the satellite will come down in London or in the Atlantic Ocean". The offence of this journalist does not consist in deriving a false conclusion, but in (intentionally) deriving an irrelevant one, which costs the frightened readers in London much pain and much money (since the sale rate of this journal increases enormously). The disastrous effect of the irrelevant deduction in this example is due to the fact that in practical speech situations the hearer assumes that if the speaker tells him a disjunction, say A ∨ B, then the speaker's knowledge K_S about A and B is indeed *incomplete*, i.e. both ¬A and ¬B and thus also A and B are possible in K_S [because, given $K_s \vdash_{L}$ A ∨ B, $K_S \nvdash_{L}$ A/B implies $K_S \nvdash_{L}$ ¬B/¬A, respectively]. Equivalently expressed, the hearer assumes that A ∨ B is a *relevant* consequence of K_S [because, given $K_S \vdash_{L}$ A ∨ B, it holds that $K_S \vdash_{L}$ A ∨ B is conclusion-relevant iff $K_S \nvdash_{L}$ A and $K_S \nvdash_{L}$ B]. The irrelevant conclusion *together* with this implicit assumption causes in the hearer an expectation which is not only irrelevant but *wrong* –

namely that according to scientific calculations it is *possible* that the satellite will come down in London.

The devastating effect of the irrelevant conclusion in the Ross paradox has the same reason: if the speaker says that doing A or doing B is obligatory, the hearer implicitly assumes that the speaker's normative principles N_S are incomplete about A and B, i.e. they neither require A nor B to be realized but leave a choice between them. Equivalently, the hearer assumes that $O(A \vee B)$ is a relevant conclusion of N_S [because $N_S \vdash_L O(A \vee B)$ is conclusion-relevant iff $N_S \nvdash_L OA$ and $N_S \nvdash_L OB$]. Thus, a solution of the Ross paradox is possible by requiring that in applied ethical contexts only relevant consequences of basic norms are acceptable.

We have recognized an important phenomenon: In applied contexts a conclusion-irrelevant argument has often *harmful* consequences because its evaluation is implicitly based on the wrong assumption that its conclusion is relevant and thus causes not only useless but *wrong* expectations in the hearer.[14] This phenomenon, which we will meet also in the other examples, confirms the general assumption of our strategy that intuitive human thinking always *combines* logic with relevance. It will be further corroborated by the empirical test of section 5.3. It is for *this* reason that the theory of relevant deduction is not only a means of making arguments more useful or effective, but primarily a means of avoiding pathological and wrong results in logical formalizations of all sorts.

2.3. *The Hesse Paradox*

It is derived as follows. Let T be any contingent theory and S any contingent and true (acceptable) sentence. The following deductions

(11) $T \vdash_L T \vee S$
(12) $S \vdash_L T \vee S$

are valid. $(T \vee S)$ is contentful because $\neg T$ is consistent with $\neg S$, and it is true (acceptable) because S is true (acceptable). So $(T \vee S)$ confirms T via deduction (11) according to definition (3) of deductive theory confirmation. Because of (12) and condition (4) of strengthening the confirmans, and since S is consistent with T, S also confirms T.

But obviously both deductions have irrelevant conclusions according to our criterion. In (11), S is replaceable in the conclusion by any other sentence salva validitate; and T is replaceable in (12) in the same way. The irrelevance is harmless for the condition (4) of strengthening the confirmans, because – as one may reasonably argue – if S confirms T, then any T-consistent sentence S* which logically implies S of S (whether relevantly or not) confirms T, too. But the irrelevance is disastrous for the explication (3) of deductive theory confirmation. For it is justified to say that the truth of a deductive consequence C of T confirms T only if it is guaranteed that the *facts* on which the truth of C rests are relevantly connected with what T claims. But this is only true if C is a relevant consequence of T. If C is an irrelevant consequence, as in the case of $T \vdash_L C := T \vee S$, then it may happen that the fact which makes C true – here the fact-that-S – has nothing to do with what T says. To give an example: assume a descendant of Ptolemy would defend geocentric astronomy by arguing: "well, it does not fit to the facts of modern astronomy, but it nevertheless has a lot of true confirmation instances; for instance it implies the sentences "the sun rotates around the earth or grass is green", "the sun rotates around the earth or snow is white", etc., which are all true". Needless to say, nobody would take what our Ptolemy's descendent says seriously.

Again we recognize the phenomenon of Section 2.2: an irrelevant argument leads to a wrong result, because its evaluation relies on the wrong assumption that it would be relevant. The wrong result here is the claim that $T \vee S$ would confirm T. Thus, for an adequate notion of deductive theory confirmation it is essential that the confirmans C must be not only a valid but also a relevant consequence of T. With this additional requirement the Hesse paradox no longer arises.

2.4. *The Tichý–Miller Paradox*

The proof that definition (6) leads to the paradoxical result (7) consists of two subproofs, one proving that case 1 and the other proving that case 2 of definition (6) can never be satisfied, provided the theory is false. We start with the subproof concerning case 2, since it is this subproof which rests on an irrelevant deduction. It runs as follows: Let T be any false theory, T* any other theory, and assume that according to the right conjunct of case 2, $(T)_f \subset (T^*)_f$. Thus there exists a false sentence $A \in (T^*)_f$ with $A \notin (T)_f$. Because T is false there exists at least one false sentence $B \in (T)_f$. Now consider the implication $B \rightarrow A$. Because of

(13) $A \vdash_L B \rightarrow A$

and $T^* \vdash_L A$ we have $T^* \vdash_L B \rightarrow A$, i.e. $B \rightarrow A \in Cn(T^*)$. Because $B \rightarrow A$ is true (since B is false), $B \rightarrow A \in (T^*)_t$. On the other hand, because of $A \notin Cn(T)$ and $B \in Cn(T)$ we have $B \rightarrow A \notin Cn(T)$ [otherwise $A \in Cn(T)$, contradicting the assumption]. Thus, $B \rightarrow A$ is a true consequence of T* which is not a consequence of T, whence the left conjunct of case 2, $(T^*)_t \subseteq (T)_t$ is false.

But obviously $B \rightarrow A$ is an irrelevant conclusion of A and hence of T* itself – i.e. $T^* \vdash_L C \rightarrow A$ holds for any C (because of $\vdash_L (B \rightarrow A) \leftrightarrow (\neg B \vee A)$ this a variant of an irrelevant addition). Such an irrelevant conclusion can not be counted as a real 'new true consequence' of T*, beyond A itself. For example, if a physicist derives from his theory T* the future arrival of a comet (=A), then he will certainly not count a sentence like "if the snow is green then A", or equivalently "the snow is not green or A" as a further true consequence of T*. Moreover, if A turns out to be false our physicist will not be proud of having derived at least the true consequence "the snow is not green or A" from his theory T*. Thus, the evaluation of the verisimilitude of theories by their consequences presupposes that these consequences are relevant ones. With this additional requirement, the inadequacy proof concerning case 2 is no longer possible.

The subproof which shows that case 1 of definition (6) can't be satisfied is not (directly) connected with the irrelevance but with the *redundancy* of theory-consequences. It runs as follows: Assume T is a false theory, T* any other theory, and according to the left conjunct of case 1 of definition (6), $(T^*)_t \subset (T)_t$, i.e. there exists a true sentence $A \in (T)_t$ with $A \notin (T^*)_t$. Since T is false, there exists in addition a false sentence $B \in (T)_f$. Now consider the conjunction $B \wedge A$. $B \wedge A$ is false, since B is false. Moreover, $B \wedge A \in Cn(T)$ and hence $B \wedge A \in (T)_f$, but $B \wedge A \notin Cn(T^*)$ (because $A \notin Cn(T^*)$). Thus, $B \wedge A$ is a false consequence of T which is not a consequence of T*, whence the right conjunct of case 1, $(T)_f \subseteq (T^*)_f$ can't be satisfied.

But clearly, $B \wedge A$ is not a really *new* consequence of T beyond A and B itself, but simply a *redundant* repetition. An example: assume T* is Ptolemy's and T Copernicus' cosmology. Both theories have the false consequence A := "orbits are circular". In addition, T has the true consequence B = "the earth moves around the sun" which T* has not. Then nobody would count the conjunction "orbits are circular and the earth moves around the sun" ($= A \wedge B$) as a further 'new' consequence of T; moreover if A becomes known to be false, neither the defender of T will be discouraged nor that of T* will be encouraged by the fact that T implies now the additional false consequence $A \wedge B$, which is not implied by T*.

To avoid such misleading redundancies in the evaluation of verisimilitude with the help of relevant theory-consequences, it is necessary to decompose every relevant consequence into its *minimal* relevant conjunctive elements – the so-called *relevant consequence-elements*. If the definition of verisimilitude is based on them, the inadequacy proof concerning case 1 is no longer possible, since $A \wedge B$ is not a relevant consequence-element but a redundant conjunction.

2.5. *Prior's Paradox*

It rests on the following proof. Consider the mixed sentence $p \vee Oq$. We are not sure whether we should count it as non-normative or as normative. But certainly, $p \vee Oq$ is *either* non-normative *or* normative, according to the dichotomic classification. Now consider the following two deductions, which are valid inferences in propositional logic:

(14) $p \vdash_L p \vee Oq$
(15) $\neg p, p \vee Oq \vdash_L Oq$

Since p and $\neg p$ are non-normative, $\{p\}$ and $\{\neg p, p \vee Oq\}$ are consistent, and Oq is not logically true, the following holds: If $p \vee Oq$ counts as normative, then (14) is an example of an is-ought inference violating Hume's thesis in explication (8). If $p \vee Oq$ counts as nonnormative, then (15) is an example of an is-ought inference. This proves that Hume's thesis is violated in every possible case, i.e. it proves (9a). Concerning the stronger claim (9b): Let D be any contingent non-normative sentence, and let $\mathbb{P}$ denote the infinite set of propositional variables. If $D \vee Op$ counts as normative, then D implies the infinitely many normative sentences $D \vee Op$, with $p \in \mathbb{P}$. If $D \vee Op$ counts as non-normative, then $\neg D$ and $D \vee Op$ are contingent non-normative sentences implying the infinitely many normative sentences Op ($p \in \mathbb{P}$).

An obvious way to escaping this paradox, undertaken by many analytic ethicists (cf. Harrison 1972, Kutschera 1982), was to exclude mixed sentences like $p \vee Oq$ from the range of Hume's is-ought thesis. So instead of Prior's dichotomy, these authors introduced a trichotomic division among the set of all sentences into purely descriptive, purely normative and mixed ones and explicated Hume's thesis as follows: *No purely normative sentence which is not logically true is derivable from any consistent set of purely descriptive sentences*. We call this the *special Hume thesis SH*.

The exclusion of mixed sentences in SH is not a satisfying solution, because mixed sentences belong to the most important kinds of ethical sentences, as explained in Section 1.5. A satisfying solution of Prior's paradox must show what Hume's general philosophical principle of the is-ought dichotomy implies for deductions containing mixed sentences. We need something what we will call the *general Hume thesis GH* – a natural generalization of Hume's thesis for deductions containing mixed sentences – in particular, mixed *conclusions* (cf. also Morscher 1984, cf. 426, 430).

We obtain the idea of this GH if we recognize that deduction (14) with purely descriptive premises and a mixed conclusion has an irrelevant conclusion in a special sense: the propositional variable q of the conclusion which lies within the scope of the obligation operator can be replaced salva validitate by any other formula. So what the conclusion says about *ought* is completely independent from what the premises say about *is*. If we look at further examples of deductions $\Gamma \vdash_L A$ with purely descriptive premises Γ and a mixed conclusion A in standard deontic logics, we realize that they also have this salient feature: the propositional variables (atomic formulas) in A can be uniformly replaced by any other formulas on *all* those occurrences which lie within the scope of an obligation operator O, salva validitate of $\Gamma \vdash_L A$. For instance, consider deduction (16) – a new kind of irrelevant deduction (different from addition) which rests on introducing a superfluous logical truth as a conjunct (more on this in section 3.1). With (16) also every deduction of the form (16*) is valid:

(16) $p \vdash_L p \wedge (O(p \wedge q) \rightarrow Op)$
(16*) $p \vdash_L p \wedge (O(A \wedge B) \rightarrow OA)$
(with L = the minimal monotonic deontic logic)

We speak here of a *completely ought-irrelevant* conclusion of a given descriptive premise set (this is a specialization of our more general irrelevance idea above, which refers only to *some* occurrences). Based on this observation, the formulation of our general Hume thesis GH is now at hand: it claims that in every deduction $\Gamma \vdash_{\mathrm{L}} \mathrm{A}$ with purely descriptive premises and a mixed conclusion, the conclusion is completely ought-irrelevant. Indeed if GH were true, this would fit perfectly with Hume's general principle of the is-ought dichotomy. The exciting question whether GH is indeed true and in which logics this is the case will be discussed in Section 5.2.2. The ethical importance of GH is demonstrated by the following example. Assume an ethicist derives from a purely descriptive premise set the conclusion "if *x* is a murderer, then *x* should be punished by the death penalty" in a standard deontic logic L. If we knew that GH holds in L, then without even knowing which descriptive premises the ethicist has used we can conclude that the deduction is either incorrect or every sentence of the form "if *x* is a murderer, then A" follows from his premise set, in particular "if *x* is a murderer, *x* should not be punished" – which destroys the ethical relevance of our ethicist's argument.[15]

3. THE THEORY OF CONCLUSION-RELEVANT DEDUCTION

3.1. *The Definition of Relevant Conclusion*

In what follows the concept of relevant conclusion is developed in a logically systematic way. The main kind of irrelevant conclusion in the previous section was the addition $p \vdash_{\mathrm{L}} p \vee q$ and its 'derivatives' obtained by various logical transformations, like

(17) $p \vdash_{\mathrm{L}} \underline{q} \rightarrow p;\ p \vdash_{\mathrm{L}} \neg p \rightarrow \underline{q};\ p \wedge q \vdash_{\mathrm{L}} p \vee (\underline{r \wedge s});$
$p \wedge q \vdash_{\mathrm{L}} (p \vee \underline{r}) \wedge (q \vee \underline{s});\ \neg p \vdash_{\mathrm{L}} \neg(p \wedge \underline{q})$

– the underlined subformulas are replaceable. It is characteristic of these 'derivatives' of addition that always *single* occurrences of subformulas are replaceable salva validitate. But the replacement of single subformula occurrences is not enough, as the second kind of irrelevant conclusions due to superfluous logical truths shows, which we met in example (16) of Section 2.5. Derivatives of this kind are

(18) $p \vdash_{\mathrm{L}} p \wedge (\underline{q} \vee \neg \underline{q});\ p \vdash_{\mathrm{L}} p \wedge (\underline{p} \vee \neg \underline{p});$
$p \vdash_{\mathrm{L}} (\underline{q} \rightarrow p) \vee (\neg \underline{q} \rightarrow p),$

etc. Here the conclusion has a subformula which is simultaneously replaceable on *both* of its (underlined) occurrences salva validitate, but not on its single occurrences alone – i.e. $p \vdash_L p \wedge (\underline{A} \vee \neg \underline{A})$, but $p \nvdash_L p \wedge (A \vee \neg q)$, etc. Also superfluous logical truths have been the source of paradoxes. One example is the paradox in the logic of 'epistemically neutral' perception sentences discussed by Barwise (1988, p. 24), which rests on an application of the intuitively plausible 'principle of logical equivalence' to the irrelevant equivalence $\mathrm{F}a \dashv\vdash_L (\mathrm{F}a \wedge \underline{\mathrm{G}a}) \vee (\mathrm{F}a \wedge \neg \underline{\mathrm{G}a})$.[16]

Finally there exist also more complicated cases of irrelevant conclusions, the proof of which involves both addition and superfluous logical truths like

$$(19) \qquad p \rightarrow q \vdash_L (p \wedge \underline{r}) \rightarrow (q \wedge \underline{r});\ p \wedge q \vdash_L (p \wedge \underline{r}) \vee (q \wedge \neg \underline{r}).$$

Here, too, the underlined subformula is simultaneously replaceable on both occurrences, but not on the single one alone. By applying our replacement criterion to *multiple* occurrences we are able to cover all these cases by one simple relevance criterion.

We will give our relevance definition not only for propositional but also for first-order predicate logic, because this admits much more interesting applications. So far we have based our relevance criterion on the salva-validitate replacement of subformulas of any kind, i.e. possibly complex ones, by any other sentences. This condition has a relatively complicated formulation in predicate logic because of the necessary conditions prohibiting confusions of variables. To give some hints as to what is going on, consider the irrelevant deduction

$$(20) \qquad \forall x(\mathrm{F}x \rightarrow \mathrm{G}x),\ \mathrm{F}a \vdash_L (\mathrm{G}a \wedge \neg \forall z \underline{\mathrm{R}zu}) \vee (\mathrm{G}a \wedge \underline{\mathrm{R}bu})$$

obtained by introducing the superfluous logical truth $(\forall z \mathrm{R}zu \rightarrow \mathrm{R}bu)$ and applying the law of distribution. If we view the underlined atomic formulas as different term substitution instances of the same atomic formula $\mathrm{R}x_1x_2$, namely $\mathrm{R}x_1x_2[z/x_1, u/x_2]$ and $\mathrm{R}x_1x_2[b/x_1, u/x_2]$, we see that they are simultaneously replaceable salva validitate by the corresponding term instances $B[z/x_1, u/x_2]$ and $B[b/x_1, u/x_2]$ for *any* other formula B *provided* these term substitutions are correct and they do not contain a free variable different from x_1 and x_2 which gets bound by a quantifier after the replacement – here possibly the quantifier $\forall z$. Based on this observation, a general formulation of conclusion-relevance for predicate logic is possible based on the notion of the *occurrence-restricted substitution* of subformulas by any other formulas, which is obtained as a generalization of Kleene's notion of uniform substitution of formulas for predicates.[17] We don't present this complicated definition. Fortunately an important simplification is possible. The definition of relevant conclusions based on the replacement of (possibly complex) subformulas by any others is provably *equivalent* to the simpler definition based on the replacement of predicate letters by any other predicate letters of the same arity.[18] This will be the final version of our relevance definition, which can be stated in an informal version as follows:[19]

(21) (*Informal Definition*) Assume $\Gamma \vdash_{\mathrm{L}} \mathrm{A}$. Then *A* is a *relevant conclusion* of *Γ* iff no predicate in A is replaceable on some of its occurrences by any other predicate of the same arity, salva validitate of $\Gamma \vdash_{\mathrm{L}} \mathrm{A}$. Otherwise, A is an *irrelevant* conclusion of Γ.

If A is a relevant/irrelevant conclusion of Γ, we also say, the deduction $\Gamma \vdash_{\mathrm{L}} \mathrm{A}$ is *conclusion-relevant/irrelevant*, in symbols $\Gamma \vdash^{\mathrm{cr}}_{\mathrm{L}} \mathrm{A}/\Gamma \vdash^{\mathrm{ir}}_{\mathrm{L}} \mathrm{A}$ (resp.).

A further important simplification is due to the following *theorem*:[20] Assume $\Gamma \vdash_{\mathrm{L}} \mathrm{A}$. Then: Some occurrences of a predicate are replaceable salva validitate by by *any* other predicate of the same arity iff these occurrences are replaceable salva validitate by *some new* predicate of the same arity, i.e. one which does not occur in $\Gamma \cup \{\mathrm{A}\}$. This makes it especially simple to *test* whether a given deduction $\Gamma \vdash_{\mathrm{L}} \mathrm{A}$ is conclusion-irrelevant: instead of investigating 'all possible' replacements of predicate occurrences, it is enough to find just *one* replacement by a new predicate in order to prove that $\Gamma \vdash_{\mathrm{L}} \mathrm{A}$ is conclusion-irrelevant.

Here are some examples of relevant and irrelevant conclusions.

Examples of relevant conclusions:
In propositional logic: $(p \wedge q) \vdash_{\mathrm{L}} p$; $p, p \rightarrow q \vdash_{\mathrm{L}} q$; $\neg q, p \rightarrow q \vdash_{\mathrm{L}} \neg p$; $p \rightarrow q,\ q \rightarrow r \vdash_{\mathrm{L}} p \rightarrow r$; $p \vdash_{\mathrm{L}} p$, $p \vdash_{\mathrm{L}} \neg\neg p$; $p \Diamond q \vdash_{\mathrm{L}} q \Diamond p$; $p \Diamond (q \Diamond r) \vdash_{\mathrm{L}} (p \Diamond q) \Diamond r$; $p \Diamond q \vdash_{\mathrm{L}} \neg(\neg p \overset{\vee}{\wedge} \neg q)$; $(p \vee q)$, $\neg p \vdash_{\mathrm{L}} q$; $p \Diamond (q \overset{\vee}{\wedge} r) \vdash_{\mathrm{L}} (p \Diamond q) \overset{\vee}{\wedge} (p \Diamond r)$; $p, q \vdash_{\mathrm{L}} p \wedge q$; etc.

In predicate logic: $\forall x\mathrm{F}x \vdash_{\mathrm{L}} \exists x\mathrm{F}x$; $\forall x\mathrm{F}x \vdash_{\mathrm{L}} \mathrm{F}a$; $\mathrm{F}a \vdash_{\mathrm{L}} \exists x\mathrm{F}x$; $a = b$, $\mathrm{F}a \vdash_{\mathrm{L}} \mathrm{F}b$; $\forall x(\mathrm{F}x \wedge \mathrm{G}x) \vdash_{\mathrm{L}} \forall x\mathrm{F}x$; $\forall x(\mathrm{F}x \rightarrow \mathrm{G}x)$, $\mathrm{F}a \vdash_{\mathrm{L}} \mathrm{G}a$; etc.

Examples of irrelevant conclusions (Underlined = replaceable; double underlined are replaceable independently from single underlined):

In propositional logic: $p \vdash_{\mathrm{L}} p \vee \underline{q}$; $p \rightarrow q \vdash_{\mathrm{L}} (p \wedge \underline{r}) \rightarrow q$; $p \rightarrow q \vdash_{\mathrm{L}} (p \wedge \underline{r}) \rightarrow (q \wedge \underline{r})$; $p \wedge q \vdash_{\mathrm{L}} (p \wedge \underline{r}) \vee (q \wedge \neg \underline{r})$; $\neg p \vdash_{\mathrm{L}} p \rightarrow \underline{q}$; $p \vdash_{\mathrm{L}} \underline{q} \rightarrow p$; $p \wedge \neg p \vdash_{\mathrm{L}} \underline{q}$; $p \wedge \neg p \vdash_{\mathrm{L}} \underline{p} \wedge \neg \underline{p}$; $p \wedge \neg p \vdash_{\mathrm{L}} \underline{q} \wedge \neg \underline{q}$; $p \vdash_{\mathrm{L}} \underline{q} \vee \neg \underline{q}$; $p \vdash_{\mathrm{L}} p \rightarrow p$; $p \vee \neg p \vdash_{\mathrm{L}} \underline{p} \vee \neg \underline{p}$; $p \vdash_{\mathrm{L}} p \vee (\underline{p} \wedge \neg \underline{p})$; $p \vdash_{\mathrm{L}} p \wedge (\underline{q} \vee \neg \underline{q})$; $p \vdash_{\mathrm{L}} p \vee (\underline{p} \wedge \underline{q})$; $p \vdash_{\mathrm{L}} p \wedge (p \vee \underline{q})$; etc. *In predicate logic:* $\substack{\forall x\\ \exists x}\mathrm{F}x \vdash_{\mathrm{L}} \substack{\forall x\\ \exists x}(\mathrm{F}x \vee \underline{\mathrm{G}}x)$; $\substack{\forall x\\ \exists x}(\mathrm{F}x \rightarrow \mathrm{G}x) \vdash_{\mathrm{L}} \substack{\forall x\\ \exists x}((\mathrm{F}x \wedge \underline{\mathrm{H}}x) \rightarrow \mathrm{G}x)$; $\substack{\forall x\\ \exists x}(\mathrm{F}x \rightarrow \mathrm{G}x) \vdash_{\mathrm{L}} \substack{\forall x\\ \exists x}(\mathrm{F}x \rightarrow (\mathrm{G}x \vee \underline{\mathrm{H}}x))$; $a = b \vdash_{\mathrm{L}} \underline{\mathrm{F}}a \rightarrow \underline{\mathrm{F}}b$; $\substack{\forall x\\ \exists x}\mathrm{G}x \vdash_{\mathrm{L}} \substack{\forall x\\ \exists x}\exists y \forall z(\mathrm{G}x \wedge (\underline{\mathrm{F}}y \vee \neg \underline{\mathrm{F}}z))$ $[\dashv\vdash \substack{\forall x\\ \exists x}\mathrm{G}x \wedge (\exists y \mathrm{F}y \vee \forall z \neg \mathrm{F}z)]$; $\forall x(f(x) = j(g(x), h(x))) \vdash_{\mathrm{L}} \forall x[(f(x) = j(g(x), h(x))) \vee (f(x) \equiv (g(x), h(x)))]$; etc.

We finally explain how the informal definition above can be stated in the standard mathematical form of an inductive definition as the basis of a general logical theory of conclusion-relevant deduction. The core concept is that of *occurrence-restricted* substitution of predicates. For $n \geqslant 0$, let $\mathscr{R}^n$ be the set of $\mathscr{L}$'s n-place predicates; and for every $\mathrm{A} \in \mathscr{L}$, let $\mathscr{R}(\mathrm{A})$ denote the set of predicates occurring in A. A *predicate-substitution function* is a function π with the domain $\cup_{n \geqslant 0} \mathscr{R}$ and $\pi\colon \mathscr{R}^n \rightarrow \mathscr{R}^n$ for all $n \geqslant 0$. For every formula $\mathrm{A} \in \mathscr{L}$, $\pi\mathrm{A}$ denotes the result of the uniform substitution of πR for $R \in \mathscr{R}(\mathrm{A})$ in A and is inductively defined as usual $[(\pi \mathrm{R}x_1 \ldots x_n) = (\pi\mathrm{R})x_1 \ldots x_n$, $\pi \neg \mathrm{B} = \neg \pi \mathrm{B}$, $\pi(\mathrm{B} \vee \mathrm{C}) = (\pi\mathrm{B} \vee \pi\mathrm{C})$, $\pi \forall x \mathrm{B} = \forall x \pi \mathrm{B}$, $\pi o \mathrm{B} = o \pi \mathrm{B}$ for o a modal operator].

Assuming that the occurrences of predicates in any formula $\mathrm{A} \in \mathscr{L}$ are numbered from left to right, starting with 1, we can represent a set of *predicate occurrences* μ simply as a set of natural numbers $\mu \subseteq \mathbb{N}$. The result of applying the *μ-restricted π-substitution* in $\mathrm{A} \in \mathscr{L}$, denoted by $\pi^{\mu}\mathrm{A}$, is then simply defined as the result of replacing, for every $i \in \mu$, the ith predicate-occurrence R in A by πR, provided A has at least i predicate occurrences (otherwise nothing is replaced). The inductive definition is as follows: (1) $\mathrm{A} = \mathrm{R}x_1 \ldots x_n$ $(n \geqslant 0)$: If $1 \notin \mu$, then $\pi^{\mu}\mathrm{A} = \mathrm{A}$, and if $1 \in \mu$, then $\pi^{\mu}\mathrm{A} = \pi\mathrm{A}$. (2) $\pi^{\mu} \neg \mathrm{B} = \neg \pi^{\mu}\mathrm{B}$. (3) $\pi^{\mu}(\mathrm{B} \vee \mathrm{C}) = (\pi^{\mu}\mathrm{B} \vee \pi^{\mu^*}\mathrm{C})$, with $\mu^* = \{i - k_{\mathrm{B}} \mid i \in \mu$ and $i > k_{\mathrm{B}}\}$, where k_{B} = the number of predicate occurrences in B. (4) $\pi^{\mu}\forall x\mathrm{B} = \forall x \pi^{\mu}\mathrm{B}$. (5) $\pi^{\mu} oB = o \pi^{\mu}\mathrm{B}$, for o a modal operator.

An example: Assume $\pi\mathrm{F} = \mathrm{H}$, $\pi\mathrm{G} = \mathrm{I}$ and $\pi\mathrm{R} = \mathrm{Q}$, $\mu = \{1, 3\}$, $\mu^* = \{2, 4\}$, and $\mathrm{A} = (\forall x(\mathrm{F}x \vee \mathrm{G}x) \rightarrow \exists y(\neg \mathrm{F}y \wedge \mathrm{R}xy))$. Then $\pi^{\mu}\mathrm{A} = (\forall x(\mathrm{H}x \vee \mathrm{G}x) \rightarrow \exists y(\neg \mathrm{H}y \wedge \mathrm{R}xy))$, $\pi^{\mu^*}\mathrm{A} = (\forall x(\mathrm{F}x \vee \mathrm{I}x) \rightarrow \exists y(\neg \mathrm{F}y \wedge \mathrm{Q}xy))$, $\pi\mathrm{A} = (\forall x(\mathrm{H}x \vee \mathrm{I}x) \rightarrow (\exists y(\neg \mathrm{H}y \wedge \mathrm{Q}xy))$.

We obtain as the final definition:

(22) (*Formal Definition*): $\Gamma \vdash^{cr}_{L} A$ $[\Gamma \vdash^{ir}_{L} A]$ iff $\Gamma \vdash_{L} A$ and there exists no [some] non-empty $\mu \subseteq \mathbb{N}$ such that $\Gamma \vdash_{L} \pi^{\mu}A$ holds for every π.[21]

We call the irrelevance of a conclusion according to definition (22) also a *partial* irrelevance, since it is enough for being irrelevant that there exist *some* replaceable predicate occurrences, i.e. that μ is just *non-empty*. There are two successive strengthenings of this notion. The first is the notion of a *completely O-irrelevant* conclusion introduced in Section 2.5 in order to solve the Prior paradox. Here every occurrence of a predicate in the conclusion lying within the scope of an obligation operator is replaceable salva validitate, i.e. μ coincides with the set of all predicate occurrences in O-scopes. Formally we define this notion as follows. For any formula $A \in \mathscr{L}$ and predicate substitution function π, π^0A – the result of performing the *O-restricted π-substitution* in A – denotes the result of replacing every predicate $R \in \mathscr{R}(A)$ by πR on exactly those occurrences lying within the scope of some O. It is inductively defined as follows: (1) $\pi^0 Rx_1 \ldots x_n = Rx_1 \ldots x_n$, (2) $\pi^0 \neg B = \neg \pi^0 B$; (3) $\pi^0(B \vee C) = \pi^0 B \vee \pi^0 C$; (4) $\pi^0 \forall xB = \forall x \pi^0 B$; (5) $\pi^0 oB = o\pi^0 B$ for o a modal operator *different* from O, and [importantly] (6) $\pi^0 OB = O\pi B$. We define now: *The deduction* $\Gamma \vdash_{L} A$ *has a completely O-irrelevent conclusion iff* $\Gamma \vdash_{L} \pi^0 A$ *holds for every* π.

Consider, as an example, the following deductions:

(23) $O(p \rightarrow q), Op \vdash_{L} (Oq \vee O\underline{r}) \wedge O(\underline{s} \vee \neg \underline{s})$

(24) $p \rightarrow q, p \vdash_{L} (q \vee O\underline{r}) \wedge O(\underline{s} \vee \neg \underline{s})$

(23) is only partially conclusion-irrelevant but not completely O-irrelevant, because only some (the underlined ones) but not all variable-occurrences in the conclusion lying within an O-scope are replaceable salva validitate. On the other hand, (24) is completely O-irrelevant.

A further strengthening is the notion of a *completely irrelevant* conclusion, in which *all* occurrences of predicates are replaceable salva validitate. We define this notion simply by applying π uniformly to the entire conclusion: $\Gamma \vdash_{L} A$ *has a completely irrelevant conclusion iff* $\Gamma \vdash_{L} \pi A$ *for every* π. The following *theorem* is provable by simple means (Schurz 1989, pp. 62f): $\Gamma \vdash_{L} A$ has a completely irrelevant conclusion iff either Γ is L-inconsistent or A is an L-theorem, where L may be any intuitionistic or classical modal logic which is Halldén-complete (cf. footnote 6). This means that our notion of complete conclusion-irrelevance covers exactly the two "classical" paradoxes of implication, the elimination of which is the main target of relevance logics:

(25) falsum quodlibet: $p \wedge \neg p \vdash_{L} q$
(26) verum ex quodlibet: $p \vdash_{L} q \vee \neg q$

In other words, the irrelevancies covered by relevance logics are special cases of those covered by our theory of relevant deduction – the special case of complete irrelevance.

Finally we mention that one may distinguish also between corresponding notions of relevant conclusions: If a conclusion is not partially irrelevant, i.e. relevant in the sense of Definition (21), it can be called completely relevant; if it is not completely O-irrelevant, it is partially O-relevant; if it is not completely irrelevant, it is partially relevant.

3.2. *Logical Properties and Comparison with Relevance Logic*

As already mentioned in Section 1.6, relevance logic identifies relevance with validity and constructs a 'new' logic, whereas our theory defines relevant deductions as a proper subclass of all valid deductions by restrictions within the given logic L. As a result of these different purposes, the general difference between the two approaches is this: Relevance logic has 'nice' logical properties; in return it solves only a few paradoxes, as, e.g., the classical falsum quodlibet and verum ex quodlibet. On the contrary, the conclusion-relevant deduction does not have 'nice' logical properties; in return it solves a lot of paradoxes (indeed, I think all paradoxes which have to do with 'logical' irrelevance).

Before comparing our notion of conclusion-relevant deduction $\vdash_{L}^{cr}$ with relevance logics, we must pay attention to the fact that relevance logic is prima facie a system of relevant implication $\underset{r}{\rightarrow}$. However, there exists also a notion of deduction in relevance logics which we denote by $\vdash_{r}$ and which satisfies the usual deduction theorem $A_1, \ldots, A_n \vdash_{r} B$ iff '$A_1 \wedge \cdots \wedge A_n \underset{r}{\rightarrow} B$' is provable (cf. Anderson–Belnap 1975, p. 277f). So, a straightforward comparison of our $\vdash_{L}^{cr}$ with $\vdash_{r}$ is possible. We will assume that the deduction relation $\vdash_{L}$ to which our $\vdash_{L}^{cr}$ is relativized is that of classical logic (furthermore, we will simply say "relevant deduction" instead of "conclusion-relevant deduction").

(1) The deductions $\vdash_{r}$ of relevance logic are closed under *substitution*

(like every standard logical deduction relation), whereas relevant deduction $\overset{\text{cr}}{\vdash}_{\text{L}}$ is *not*. On the other hand, the irrelevant deductions $\overset{\text{ir}}{\vdash}_{\text{L}}$ of our theory are closed under substitution whereas the corresponding classically valid inferences which are invalid in relevance logics are *not*. So here is the first *crossroad*: In relevance logics, *relevance* is closed under substitution, i.e. is a matter of *form*, whereas in our theory, *irrelevance* is closed under substitution, i.e. is a matter of *form*. Let us demonstrate by way of an example why we think that approach is the correct one. Consider the 'classical' ex falso quodlibet $p \wedge \neg p \vdash_{\text{L}} q$. The irrelevance of this deduction is manifested in the fact that it is valid only because of the form of the premises, independent of what is stated in the conclusion. Therefore, not only $p \wedge \neg p \vdash_{\text{L}} q$ but *every* deduction of the form $\text{A} \wedge \neg\text{A} \vdash_{\text{L}} \text{B}$ must be counted as irrelevant, in particular also $p \wedge \neg p \vdash_{\text{L}} p$. In the same way it can be argued for every irrelevant deduction that its instances must be irrelevant as well.

It holds in our approach that $\text{A} \wedge \neg\text{A} \overset{\text{ir}}{\vdash}_{\text{L}} \text{B}$ for every $\text{A}, \text{B} \in \mathscr{L}$; i.e. not only $p \wedge \neg p \overset{\text{ir}}{\vdash}_{\text{L}} q$, but also $p \wedge \neg p \overset{\text{ir}}{\vdash}_{\text{L}} p$. Very different in relevant logic. Here $p \wedge \neg p \vdash_{\text{r}} q$ is *invalid*, but $p \wedge \neg p \vdash_{\text{r}} p$ is *valid*, and indeed must be valid there, because it is a substitution instance of the valid deduction $p \wedge q \vdash_{\text{r}} p$, and $\vdash_{\text{r}}$ is closed under substitution (Anderson–Belnap 1975, p. 158). On the other hand, the fact that $p \wedge q \overset{\text{cr}}{\vdash}_{\text{L}} p$ although $p \wedge \neg p \overset{\text{ir}}{\vdash}_{\text{L}} p$ is no problem for us because our $\overset{\text{cr}}{\vdash}_{\text{L}}$ is not closed under substitution.

(2) The law of *addition* (Add), which is the 'paradigm' of an irrelevant deduction in our theory, is valid in relevant logics, i.e. $p \vdash_{\text{r}} p \vee q$ holds (Anderson–Belnap, 1975, p. 154). This, of course, implies that relevance logic can't solve all the main cases of paradoxes, because they all rest on the irrelevance of addition. But it has also another interesting consequence: *disjunctive syllogism* (DS) $p \vee q, \neg p \vdash q$ is invalid in relevance logics, whereas it is relevant in our theory: $p \vee q, \neg q \overset{\text{cr}}{\vdash}_{\text{L}} p$. We can't see any reason for viewing (DS) as irrelevant. Anderson–Belnap exclude it on the (ad hoc) ground that (DS) together with (Add) would make ex falso quodlibet $p \wedge \neg p \vdash q$ generally provable (1975, p. 164f). In our view, what is irrelevant is not (DS) but (Add).

(3) Two further important properties of 'standard' deduction relations are the *cut rule*: if $\Gamma \vdash \text{A}$ for all $\text{A} \in \Gamma$ and $\Gamma \vdash \text{B}$, then $\Gamma \vdash \text{B}$ (this implies transitivity), and *monotonicity*: if $\Gamma \vdash \text{A}$ and $\Gamma \subseteq \Delta$, then $\Delta \vdash \text{A}$ (cf. Rautenberg 1979, p. 75f). Both properties are satisfied by

$\vdash_r$ of relevance logics, but are not satisfied by our $\vdash^{cr}_{L}$. A counter-example to transitivity (cut rule) of $\vdash^{cr}_{L}$ is $(p \vee q) \wedge r \vdash^{cr}_{L} p \vee (q \wedge r) \vdash^{cr}_{L} (p \vee q) \wedge (p \vee r)$, but $(p \vee q) \wedge r \vdash^{ci}_{L} (p \vee q) \wedge \underline{p} \vee r)$; a counter-example to monotonicity is $p \vee q \vdash^{cr}_{L} p \vee q$, but $\{p, p \vee q\} \vdash^{cr}_{L} p \vee \underline{q}$.

The facts that $\vdash^{cr}_{L}$ is not closed under substitution, does not satisfy the cut rule and is non-monotonic are strong reasons for our strategy to distinguish between relevance and validity and not to view relevant deduction as a deduction relation in the standard sense. Nevertheless, the investigation of $\vdash^{cr}_{L}$ in the perspective of the general theory of deduction relations is highly interesting, for two reasons. *First*, there exist also 'non-standard' deduction relations and it is important to know whether $\vdash^{cr}_{L}$ – the 'relevant restriction' of the classical deduction relation $\vdash_{L}$ – cannot at least be seen as a 'deviating' deduction relation. *Second*, our concept of relevant deduction is generalizable to any kind of deduction relations, and it is very interesting to investigate it for deduction relations $\vdash$ which are *weaker* than the classical $\vdash_{L}$. Indeed we will see that in this case things may indeed change, and it may happen that for a weaker $\vdash$ its relevant restriction, $\vdash^{cr}$ satisfies standard properties of deduction relations. We will investigate this latter question in Section 5.4, here we focus on the relevant restriction $\vdash^{cr}_{L}$ of the classical $\vdash_{L}$.

Can $\vdash^{cr}_{L}$ be viewed as a 'deviating' deduction relation? As mentioned above, irrelevant deductions may be useful in mathematical proofs. Indeed, it may happen that the *proof* of a relevant deduction contains an irrelevant intermediate proof step. For instance, the deduction p, $(p \vee q) \rightarrow r \vdash_{L} r$ is relevant, but its proof contains the irrelevant step (3): (1) p[Prem], (2) $(p \vee q) \rightarrow r$[Prem], (3) $p \vee q$ (Add, applied to 1], (4) r [MP, applied to 2 and 3]. However, this proof may be replaced by another proof which contains only relevant proof steps, namely: (1) p[Prem], (2) $(p \vee q) \rightarrow r$[Prem], (3) $p \rightarrow r$ [from (2) by the relevant rule $(p \vee q) \rightarrow r \vdash_{L} p \rightarrow r$], (4) r [MP from (3) and (1)]. An important question is this: does every relevant deduction have a proof consisting only of relevant steps, or are there some relevant deductions which are only provable with the help of irrelevant steps? The former alternative would be an argument in favour of viewing $\vdash^{cr}_{L}$ as a 'deviating' deduction relation, the latter would be a strong argument against it.

Our question has a stronger and a weaker form. In the stronger form, it means: is there a correct and complete axiomatization of $\vdash^{cr}_{L}$, i.e. is there a decidable set of axioms and rules [e.g. in the form of a Gentzen-like system] from which all relevant deductions and only those are provable? The 'weakest' form of axiomatizability is recursive enumerability. For the latter, the question is answered by a theorem due to Kit Fine:

(27) (Theorem): For every recursively enumerable (r.e.) logic L closed under substitution and containing classical propositional logic: $\overset{cr}{\vDash}_{L}$ is r.e. only if L is decidable.

Proof: It holds that $p \wedge \neg A \overset{cr}{\vDash}_{L} p$ iff $\nvDash_{L} A$ provided $p \notin \mathbb{P}(A)$. Direction $\Rightarrow$: if $\vDash_{L} A$, then $p \wedge \neg A$ is inconsistent whence $p \wedge \neg A \overset{ir}{\vDash}_{L} q$ for every $q \in \mathbb{P}$, i.e. $p \wedge \neg A \overset{ir}{\vDash}_{L} p$. Direction $\Leftarrow$: If $p \wedge \neg A \overset{cr}{\vDash}_{L} p$, then $p \wedge \neg A \vDash_{L} q$ for $q \notin \mathbb{P}(A, p)$, so $(p \vee \neg p) \wedge \neg A \vDash_{L} q \wedge \neg q$ [by uniform substitution and $p, q \notin \mathbb{P}(A)$]; so $\neg A$ is L-inconsistent, i.e. $\vDash_{L} A$. From $p \wedge \neg A \overset{cr}{\vDash}_{L} p$ iff $\nvDash_{L} A$ it follows that if $\overset{cr}{\vDash}_{L}$ is r.e., then also the set of L-non-theorems is r.e. Because L is also r.e., L is decidable. Q.E.D.

So for all logics L containing classical first-order predicate logic, $\overset{cr}{\vDash}_{L}$ is not r.e. and hence has no correct and complete axiomatization.

The weaker form of the question is this: does there exist an axiomatization of $\overset{cr}{\vDash}_{L}$ such that every relevant deduction has a proof containing only relevant steps, even if there might also be some irrelevant deductions provable with it? In short, does there exist a complete and relevant axiomatization of $\overset{cr}{\vDash}_{L}$ even if it is not a correct one? This question is not answered yet. A further important question is whether there exists some interesting semantic representation of $\overset{cr}{\vDash}_{L}$.[22]

Besides the question whether $\overset{cr}{\vDash}_{L}$ can be seen as a 'non-standard' deduction relation, there are further important questions about $\overset{cr}{\vDash}_{L}$. One example is the question to what degree $\overset{cr}{\vDash}_{L}$ depends on the choice of primitive propositional connectives. As shown in Schurz (1989, Prop. 5, pp. 73f), every set of primitive connectives among $\{\neg, \vee, \wedge, \rightarrow\}$ is adequate for $\overset{cr}{\vDash}_{L}$, whereas $\leftrightarrow$ and exclusive disjunction are not adequate for $\overset{cr}{\vDash}_{L}$ because they may 'hide' certain irrelevancies. A second important question about $\overset{cr}{\vDash}_{L}$ is this: Is the set of relevant consequences of a sentence A always logically equivalent to A itself? If this were true then no information (in the sense of classical L) would get lost by replacing the classical deductive consequence class of a sentence by the set of its relevant consequences. This might be regarded as an important adequacy requirement for the application of $\overset{cr}{\vDash}_{L}$ to verisimilitude. It is easily proved that this requirement is satisfied iff the following holds:

(28) (Theorem/Conjecture): For all $A \in \mathscr{L}$ there exists a $B \in \mathscr{L}$ such that $\vdash_{L} A \leftrightarrow B$ and $B \vdash_{L}^{cr} B$.

(28) has been proved for classical propositional logic, and it is easily proved for second-order predicate logic, but so far it is only a *conjecture* for first-order predicate logic.

3.3. *Comparison with other Relevance Criteria*

There are some other criteria of relevant deduction which are located within our strategy of restricting classical logic. We show how our $\vdash_{L}^{cr}$ is related to them.

The *Wright–Geach–Smiley* criterion[23] says that $A \rightarrow B$ is a relevant implication (or $A \vdash_{L} B$ a relevant deduction, respectively) iff it is possible to prove $A \rightarrow B$ without proving $\neg A$ or B. Because of the formulation "possible", this criterion is equivalent to the following: $A \vdash_{L} B$ is relevant iff neither $\vdash_{L} \neg A$ nor $\vdash_{L} B$. Thus, this criterion coincides with the exclusion of complete conclusion-irrelevance in the sense of Section 3.1.

The *Aristoteles–Parry–Weingartner* criterion[24] (called A-criterion in Weingartner/Schurz 1986) says that a deduction $\Gamma \vdash_{L} A$ is relevant iff every propositional variable or predicate occurring in the conclusion occurs also in the premises, i.e. iff $\mathscr{R}(A) \subseteq \mathscr{R}(\Gamma)$. This criterion is properly contained in $\vdash_{L}^{cr}$; i.e. if $\Gamma \vdash_{L}^{cr} A$, then $\Gamma \vdash_{L} A$ satisfies the APW-criterion, but not vice versa. For instance, $p \vdash_{L} p \vee \neg p$, or $\forall x(Fx \rightarrow Gx)$, $Fa \vdash_{L} Ga \vee \neg \exists x Fx$ are relevant according to the APW criterion but irrelevant in our theory. The deeper reason behind this is that APW-irrelevant deductions are not closed under substitution, which should be the case as argued in Section 3.2.

The idea of 'salva validitate' replacements was invented by *Körner*, so our theory is much indebted to him. His idea was that a valid formula is 'essential' (or relevant, in our terminology) iff it contains no inessential components. He calls a component of a valid formula 'inessential' iff "it can salva validitate be replaced by its negation, i.e. if replacing every occurrence of the component by its negation leads from a valid to a valid logical implication".[25] The formulation of Körner is mistaken because according to it, by uniform substitution every component of a valid formula would be inessential. Cleave (1973/74) corrected this mistake by applying Körner's salva validitate replacement only to *single* subformula-occurrences: A valid formula (in particular: implication, deduction) is 'essential' iff no single occurrence of a subformula is replaceable by its negations salva validitate. A generalization of this criterion to predicate logic was undertaken in Schurz (1983b), called K-criterion in Weingartner/Schurz (1986) and henceforth.

There is no simple logical relation between $\vdash^{cr}_{L}$ and the K-criterion. The most important differences, and I think improvements, of $\vdash^{cr}_{L}$ compared to the K-criterion are these. (1) In predicate logic it may happen that a predicate of the conclusion is replaceable by its negation without being replaceable by any other predicate salva validitate. For instance, in the deduction $\neg\forall x Fx \wedge \neg\forall x \neg Fx \vdash_L \exists x Fx \wedge \exists x \neg Fx$, Fx is replaceable in the conclusion by $\neg Fx$, salva validitate, but it is not replaceable by any other atomic formula. So this deduction is conclusion-irrelevant according to the K-criterion, but it should be considered as conclusion-relevant, because here the premises are relevantly connected with every component of the conclusion. So the K-criterion leads to inadequate, namely too strong, results in predicate logic. An appropriate criterion must not be based on replacements-by-negation, but on replacements-by-any-other-formula. (2) Whereas the K-criterion replaces only single occurrences, $\vdash^{cr}_{L}$ replaces also several occurrences in order to eliminate the irrelevancies mentioned in Section 3.1. For instance, the irrelevant deductions $p \vdash_L p \wedge (\underline{q} \vee \neg \underline{q})$, $p \rightarrow q \vdash_L ((p \wedge \underline{r}) \rightarrow (q \wedge \underline{r}))$ or $p \wedge q \vdash_L (p \wedge \underline{r}) \vee (q \wedge \neg \underline{r})$ are all relevant according to the K-criterion. (3) Finally, the K-criterion does not distinguish between premise-relevance and conclusion-relevance. For instance, simplification $p \wedge \underline{q} \vdash_L p$ is also irrelevant according to it (moreover, it is formulated not only for valid implications or deductions but for any valid formulas). In the next section we will see that for good reasons, conclusion-relevance and premise-relevance have to be treated differently. I will introduce there a notion of relevant premises within our approach. However let me remark that my feelings about premise-relevance are much less 'certain' than about conclusion-relevance.

4. EXTENSION OF THE APPROACH: RELEVANCE OF PREMISES

4.1. *Why Premise-Relevance has Restricted Applications*

The basic idea of relevant premises is simple: a premise $P \in \Gamma$ is relevant in the deduction $\Gamma \vdash_L A$ iff P is necessary for deducing A, i.e. iff

$\Gamma - \{P\} \vdash_L A$ is not valid also. According to this idea, $p, q \vdash_L p$ is the basic pattern of a premise-irrelevant deduction. The most important difference between premise-relevance and conclusion-relevance is that conclusion-relevance is required in every kind of applied argument, whereas premise-relevance is appropriate only in special cases of applications. The difference is also confirmed by the empirical test in Section 5.3, according to which conclusion-irrelevant arguments are generally judged as 'invalid' by our intuitive thinking, whereas premise-irrelevant arguments are mostly judged as 'valid'. There are a lot of situations in which deductive arguments with irrelevant premises are perfectly reasonable. One example is the evaluation of a theory by deducing empirical consequences, as in *verisimilitude*. A deduction proving that, say, the law of plastic collision is a consequence of Newtonian physics is certainly relevant in an intuitive sense, although the gravitational law, an element of Newtonian physics, is unnecessary for deriving this special consequence. But this does not matter here because the premise set of Newtonian physics is allowed to contain, and in fact *should* contain, much more information than special laws derived from it. All that counts here is that the derived conclusion, the special law, is relevant. Another example is *deductive justification*, where we justify the belief-that-C by deriving C from a premise set Γ which is already justified-to-believe: also here, the relevance of the premises in Γ is not a necessary requirement. The same holds for *deductive predictions* – deductive justifications of propositions which say something about the future. In all these and other examples, the requirement of relevant premises has at most the function of avoiding redundancies in the premises, but redundant premises don't make a deductive justification or predication unreasonable or senseless in applied arguments.

4.2. *Paradoxes due to Irrelevant Premises*

However there are also *special contexts* in which deductions *must* have relevant premises. The most important example is *deductive theory confirmation:* Recall explication (4), and add the following intuitively very plausible, "general consequence-condition", proposed by Hempel (1965, p. 31):

(29) If sentence S confirms theory T, then S confirms also every logical consequence of T.

Then we immediately obtain the following paradoxical result:

(30) For every sentence S: If S confirms at least one theory T, it confirms every theory T* consistent with T.

The proof is simple and comes in two variants. In the first variant, it is assumed that theories are sets of sentences. The proof of (30) then rests on:

(31) (i) if $T \vDash_L S$, then $T \cup T^* \vDash_L S$

Assume S confirms T by (4). Then S is true [acceptable], $\nvDash_L S$, $\nvDash_L \neg T$ and $T \vDash_L S$. Thus $T \cup T^* \vDash_L S$ by (31). $T \cup T^*$ is consistent. So S confirms $T \cup T^*$ by (4). Because $T \cup T^* \vDash_L T^*$, S confirms also T* by (29). But obviously the deduction (31) contains irrelevant premises, namely the elements of T*, which are superfluous for the deduction of S. The reason *why* irrelevant premises must be excluded in deductive theory confirmation is clear: if $T \vDash_L S$ and S is true, then we are only justified in saying that S confirms T if indeed 'every part' of T was necessary to derive S. Otherwise S does not confirm T as a whole, but only that 'part' of T which was necessary to derive S.

The second variant of the proof of (30) assumes theories to be sentences. It rests then on:

(32) (i) if $T \vDash_L S$, then $T \wedge T^* \vDash_L S$

Again, if S confirms T then S confirms also $T \wedge T^*$ by (32), whence it confirms also T* because of $T \wedge T^* \vDash_L T^*$ and condition (29). Of course also the deduction (32) contains an irrelevancy in its premise set, but now it is not an entire premise but only a *premise-conjunct* which is superfluous for deducing S. Thus, we must apply the relevance criterion not only to the premises but also to their conjuncts.

Another kind of application where relevant premises are necessary are *deductive-nomological explanations*. From a deductive-nomological explanation "L, A/E" (L = law, A = antecedens, E = explanandum) it is usually required that A figures, at least potentially, as a *cause* of E. This is only possible if the information contained in A, and every 'part' of it, is indeed relevant for deducing E.

4.3. *Logical Differences between Premise-Relevance and Conclusion-Relevance*

There seem to be formal parallels between irrelevant conclusions and irrelevant premises, via the law of contraposition. For instance, the irrelevant conclusion-disjunct in $p \models_{\mathrm{L}} p \vee q$ turns into an irrelevant premise-conjunct $\neg p \wedge \neg q \models_{\mathrm{L}} \neg p$ by contraposition. Moreover, if a premise or a premise-conjunct is superfluous in a deduction, then it is replaceable by any other formula salva validitate. Does this mean that we can obtain a satisfying definition of premise-relevance simply by applying our criterion for relevant-conclusions to premises? – in the following way: $\Gamma \models_{\mathrm{L}} \mathrm{A}$ has relevant premises iff there exists no non-empty $\mu \subseteq \mathbb{N}$ such that $\pi^{\mu}\Gamma \models_{\mathrm{L}} \mathrm{A}$ for every π. The answer is: not at all; this criterion would be much too strong. For, it would rule out modus ponens $\underline{p}, \underline{p} \rightarrow q \models_{\mathrm{L}} q$ as premise-irrelevant, as well as every deduction $\Delta \models_{\mathrm{L}} \mathrm{A}$ with a premise set containing predicates which are not contained in the conclusion and are thus replaceable salva validitate (by uniform substitution). But the premises of relevant deductions are generally *allowed* to contain more information and in particular more predicates than the conclusion. It is the function of a deduction in an applied context to draw information from a set of accepted premises which is not immediately seen from the *individual* premises. This requires *connecting* the information contained in the single premises by means of a certain proof. Of course the premises may contain more information and more concepts than the conclusion. All that is required for their relevance is that each single premise is indeed necessary for deriving the conclusion.

So the basic idea of relevant premises is not that of essential predicates, explicated by salva validitate replacements applied to *multiple* occurrences, but the more simple idea of relevant premises. But as explained in Section 4.2, this idea must be applied also to *premise-conjuncts*. So not only $p, q \models_{\mathrm{L}} p$ but also $p \wedge q \models_{\mathrm{L}} p$ has to be considered as irrelevant. Here the difficulty arises that conjuncts can also be hidden by various logically equivalent transformations. For instance if $p \wedge q \models_{\mathrm{L}} p$, then also $\neg(\neg p \vee \neg q) \models_{\mathrm{L}} p$ should be considered as premise-irrelevant, and if $p \wedge (q \vee r) \models_{\mathrm{L}} p$, then also $(p \wedge q) \vee (p \wedge r) \models_{\mathrm{L}} p$. One suggestion for overcoming this problem would be to perform a logically equivalent 'splitting' of the premise set into its 'minimal conjuncts'. However this idea does not work because it may happen that a quantified sentence contains irrelevant conjuncts in its matrix without being itself splittable into conjuncts. For instance, since $p \wedge q \vdash_{L} p$ is premise-irrelevant, $\exists x(\mathrm{F}x \wedge \mathrm{G}x) \vdash_{L} \exists x\mathrm{F}x$ should also be counted as premise-irrelevant; but $\exists x(\mathrm{F}x \wedge \mathrm{G}x)$ is not splittable into two conjuncts. A more complicated solution would be to apply the relevance idea to the conjuncts of the prenex conjunctive normal form PKNF(A) of a sentence A (this is a prenex NF with its matrix in conjunctive NF). But here a simplification is possible by the idea of salva validitate replacements, but now applied only to *single* occurrences, because the following *theorem* is provable by simple means: A premise contains a deductively superfluous conjunct in the matrix of its prenex conjunctive normal form iff it contains a single occurrence of a predicate which is replaceable salva validitate.[26]

4.4. *The Definition of Relevant Premises*

We have seen that the idea of premise-irrelevance as superfluous premise-conjuncts is captured perfectly by the replacement criterion applied to *single* predicate occurrences, whereas the replacement criterion generally applied to multiple occurrences would be too strong.[27] However there is one kind of irrelevance for which replacements applied to multiple occurrences are appropriate. This is the contrapositional counterpart of logically true conjuncts in the conclusion, namely redundant inconsistent disjuncts in the premises, and their 'variants' like:

(33) (i) $p \vee (\underline{q} \wedge \neg \underline{q}), p \rightarrow r \vdash_{L} r$
(ii) $p \vee \underline{q}, p \vee \neg \underline{q}, p \rightarrow r \vdash_{L} \mathrm{r}$

Here the premise set contains multiple predicates occurrences which are not only replaceable salva validitate, but also replaceable *without changing the logical content of the premise set*. In this stronger case of replaceability without changing logical content, the application to multiple occurrences is adequate also for premise-relevance. To sum up, we obtain a definition of premise-relevance which combines two kinds of irrelevant premises: one based on replacements of single occurrences salva validitate, the other based on replacements of multiple occurrences without changing logical content. As in the case of conclusion-relevance, we treat predicate occurrences as sets $\mu \subseteq \mathbb{N}$; single occurrences correspond to singletons $\{n\}$ with $n \in \mathbb{N}$. For applying the notion of occurrence-restricted predicate substitution π^{μ} to *sets* of sentences we assume the sentences in Γ ordered from left to right in a fixed (say alphabetical) ordering; the predicate occurrences in Γ are then ordered from left to right within this sequence by natural numbers.

(34) (Definition): $\Gamma \vdash_{\mathrm{L}} \mathrm{A}$ has relevant premises, in short $\Gamma \vdash^{\mathrm{pr}}_{\mathrm{L}} \mathrm{A}$, iff
(34.1) there exists no $n \in \mathbb{N}$ such that $\pi^{\{n\}}\Gamma \vdash_{\mathrm{L}} \mathrm{A}$ holds for all π.
(34.2) there exists no non-empty $\mu \subseteq \mathbb{N}$ such that $\Gamma \dashv\vdash_{\mathrm{L}} \pi^{\mu}\Gamma$ holds for all π.

Examples of premise-relevant deductions in propositional logic are: $p \vdash_{\mathrm{L}} p$; $\neg p, (p \vee q) \vdash_{\mathrm{L}} q$; $\neg p \wedge (p \vee q) \vdash_{\mathrm{L}} q$; $p, p \rightarrow q \vdash_{\mathrm{L}} q$; $p \wedge (p \rightarrow q) \vdash_{\mathrm{L}} q$; $\neg(\neg p \vee \neg(p \rightarrow q)) \vdash_{\mathrm{L}} q$; $p \rightarrow q, \neg q \vdash_{\mathrm{L}} \neg p$; $(p \rightarrow q) \wedge \neg q \vdash_{\mathrm{L}} \neg p$; $p \rightarrow q \vdash_{\mathrm{L}} \neg q \rightarrow \neg p$; $p \vdash_{\mathrm{L}} \neg\neg p$; $\neg\neg p \vdash_{\mathrm{L}} p$; $p \lozenge q \vdash_{\mathrm{L}} q \lozenge p$; $p \lozenge (q \lozenge r) \vdash_{\mathrm{L}} (p \lozenge q) \lozenge r$; $p \lozenge q \vdash_{\mathrm{L}} \neg(\neg p \mathbin{\overset{\vee}{\wedge}} \neg q)$; $p \lozenge (q \mathbin{\overset{\vee}{\wedge}} r) \vdash_{\mathrm{L}} (p \lozenge q) \mathbin{\overset{\vee}{\wedge}} (p \lozenge r)$; $p \rightarrow q,\ q \rightarrow r \vdash_{\mathrm{L}} p \rightarrow r$; $(p \rightarrow q) \wedge (q \rightarrow r) \vdash_{\mathrm{L}} p \rightarrow r$; $p, q \vdash_{\mathrm{L}} p \wedge q$; etc. *Premise-relevant deductions in predicate logic are:* $\forall x\mathrm{F}x \vdash_{\mathrm{L}} \mathrm{F}a$; $\forall x\mathrm{F}x \vdash_{\mathrm{L}} \exists x\mathrm{F}x$; $\mathrm{F}a \vdash_{\mathrm{L}} \exists x\mathrm{F}x$; $(a = b \wedge \mathrm{F}a) \vdash_{\mathrm{L}} \mathrm{F}b$; $\forall x(\mathrm{F}x \rightarrow \mathrm{G}x) \wedge \mathrm{F}a \vdash_{\mathrm{L}} \mathrm{G}a$; $\forall x(\mathrm{F}x \rightarrow \mathrm{G}x) \wedge \neg\mathrm{G}a \vdash_{\mathrm{L}} \neg\mathrm{F}a$; $\forall x(\mathrm{F}x \rightarrow \mathrm{G}x), \forall x(\mathrm{G}x \rightarrow \mathrm{H}x) \vdash_{\mathrm{L}} \forall x(\mathrm{F}x \rightarrow \mathrm{H}x)$; $\forall x(\mathrm{F}x \rightarrow \mathrm{G}x), \exists x\mathrm{F}x \vdash_{\mathrm{L}} \exists x\mathrm{G}x$; $\exists x((\mathrm{F}x \rightarrow \mathrm{G}x) \wedge \mathrm{F}x) \vdash_{\mathrm{L}} \exists x\mathrm{G}x$; etc. *Premise-irrelevant deductions in propositional logic are* (underlined = replaceable); $\underline{p} \wedge \neg \underline{p} \vdash_{\mathrm{L}} p$; $\underline{p} \wedge \neg \underline{p} \vdash_{\mathrm{L}} q$; $\underline{p} \vdash_{\mathrm{L}} p \vee \neg p$; $\underline{p} \vdash_{\mathrm{L}} q \vee \neg q$; $p, \underline{q} \vdash_{\mathrm{L}} p$; $p \wedge \underline{q} \vdash_{\mathrm{L}} p$; $(p \vee \underline{q}) \rightarrow r \vdash_{\mathrm{L}} p \rightarrow r$; $p \rightarrow (q \wedge \underline{r}) \vdash_{\mathrm{L}} p \rightarrow q$; $p \vee (\underline{q} \wedge \neg \underline{q}) \vdash_{\mathrm{L}} p$; $p \vee \underline{q}, p \vee \neg \underline{q} \vdash_{\mathrm{L}} p$; $p \vee (p \wedge \underline{q}) \vdash_{\mathrm{L}} p$; etc. *Premise-irrelevant deductions in predicate logic are:* $\forall x(\mathrm{F}x \wedge \underline{\mathrm{G}}x) \vdash_{\mathrm{L}} \forall x\mathrm{F}x$; $\exists x(\mathrm{F}x \wedge \underline{\mathrm{G}}x) \vdash_{\mathrm{L}} \exists x\mathrm{F}x$; $\forall x((Fx \vee \underline{\mathrm{G}}x) \rightarrow \mathrm{H}x), \mathrm{F}a \vdash_{\mathrm{L}} \mathrm{H}a$; $\forall x(\mathrm{F}x \rightarrow \exists y(\mathrm{G}xy \wedge \underline{\mathrm{H}}xy)), \mathrm{F}a \vdash_{\mathrm{L}} \mathrm{G}ay$; $\forall x(\mathrm{F}x \rightarrow \mathrm{G}x), \exists x(\mathrm{F}x \wedge \underline{\mathrm{H}}x) \vdash_{\mathrm{L}} \exists x\mathrm{G}x$; $\neg\exists x(\neg\mathrm{F}x \vee \neg\mathrm{G}x) \vdash_{\mathrm{L}} \forall x\mathrm{F}x$; etc.

5. APPLICATIONS OF THE APPROACH – AN OVERVIEW

5.1. *Applications in Philosophy of Science*

5.1.1. Deductive Theory Confirmation and Deductive Explanation. These are the only cases where premise-relevance is also needed. All other applications listed in the following require only conclusion-relevance.

In accordance with Sections 2.3 and 4.2, a proper notion of deductive theory confirmation is obtained by adding to explication (3) the requirement that the deduction $\mathrm{T} \vdash_{\mathrm{L}} \mathrm{S}$ must be conclusion-relevant as well as premise-relevant.

The application of deductive relevance conditions to explanations is more subtle because of a lot of other requirements for explanations which have to be combined with relevance in the right way. For details of the application of premise-relevance and conclusion-relevance to explanations, cf. Schurz (1983a, 1988 and 1989).

5.1.2. Verisimilitude. As explained in Section 2.4, Popper's idea of verisimilitude can be explicated in a paradox-free and functioning way, if it is based on the set of relevant consequence-elements of a theory. With the help of $\Vdash^{cr}_{L}$ they are defined as follows:

(35) (Definition): A is a relevant consequence element of T [where $T \subseteq \mathscr{L}$, $A \in \mathscr{L}$] iff $T \Vdash^{cr}_{L} A$ and there exists no finite $\Delta \subset \mathscr{L}$ such that $\vdash_{L} A \leftrightarrow \wedge \Delta$, $T \Vdash^{cr}_{L} \wedge \Delta$ and each $B \in \Delta B$ is *shorter* than A.

It is provable that every theory T has a non-empty set of relevant consequence-elements, denoted by $(T)_r$, which is logically equivalent to T provided the conjecture (28) of Section 3.2 holds, and that the elements of $(T)_r$ have further nice properties, e.g. they don't contain redundancies of the form $A \vee A$ or $\neg\neg A$.[28] The new definition of verisimilitude is now obtained in analogy to Popper's definition (6) with the help of the true and the false part of $(T)_r$, which we denote as $(T)_{rt} := (T)_r \cap TR$ and $(T)_{rf} := (T)_r \cap FA$ (TR for the set of all true and FA for the set of all false sentences).[29] The only difference is that we must now replace the inclusion relation $\supseteq$ by the deducibility relation $\vdash_{L}$, and $\supset$ by $\genfrac{}{}{0pt}{}{\vdash_L}{\not\dashv_L}$ because the set $(T)_r$ is of course not deductively closed, whence $\vdash_{L}$ does not coincide with $\supseteq$ as in Popper's definition based on the classical consequence class $Cn(T)$.

(36) (Definition): $T_1 >_t T_2$ iff
either [case 1]: $(T_1)_{rt} \genfrac{}{}{0pt}{}{\vdash_L}{\not\dashv_L} (T_2)_{rt}$ and $(T_2)_{rf} \vdash_{L} (T_1)_{rf}$
or [case 2]: $(T_1)_{rt} \vdash_{L} (T_2)_{rt}$ and $(T_2)_{rf} \genfrac{}{}{0pt}{}{\vdash_L}{\not\dashv_L} (T_1)_{rf}$.

A further important simplification is possible because it is provable that the sets $(T)_{rt}$ and $(T)_{rf}$ may be replaced by their so-called 'maximal reductions' without changing the verisimilitude.[30] These 'maximal reductions' are any subsets $X \subset (T)_{rt}$ and $Y \subseteq (T)_{rf}$ which are a basis of $(T)_{rt}$ and $(T)_{rf}$, respectively, in Tarski's sense [i.e. X but no proper subset of X is logically equivalent with $(T)_{rt}$, the same with Y and $(T)_{rf}$]. In most cases of theories, these maximal reductions have only a small number of elements which can be found and listed straightforwardly. Therefore Definition (36) of verisimilitude is indeed practically feasible and applicable to non-trivial cases of scientific theories, as demonstrated in Schurz–Weingartner (1987) by means of several examples. In the case of quantitative theories, Definition (36) has to be combined with a numerical approximation measure. By replacing the set of all true sentences by a given body of evidence, the notion of theory-progress can be defined in a similar way (Schurz 1987).

5.1.3. Knowledge Unification and Scientific Understanding. The understanding of the world provided by scientific theories consists in unifying the manifolds of empirical phenomena by a few basic laws and principles. This view, put forward by several scientists and philosophers of science, seems to be one of the most promising approaches to scientific understanding and explanation at present. Among other advantages, it gives an account in what explanation and understanding go beyond mere prediction or confirmation, without involving a relapse into unscientific traditional notions like explanation as "deduction from 'ultimate' principles", etc. However, the attempts to explicate the notion of unification more precisely have lead to serious difficulties. Let us call the set of sentences describing phenomena and principles a *knowledge system K*. Intuitively, K is the more unified, the more sentences in it are inferrable from the less ones. In this way, the knowledge system K_N of Newtonian physics was very unified because a lot of empirical phenomena, say $P_1, \ldots, P_n$, were derivable from the Newtonian theory T_N. But the obstacle is an explanation paradox which was already raised by Hempel and Oppenheim (cf. Hempel 1965, p. 275, fn. 33) and had beset the approaches of Friedman (1974) and Kitcher (1981) towards unification[31] – the *paradox of conjunction:* There exists a trivial sentence, from which all the phenonema $P_1, \ldots, P_n$ are inferrable, namely the conjunction $P_1 \wedge \cdots \wedge P_n$. This is of course not a 'real' unification. How can the 'real' unification of the phenomena $P_1, \ldots, P_n$ by T_N be logically distinguished from the 'spurious' unification by $P_1 \wedge \cdots \wedge P_n$? Given our method of relevant consequence elements, the answer is at hand: we have to represent the knowledge system K by the set of its relevant consequence elements $(K)_r$, which does not contain superfluous conjunctions like

$P_1 \wedge \cdots \wedge P_n$ or any other irrelevant or redundant elements. If the above idea of unification is applied to $(K)_r$, a paradox free notion of the degree of unification of a knowledge system can be defined and fruitfully applied, as Schurz (1988) and Schurz–Lambert (1991) try to show.

5.1.4. The Empirical Significance of Theoretical Terms. It was an epoch-making discovery by Rudolf Carnap in (1936/37) that some fundamental scientific terms, like mass or force in physics, are not definable by empirical terms. Carnap called them *theoretical terms*. But how distinguish then, within the class of empirically undefinable terms, between these scientifically useful theoretical terms and unscientific 'metaphysical' terms? Given that the distinctive feature of scientific theories is that they have empirical consequences, Carnap (1956) suggested the following obvious idea: theoretical terms of science are *empirically significant*, i.e. they play an essential role in the derivation of empirical consequences, whereas metaphysical terms don't play such a role. Again, the problem was the correct explication. Carnap's suggestion was, in a simplified version, the following.[32] Let $T \subseteq \mathscr{L}$ be a theory and t a term in the language of T. Then: t is empirically significant within T iff t occurs in a sentence $A \in T$ such that some empirical (i.e., observational) sentence E follows from T but not from $T - \{A\}$ alone. As is well known, Carnap's explication was beset by a lot of paradoxical consequences due to irrelevance and redundancy.[33] A solution is possible by making use of the idea of unification based on relevant consequence elements, as I have tried to show in my (1989, pp. 158ff). The basic idea is this: It is the main achievement of a scientific theory to unify its empirical consequences, and a theoretical term t is empirically significant within T iff the empirical unification provided by T were not possible in a 'subtheory' of T which does not contain t. To formalize this idea, let $T \subseteq \mathscr{L}$ be a scientific theory, $\mathscr{L}_e \subset \mathscr{L}$ be the purely empirical sublanguage of $\mathscr{L}$ (i.e. all sentences containing theoretical terms are in $\mathscr{L} - \mathscr{L}_e$), let $E(T) = \{A \in \mathscr{L}_e | T \vdash_L A\}$ be T's empirical content. $(T)_r$ is the set of T's relevant consequence elements. We call a *minimal empirically equivalent axiomatization* of $(T)_r$ any subset $\Delta \subseteq (T)_r$ such that $E(\Delta) = E(T)$ and there exists no $\Delta^* \subseteq (T)_r$ of smaller cardinality than Δ satisfying $E(\Delta^*) = E(T)$. We define: *$t \in \mathscr{L}$ is empirically significant in T iff there exists no minimal empirically equivalent axiomization of $(T)_r$ which does not contain t.*

5.1.5. Knowledge Representation. The three applications above suggest that the method of relevant consequence elements can be used as a general method of knowledge representation. To find an adequate way of knowledge representation plays a crucial role in a lot of areas, e.g., revisions of belief systems and counterfactual reasoning, which is also important for artificial intelligence. So there is a wide range of possible future applications.

5.2. Applications in Ethics

5.2.1. Applications in Deontic Logic. Besides the Ross paradox, a lot of further deontic paradoxes rely on irrelevant conclusions. One example is the 'paradox of free choice', which relies on

(37) $\mathrm{P}p \vdash \mathrm{P}(p \vee q)$ If it is permitted that John laughs, then it is permitted that he laughs or murders.

(cf. Stranzinger 1977, p. 151). Prior's paradox of 'derived obligation' (1954, p. 64) is reconstructed by Åqvist (1984, p. 640) in four versions:

(38) $\neg p \vdash (p \rightarrow \mathrm{O}q)$ If John is not elected, then if he is elected, he should murder.

(39) $\mathrm{O}p \vdash (q \rightarrow \mathrm{O}p)$ If John should be elected, then if he murders he should be elected.

(40) $\mathrm{O}\neg p \vdash \mathrm{O}(p \rightarrow q)$ If John should not be elected, then it should be the case that if he is elected, he murders.

(41) $\mathrm{O}p \vdash \mathrm{O}(q \rightarrow p)$ If John should be elected, then it should be the case that if he murders he is elected.

All the deductions (37)–(41) are conclusion-irrelevant (q is replaceable). So these paradoxes are avoided by the principle motivated in Section 2.2 that in applied contexts only relevant consequences of norms are acceptable.

5.2.2. Applications to the Is-Ought Problem. The general Hume thesis GH, which we introduced in Sections 2.5 and 3.1, turns out to be very important for the logical investigation of the is-ought problem. GH is provable for a broad range of logics – in fact a much broader class than that class in which SH, the special Hume thesis of Section 2.5, holds. Various results about GH and SH are achieved in my (1989) and (1991).

The field of logics in which I have performed the investigation is that of bimodal predicate logics, containing the alethic necessity operator $\Box$ and the deontic obligation operator $\bigcirc$. The inclusion of $\Box$ is necessary for a satisfactory philosophical investigation of the is-ought problem, because most naturalist theories of ethics, claiming 'ought' to be derivable from 'is', include in their descriptive premises necessity statements, for instance laws of nature, necessary properties of human life or social collectives, etc. The two most important results about GH, one syntactical and one semantical, are as follows.

Let $\mathscr{L}(\Box, \bigcirc)$ be the language of bimodal first-order predicate logic *without* identity symbol. Let $\Pi(\Box, \bigcirc)$ be the class of *normal* logics in $\mathscr{L}(\Box, \bigcirc)$ for a *constant domain*, defined as follows. $\mathrm{L} \in \Pi(\Box, \bigcirc)$ iff L contains the usual axiom schemes of classical predicate logic and that of the minimal normal modal logic for $\Box$ and $\bigcirc$, the Barcan formulae for $\Box$ and $\bigcirc$, and any additional set of *propositional* modal axiom schemes, denoted by θ_{L}, and is closed under substitution in $\mathscr{L}(\Box, \bigcirc)$, modus ponens, $\forall$-generalization rules and $\Box$- and $\bigcirc$-necessitation rule. Semantically, the logics in $\Pi(\Box, \bigcirc)$ are characterized by Kripke frames $\langle \mathrm{W}, \mathrm{R}, \mathrm{S} \rangle$, with $\mathrm{W} \neq \emptyset$ a non-empty set of possible worlds, R the alethic accessibility relation and S the deontic ideality relation. The models $\langle \mathrm{W}, \mathrm{R}, \mathrm{S}, \mathrm{D}, v \rangle$ based on them have D as a constant domain and v as a valuation function, with truth clauses etc. defined as usual. The additional propositional set θ_{L} expresses the special properties of $\Box$ and $\bigcirc$, semantically characterized by the special properties of R and S. If a given logic $\mathrm{L} \in \Pi(\Box, \bigcirc)$ is defined with the help of a given certain θ_{L} as above, we say that L is *representable* by θ_{L}. Note that one and the same L may be representable by different additional sets θ_{L}.

$\Pi(\Box, \bigcirc)$ is the underlying class of the logical investigation. Observe that the set θ_{L} may contain any kind of axiom schemes, in particular also bridge principles between is and ought like $\Box p \rightarrow \bigcirc p$ or even $p \rightarrow \bigcirc p$. Of course if is-ought bridge principles were included among the axiom schemes, Hume's thesis would trivially fail. However, to claim is-ought bridge principles as logical axioms would be a 'petitio principii' because their logical validity is exactly what is philosophically doubtful; in fact most philosophers would not regard them as analytical. So the question of primary interest is whether GH holds in all logics which don't contain such is-ought bridge principles among their axiom schemes. That this is indeed the case is the content of our first theorem. We call an axiom scheme X in $\mathscr{L}(\Box, \bigcirc)$ an *is-ought bridge principle* iff it contains some scheme letter which has in X some occurrence within the scope of an $\bigcirc$ and some occurrence outside of the scope of any $\bigcirc$. E.g., $\Box A \rightarrow \bigcirc A$, $\bigcirc A \rightarrow \Diamond A$, $\bigcirc A \rightarrow A$ are is-ought bridge principles. On the other hand, $\Box A \wedge \bigcirc B$, $\Box A \rightarrow \bigcirc B$ are not is-ought bridge principles – they express no relevant connection between is and ought, because they contain no variable occurring both in a descriptive and in a normative 'scope'. We say that L is *representable without is-ought bridge principles* iff L is representable with a set of additional axiom schemes θ_L which contains no is-ought bridge principle. The theorem then states:

(42) (Theorem): For all $L \in \Pi(\Box, \bigcirc)$: GH holds in L iff L is representable without is-ought bridge principles. (*Proof:* Schurz 1989, ch. II.5.3; 1991).

The second theorem gives a semantic characterization of the logics $L \in \Pi(\Box, \bigcirc)$ in which GH holds. Provided they are frame-characterizable at all, these logics are characterized by so-called *completely is-ought separated* frames. This is the semantic counterpart of the notion of a completely ought-irrelevant deduction and is defined as follows. $\langle W, R, S\rangle$ is completely is-ought separated iff there exists a partition of W into W_1 and W_2 [i.e. $W_1 \neq \emptyset$, $W_2 \neq \emptyset$, $W_1 \cap W_2 = \emptyset$, $W_1 \cup W_2 = W$] such that: (1) all ideal worlds, i.e. those worlds $\alpha \in W$ deontically reached by some worlds $[\exists\beta{:}\beta S\alpha]$, lie in W_2, and (2) R does not connect W_1 and W_2, i.e. $R \subseteq (W_1 \times W_1) \cup (W_2 \times W_2)$. The important fact about such a frame is that in any model based on it, the truth of purely alethic-descriptive propositions is determined by $v \restriction W_1$ alone and the truth of purely normative propositions is determined by $v \restriction W_2$ alone, so both can be varied independently from each other. Our theorem reads as follows (Proof: Schurz 1989, II.6.; 1991):

(43) (Theorem): For all $L \in \Pi(\Box, \bigcirc)$ which are frame-characterizable: GH holds in L iff L is characterized by the class of all is-ought separated frames for L.

Two astonishing results are these. *First*, SH turns out to *fail* in many logics in $\Pi(\Box, \bigcirc)$, in particular in all logics with an 'alethic' fragment which is not Halldén completely (cf. fn. 6). *Second*, as soon as *identity* is included, even GH *fails*, due to the relevant is-ought inference $a = b \vdash_{L} \bigcirc(a = b)$.

5.3. *Application to Cognitive Psychology*

Relevant deduction can be investigated not only from the logical but also from the psychological point of view, as an empirically measurable cognitive behaviour of persons. In the motivation of our theory it was pointed out that in all cases of applied arguments one intuitively draws only relevant conclusions; in other words, the intuitive logical thinking is a combination of validity plus relevance. This cognitive hypothesis implies the following *empirical prediction:* the intuitive concept of a valid logical inference of adults entails the *relevance* of the conclusion. More precisely, we expect that logically untrained adults, confronted with logical arguments which they have to judge as valid or not, will only consider valid *and* conclusion-relevant arguments as valid, but conclusion-irrelevant ones as invalid. In an empirical test which I performed with a sample of 30 logically untrained students this prediction was confirmed in a very high degree. Also our hypothesis of Section 4, that as distinct from conclusion-irrelevance, premise-irrelevant arguments are intuitively *not* considered as 'invalid', was strongly confirmed.

I confronted the test persons with four kinds of arguments: paradigm cases of valid relevant arguments – in short RVA's; paradigm cases of logically invalid 'arguments' – abbreviated IA's; paradigm cases of valid arguments with irrelevant conclusions – abbreviated ICA's; and paradigm cases of arguments with irrelevant premises – abbreviated IPA's. The PVA's were judged correctly (i.e. as 'valid') by most of the students: projected on an ordinal scale from 0 to 4 – 0 for a completely incorrect answer, 4 for a completely correct answer – the mean score of the students for PVA's was 3.34. The IA's were also judged correctly by the majority of the students, although they made more mistakes here, in accordance with well-known psychological results; the mean score here was 2.78. But the ICA's were judged by most of the students incorrectly, i.e. as 'invalid' (although they are logically valid) – the mean score here was 0.7. A *t*-test comparing the results for the PVA's with the ICA's gave a difference between RVA's and IA's with a significance level of $p \leqslant 0.0005$. Finally, the IPA's were judged correctly by the majority of the students – the mean score was 2.87. A *t*-test comparison gave a difference between ICA's and IPA's with a significance level of $p \leqslant 0.0005$, whereas there was no significant difference between PVA's and IPA's at a significance level of $p \leqslant 0.05$. For a detailed presentation cf. Schurz (1989). Interesting questions which are subject to further empirical studies concern different kinds of relevance, interconnection with other 'failures', dependencies on other parameters like the interpretation of concepts, etc.

5.4. *Applications to Artificial Intelligence (AI)*

As mentioned in Section 3.2, the fact that $\overset{cr}{\models}_{L}$ is not a deduction relation in the standard sense does not mean that $\overset{cr}{\vdash}$ could not have standard properties if the underlying deduction relation $\vdash$ is weaker than the classical $\models_{L}$. We first introduce the necessary concepts for generalizing our theory to deduction relations of any kind.

To save space, let μ always range over *nonempty* sets of natural numbers (and, as above, π over predicate-substitution functions). We call a deduction relation $\vdash$ *internally releant (w.r.t. the conclusion)* iff $\Delta \vdash A$ implies $\neg\exists\mu\forall\pi{:}\,\Delta \vdash \pi^{\mu}A$. As a further notion, we call a deductive system $\vdash$ $(\subset \models_{L})$ *classically relevant* iff $\Delta \vdash A$ implies $\neg\exists\mu\forall\pi{:}$ $\Delta \models_{L} \pi^{\mu}$.

For every deduction relation $\vdash$ we define its *internally relevant restriction* $\overset{cr}{\vdash}$ by $\Delta \overset{cr}{\vdash} A$ iff $\Delta \vdash A$ and $\neg\exists\mu\forall\pi{:}\,\Delta \vdash \pi^{\mu}A$. That a deductive system $\vdash$ is internally relevant means now exactly that $\vdash\, = \,\overset{cr}{\vdash}$. As we know from Section 3.2, $\models_{L}$ is neither classically nor internally relevant. Of course $\overset{cr}{\models}_{L}$ is classically relevant and thus also internally relevant. Our question can now be reformulated as follows: Do there exist internally (or even classically) relevant deduction relations $\vdash\, \subset\, \models_{L}$ which are axiomatizable and satisfy standard properties? Weaker deductive systems play an important role in *AI* as techniques of theorem proving. These techniques should be as efficient in search as possible. So it is not unplausible to expect that they satisfy relevance requirements. In what follows we show that the deduction relation underlying the simple but nevertheless important inference mechanism of PROLOG is internally relevant. Similar consideration can certainly be extended to the resolution method in general.

PROLOG has a very simple language, denoted by $\mathscr{L}$(PRO). Its well-formed formulas are so-called Horn-clauses. They can be written into the form $At_1 \wedge \cdots \wedge At_n \rightarrow At_{n+1}$. Here At_i denote *atomic* formulas of the language of predicate logic (including function symbols, individual variables and constants), and $n \geqslant 0$. For $n > 0$ such a formula is called a 'rule', for $n = 0$ it reduces to an atomic formula and is called a 'fact'. All PROLOG formulas are to be read as universally generalized.[34] The deductive inference mechanism of PROLOG, denoted by $\vdash_{\text{PRO}}$ can be formalized by the following axiomatic system (A, B, . . . denote formulas $\in \mathscr{L}(\text{PRO})$, i.e. Horn-clauses, and Γ, Δ sets of them; At_i denote atomic formulas; x_i . . . variables, t_i terms).

Axioms: Every instance of:

(Substitution) $A \vdash_{\text{PRO}} A[t_1/x_1, \ldots, t_n/x_n]$
(Resolution) $(At_1 \wedge \cdots \wedge At_n \rightarrow At_{n+1}),$
$At_1, \ldots, At_n \vdash_{\text{PRO}} At_{n+1}$
(Repetition) $\Delta \vdash_{\text{PRO}} At$, for all $At \in \Delta$ provided Δ is finite.

Rules:

(Cut) If $\Delta \vdash_{\text{PRO}} At$ and $\{At\} \cup \Gamma \vdash_{\text{PRO}} B$, then $\Delta \cup \Gamma \vdash_{\text{PRO}} B$

Important properties of $\vdash_{\text{PRO}}$, following from this axiomatization, are: If $\Delta \vdash_{\text{PRO}} A$ then Δ is finite and A is atomic (induction on the length of the proof); $\vdash_{\text{PRO}}$ is monotonic (from repetition and cut), $\vdash_{\text{PRO}}$ is closed under π-substitution (but of course not closed under substitution in general, because of the restriction of Horn-clauses). $\vdash_{\text{PRO}}$ is decidable. Without proof we claim that our axiomatization is correct and complete, i.e. it holds that $\Delta \vdash_{\text{PRO}} A$ according to the above axiomatization iff a PROLOG program containing Δ in its knowledge base answers the question "?-A" with "yes" after a finite time.[35]

Before proving that $\vdash_{\text{PRO}}$ is internally releant we note an important connection between our definition of conclusion-relevance and the APW-criterion of Section 3.3. As we saw there, they do not coincide if applied to single deductions. But as general properties of deduction relations closed under π-substitutions, these two criteria indeed coincide.

(48) (Theorem): Let $\vdash$ be a deduction relation which is closed under π-substitutions. Then: $\vdash$ is internally relevant iff $\vdash$ satisfies the APW-criterion, i.e. $\Delta \vdash A$ implies $\mathscr{R}(A) \subseteq \mathscr{R}(\Delta)$.

Proof: $\Rightarrow$: Assume $\vdash$ does not satisfy the APW-criterion, i.e. there exists $\Delta \vdash A$ and $R \in \mathcal{R}(A)$ such that $R \notin \mathcal{R}(\Delta)$. Let π be a substitution function replacing only R by a new predicate of the same arity. Because $\vdash$ is closed under π-substitutions we have $\Delta \vdash \pi A$ for every π (where μ coincides here with all R-occurrences and thus can be omitted): so $\vdash$ is not internally relevant. $\Leftarrow$: Assume $\vdash$ is not internally relevant, so there exists a Δ and A with $\exists\mu\forall\pi{:}\Delta \vdash \pi^{\mu}A$. Let π be a substitution function replacing the predicates in A by ones which are not contained in Δ.[36] We obtain a deduction violating the APW-criterion. Q.E.D.

$\vdash_{\text{PRO}}$ is closed under π-substitution. So for proving its internal relevance it suffices to prove that:

(49) (Theorem): $\Delta \vdash_{\text{PRO}} A$ implies $\mathcal{R}(A) \subseteq \mathcal{R}(\Delta)$.

Proof: Induction on the length of the proof. For $\Delta \vdash_{\text{PRO}} A$ an axiom, (Substitution), (Resolution-Rule) or (Repetition), the theorem holds obviously. Assume $\Delta \cup \Gamma \vdash_{\text{PRO}} A$ is proved from $\Delta \vdash_{\text{PRO}} B$, $\{B\} \cup \Gamma \vdash_{\text{PRO}} A$ by cut rule. By induction hypothesis, $\mathcal{R}(A) \subseteq \mathcal{R}(\{B\} \cup \Gamma)$ and $\mathcal{R}(B) \subseteq \mathcal{R}(\Delta)$, so $\mathcal{R}(A) \subseteq \mathcal{R}(\Delta \cup \Gamma)$. Q.E.D.

COROLLARY: $\vdash_{\text{PRO}}$ is internally relevant.

Proof: From Theorems (48) and (49).

$\vdash_{\text{PRO}}$ is not classically relevant because it might be that $\Delta \vdash_{\text{PRO}} A$t where Δ is inconsistent. But the subset of $\vdash_{\text{PRO}}$-deductions with classically consistent premises is also classically relevant, as is easy to show.

Generalizations of these investigations for other proof-techniques in AI, like the general resolution method, are possible. Besides investigating existing proof mechanisms in AI on their internal and classical relevance, there are further interesting applications of the theory of relevant deduction to AI. For instance, by introducing defined operators for classical negation and disjunction in PROLOG it is then possible to implement a program which finds out whether a classically valid deduction is relevant or not.[37]

NOTES

[1] This paper is based on the first part of my habilitation Schurz (1989). For various helps and comments I am indebted to Paul Weingartner, Andrzej Wrónski, Georg Kreisel, David Miller, Kit Fine, Terence Parsons and Peter Woodruff.

[2] This is work for the future. That it principally could be done was demonstrated in Schurz (1983b).

[3] The characteristic of $\vdash_L$ is that it satisfies the deduction theorem and thus coincides with the semantic notion of validity as a truth-conserving relation. $\vdash_L$ may be defined also in different ways.

[4] Popper spoke of theory corroboration (cf. 1976, p. 212).

[5] In view of well-known critiques I want to emphasize that these theoretical predictions are indeed mathematically-*deductive*. This is not changed by the often mentioned fact that the relation between the 'idealized' facts stated in the premises and the conclusion of the argument and the 'real' observed facts is mostly not that of identity but that of approximation.

[6] This follows by virtue of the so-called property of Halldén completeness (Halldén 1951; Fitting 1983, p. 298), which says that $\vdash_L (A \vee B)$ iff $\vdash_L A$ or $\vdash_L B$ provided A, B have no predicates in common and contain no identity sign. Classical predicate logic and all standard modal logics have this property. It does not hold for formulas with an identity sign; comp. e.g. $\vdash_L \neg \forall x \forall y (x = y) \vee \neg (Fx \wedge \neg Fy)$.

[7] Hesse has derived this paradox from the stronger assumption that the confirmation relation is transitive – which is doubtful. Our assumption (4) is much weaker; so the paradox becomes much more 'paradoxical'.

[8] The breakdown of Popper's definition stimulated several alternative approaches to verisimilitude. For a comprehensive collection see Kuipers (ed., 1987).

[9] Cf. Radnitzky (1980), p. 204, and the discussion in Miller (1982), p. 94.

[10] He called them 'ethical' and 'nonethical' ones (1969, p. 200).

[11] For example, Harrison (1972, p. 72), Kutschera (1982), pp. 29–31.

[12] Cf. Stephan Körner (1979, pp. 377f), who distinguishes four strategies; the last three correspond to our strategies.

[13] The disjunction $\vee$ is inclusive; however, it goes through also if it is understood in the exclusive sense. In this case every occurrence of "$p \vee q$" has to be replaced by "$(p \vee q) \wedge \neg(p \wedge q)$", and "$\neg(p \wedge q)$" has to be taken as an additional premise. On reasons mentioned in Section 3.2, the defined symbol for exclusive disjunction must be replaced by its definiens in terms of $\vee$, $\neg$ and $\wedge$ in order to detect "irrelevance".

[14] Discussions with Terence Parsons have shown me the importance of distinguishing between an irrelevant deduction which is just 'useless' and one which leads, together with other assumptions, to wrong results.

[15] Let us remark that a modification of our general Hume thesis is also applicable to deduction (15) above with mixed premises and a purely normative conclusion, as a special case of the idea of relevant premises explained in Section 4. For details cf. Schurz (1989), pp. 295ff and (1991).

[16] Roughly, the principle states that if a person sees a scene described by proposition A, and A is logically equivalent to B, then this person sees also the scene described by proposition B. Observe that these perception sentences are 'epistemically neutral' in the sense that they don't imply the person's belief that A (or B, respectively) is true.

[17] Kleene 1971, 155–162; for details cf. Schurz 1989, pp. 52ff, defs. 1, 2 and 5.

[18] For a proof cf. Schurz (1989, pp. 57ff, Props. 2, 3); Schurz–Weingartner (1987, Prop. 1).

[19] This informal definition was first given in Schurz–Weingartner (1987).

[20] Its proof rests on simple uniform substitution; cf. Schurz (1989, pp. 57f, Prop. 2.3).

[21] A technical detail: "for every π" has to be understood here in a *language-independent*

way, i.e. "for every $\pi: \mathcal{R}^{*n} \rightarrow \mathcal{R}^{*n}$, $n \in \mathbb{N}$, where $\mathcal{R}^{*}$ may be any extension of $\mathcal{S}$'s predicates, i.e. $\mathcal{R}^{*n} \supseteq \mathcal{R}^{n}$".

[22] As a step in this direction, the notion of a "relevant model entailment" was introduced in Schurz (1987).

[23] This name was chosen by Anderson–Belnap (1975, pp. 215f) because these three authors suggested this criterion in different places.

[24] I choose this name because this criterion was formulated by Parry (1933) and independently suggested by Weingartner (1985) who emphasized that it is satisfied by the Aristotelean syllogistics.

[25] See Körner (1979, p. 378). For similar formulations cf. (1959, p. 63) and (1947), where he introduced his idea for the first time.

[26] Proof: Assume $Q(C \wedge Con) \vdash_L A$, with Q a string of quantifiers, C a conjunct of the PKNF, i.e. an unnegated or negated atomic formula, and Con the conjunction of the other conjuncts. Let C* be the result of replacing the single predicate-occurrence in C by any new predicate. Direction $\Rightarrow$: Assume C is deductively superfluous, i.e. $Q(Con) \vdash_L A$. Then for any formula F, $Q(F \wedge Con) \vdash_L Q(Con)$ because of $F \wedge Con \vdash_L Con$, whence $Q(F \wedge Con) \vdash_L A$, in particular where $F = C^*$. Direction $\Leftarrow$: If $Q(C^* \wedge Con) \vdash_L A$, then by uniform substitution of C*'s predicate (cf. footnote 17), $Q((p \vee \neg p) \wedge Con) \vdash_L A$ follows. $Q(Con) \vdash_L Q((p \vee \neg p) \wedge Con)$ because of $Con \vdash_L (p \vee \neg p) \wedge Con$. Thus $Q(Con) \vdash_L A$.

[27] In (1989, ch. 3.2) I suggested a different explication of premise-relevance based on a splitting of the premise set Δ into 'minimal' conjuncts $Con(\Delta)$ combined with the replacement criterion applied to multiple occurrences in these conjuncts. According to this criterion, a deduction $\Delta \vdash_L A$ has relevant premises if no element $P \in Con(\Delta)$ contains a predicate which is replaceable on *some* occurrences in P salva validitate. I think now that this explication is too strong. For instance, it makes the deductions $\exists x(Fx \wedge (Fx \rightarrow Gx)) \vdash_L \exists x Gx$ or $\exists x(Fax \wedge \forall y(Fyx \rightarrow Gyx)) \vdash_L \exists x Gax$ premise-irrelevant, because its premise is not conjunctively splittable and F is simultaneously replaceable salva validitate on both occurrences. But these deductions are just quantified variations of modus ponens $p \wedge (p \rightarrow q) \vdash_L q$ and thus intuitively premise-relevant.

[28] See Schurz–Weingartner (1987) and Schurz (1989, p. 145, Prop. 14). For the purpose of an easy notion of verisimilitude we assume here that $\mathcal{S}$ contains the verum $\top$ and the falsum $\perp$ as undefined constants. By doing this, a logical truth contains $\top$ and an inconsistent theory contains $\perp$ as the only relevant consequence element.

[29] Note that although $(T)_r$ is logically equivalent to T provided (28) holds, the sets $(T)_{rt}$ and $(T)_{rf}$ are of course *not* logically equivalent to $(T)_t$ and $(T)_f$, respectively (otherwise our definition could not solve the Tichý–Miller paradox).

[30] See Schurz–Weingartner (1987) and Schurz (1989), p. 148.

[31] Friedman's definition in (1974) was refuted by Kitcher (1976) on various grounds, some of them connected with the conjunction paradox. For Kitcher's approach in (1981) the paradox of conjunction is a difficult problem.

[32] Carnap's definition (1956, p. 51) is more complicated, but the basic problem can be explained by means of this simplified version (cf. also Stegmüller 1970, p. 347).

[33] Cf. the discussion in Stegmüller (1970). To give an example: Assume T is the conjunction $A \wedge B$ with A = "God exists" and B = "Grass is green". The term "God" would be empirically significant within T according to the above definition. To avoid this inadequacy, we have to split T into its conjuncts (Stegmüller 1970, p. 347). But which conjuncts? $A \wedge B$ is logically equivalent with the split-set $T_1 = \{A, B\}$ as well as with

$T_2 = \{A, A \rightarrow B\}$. The term "God" would be empirically significant in the latter but not in the former (Stegmüller 1970, p. 348f). But clearly, $A \rightarrow B$ is an irrelevant consequence. A solution with the help of relevant consequence-elements lies at hand. Unfortunately, Stegmüller (1970, p. 361) concluded that Carnap's idea of empirical significance would have irreparably collapsed', and he went a very different way in his later structuralist approach to T-theoreticity. For a critique of the latter cf. Schurz (1990).

[34] The PROLOG-notation deviates from that of predicate logic: all implications are written in the inverse form $\leftarrow$; "$\leftarrow$" is replaced by ":-"; "$\wedge$" by ","; individual variables are written with capital letters (or words starting with such), whereas individual constants, function symbols and predicate letters are written with small letters (or words starting with such). For example, the PROLOG-notation of "$Rxy \wedge Fx \rightarrow Gxy$" would be "$g(X, Y)$:- $r(X, Y)$, $f(X)$". For a good PROLOG introduction cf. Bratko (1986).

[35] Provided its clauses and rules are put in an appropriate ordering which avoids infinite loops. More on the theoretical foundations of PROLOG programs, also called simply *logic programs*, see Lloyd (1984).

[36] This π always exists, even for infinite Δ, because of what was said in fn. 21.

[37] Such a program can't be complete for first-order predicate logic. For propositional logic it was implemented by Don Fallis at the University of California at Irvine.

REFERENCES

Ackermann, W.: 1956, 'Begründung einer strengen Implikation', *Journal of Symbolic Logic* **21**, 113–128.

Anderson, A. R. and Belnap, N. D.: 1975, *Entailment. The Logic of Relevance and Necessity*, Princeton University Press, Princeton.

Åqvist, L.: 1984, 'Deontic Logic', in D. Gabbay and F. Guenthner (eds.), pp. 605–714.

Barwise, J.: 1988, *The Situation in Logic*, Center for the Study of Language and Information, Stanford.

Bratko, I.: 1986, *Prolog Programming for Artificial Intelligence*, Addison-Wesley Publ. Comp., Wokingham.

Carnap, R.: 1936–37, 'Testability and Meaning', *Philosophy of Science* **3**, 419–471 and **4**, 1937, 1–40.

Carnap, R.: 1956, 'The Methodological Character of Theoretical Concepts', in: H. Feigl, and M. Scriven (eds.), *Minnesota Studies in the Philosophy of Science*, vol. I, University of Minnesota Press, Minneapolis, pp. 38–76.

Cleave, J. P.: 1973–74, 'An Account of Entailment Based on Classical Semantics', *Analysis* **34**, 118–122.

Fitting, M.: 1983, *Proof Methods for Modal and Intuitionistic Logics*, Reidel, Dordrecht.

Friedman, M.: 1974, 'Explanation and Scientific Understanding', *Journal of Philosophy* **71**, 5–19.

Glymour, C.: 1980, 'Hypothetico-Deductivism is Hopeless', *Philosophy of Science* **47**, 322–325.

Halldén, S. 1951: 'On the Semantic Non-Completeness of Certain Lewis Calculi', *Journal of Symbolic Logic* **16**(2), 127–129.

Harrison, J.: 1972, 'Ethical Naturalism', in: P. Edwards (ed.), *The Encyclopedia of Philosophy*, Vol. 3–4, The Macmillan Company & The Free Press, New York, Reprint Edition, pp. 69–71.

Hempel, C. G.: 1965, *Aspects in Scientific Explanation and Other Essays*, Free Press, New York, London.

Hesse, M.: 1970, 'Theories and Transitivity of Confirmation', *Philosophy of Science* **37**, 50–63.

Hume, D.: 1739–40: *A Treatise of Human Nature*, (L. A. Selby-Bigge, ed., Oxford 1888, Reprint 1951), Orig. 1739/40.

Kitcher, P.: 1976, 'Comments and Criticism: Explanation, Conjunction and Unification', *Journal of Philosophy* **73**, 207–212.

Kitcher, P.: 1981, 'Explanatory Unification', *Philosophy of Science* **48**, 507–531.

Kleene, S. C.: 1971, *Introduction to Metamathematics*, Wolters–Noordhoff Publishing, Groningen.

Körner, S.: 1947, 'On Entailment', *Proceedings of the Aristotelean Society* **21**, 143–162.

Körner, S. 1959, *Conceptual Thinking*, Dover Publ., New York.

Körner, S.: 1979, 'On Logical Validity and Informal Appropriateness', *Philosophy* **54**, 377–379.

Kuipers, T. A. (ed.): 1987, *What Is Closer-To-The-Truth?*, Poznan Studies in the Philosophy of Science and the Humanities, Vol. 10, Rodopi, Amsterdam.

Kutschera, F. v.: 1982, *Grundlagen der Ethik*, W. de Gruyter, Berlin–New York.

Lloyd, J.: 1984, *Foundations of Logic Programming*, Springer, Berlin.

Miller, D.: 1982, 'Truth, Truthlikeness, Approximative Truth', *Fundamenta Scientiae*, **3**(1), 93–101.

Morscher, E.: 1984, 'Sein-Sollen-Schlüsse und wie Schlüsse sein sollen', in W. u.a. Krawietz, (eds.), *Theorie der Normen* (Festgabe für Ota Weinberger), Duncker and Humblot, Berlin.

Parry, W.: 1933, 'Ein Axiomensystem für eine neue Art von Implikation (Analytische Implikation)', *Ergebnisse eines mathematischen Kolloquiums*, **4**, 5–6.

Popper, K.: 1948, 'What Can Logic Do For Philosophy?' *Artistotelian Society Proceedings*, Suppl. **22**, 141–154.

Popper, K.: 1963, *Conjectures and Refutations*, Routledge and Kegan Paul, London.

Popper, K.: 1976, *Logik der Forschung* (6. Auflage), J. C. B. Mohr, Tübingen.

Prior, A. N.: 1954, 'The Paradoxes of Derived Obligation', *Mind* **63**, 64–65.

Prior, A. N.: 1960, 'The Autonomy of Ethics', *Australasian Journal of Philosophy* **38**, 199–206.

Ross, A.: 1941, 'Imperatives and Logic', *Theoria* **7**, 53–71; reprint in *Philosophy of Science* **11**, 1944, pp. 30–46.

Radnitzky, G.: 1980, 'From Justifying a Theory to Comparing Theories and Selecting Questions', *Revue Internationale de Philosophie* **131–132**, 179–228.

Rautenberg, W.: 1979, *Klassische und Nichtklassische Aussagenlogik*, Friedr. Vieweg & Sohn, Braunschweig, Wiesbaden.

Schurz, G.: 1983, *Wissenschaftliche Erklärung, Ansätze zu einer logisch-pragmatischen Wissenschaftstheorie*, (dissertation), dbv-Verlag für die TU Graz.

Schurz, G.: 1983b, 'Das deduktive Relevanzkriterium von Stephan Körner und seine wissenschaftstheoretischen Anwendungen', *Grazer Philosophische Studien* **20**, 149–177.

Schurz, G.: 1987, 'A New Definition of Verisimilitude and its Applications', in P. Weingartner and G. Schurz (eds.), *Logic, Philosophy of Science and Epistemology*, Proceedings of the 11th International Wittgenstein-Symposium, Hölder–Pichler–Tempsky, Vienna, pp. 177–184.

Schurz, G.: 1988, 'Was ist wissenschaftliches Verstehen? Eine Theorie verstehensbewirkender Erklärungsepisoden', in G. Schurz (ed.), pp. 235–298.

Schurz, G. (ed.): 1988, *Erklären und Verstehen in der Wissenschaft*. (With contributions by B. v. Fraassen, P. Gärdenfors, R. Tuomela, M. Friedman, P. Kitcher, G. Schurz and K. Lambert), R. Oldenbourg, München.

Schurz, G.: 1989, *Relevant Deduction in Science and Ethics. With a Case Study of the Is-Ought Problem*, (habilitation), Salzburg 1989.

Schurz, G.: 1990, 'Paradoxical Consequences of Balzer's and Gähde's Criteria of Theoreticity. Results of an Application to Ten Scientific Theories', *Erkenntnis* **32**, 161–214.

Schurz, G.: 1991, 'How Far Can Hume's Is-Ought Thesis be Generalized? An Investigation in Alethic-Deontic Modal Predicate Logic', *Journal of Philosophical Logic* **20**, 37–95.

Schurz, G. and Weingartner, P.: 1987, 'Verisimilitude Defined by Relevant Consequence-Elements. A New Reconstruction of Popper's Idea', in T. A. Kuipers (ed.), pp. 47–78.

Schurz, G. and Lambert, K.: 1991, 'Outline of a Theory of Scientific Understanding', submitted for publication.

Stegmüller, W.: 1970, *Probleme und Resultate der Wissenschaftstheorie und Analytischen Philosophie*, Band II, 1. Halbband, Springer, Berlin.

Stranzinger, R.: 1977, 'Die Paradoxa der deontischen Logik', in I. Tammelo and H. Schreiner (eds.), *Grundzüge und Grundverfahren der Rechtslogik*, Band 2, Verlag Dokumentation (UTB 685), München 1977.

Weingartner, P. 1985, 'A Simple Relevance Criterion for Natural Language and Its Semantics', in G. Dorn and P. Weingartner (eds.), *Foundations of Logic and Linguistic*, Plenum Press, Salzburg.

Weingartner, P. and G. Schurz: 1986, 'Paradoxes Solved by Simple Relevance Criteria', *Logique et Analyse* **113**, 3–40.

Institut für Philosophie
Universität Salzburg
Franziskanergasse 1
A-5020 Salzburg
Austria

BRIAN SKYRMS

CARNAPIAN INDUCTIVE LOGIC FOR MARKOV CHAINS

> "Then the criticism of the so-far-constructed '*c*-functions' is that they correspond to 'learning machines' of very low power. They can extrapolate the simplest possible empirical generalizations, for example: 'approximately nine-tenths of the balls are red', but they cannot extrapolate so simple a regularity as 'every other ball is red'."
>
> Hilary Putnam
> 'Probability and Confirmation'

ABSTRACT. Carnap's Inductive Logic, like most philosophical discussions of induction, is designed for the case of independent trials. To take account of periodicities, and more generally of order, the account must be extended. From both a physical and a probabilistic point of view, the first and fundamental step is to extend Carnap's inductive logic to the case of finite Markov chains. Kuipers (1988) and Martin (1967) suggest a natural way in which this can be done. The probabilistic character of Carnapian inductive logic(s) for Markov chains and their relationship to Carnap's inductive logic(s) is discussed at various levels of Bayesian analysis.

1. INDEPENDENCE AND MARKOV DEPENDENCE

Suppose that one is investigating a sequence of tosses of a coin with unknown bias, or a sequence of random drawings with replacement from an urn filled with balls of a finite number of different colors. Then Rudolf Carnap's inductive logic – his original inductive logic, c^* will turn in a creditable performance. In the case of the biased coin, Carnap's advice is that before the first toss – in the absence of any prior knowledge – you should consider heads and tails as equiprobable, and in general – on the evidence of n heads in N tosses – you should take the probability of heads to depend on the relative frequency of heads and the number of tosses as follows:

$$\text{pr(Heads)} = \frac{n+1}{\text{N}+2}$$

Erkenntnis **35**: 439–460, 1991.
© 1991 *Kluwer Academic Publishers. Printed in the Netherlands.*

In the case of the urn with balls of k colors, Carnap uses the natural generalization from 2 to k properties. In N trials in which color C comes up n times we have:

$$\mathrm{pr(C)} = \frac{n+1}{\mathrm{N}+k}$$

If we take $\alpha = k/(\mathrm{N}+k)$, then we can rewrite Carnap's rule as a weighted average of the a priori probability and the relative frequency:

$$\alpha\frac{1}{k} + (1-\alpha)\frac{n}{\mathrm{N}}$$

This rule gives reasonable results when the trials are – in fact – independent,[2] and empirical investigation is like sampling from the great urn of nature.[3]

But nature serves up dependence as well as independence. Indeed, any investigation of causation – deterministic or probabilistic – must deal in dependence. Deterministic laws of periodicity are a special case, and Carnap's original system was vigorously criticized by Putnam (1963a,b) and Achinstein (1963) for its inability to confirm such laws.

The first, fundamental step in dealing with dependence is to consider Markov chains – in which the probability of the state of a system at a moment of time depends only on the state of the system at the preceding moment. Most of science deals with processes which – when properly described – exhibit this Markov property.

In the simplest case, we can replace the iconic example of the coin flip with that of the Markov thumb tack of Diaconis and Freedman (1980a). A thumb tack is repeatedly flicked as it lays. It can come to rest in either of two positions: point up or point down. The chance of the next state may well depend on the previous one. Thus there are unknown transition probabilities:

	PU	PD
PU	Pr(PU|PU)	Pr(PD|PU)
PD	Pr(PU|PD)	Pr(PD|PD)

which an adequate inductive logic should allow us to learn. Here are two extreme examples:

Example 1, Independence: Independent flips of a coin biased 9 to 1 in favor of heads.

$$\begin{bmatrix} .9 & .1 \\ .9 & .1 \end{bmatrix}$$

Example 2, Putnam: This is an example of a strictly alternating sequence of the kind suggested in the epigraph.

$$\begin{bmatrix} 0 & 1 \\ 1 & 0 \end{bmatrix}$$

More generally, where the physical system has a finite number of states we can fix on the canonical urn model for a Markov chain (Feller (1966)). A Markov chain on a system with k-states is equivalent to an urn model with $k + 1$ urns. There are balls of k different colors in the urns. A ball is drawn at random from the first urn to determine the first state of the system. The remaining k urns are each labeled with a color. Depending on which of the k colors is drawn at a given time, the next ball is drawn from the next urn to determine the next state of the system and then replaced.

2. KUIPERS' CARNAPIAN INDUCTIVE LOGIC FOR MARKOV CHAINS

How should one treat Markov chains in the spirit of Carnap's original inductive logic? Carnap never addressed this question in his published work. Taking into account both his publications and conversations and correspondence with his coworkers, I believe that the question would fall somewhere on Carnap's agenda for the future development of inductive logic but it was not one which he actively tried to answer.

However, there is a natural answer, which fits into Carnap's program much more neatly than some of the generalizations that he did consider. It is put forward by Theo Kuipers in Kuipers (1988). The leading idea is this: Carnap already has an inductive logic suitable for sampling from an urn with replacement. Just apply this inductive logic to the natural urn model of a Markov chain, under the assumption that transitions originating in one state give us no information about transitions originating in a different state. Parametric Bayesians, such as Martin (1967), operating in a somewhat different tradition, have followed the same path (see Section 6).

Suppose that we have a Markov chain with unknown transition probabilities, and our inductive problem is to watch the system evolve and predict the transitions. Applying Kuipers' idea to Carnap's original logic, c^*, for a two state physical system gives the inductive rule:

$$\Pr(S_j|S_i) = \frac{1 + N[S_j, S_i]}{2 + N[S_j, S_i] + N[S_i, S_i]}$$

where $N[S_j, S_i]$ is the number of transitions from state S_i to state S_j observed.

More generally, for a physical system with states $S_1 \ldots S_k$, a Markov Chain (with stationary transition probabilities) consists of a k-place probability vector for the initial state[4] together with a k-by-k square matrix of transition probabilities. If a Carnapian is confronted with a totally new system which he wishes to treat as a Markov chain, he will assign equal probabilities for the initial state, and initially use transition probabilities which assign equal probabilities for every state given any state as predecessor, and update the transition probabilities using the transition counts in the style of c^*:

$$\Pr(S_j|S_i) = \frac{1 + N[S_j, S_i]}{k + \Sigma_{m=1}^{k} N[S_m, S_i]}$$

(If it is possible to repeatedly restart a Markov chain or to observe many independent instantiations of it, then the probabilities for the initial state could be learned by Carnap's original inductive logic.)

Carnapian inductive logic for Markov chains is a natural generalization of Carnap's inductive logic for coin flipping. It learns properly in our two examples of independence and strict periodicity. It also can be shown to be the correct generalization at a deeper level.

3. CLASSICAL BAYESIAN ANALYSIS

Carnap's inductive rule for coin flipping has a Bayesian interpretation which predates Carnap and, in fact, is due to the Reverend Thomas Bayes himself (Bayes (1765)). Zabell (1989) makes a convincing case that Bayes intended his analysis as a reply to the inductive skepticism of David Hume. I will sketch the essence of Bayes' argument.

For a coin with known probability p of heads, the probability of n heads in N independent trials is:

$$p^n(1-p)^{N-n}$$

Where the bias is unknown he puts a prior probability on the bias. That is a prior degree-of-belief probability on the objective probability of heads, which may be anywhere in the interval [0, 1]. In the absence of any relevant knowledge about the coin, Bayes uses the uniform "flat" prior. The probability of n heads N trials is gotten by mixing with respect to the prior:

$$\int_0^1 p^n(1-p)^{N-n}\,dp$$

and the conditional probability of a head on the N + 1th trial given n heads in N trials is then:

$$\frac{\int_0^1 p^{n+1}(1-p)^{N-n}\,dp}{\int_0^1 p^n(1-p)^{N-n}\,dp} = \frac{n+1}{\mathrm{N}+2}$$

Independently of Bayes, but somewhat later, Laplace gave the same derivation of this inductive rule and it was baptized by John Venn as *Laplace's rule of succession*.

Laplace also discussed the natural generalization from the binomial to the multinomial case of rolling a die or sampling from an urn with a finite number of colors. The full analysis is carried out in Lidstone (1920). Assuming a uniform prior and integrating gives us Carnap's inductive rule.

Suppose that we treat the case of the Markov thumbtack with unknown transition probabilities in the same spirit. For each state, the transition probabilities from that state to point up can range from 0 to 1. Any point in the unit square represents a possible combination of transition probabilities. An arbitrary subjective prior could be any probability distribution over the unit square. Some priors would make the rows in the Markov matrix dependent. That is, information about the true transition probabilities from state PU might be relevant to beliefs about the transition probabilities from state PD, or *vice versa*.

But let us, following classical intuitions of symmetry as before, take the uniform distribution over the unit square as the appropriate prior. This has the uniform distributions on the unit interval as marginals for transition probabilities from PU, $p1$, and from PD, $p2$. Moreover the distribution on the unit square is the product measure, $p = (p1)(p2)$; rows are independent. Let us suppose for the moment that we simply start the thumbtack point up. Then the probability of an outcome sequence which starts with the stipulated initial state PU and which has the transition counts Tuu, Tud, Tdu, Tdd is:

$$\int_{\Omega} p_1^{\mathrm{Tuu}}(1-p_1)^{\mathrm{Tud}} p_2^{\mathrm{Tdu}}(1-p_2)^{\mathrm{Tdd}}\,\mathrm{d}p$$

$$= \int_0^1 p_1^{\mathrm{Tuu}}(1-p_1)^{\mathrm{Tud}}\,\mathrm{d}p_1 \cdot \int_0^1 p_2^{\mathrm{Tdu}}(1-p_2)^{\mathrm{Tdd}}\,\mathrm{d}p_2$$

Now suppose that such a sequence ends with point up and we want to predict the result of the next toss. The conditional probability of PU on the next trial is:

$$\frac{\int_0^1 p_1^{\mathrm{Tuu}+1}(1-p_1)^{\mathrm{Tud}}\,\mathrm{d}p_1}{\int_0^1 p_1^{\mathrm{Tuu}}(1-p_1)^{\mathrm{Tud}}\,\mathrm{d}p_1} = \frac{\mathrm{Tuu}+1}{\mathrm{Tuu}+\mathrm{Tud}+2}$$

(The calculation is similar if the sequence ends PD or if we start by placing the thumbtack PD.) This is Carnapian inductive logic for Markov Chains.

Suppose we go to the more general case where we flip a biased coin to decide the initial position of the thumbtack. In this setting, the full specification of the Markov chain is a point in the unit cube, with one dimension for the probability of the initial state and the other two for the transition probabilities. Putting the uniform prior on the unit cube makes the probability of the initial state independent of the transition probabilities, so there is just one more term which cancels out in the calculation of the conditional probability, and the result is the same. Here again, independence is not an extra assumption but rather a consequence of the choice of the uniform prior as the appropriate quantization of ignorance.

If the physical system has some arbitrary finite number of states, the Bayesian analysis goes in much the same way. Each row in the Markov transition matrix can be thought of as sampling from an urn without replacement. Taking the uniform prior for a multinomial process gives us Carnap's inductive logic. Taking a uniform prior for Markov chains makes probability of the initial state and rows in the transition matrix independent and factors into uniform priors on each giving us the Carnapian inductive logic for Markov chains of Section 2.

It is also desirable to consider physical systems whose state corresponds to the value of some continuous physical magnitude (or a vector of values of a number of physical magnitudes), and the associated Markov chains. But Carnap's inductive logic was not developed sufficiently to deal with such systems even when the trials are independent. The extension to continuous magnitudes was also on Carnap's agenda for inductive logic. Something can be done along these lines in the same spirit as the foregoing treatment, but space does not permit going into this matter here.

4. CONSISTENCY

Suppose that we have a statistical model in which the chances are determined by a parameter whose value is unknown. An inductive rule is *consistent* (relative to the model) for a value of the parameter if when the parameter has that value, as more and more data are observed the inductive rule will (with chance equal to 1) yield degrees of belief which in the limit concentrate at a point mass on the true chance probability. The inductive rule is consistent for the model overall if it is consistent for every value of the parameter.

Laplace's rule of succession is consistent for coin tossing. By the strong law of large numbers, the limiting relative frequency coincides (almost surely in chance) with the single case chance probability. In the limit, application of Laplace's rule leads to degrees of belief which correspond to relative frequencies. So we have consistency for all values of "the chance of heads". By the same reasoning, the Laplace–Lidstone–Carnap generalization to n-states is consistent for a multinomial process. It should be clear from the argument that we could formulate many consistent alternative rules as well.

We would like to investigate the question of consistency for Carnapian inductive logic for Markov chains. There are really a number of different questions depending on what is assumed known or unknown about the Markov chain, and how the data stream is generated. With regard to the last question, can we "restart" a chain or observe arbitrarily many independent copies of it, or are we limited to observing one sequence of events.

To begin with, let us suppose that the initial state of the physical system is generated with probability 1 and known, but the (stationary) transition probabilities are unknown. The chain evolves and we observe just that one sequence of states, and update according to Carnapian inductive logic for Markov chains. When do we have consistency? A simple example shows that we do not always have it. Suppose that a two state system state in state 1 and that the transition matrix is of the following type:

$$\begin{bmatrix} 1 & 0 \\ x & (1-x) \end{bmatrix}$$

Then, with probability 1, the system will stay in state 1 and we will never get any data for transitions from state 2. Carnapian inductive logic is only consistent here for the case where $x = 1/2$ and our initial guess at the transition probabilities from state 2 happens to be right.

A state of a Markov chain is called *recurrent* if the probability that it is visited an infinite number of times is 1. The chain is recurrent if all its states are recurrent. Both the examples of Section 1, started deterministically in any state, give recurrent Markov chains. In the Putnam example the states are periodic, while in the independence example they are ergodic.

Carnapian inductive logic for Markov chains is consistent for recurrent Markov chains. Here is a quick sketch of a proof. Suppose that the true state of nature is a recurrent Markov chain (with a finite number of states). Then the set of sample sequences in which some state does not recur has probability zero. Delete these sequences and restrict the chance measure to get a new probability space. In this space define the random variables $f[nij]$ as having the value 1 if the nth occurrence of state i is followed by state j. The sequence $f[1ij], f[2ij], \ldots$ is an infinite sequence of independent and identically distributed random variables, so the strong law of large numbers applies. This means that the limiting transition relative frequencies from i to j equal the true transition probabilities with chance 1. Thus if the true state of nature is a recurrent Markov chain, then there are only a finite number of ways in which Carnapian inductive logic for Markov chains can fail to learn the true transition matrix, and each of these has a chance of zero.

What are we to think of the failure of consistency of the Carnapian method for some non-recurrent Markov chains? It hardly seems a failure of the inductive method where nature conspires not to provide the relevant data. And Carnapians can take some comfort from two considerations: (1) From the classical Bayesian standpoint the non-recurrent chains have probability zero and (2) if nature prefers not to visit some states it may not be so important to know the true transition probabilities from those states.

On the other hand, if we can observe many independent Markov chains with the same transition probabilities more learning possibilities open up. If we can arbitrarily start a process in any state we please, as seems natural in the thumbtack example, and do it independently as many times as we please, then Carnapian inductive logic can obviously learn the true transition probabilities for even non-recurrent chains. If we want to learn the probability vector for the initial state – say that a biased coin is flipped to decide the initial position of the thumbtack – then by looking at independent trials of the starting mechanism the correct chances for the initial state can be learned by Carnap's inductive rule. These sorts of possibilities are not usually discussed in the literature on Markov chains because they have nothing to do with the Markov structure. But they are nevertheless quite relevant to the application of inductive logic. If this kind of learning is allowed consistency of Carnapian inductive logic for Markov chains is unrestricted. Again, however, we should emphasize that Carnapian inductive logic for Markov chains is not unique in having this virtue. Many other inductive rules can be formulated which share it, some of which will be examined later in this essay.

5. COORDINATE LANGUAGES, STOCHASTIC PROCESSES, AND CELLULAR AUTOMATA

Carnap worked in a framework where names were mere indices, meant to convey no substantive information about the things named. This lay behind his adoption of a postulate of *symmetry*, that probability should be invariant under finite permutations of names. If the indices are a set with a natural order the principle of symmetry says that order makes no difference with respect to probability. In such a language, if one wants to express temporal or spatial order which is to make a difference, one would need to introduce relational predicates to carry the information.

It is simpler to let the indices carry information about order as is routinely done in the theory of stochastic processes. Carnap believed, early and late,[5] that a mature inductive logic should have a formulation for such *coordinate languages*. This is the sort of framework that we have implicitly been using in the foregoing discussion of Markov chains. Let us make the framework explicit. A stochastic process is a family $[X_i: i \in I]$ of random variables on a probability space (W, F, pr). The sort of Markov chains we considered are discrete, one sided stochastic processes where the index set I consists of the positive integers. The indices are usually taken to represent discrete times and their order to represent temporal order. The possible states of the system are the same at every time, so the measurable space (W, F) is a product of the measurable spaces for a single trial. The value of the random variables represent the state of the system at the time of its index. In the case we considered the system has only a finite number of possible states, so the random variables need take on only a finite number of values. The Markov property can then be written:

$$\Pr(X_{n+1} = x \mid X_1 = x_1 \,\&\, \ldots \,\&\, X_n = x_n) = \Pr(X_{n+1} = x \mid X_n = x_n)$$

In linguistic terms, W is a set of possible worlds and F is a boolean σ-algebra of propositions. The indices of the random variables are names of times, and that a random variable takes on a value corresponds to the proposition in F which is the inverse image of that value under that random variable.

Carnap was – of course – interested in coordinate languages with more than one dimension. There is no reason why the indices have to only be ordered in one dimension. All sorts of orderings or partial orderings of the index set are possibilities. For example, we could consider the case of a product space for a physical system with a finite number of states where we have 3 dimensions of finite discrete space, and one dimension of one-sided infinite time. The appropriate Markov property would be that the state of a spatial point at time $t + 1$ depends only on that of that point and its neighbors at time t. Possible instantiations would be Ising spin models of ferromagnets, lattice gases, or stochastic cellular automata. If a Carnapian started by observing all points at time 1 and then at each point in time observed all points again, how should she update her probabilities? I will briefly sketch an answer.

For each point in space, there is an associated transition matrix. If the physical system in question has k possible states, then the matrix has k columns. If the point has m neighbors, the number of rows is

$m_k + 1$, with each row specifying the state of that point and its neighbors at the preceding time. (The number of neighbors depends here on whether the spatial point is on a vertex, edge, face, or in the interior.) Thus the transition matrix determines an urn model where each row in the matrix corresponds to an urn containing balls of k different colors. Applying Carnap's inductive logic to the urns gives us an answer. Initially, each entry in each transition matrix will be $1/k$. A Carnapian will update the transition matrix for a point using the transition counts, so that if the number of transitions from row r to column c is $\mathrm{T}rc$ and the total number of transitions from row r to any column in $\mathrm{T}r$, the updated probability in the cell of the transition matrix for that point is:

$$\frac{\mathrm{T}rc + 1}{\mathrm{T}r + k}$$

Perhaps the true transition probabilities are assumed stationary in space as well as time. That is, every interior point must have the same true transition probabilities – and likewise for every point on a face, on an edge, at a vertex. Then updating at a time, a Carnapian can use for any point in the interior the total transition counts for all points in the interior – and likewise for the other spatial classes of points.

It would be of some interest to explore the Carnapian inductive logic of general coordinate languages. Here the proper setting – at least initially – is the theory of Markov random fields.[6] Another direction for generalization is to consider higher-order Markov chains – where the probability of a state depends on some finite number, k, of preceding states. For a system with a finite number, n, of states the transition matrix has n^k rows and n columns, each row corresponding to an urn for the transition matrix from the natural urn model as before. One sort of application with some physical motivation would be a cellular automaton which is Markov in time but only higher order Markov in space.

6. PARAMETRIC MODELS, CONJUGATE PRIORS AND CONTINUA OF INDUCTIVE METHODS

In 1952 Carnap generalized his original inductive logic to a continuum of inductive rules. The continuum of 1952 gives us an inductive method which depends on a parameter, λ. The inductive method of 1950 is a special case. In the posthumously published 'Basic System' Carnap introduced another parameter, γ. The resulting $\lambda - \gamma$ continuum gives a treatment identical to the parametric Bayesian approach. The change in viewpoint is dramatic. Originally, inductive logic was to be for Carnap an *a priori* organon which evaluated the claims of all beliefs to support by empirical evidence. But what is the status of the parameters? Are they to be evaluated on the basis of empirical evidence and if so, how? Or can they be freely chosen, opening the doors to subjectivism and relativism? In his intellectual autobiography (1963) Carnap appears to lean in the latter direction:

> As far as we can judge the situation at the present time, it seems that an observer is free to choose any of the admissible values of λ and thereby an inductive method. If we find that the person X chooses a greater value of λ than a person Y, then we recognize that X is more cautious than Y, i.e. X waits for a larger class of observational data,than Y before he is willing to deviate in his estimate of relative frequency by a certain amount from its a priori value. (p. 75)

In part I of the 'Basic System' (1971) he leaves the question open:[7]

> There will presumably be future axioms, justified in the same way by considerations of rationality. We do not know today whether in this future development the number of admissible *M*-functions will always remain infinite or will become finite and possibly even be reduced to one. Therefore, at the present time I do not assert that there is only one rational Cr_0-function. (p. 27)

The inductive methods in Carnap's (1952) λ-continuum generalize his (1950) rule by adding a parameter, λ ($\lambda > 0$), which determines how much weight is put on the a priori probability. Instead of:

$$\mathrm{pr}(\mathrm{C}) = \frac{n+1}{\mathrm{N}+k}$$

we have:

$$\mathrm{pr}(\mathrm{C}) = \frac{n+\lambda}{\mathrm{N}+\lambda k}$$

If λ is 1, we get the original rule. If λ is smaller the relative frequencies swamp the a priori probabilities more quickly; if λ is smaller the relative frequencies exert their effect more slowly.

In his (1971) 'Basic System of Inductive Logic', Carnap added another parameter, γ. The effect is to enlarge the λ-continuum so that the various outcomes need not be equiprobable a priori. If there are m possible outcomes, let $\gamma_1 \ldots \gamma_m$ be positive numbers summing to 1. Then the rule of succession becomes:

$$\mathrm{pr}(\mathrm{C}_i) = \frac{n + \lambda\gamma_i}{\mathrm{N} + \lambda k}$$

It should be clear from the discussion of Section 4 that all of the inductive rules in this continuum are *consistent*.

The foregoing generalizations have a Bayesian interpretation in terms of *natural conjugate priors*.[8] As an example, consider once more flipping a coin with unknown bias and assume that the prior probability density for x = Chance of heads on [0, 1] is Beta (with parameters α and β):

$$f_{\alpha\beta}(x) = \frac{\Gamma(\alpha + \beta)}{\Gamma(\alpha) + \Gamma(\beta)} x^{\alpha-1}(1 - x)^{\beta-1}$$

The first term is simply a normalizing constant to make the integral on [0, 1] come out to 1. The (degree of belief) probability of heads is then just the expectation of chance:

$$\frac{\alpha}{\alpha + \beta}$$

Suppose that a coin is flipped N times giving n heads. The probability of this result conditional on the chance of heads being x is:

$$x^n(1 - x)^{\mathrm{N}-n}$$

Then by Bayes' Theorem the posterior density for x is again Beta with new parameters $\alpha' = \alpha + n$ and $\beta' = \beta + (N - n)$. The Beta is known as the *natural conjugate prior* for a Bernoulli process. Use of the β prior leads to a generalized rule of succession. On the evidence of a series of N trial with n heads, the probability of heads is:

$$\frac{\alpha'}{\alpha' + \beta'} = \frac{\alpha + n}{\alpha + \beta + \mathrm{N}}$$

When $\alpha = \beta = 1$ the Beta prior is flat and we have Laplace's rule of succession.

For a multinomial model such as sampling from an urn with replacement, the story is similar. Suppose that an urn contains balls of k different colors, and let the unknown chance of color 1 be $x_1, \ldots,$

color k be x_k. Then the prior density will be on the random vector $\mathbf{X} = \langle x_1, \ldots, x_k \rangle$. The natural conjugate prior on the appropriate simplex is the Dirichlet:

$$f_\alpha = \frac{\Gamma(\alpha_1 + \cdots + \alpha_k)}{\Gamma(\alpha_1) \ldots \Gamma(\alpha_k)} x_1^{\alpha_1 - 1} \ldots x_k^{\alpha_k - 1}$$

with parameter $\alpha = \langle \alpha_1, \ldots, \alpha_k \rangle$ (all α_i positive).

The a priori probability of color i is the expectation of its chance:

$$\mathrm{E}(x_i) = \frac{\alpha_i}{\sum_{j=1}^{k} \alpha_j}$$

Since the likelihood is proportional to the prior density, the posterior on the evidence of a sample of N balls, n_1 of color $1 \ldots n_k$ of color k, is again with parameter $\alpha' = \langle \alpha_1 + n_1, \ldots, \alpha_k + n_k \rangle$. This yields a generalized rule of succession. The posterior probability of color i is:

$$\frac{\alpha_i + n_i}{\sum_{j=1}^{k} \alpha_j + n_j}$$

If we restrict ourselves to symmetric Dirichlet priors this gives us Carnap's λ-continuum. If we allow arbitrary Dirichlet priors we get the $\lambda - \gamma$ continuum of 'Carnap's Basic System'.

How can one get a reasonable conjugate prior analysis for Markov chains with unknown transition probabilities? The standard parametric Bayesian approach, as in Martin (1967) is to apply the foregoing analysis to the natural urn model for the transitions and take the product measure to get the appropriate prior. Here independence is simply assumed, rather than being derived from indifference as in the classical Bayesian approach of Section 3. Martin calls this prior the "Matrix Beta" prior. This approach yields a Carnapian $\lambda - \gamma$ continuum of inductive methods for transition probabilities of Markov chains:

$$(\mathrm{Pr}\mathrm{S}_j \mid \mathrm{S}_i) = \frac{\lambda \gamma_{ij} + \mathrm{N}[\mathrm{S}_j, \mathrm{S}_i]}{\lambda k + \sum_{m=1}^{k} \mathrm{N}[\mathrm{S}_m, \mathrm{S}_i]}$$

The suggestion of Kuipers (1988) was, in fact, to use the part of this continuum which corresponds to Carnap's λ-continuum. All of these methods share the consistency properties of Carnapian Inductive Logic for Markov chains that were pointed out in Section 4.

7. SUBJECTIVE BAYESIAN ANALYSIS

Subjective Bayesians do not believe in chances, and will not postulate a chance statistical model such as coin flipping or multinomial sampling or a Markov chain. The role that statistical models play for parametric Bayesians is, for them, taken over by *symmetries* in degrees of belief. The fundamental example is that of what de Finetti called *exchangeability*. Carnap defended a principle of symmetry which bears a superficial resemblance to exchangeability in his work on inductive logic, that is that the probability should be invariant under permutations of names. This was done in systems for finite languages, in which names were supposed to be mere identifying tags carrying no additional information as to order. Carnap was well aware that in the context of a temporal coordinate language the assumption of symmetry cannot have a priori status.[9] Here the indices carry information about temporal order, and the principle of symmetry tells us that temporal order makes no probabilistic difference. De Finetti may be thought of as working in a coordinate language where the *n*th integer names the *n*th trial. A degree of belief probability is *exchangeable* if it is invariant under finite permutations of trials. If we know that we are flipping a biased coin with the tosses independent in the true chance probabilities but are uncertain as to the bias so that we mix the possible Bernoulli processes, the result gives us degree of belief probabilities which do not make the trials independent, but do make them exchangeable. De Finetti proved the converse. Exchangeable sequences have a unique representation as mixtures of independent ones. This is true not only for two valued random variables, but also for the random variables taking a finite number of values that we have discussed (and for much more general cases as well).[10] Thus a subjective Bayesian can take symmetry of degrees of belief here as a mark that one will act *as if* one were drawing balls from an urn of unknown composition. In other words, for all intents and purposes the symmetry in the degrees of belief here are tantamount to identifying a statistical model.

Exchangeability has an equivalent formulation which brings out an important connection with relative frequencies. Suppose that we have a physical system with a finite number of states, $S_1 \ldots S_m$, and are considering a sequence of trials on each of which the system takes one of these states. Sampling from an urn or rolling a die are examples. For a finite sequence of trials consider $\mathbf{C} = \langle C_1, \ldots, C_n \rangle$, the vector of frequency counts for occurrences of the states $S_1, \ldots, S_n$, respectively. **C** will be said to be a *sufficient statistic* if any two finite sample sequences with the same value of **C** are equiprobable. A probability measure is exchangeable just in case it makes **C** a sufficient statistic. Thus we can say that if the vector of frequency counts is a sufficient statistic, relative to degrees of belief, then the beliefs are as if they came from a multinomial sampling model. The prior on the parameters is, however, so far undetermined.

A stronger sense of sufficiency gets stronger results. Suppose in addition to exchangeability that the probability of the outcome on the next trial given the sample size and relative frequency of the outcome in all previous trials is equal to the probability of that outcome on the next trial given the complete record of all previous trials. Suppose also that for any state the numerical dependence is the same, that is that the probability of that state on the next trial given a frequency count for it and number of trials is the same as the probability of any other state given the same number of trials and the same frequency count for the latter state. That is, the probability of a state, S_i, on the next trial depends only on C_i and $\Sigma_j C_j$. This is W. E. Johnson's (1932) "*sufficiency postulate*". If the physical system has 3 or more states and if we have both exchangeability and Johnson's sufficiency postulate satisfied by degrees-of-belief, then they are as if we put a symmetric Dirichlet prior on a multinomial model. That is to say that we are operating within Carnap's λ-continuum of inductive methods.

If, for repeated trials with a finite number of outcomes, you have an initial probability which is exchangeable and which makes every relative frequency of outcomes equally likely for a fixed sample size (equiprobability of structure descriptions in Carnap's terms) then you get Carnap's (1950) c^* inductive logic. This was demonstrated by W. E. Johnson (1924), before either Carnap or de Finetti.[11] Exchangeability was Johnson's "permutation postulate". Equiprobability of structure descriptions was Johnson's "combination postulate". The permutation postulate was tantamount to identifying a statistical model of multinomial sampling. The combination postulate in addition was tantamount to assuming a flat prior on the parameters of the model. Together they give the generalization of Laplace's rule of succession that Carnap advocated in *Logical Foundations of Probability*.

In dealing with Markov chains we do not have exchangeability, but perhaps a weaker kind of symmetry condition can play a role with respect to Markov processes analogous to that played by exchangeability with respect to Bernoulli processes. Such an analysis is developed in Freedman (1962), de Finetti (1974), Diaconis and Freedman (1980b). Let us return to the Markov thumbtack. Suppose we are sure that this was a Markov process but were unsure about the transition probabilities and probability of the initial state, and mixed over the possibilities. The result would be a stochastic process which would, in general, not be Markov, but which has the property that the vector of initial state and transition counts is a sufficient statistic for all finite sequences of given length generated by the process. That is to say that sequences of the same length having the same transition counts and the same initial state, are equiprobable. When this is the case, say the process is *Markov exchangeable*.

Markov exchangeability, like ordinary exchangeability, can also be given an equivalent formulation in terms of invariance (Diaconis and Freedman (1980)). A primitive block-switch transformation of a sequence takes two disjoint blocks of the sequence with the same starting and ending states and switches them. A block switch transformation is the composition of a finite number of primitive block switch transformations. A probability is then Markov exchangeable just in case it is invariant under all block switch transformations.

Diaconis and Freedman (1980) show that *recurrent* stochastic processes of this type which are Markov exchangeable have a unique representation as a mixture of Markov chains. The leading idea of the proof involves looking at sequences of blocks. A 1-block of an infinite sequence is a finite string of states which begins with state 1 and proceeds until (but not including) the next occurrence of state 1. Consider the infinite sequence of 1-blocks, which is well defined with probability 1 because of recurrence. Permuting 1-blocks leave the transition counts in the original sequence unchanged. Then, as a consequence of Markov exchangeability, the sequence of 1-blocks is exchangeable. De Finetti's theorem is applied to this higher order sequence of 1 blocks to get the desired conclusion. The resulting representation theorem for recurrent Markov-exchangeable stochastic processes gives us the foundation for a wholly subjective approach to the theory of Markov chains.

In this spirit, Carnapian inductive logic for Markov chains can be given a purely subjective development parallel to W. E. Johnson's pathbreaking analyses of generalized rules of succession. Suppose that in degrees of belief we have a recurrent, Markov exchangeable, stochastic process with a finite number of states. Then by the Diaconis and

Freedman result, our degrees of belief are as if we had a Markov chain with unknown transition probabilities. Now suppose further that for all states, our degrees of belief for transitions from that state satisfy the appropriate form of *W. E. Johnson's sufficiency postulate*. That is that $\Pr(S_j|S_i)$ depend only on $N[S_j, S_i]$ and $\Sigma_m N[S_m, S_i]$. Notice that this automatically gets us the independence that Martin and Kuipers assume. If our beliefs satisfy the postulate then transition counts from one state are not taken as giving any evidence about transitions from another state. Furthermore, our beliefs about transitions from a state must be as if we were sampling from an urn with unknown composition and symmetric Dirichlet prior, with the same prior for each state. In other words, we are in the Kuipers λ-continuum of Carnapian inductive methods for Markov chains:

$$\Pr(S_j|S_i) = \frac{\lambda + N[S_j, S_i]}{\lambda k + \Sigma_{m=1}^{k} N[S_m, S_i]}$$

If the degrees of belief in addition satisfy the analogous form of Johnson's *combination postulate*, then they embody the Carnapian inductive logic for Markov chains of Section 2. However, from a subjective point of view none of Johnson's postulates has any *logical* status; they merely serve to characterize cases in which degrees of belief have certain interesting and computationally tractable symmetries.

8. ORDER, PERIODICITY AND INDUCTIVE LOGIC

In the 1960's Carnap was challenged by Achinstein and Putnam to extend his inductive logic to make it sensitive to questions of order and periodicity. Achinstein (1961) looked towards a higher order language as the proper framework to accomplish this task. Carnap (1963a) replies by trying to code the order information into first order predicates:

> Achinstein studies chiefly laws of periodicity .... He believes that a solution will require a much stronger language containing predicates and quantified variables of higher order.
>
> I do not share this belief. I will briefly indicate how I would approach the problem of a coordinate language in inductive logic. As an example, let us think of a family of five predicates for simple qualitative properties $P_1, \ldots P_5$, say colors. An *m*-segment is a series of *m* consecutive positions. I introduce Q^m-for the possible properties ("*m*-species") of *m*-segments. For example, I define:
>
> (6) $\quad Q^3_{5,1,4}(n) =_{df} P_5(n).P_1(n+1).P_4(n+2).$

Thus the sentence '$Q^3_{5,1,4}(8)$' ascribes to the 3-segment beginning with position 8 the 3-species consisting of P_5, $P_{1,4}$ in this order; but formally '$Q^3_{5,1,4}$,' is a one-place predicate of positions.

These two approaches are perhaps not so far apart as Carnap seems to suppose. If we are not too particular about details we might say that the analysis in terms of blocks is consonant with the general spirit of Achinstein while the argument sketched in Section 4 is closer to the general spirit of Carnap.

At this time Carnap was then already in his 70s, and he spent the time he had left pursuing other generalizations of his system. Order was to be dealt with properly within a framework of coordinate languages whose implementation was seen as far in the future. The natural place to start such an investigation is with the question of inductive logic for finite Markov chains. Far from being impossible – or even difficult – the adaptation of Carnapian methods here is smooth and natural. Generalization to higher order Markov chains and to finite cellular automata is equally straightforward. In such a setting Carnapian inductive logic can learn the laws of chance that are responsible for the order in some very complicated phenomena.

The problem here for Carnap's original program is not that one cannot get a good inductive learning machine, but that there are so many ways in which one can do it. Any member of the full $\lambda - \gamma$ continuum of Carnapian inductive methods for Markov chains will do. All of them share the desirable consistency properties, but they are not the only methods which have such consistency properties. And there is even some reason to look outside this class of methods because in some applications the "sufficiency" postulates may be inappropriate. Perhaps transitions from one state may be evidentially relevant to our beliefs about the transitions from another state. Suppose that there are 100 states, and there have been 100,000 trials. State 100 always has gone to state 1, state 1 to state 2 . . . state 98 to state 99. Might this evidence not raise slightly the transition probability that the system will go to state 100 given that it was previously in state 99? Such analogical reasoning should not be excluded a priori. Carnap had already met the problem of non-uniqueness in inductive logic for multinomial sampling. There he moved to more and more general continuua of inductive methods. Consideration of wider domains of stochastic phenomena can only reinforce this tendency to move towards an all embracing Bayesian methodology. Both Carnap (1959), (1971), (1980) and de Finetti (1938), (1972) discuss additional forms of dependence which are important for inductive reasoning. These discussions point to promising territory for further extension of inductive methods in the spirit of Carnap.

NOTES

[1] I would like to thank Haim Gaifman, Richard Jeffrey, and John Kemeny for sharing recollections of the times when they assisted Carnap, and Persi Diaconis for comments on an earlier draft of this paper. Research upon which this paper was based was partially supported by the National Science Foundation.

[2] That is, our degrees of belief make them independent conditional on the chance hypotheses. Unconditionally, our degrees of belief make them exchangeable.

[3] See Strong (1976) for an account of the historical life of this metaphor.

[4] So to make the Markov thumbtack example into a full Markov chain we can imagine flipping a (possibly biased) coin to determine the initial position of the thumbtack.

[5] See Carnap (1950) sec. 15B; (1963b) p. 226; (1971) pp. 118–120; (1980) pp. 69–70.

[6] See Preston (1976) and Georgii (1979).

[7] As he does in Carnap (1980) p. 119:

> Suppose that at some point in the context of a given problem, say, the choice of a parameter value, we find that we have a free choice within certain boundaries, and at the moment we cannot think of any additional rationality requirement which would constrict the boundaries. Then it would certainly be imprudent to assert that the present range of choice will always remain open. How could we deny the possibility that we shall find tomorrow an additional requirement? But it would also be unwise to regard it as certain that such an additional requirement will be found, or even to predict that by the discovery of further requirements the range will shrink to one point.

[8] See Raiffa and Schlaifer (1961) for analyses using natural conjugate priors. Giving a satisfactory characterization of natural conjugate priors which is not vacuously satisfied is not unproblematic. See Diaconis and Ylvisaker (1979).

[9] See Carnap (1971) pp. 118–120; (1980) pp. 69–70.

[10] See Hewitt and Savage (1955).

[11] See Zabell for details of both this and of Johnson's 1932 generalization.

REFERENCES

Achinstein, P.: 1963, 'Confirmation Theory, Order and Periodicity', *Philosophy of Science* **30**, 17–35.

Bayes, Thomas: 1765, 'An Essay Toward Solving a Problem in the Doctrine of Chances', *Philosophical Transactions of the Royal Society of London* **53**, 370–418.

Burks, A.: 1970, *Essays on Cellular Automata*, University of Illinois Press, Urbana.

Carnap, R.: 1950, *Logical Foundations of Probability*, University of Chicago Press (second edition 1962), Chicago.

Carnap, R.: 1952, *The Continuum of Inductive Methods*, University of Chicago Press, Chicago.

Carnap, R. and Stegmüller, W.: 1959, *Induktive Logik und Wahrscheinlichkeit*, Springer, Vienna.

Carnap. R.: 1963a, 'Variety, Analogy and Periodicity in Inductive Logic', *Philosophy of Science* **30**, 222–227.

Carnap, R.: 1963b, 'Replies and Systematic Expositions', in P. A. Schilpp (ed.), *The Philosophy of Rudolf Carnap*, Open Court, Lasalle, Illinois, pp. 711–737.

Carnap, R.: 1971, 'A Basic System of Inductive Logic, Part 1', in R. Carnap and R. C. Jeffrey (eds.), *Studies in Inductive Logic and Probability*, vol. I. University of California Press, Berkeley.

Carnap, R.: 1980, 'A Basic System of Inductive Logic, Part 2', in R. C. Jeffrey (ed.), *Studies in Inductive Logic and Probability*, vol. II. University of California Press, Berkeley.

De Finetti, B.: 1937, 'La Prevision: ses lois logiques, ses sources subjectives', *Annales de l'Institut Henri Poincaré* **7**, 1–68; tr. as 'Foresight: its Logical Laws, its Subjective Sources'. in H. E. Kyburg, Jr. and H. Smokler (eds.), *Studies in Subjective Probability*, 1980. Kreiger, Huntington, N.Y.

De Finetti, B.: 1938, 'Sur la condition d'equivalence partielle', *Actualités scientifiques et industrielles*, No. 739 (Paris: Hermann & Cie). Translated by P. Benacerraf and R. Jeffrey as 'On the Condition of Partial Exchangeability', in R. C. Jeffrey (ed.), *Studies in Inductive Logic and Probability*, vol. II. University of California Press, Berkeley, pp. 193–205.

De Finetti, B.: 1974, *Probability, Induction and Statistics*. Wiley, New York.

Dynkin, E.: 1978, 'Sufficient Statistics and Extreme Points', *Annals of Probability* **6**, 705–730.

Diaconis, P. and Freedman, D.: 1980, 'De Finetti's Theorem for Markov Chains', *Annals of Probability* **8**, 115–130.

Diaconis, P. and Freedman, D.: 1981, 'Partial Exchangeability and Sufficiency', in *Statistics: Applications and New Directions* (Proceedings of the Indian Statistical Institute Golden Jubilee International Conference) Calcutta: Indian Statistical Institute, pp. 205–236.

Diaconis, P. and Freedman, D.: 1986, 'On the Consistency of Bayes Estimates', *Annals of Statistics* **14**, 1–26.

Diaconis, P. and Ylvisaker, D.: 1979, 'Conjugate Priors for Exponential Families', *Annals of Statistics* **7**, 269–281.

Feller, W.: 1966, *An Introduction to Probability Theory and its Applications*, vol. 1, 2nd. ed. Wiley, New York.

Freedman, D.: 1962, 'Mixtures of Markov Processes', *Annals of Mathematical Statistics* **2**, 615–629.

Georgii, H. O.: 1979, *Canonical Gibbs Measures* (Lecture Notes in Mathematics 760) Springer, Berlin.

Good, I. J.: 1965, *The Estimation of Probabilities: An Essay on Modern Bayesian Methods*, MIT Press, Cambridge, Massachusetts.

Hewitt, E. and Savage, L. J.: 1955, 'Symmetric Measures on Cartesian Products', *Transactions of the American Mathematical Society* **80**, 470–501.

Johnson, W. E.: 1924, *Logic, Part III: The Logical Foundations of Science*, Cambridge University Press, Cambridge.

Johnson, W. E.: 1932, 'Probability: the Deductive and Inductive Problems', *MIND* **49**, 409–423.

Kemeny, J.: 1964, 'Carnap on Probability and Induction" in P. A. Schilpp (ed.), *The Philosophy of Rudolf Carnap*, Open Court, Lasalle, Illinois, pp. 711–737.

Kuipers, T. A. F.: 1988, 'Inductive Analogy by Similarity and Proximity', in D. H. Helman (ed.), *Analogical Reasoning*, Kluwer, Dordrecht.

Lidstone, G. J.: 1920, 'Note on the General Case of the Bayes–Laplace Formula for Inductive or posteriori Probabilities', *Transactions of the Faculty of Actuaries* **8**, 182–192.

Martin, J. J.: 1967, *Bayesian Decision Problems and Markov Chains*, Wiley, New York.

Preston, C.: 1976, *Random Fields*, (Springer Lecture Notes in Mathematics 534) Springer, Berlin.

Putnam, H.: 1963a, 'Degree of Confirmation and Inductive Logic', in P. A. Schilpp (ed.), *The Philosophy of Rudolf Carnap*, Open Court, Lasalle, Illinois, pp. 761–783. Reprinted in Putnam, H.: 1975, *Mathematics, Matter and Method. Philosophical Papers*, vol. 1. Cambridge University Press, Cambridge, pp. 270–292.

Putnam, H.: 1963b, 'Probability and Confirmation', in *The Voice of America, Forum Philosophy of Science* 10. U.S. Information Agency. Reprinted in Putnam, H.: 1975, *Mathematics, Matter and Method. Philosophical Papers, vol.* 1. *Cambridge University Press, Cambridge, pp.* 293–304.

Raiffa, H. and Schlaiffer, R.: 1961, *Applied Statistical Decision Theory*. Division of Research, Boston, Graduate School of Business Administration Harvard University.

Strong, J. V.: 1976, 'The Infinite Ballot Box of Nature: De Morgan, Boole and Jevons on Probability and the Logic of Induction', *PSA 1976*, vol. 1 [Proceedings of the Philosophy of Science Association] East Lansing, Michigan.

Zabell, S. L.: 1982, 'W. E. Johnson's "sufficientness" postulate', *Annals of Statistics* **10**, 1091–1099.

Zabell, S. L.: 1988, 'Symmetry and its Discontents', in B. Skyrms and W. L. Harper (eds.), *Causation, Chance and Credence*. Kluwer, Dordrecht, pp. 155–190.

Zabell, S. L.: 1989, 'The Rule of Succession', forthcoming in *Erkenntnis*.

Department of Philosophy
University of California
Irvine, CA 92717
U.S.A.

RAINER HEGSELMANN AND GEO SIEGWART

ZUR GESCHICHTE DER 'ERKENNTNIS'

Bilanziert man die Verdienste von Wissenschaftlern, dann stellt deren organisatorische Arbeit entgegen einem verbreiteten Vorurteil keineswegs eine vernachlässigbare Größe dar. Die Edition einer Zeitschrift ist eine solche Tätigkeit, die insbesondere die Möglichkeit bietet, über Themenvorgabe, Einladung und Beitragsauswahl tendenzenbildend oder doch – beeinflußend zu wirken. Es bietet sich daher im Rahmen eines Ehrenbandes der – um Hempels Redeweise aufzugreifen (Hempel 1975, 1) – *neuen* 'Erkenntnis' für Hans Reichenbach und Rudolf Carnap an, einige historische Schlaglichter auf die *alte* 'Erkenntnis' zu werfen, für die die Jubilare gemeinsam als Herausgeber verantwortlich zeichneten.

Die Zeitschrift 'Erkenntnis' ging hervor aus den 'Annalen der Philosophie'. Letztere waren 1918 auf Initiative von Hans Vaihinger (1852–1933), der bereits 1897 die 'Kantstudien' begründet hatte, ins Leben gerufen worden. Die Zeitschrift erschien im 1911 in Leipzig gegründeten Verlag von Felix Meiner. Mit der Zeitschriftengründung verfolgte Vaihinger vor allem das Ziel, ein Forum für seine sogenannte Als–ob–Philosophie zu schaffen. Grundthese dieser Philosophie ist, daß zweckmäßige Fiktionen für die Erkenntnis konstitutiv sind bzw. daß das System der Erkenntnisse als ein Fiktionengewebe zu betrachten ist. Der Untertitel der Zeitschrift lautet daher auch programmatisch: 'Mit besonderer Rücksicht auf die Probleme der Als–Ob–Betrachtung'. Als das erste Heft der 'Annalen der Philosophie' im Januar 1919 zeitgleich mit der erstmals bei Meiner verlegten 3.Auflage der 'Philosophie des Als–Ob' erschien, war Vaihinger bereits erblindet und bedurfte daher der Unterstützung. Diese fand er bei Raymund Schmidt, der bereits für den Verlag als Korrektor, Bearbeiter und Übersetzer tätig war und im Laufe der Zeit immer mehr in die Stelle eines Lektors hineinwuchs. Zuvor hatte er nach dem Krieg als Lehrer an einer Leipziger Privatschule gearbeitet. Schmidt ist der breiteren philosophischen Öffentlichkeit durch die bei Meiner veranstaltete Neuausgabe der 'Kritik der reinen Vernunft' im Jahre 1926 bekannt. Er schrieb auch Rezensionen und Berichte über philosophische Tagungen im 'Leipziger Tageblatt'.

Erkenntnis **35**: 461–471, 1991.
© 1991 *Kluwer Academic Publishers. Printed in the Netherlands.*

Ein Bericht über eine Tagung der Kant–Gesellschaft gefiel Vaihinger so gut, daß er ihm sein 'Philosophie des Als–Ob' zur Besprechung schickte. Seitdem entwickelte sich zwischen beiden eine enge Zusammenarbeit, die dazu führte, daß Schmidt außer der Betreuung weiterer Auflagen dieses Werkes auch von Anfang an als Mitherausgeber der 'Annalen der Philosophie' fungierte. Er führte praktisch die gesamten Redaktionsarbeiten aus.

Die Zeitschrift hatte jedoch weder wirtschaftlich noch philosophisch einen größeren Erfolg. Dies blieb auch so, als man sich wenige Jahre nach Gründung entschloß, das Konzept breiter anzulegen und die rigide Orientierung auf die Diskussion der Als–ob–Betrachtungen aufzugeben. Man gab den alten Untertitel auf und ersetzte ihn durch ' . . . und philosophischen Kritiken'. Mit Band 6 (1927) wurde Joseph Petzoldt neben Vaihinger und Schmidt der dritte Herausgeber der 'Annalen'. Als eine Stützungsaktion für die Zeitschrift war auch die Einrichtung einer 'Internationalen Gesellschaft für empirische Philosophie' und die Installierung einer entsprechenden Berliner Ortsgruppe im Jahre 1927 gedacht. Vorsitzender der Berliner Gruppe wurde Joseph Petzoldt, der bereits 1902 eine 'Positivistische Gesellschaft' ins Leben gerufen hatte, die sich dann während des 1.Weltkrieges zu einer Untergruppe der Kant–Gesellschaft erklärte. Aus der Berliner Neugründung ging 1928 die 'Berliner Gesellschaft für empirische Philosophie' hervor, die sich dann später, einem Vorschlag Hilberts folgend, in 'Gesellschaft für wissenschaftliche Philosophie' umbenannte. 'Stützungsaktion' heißt dabei: Es ging um die Etablierung einer Gesellschaft, deren Mitgliederzeitschrift eben die 'Annalen' wurden.

Als 1928 die Weltwirtschaftskrise ausbrach, war die Fortführbarkeit der defizitären Zeitschrift offenbar in Frage gestellt. Schmidt, dessen Verhältnis zu Meiner wegen zahlreicher Differenzen über die angemessene und korrekte Erledigung herausgeberischer Arbeiten und deren Vergütung inzwischen recht gespannt war, reiste 1929 für längere Zeit in die USA, u.a. mit dem Ziel, die Möglichkeiten einer Internationalisierung der Zeitschrift zu sondieren und Geldgeber für ein solches Projekt zu finden. Er will in diesem Zusammenhang auch mit Dewey gesprochen haben.

Im Jahre 1929, und zwar insbesondere im Zusammenhang der Prager Tagung für Erkenntnislehre der exakten Wissenschaften (15.–17.9. 1929), lernte Felix Meiner eine Reihe von Mitgliedern des Wiener

Kreises und der Berliner Gesellschaft persönlich kennen. Dabei muß auch das starke Interesse von Reichenbach und Carnap an einer redaktionellen Übernahme der in Schwierigkeiten steckenden Zeitschrift deutlich geworden sein, während andererseits Felix Meiner offenbar den Eindruck gewann, durch enge Anbindung der Zeitschrift an die Bewegung des Logischen Empirismus die Zeitschrift sinnvoll weiterführen zu können. Als Raymund Schmidt Ende 1929 aus den USA mit dem Plan zurückkehrte, die 'Annalen' einzustellen, um – unterstützt durch amerikanische Geldgeber und redaktionell geleitet durch Schmidt – stattdessen eine von ihm herausgegebene neue Zeitschrift unter dem Titel 'Forum Philosophicum' zu gründen und diese den ehemaligen Abonnenten als Nachfolgezeitschrift der 'Annalen' anzubieten, kam es zum Konflikt. Die Auseinandersetzung betraf dabei u.a. die Frage, wer das Recht an der Zeitschrift habe und daher überhaupt über Einstellung, Fortführung, Umbenennung und Schicksal der Abonnentenkartei befinden dürfe. In einem Rundschreiben an die Abonnenten der 'Annalen' kündigte Schmidt die Einstellung der Zeitschrift an, während der Verlag die Fortführung bekanntgab. Der Streit endete damit, daß Raymund Schmidt seine eigene Zeitschrift gründete, die allerdings nach drei Heften eingestellt wurde. Er selbst fand zunächst eine Anstellung beim Rundfunk.

Die 'Annalen' wurden von Carnap und Reichenbach als Herausgeber übernommen und als 'Erkenntnis' fortgeführt, wobei zunächst übrigens geplant war, daß auch Schlick dem Editorengremium angehören sollte. Zwei Vereinigungen trugen die Zeitschrift, der Verein Ernst Mach in Wien und die Gesellschaft für empirische Philosophie in Berlin (vgl. Stadler 1982). – Reichenbach eröffnete unter der Überschrift 'Zur Einführung' die 'Erkenntnis' mit einigen programmatischen Überlegungen: Philosophie ist in höchstmöglicher Nähe zu den Fachwissenschaften, auch zu den Geisteswissenschaften, als Wissenschaftskritik und -analyse zu betreiben. 'Klarheit der Sprache, Einsicht in die Bedeutung des eigenen Wortes' gilt dabei 'als höchstes Erfordernis' (Reichenbach 1930/31, 3). Dadurch soll die Philosophie selbst eine neue Grundlegung erfahren, die die leidige Fraktionierung in Lehrmeinungen und Standpunkte definitiv überwindet. Die Motivation für den neuen Titel der 'Annalen' ergibt sich dann zwanglos: 'Weil es Erkenntnis ist, was wir der Philosophie als Ziel setzen, Erkenntnis im gleichen Sinn wie für jede Einzelwissenschaft, darum haben wir das

Wort als Zeichen für die neue Zeitschrift gewählt. Unsere Zeitschrift will keine Lehrmeinungen, keine ausgedachten Systeme, keine Begriffsdichtung; sie will Erkenntnis' (Reichenbach 1930/31, 3).

Trägervereine und Herausgeber weisen die 'Erkenntnis' als Zentralorgan des Logischen Empirismus aus. Diese Rolle wird insbesondere dadurch wahrgenommen, daß die Kongresse und Konferenzen in Prag, Königsberg, Paris, Kopenhagen und Cambridge ausführlich dokumentiert werden. Die beiden ersten Bände enthalten zudem Chroniken der Trägervereine. – Tagungsteilnehmer und damit Autoren der 'Erkenntnis' sind indes keineswegs nur Parteigänger des Logischen Empirismus. Überschlägt man die Namen, dann entstammen die Fremdbeiträger, genannt seien etwa Heyting und Fraenkel, Schrödinger und Bohr, jedoch vorwiegend den Wissenschaften, deren turbulente Entwicklung zu begreifen der Logische Empirismus angetreten war.

Gleichwohl wurde die 'Erkenntnis' insoweit als *interne* Disputplattform konnzipiert, als Carnap und insbesondere Neurath der Auseinandersetzung mit der traditionellen Philosophie keinen Raum einräumen wollten. Am 23. Januar 1935 teilte Carnap Neurath mit, daß Jonas Cohn, ein Freiburger Neukantianer, bei Reichenbach angefragt habe, ob die 'Erkenntnis' bereit sei, eine Kritik der Auffassungen des Wiener Kreises zu publizieren. Letzterer habe prinzipiell zugesagt, jetzt liege das Manuskript vor: 'Reichenbach findet es nicht so schlimm und meint, die Einwände seien typisch, und daher lohne es sich, sie zu bringen. Ich finde das Ganze viel zu philosophisch und für unsere Leser nicht aufklärend. Ich möchte lieber ablehnen. Was meinst Du? Sollen wir Wert darauf legen, mit Philosophen zu diskutieren?' Neuraths Antwort vom 28. Januar fehlt es nicht an Deutlichkeit: 'Ad Jonas Coh. Ich hälte es für abwegig, in der Erkenntnis Auseinandersetzungen mit der traditionellen Philosophie zu bringen. Man hat kaum Raum für die internen Sachen. . . . Wir haben gar kein Interesse daran, uns mit 'typischen' Einwänden auseinanderzusetzen.'

Zurück zur 'äußeren' Geschichte! Mit der wachsenden Zahl von Abonnenten besserte sich auch die wirtschaftliche Lage der Zeitschrift. Sie hatte rasch mehr als vierhundert Abonnenten. Allerdings verschlechterte sich nun in Deutschland und Österreich die politische Lage für die Anhänger des Logischen Empirismus dramatisch. Die politischen Entwicklungen zwangen nahezu alle Mitglieder der logisch-empiristischen Bewegung in die Emigration (vgl. Dahms 1987, Hegselmann 1988). Was die Herausgeber der 'Erkenntnis' betraf, so verlor Reichenbach seine Stellung und emigrierte zunächst in die Türkei, während Carnap unter dem Eindruck des erstarkenden Nationalsozialismus Prag verließ und in die USA ging. Schon vorher wurden ganz erhebliche Teile der redaktionellen Arbeiten an der 'Erkenntnis' von Otto Neurath erledigt, der selber in die Niederlande emigriert war und dort unter schwierigsten Bedingungen lebte. Man muß ihn als den entscheidenden Motor der logisch-empiristischen Bewegung ansprechen. De facto war er mindestens ein 'heimlicher' Mitherausgeber der 'Erkenntnis'. Das oben zitierte Ratersuchen Carnaps war keine Ausnahme, und Neurath griff auch unaufgefordert in die Gestaltung der Zeitschrift, 'die so wichtig für uns ist' (Neurath an Carnap 2.1.1934), ein. Mit der 'Erkenntnis' versuchte er, das wissenschaftliche Netzwerk des Logischen Empirismus aufrechtzuerhalten. Am 2. Januar 1935 schrieb er an Carnap: '... so weit ich Einfluß habe, drucke ich an Bibliographie und Information alles so früh als möglich. Nach uns die Vergasung. Wie schön, wenn wir im gasdichten Keller wenigstens sagen können, daß unsere Bibliographie der staunenenden Nachwelt erhalten bleiben wird. Im Ernst, was weiß ich, ob überhaupt noch ein Kongreß sein wird, was weiß ich, was 1936 sein wird, wie viele Weltkriege oder sonstige Erschütterungen dann im Gang sind. Aber natürlich alles mit Dir und Reichenbach im Einvernehmen, ich habe ja gar keine Kompetenz von mir aus. Wer weiß, ob nicht so eine Publikation in vielem ein Schwanengesang ist' (vgl. Hegselmann 1985).

Knapp zwei Jahre später begann die Lage der 'Erkenntnis', die bis dahin problemlos in Deutschland hatte erscheinen können, kritisch zu werden. Am 12. November 1936 schreibt Carnap an Neurath, daß an Meiner eine behördliche Anfrage hinsichtlich der arischen Abstammung der Herausgeber der 'Erkenntnis' ergangen sei. Und er fährt fort: 'Was sollen wir machen, wenn die Behörden Schwierigkeiten wegen Reichenbach machen? Die Zeitschrift dort lassen und andern Herausgeber nehmen? Oder nach Amerika verlegen?' In seiner Antwort nahm Neurath eine Position ein, die er dann konsequent auch hinsichtlich des Schicksals anderer Publikationsorgane und -projekte, insbesondere der Reihe 'Einheitswissenschaft' und der Enzyklopädie, zu realisieren trachtete; am 7.12.1936 schreibt er an Carnap: 'Im ganzen steh ich ja auf dem Standpunkt, wenn es irgend möglich ist, in Deutschland und Europa eine Position zu behalten.' So erschien die von ihm selbst herausgegebene Reihe 'Einheitswissenschaft' nach wie vor bei Gerold & Co. in Wien. Ein halbes Jahr später, also Mitte 1937, wird klar, daß etwas geschehen muß. Carnap erhält nämlich einen auf den 14.7.1937 datierten Brief Felix Meiners, in dem es heißt: 'Wie Sie in der Zwischenzeit vielleicht schon erfahren haben werden, ist mir das weitere Verbleiben von Professor Reichenbach in der Herausgeberschaft der 'Erkenntnis' als untragbar bezeichnet worden, nicht nur weil er Nichtarier ist, sondern hauptsächlich weil er in der Nachkriegszeit politische Äußerungen in Reden und Broschüren getan hat, die ihn für den heutigen Staat unmöglich machen. Es ist mir daher aufgegeben worden, einen Nachfolger für ihn zu suchen. Auf meinen Hinweis, daß die von der 'Erkenntnis' verfolgte Richtung in Deutschland nicht viel Anhänger habe und der Hauptteil der Aufsätze wie der Abonnenten im Ausland sich befinde, wurde mir zugestanden, daß gegebenenfalls auch ein Ausländer als zweiter Herausgeber eintreten könne.'

Folgende Alternativen zeichneten sich ab: Sollte die 'Erkenntnis' weiter in Deutschland erscheinen können, würde Reichenbach als Mitherausgeber geopfert werden müssen; machte man diese Konzession nicht, mußte der Verlag gewechselt werden. Diese Alternative erwägend schreibt Carnap am 16.7.1937 an Neurath: 'Für beides sprechen starke Motive. Du bist doch z.B. dafür, nicht unnötig Brücken hinter sich zu verbrennen. Auch wäre es wünschenswert, Meiner, der die Zeitschrift durch schwierige Zeiten so anständig durchgehalten hat, beizustehen, solange keine Autorenbeschränkung gemacht wird. Andererseits hat Reichenbach auf Grund des Originalkontrakts das Recht, sich gegen eine Fortführung einer Zeitschrift unter dem Namen 'Erkenntnis' ohne ihn zu wenden. Morris sagte mir, daß Meiner schon vor zwei Jahren mit ihm ganz unverbindlich gesprochen habe, falls der Weiterbestand der 'Erkenntnis' in Deutschland unmöglich sei, das ganze an die Chicago Press zu übertragen, d.h. ihr die Abonnentenliste zu verkaufen.' Neurath macht nun einen umfassenden Reorganisationsvorschlag, nach dem das von ihm initiierte 'International Institute for the Unity of Science' zum Träger zweier Zeitschriften hätte werden sollen. Eine hätte 'Erkenntnis' geheißen und wäre von Carnap und Susan Stebbing herausgegeben worden, die andere Zeitschrift wäre von Jörgensen, Reichenbach und Rougier herausgegeben worden. Nach der Idee Neuraths hätten beide Zeitschriften neben Meiner einen weiteren, nun aber ausländischen Verleger bekommen sollen, was einen gewissen Schutz für Felix Meiner bedeutet hätte.

Vom 29.–31.7.1937 fand in Paris der III. Internationale Kongreß für Einheit der Wissenschaft statt, und zwar unmittelbar vor dem ebenfalls in Paris stattfindenden Internationalen Philosophen–Kongreß. Anläßlich dieser Kongresse reiste auch Felix Meiner nach Paris, und es kam zu Gesprächen über das weitere Schicksal der 'Erkenntnis'. Diese Gespräche liefen auf eine Lösung hinaus, nach der eine verlegerische Kooperation zwischen Meiner und der Cambridge University Press gesucht, Rougier an die Stelle von Reichenbach treten und die Zeitschrift insgesamt dreisprachig angelegt werden sollte. Aber es kam anders: Am 14. September 1937 suchte Felix Meiner den in Dresden weilenden Carnap auf und überbrachte ihm einen Brief, in dem es heißt: 'Leider muß ich Ihnen mitteilen, daß es sich doch für mich als unmöglich erweist, die 'Erkenntnis' weiterzuführen. Zwar war das Ministerium, wenigstens nach den mündlichen Äußerungen des Referenten zu schließen, mit der gefundenen Lösung einverstanden, aber das hindert ja nicht, daß trotzdem in Gelehrtenkreisen unter der Oberfläche gegen meinen Verlag agitiert wird mit dem Hinweis darauf, daß ich ja doch nicht imstande sein werde, zu verhindern, daß auch einmal ein Beitrag eines Juden in dieser Zeitschrift veröffentlich werde. Und es gibt eben Kreise, die es für unmöglich befinden, in einem Verlag zu veröffentlichen, der noch irgendwelche Beziehungen zu Juden hat. Da nun die Kaufkraft des Privatpublikums immer weiter nachläßt, kann ein Verlag solche Stimmen nicht leicht nehmen. Ich habe deshalb vom Ministerium eine Erklärung erbeten, ob man dort Wert darauf lege, daß ich den Verlag der 'Erkenntnis' weiterführe. Ich vermute, daß ich diese Erklärung nicht bekommen werde, und für diesen Fall müßte ich dann eben von der Weiterführung der Zeitschrift absehen. Das ist mir natürlich sehr betrüblich. Denn hätte ich damit rechnen können, daß die offiziellen wissenschaftlichen Kreise in ihren Forderungen noch über die Forderungen des Ministeriums hinausgingen, dann hätte ich Ihnen und mir die schwierigen Verhandlungen ersparen können. Ich habe also vorläufig jede Weiterarbeit an der 'Erkenntnis' eingestellt.' Mündlich habe Meiner dann – so Carnap in einem Brief an Neurath vom 15.9.1937 – hinzugefügt, daß er inzwischen schon definitiv erklärt habe, die Zeitschrift nicht weiterzuführen.

Offensichtlich war also Felix Meiner Mitte September 1937, anders als noch wenige Wochen zuvor, nicht mehr zur Fortführung der Zeitschrift bereit. Was war geschehen? Und was verbirgt sich hinter den Andeutungen in dem Brief an Carnap? Im Hintergrund scheint gestanden zu haben, daß Felix Meiner die Zeitschrift der neugegründeten Weltwirtschaftlichen Gesellschaft in seinem Verlag hatte verlegen wollen, dann jedoch in der entscheidenden Sitzung mit dem Hinweis, in seinem Verlag erscheine auch die 'Erkenntnis', in der regelmäßig von Juden veröffentlicht werde, aus dem Kreis der sich bewerbenden Verleger ausgeschlossen wurde. Meiner rechnete mit einer solchen Haltung auch außerhalb der Wirtschaftswissenschaften und sah nun im weiteren Verlegen der 'Erkenntnis' eine Existenzgefährdung seines Verlages.

Vielleicht – es sei eigens betont: vielleicht! – stehen die Vorgänge, die zur Einstellung der 'Erkenntnis' führten, allerdings auch in einem Zusammenhang mit dem weiteren Lebensweg Raymund Schmidts. Schmidt, in dessen Händen vor ihrer Übernahme durch Carnap und Reichenbach die 'Annalen' entscheidend gelegen hatten, war zunächst zum Mitteldeutschen Rundfunk gegangen. Vor 1933 soll er sozialdemokratisch orientiert gewesen sein. 1933 trat er in die NSDAP ein. 1935 ist er bereits Mitarbeiter an einer antisemitischen Kampfschrift, nämlich dem 'Handbuch der Judenfrage'. Die Schrift verstand sich als die inzwischen 38., fortgeschriebene und jeweils 'auf den neuesten Stand gebrachte' Auflage des 1887 von Theodor Fritsch erstmals veröffentlichten 'Antisemiten–Catechismus'. Raymund Schmidt ist in der Neuauflage gleich mit zwei Beiträgen vertreten: 'Die Juden im Rundfunk' und 'Das Judentum in der deutschen Philosophie'. Die philosophiepolitische Hauptstoßrichtung des letzten Artikels geht insbesondere gegen den Neukantianismus, die Kant–Gesellschaft und die 'Kant–Studien'. Der Erfolg blieb nicht aus: Mit dem ersten Heft des 40. Bandes (1935) fällt die Herausgeberschaft der Kant–Studien an Paul Heyse. Dessen Geleitwort sowie sein programmatischer Aufsatz 'Philosophie und politische Existenz' (ebd.1–12, v.a. 7ff) läßt nur allzu deutlich erkennen, daß er die Zeichen der Zeit erkannt hat. – Als Kuriosität am Rande bleibt zu vermerken, daß Schmidt offenkundig selbst das Herausgeberamt erfolglos anstrebte. Gleichwohl mußte er sich diesem Ziele nahe wissen; denn nur so dürfte sich erklären lassen, daß der Band 6, Spalte 629, von Kürschners Gelehrten–Kalender (1940/41), Schmidt als Herausgeber der 'Kant–Studien' ausweist.

Der Antisemitismus der Ausführungen Schmidts ist extrem und sucht selbst unter den Veröffentlichungen nationalsozialistischer Philosophen seinesgleichen. Der 'jüdische Geist' habe bewirkt, 'daß alle tragenden Werte restlos zerstört wurden, soweit sie nicht rationalistischer Natur waren, und daß an die Stelle aufbauender, den deutschen Geist spiegelnder Synthesen eine ungeheuer betriebsame, analytisch zersetzende, skeptisch zernagende Kleinliteratur getreten ist . . . , ein Wust von sogenannten erkenntniskritischen Begriffspaltereien, ein rein formalistischer Wissenschaftsbetrieb, der unsere arische Gefühlswelt zu begrifflichen Rechenmarken entwertet, der die Grundlagen unserer Weltanschauung entgöttert, entseelt und aus der philosophischen Debatte ausgeschieden hat' (a.a.O. 395). Der Artikel schließt mit einer sehr deutlichen Kampfansage: 'Bis aber der jüdische Geist aus der deutschen Philosophie wieder ausgetrieben sein wird, bis die deutsche idealistische Philosophie im Lehrgang der Universitäten wieder den ihr gebührenden Platz eingenommen haben wird, frei von der rationalistischen Überkleisterung der jüdischen Interpreten und ihrer Nachahmer, bis die deutsche Philosophie wieder schöpferisch werden und Einfluß nehmen wird auf die Lebensgestaltung und die Erziehung des deutschen Menschen, darüber werden noch Jahre vergehen, und es werden Jahre des Kampfes und der gründlichen Säuberung sein' (a.a.O. 401). An diesem Kampf beteiligte sich Raymund Schmidt in den folgenden Jahren auch persönlich: Er avancierte zum Leiter einer Dienststelle des Propagandaministeriums in der Deutschen Bücherei, die ihrerseits wiederum die Verbindungsstelle zwischen Ministerium und Börsenverein war. Ob Raymund Schmidt, der von mehreren Personen beschuldigt wurde, sie durch Denunziationen ins KZ gebracht zu haben, im Hintergrund bei der Einstellung der 'Erkenntnis' mitgewirkt hat, läßt sich derzeit nicht sagen. Die von ihm formulierte Säuberungsankündigung galt dem philosophischen Programm der 'Erkenntnis' allemal.

Zurück zum weiteren Schicksal der 'Erkenntnis'. Es galt, eine neue verlegerische Lösung zu finden. Die Sondierungen Reichenbachs bei der Cambridge University Press ergaben, daß diese nur den Vertrieb übernehmen wollte. Carnap begann, mit der Chicago University Press zu verhandeln. Mit dem Einmarsch deutscher Truppen in Österreich verschärften sich erneut die Publikationsprobleme, da nun auch für die Reihe 'Einheitswissenschaft' ein neuer Verlag gefunden werden mußte. Schließlich fand Neurath in den Niederlanden einen Verleger, nämlich Van Stockum & Zoon, der nicht nur die 'Erkenntnis', sondern auch die Reihe 'Einheitswissenschaft' übernahm, während die Chicago University Press jeweils für den Vertrieb in den USA zuständig wurde. Neuer Name von 'Erkenntnis' wurde nun 'The Journal of Unified Science', der alte Titel erschien in Klammern. Carnap und Reichenbach fungierten als Hauptherausgeber, Frank, Jörgensen, Morris, Neurath, Rougier und Stebbing übernahmen die Rolle von 'associate editors'.

Der 8. Band (1939/40) war der letzte der alten 'Erkenntnis'. Nachdem im März 1938 auch die im Springer-Verlag erscheinenden, von Schlick und Frank herausgegebenen 'Schriften zur wissenschaftlichen Weltauffassung' eingestellt wurden, war Van Stockum & Zoon damit *der* Verlag der logisch-empiristischen Bewegung. Er blieb es bis zum deutschen Überfall im Mai 1940.

Bereits Mitte der sechziger Jahre wurden im Kreis um Wolfgang Stegmüller in München verschiedene Konzepte zur Gründung einer Zeitschrift für analytische Philosophie erwogen. Es sollte ein Forum analytischen Denkens geschaffen werden, das einerseits einem dringendem Desiderat im europäisch-kontinentalen Raum Abhilfe schaffen, andererseits gleichwohl aber einen internationalen Einzugsbereich besitzen sollte. Zur Realisierung gelangte schließlich die Idee einer Fortführung der 'Erkenntnis', die umgekehrt auch vom Verlag Meiner seit längerem in Betracht gezogen worden war. Der Plan, mit der neuerlichen Berufung Carnaps als Herausgeber, auch personell die Kontinuität zu wahren, konnte nicht mehr realisiert werden. Carl G. Hempel, Wolfgang Stegmüller und Wilhelm K. Essler brachten 1975 mit dem 9. Band die *neue* 'Erkenntnis' auf die Bahn. Die Reidel Publishing-Company (Dordrecht und Boston), die später den Kluwer Academic Publishers beitrat, übernahm in Kooperation mit Felix Meiner die verlegerische Betreuung.

In seiner programmatischen Einleitung stellte Hempel, der Seniorherausgeber, unmißverständlich klar, daß die philosophische Entwicklung seit der Einstellung der 'Erkenntnis' es ausschließt, daß es der Nachfolgezeitschrift um die Kultivierung der spezifischen Doktrin des Logischen Empirismus zu tun ist: die Fortschreibung dieser Strömung selbst habe dazu geführt, daß viele Ideen aufgegeben oder modifiziert werden mußten und neue hinzugekommen sind (vgl. Hempel (1975)). Was indes Reichenbach den Autoren der alten 'Erkenntnis' abforderte, machte Hempel auch für die Autoren der neuen verpflichtend: 'adherence to high standards of clarity of statement and cogency of reasoning' (a.a.O. 4).[1]

ANMERKUNGEN

[1] Die Autoren sind Richard Meiner (Hamburg) für zahlreiche Hinweise und Korrekturvorschläge sowie für die Möglichkeit, private Aufzeichnungen von Felix Meiner einzusehen, verpflichtet. Diese Quelle war insbesondere für die Geschichte der 'Annalen' und

die Tätigkeit von Raymund Schmidt im Meiner-Verlag aufschlußreich. Der häufig herangezogene Briefwechsel zwischen Neurath und Carnap wird 1992 in einer von R. Hegselmann, H. Mulder und G. Siegwart besorgten Edition (in englischer Sprache bei D. Reidel Publishing Company, in deutscher Sprache zeitversetzt bei Suhrkamp) der Öffentlichkeit zugänglich gemacht. – Ferner ist Wilhelm K. Essler (Frankfurt) für Informationen zur Genese der neuen 'Erkenntnis' zu danken.

LITERATUR

Dahms, H. J. (Hg.): 1985, *Philosophie, Wissenschaft, Aufklärung – Beiträge zur Geschichte und Wirkung des Wiener Kreises*, Berlin.

Dahms, H. J.: 1987, 'Die Emigration des Wiener Kreises', in F. Stadler (Hg.), *Vertriebene Vernunft (I) – Emigration und Exil österreichischer Wissenschaft 1930–1940*, Wien, pp. 66–122.

Fritsch, Th.: 1935, *Handbuch der Judenfrage, 38. Auflage des 1887 erschienenen "Antisemiten-Catechismus"*, Leipzig.

Hegselmann, R.: 1985, 'Die Korrespondenz zwischen Otto Neurath und Rudolf Carnap aus den Jahren 1934 bis 1945 – Ein vorläufiger Bericht', in H. J. Dahms (Hg.), *Philosophie, Wissenschaft, Aufklärung – Beiträge zur Geschichte und Wirkung des Wiener Kreises*, Berlin, pp. 276–290.

Hegselmann, R.: 1988, 'Alles nur Mißverständnisse? – Zur Vertreibung des Logischen Empirismus aus Österreich und Deutschland', in F. Stadler (Hg.), *Vertriebene Vernunft (II) – Emigration und Exil österreichischer Wissenschaft*, Wien, pp. 188–202.

Hempel, C. G.: 1975, 'The Old and the New "Erkenntnis"'; *Erkenntnis* **9**, 1–4.

Reichenbach, H.: 1930/31, 'Zur Einführung', *Erkenntnis* **1**, 1–3.

Schmidt, R.: 1935, 'Der Jude im Rundfunk', in Th. Fritsch, *Handbuch der Judenfrage, 38. Auflage des 1887 erschienenen "Antisemiten-Catechismus"*, Leipzig, pp. 346–351.

Schmidt, R.: 1935a, 'Das Judentum in der deutschen Philosophie', in Th. Fritsch, *Handbuch der Judenfrage, 38. Auflage des 1887 erschienenen "Antisemiten-Catechismus"*, Leipzig, pp. 391–401.

Stadler, F.: 1982, *Vom Positivismus zur 'Wissenschaftlichen Weltauffassung'*, Wien.

Stadler, F. (Hg.): 1987, *Vertriebene Vernunft (I) – Emigration und Exil österreichischer Wissenschaft 1930–1940*, Wien.

Stadler, F. (Hg.): 1988, *Vertriebene Vernunft (II) – Emigration und Exil österreichischer Wissenschaft*, Wien.

Fach Philosophie
Universität Bremen
2800 Bremen
Germany

und

Fach Philosophie
Universität Essen
4300 Essen 1
Germany

GPSR Compliance
The European Union's (EU) General Product Safety Regulation (GPSR) is a set of rules that requires consumer products to be safe and our obligations to ensure this.

If you have any concerns about our products, you can contact us on

ProductSafety@springernature.com

In case Publisher is established outside the EU, the EU authorized representative is:

Springer Nature Customer Service Center GmbH
Europaplatz 3
69115 Heidelberg, Germany

www.ingramcontent.com/pod-product-compliance
Lightning Source LLC
LaVergne TN
LVHW011900200926
848484LV00002B/489

* 9 7 8 0 7 9 2 3 1 4 0 8 0 *